水处理科学与技术

膜法水处理工艺膜污染机理与控制技术

黄　霞　文湘华　著

科学出版社
北　京

内 容 简 介

本书全面介绍膜法水处理工艺，重点介绍膜生物反应器中的膜污染机理与控制技术。全书共6章，第1章主要介绍膜技术分类与特点、膜技术在水处理领域中的应用、膜污染的概念与分类、膜污染模型以及膜材料与膜污染表征方法，为本书其他章节的基础。第2～6章分别介绍膜生物反应器膜污染过程特征、膜生物反应器混合液特性与膜污染潜势、膜生物反应器膜污染控制技术及其机理、二级出水臭氧-微滤工艺膜污染及其控制机理以及膜法给水处理工艺膜污染特征与清洗。

本书可供水处理领域科研人员、工程技术人员以及本科生、研究生参考。

图书在版编目(CIP)数据

膜法水处理工艺膜污染机理与控制技术/黄霞，文湘华著. —北京：科学出版社，2016.1

ISBN 978-7-03-046535-1

Ⅰ.①膜… Ⅱ.①黄… ②文… Ⅲ.①生物膜反应器-研究 Ⅳ.①X7

中国版本图书馆CIP数据核字(2015)第285295号

责任编辑：杨 震 刘 冉/责任校对：张小霞
责任印制：吴兆东/封面设计：铭轩堂

科学出版社出版
北京东黄城根北街16号
邮政编码：100717
http://www.sciencep.com

北京捷迅佳彩印刷有限公司 印刷
科学出版社发行 各地新华书店经销
*
2016年1月第 一 版 开本：720×1000 1/16
2022年1月第五次印刷 印张：20 插页：2
字数：410 000

定价： 120.00元
(如有印装质量问题，我社负责调换)

前　言

近年来，随着我国经济的快速发展、人口的增加以及人们生活水平的提高，工农业及生活用水量不断增加，与之相伴的污水排放量也与日俱增，由水污染和水资源短缺引发的水资源危机日益严重，已严重制约我国社会和经济的可持续发展。开展污水处理和水再生利用是解决水资源危机的有效对策之一。膜分离技术由于具有高效稳定、过程简单、易于控制等特点，在水处理中的应用受到广泛关注。其与生物反应器有机结合形成的膜生物反应器(membrane bioreactor, MBR)技术，由于具有出水水质优良稳定、装置占地面积小、剩余污泥产量低等优点，被誉为21世纪最具发展前途的水处理新技术，在全球范围受到广泛关注。

MBR的研究始于20世纪60年代后期的美国。40多年来，在众多科研人员和工程技术人员持续不懈的努力下，MBR无论是在基础研究还是工程应用方面都取得了长足进步，越来越广泛地应用于各类污水处理与回用领域。我国有关MBR的研究始于20世纪90年代后期，与国外研究相比，虽然起步较晚，但得到了十分迅速的发展和推广应用。据不完全统计，截至2011年底，我国的MBR总处理能力已超过200万吨/日，成为世界上MBR研究和推广应用最为活跃的国家之一。

作者及其研究团队在钱易院士的率先倡导下，自20世纪末以来一直致力于MBR在水处理中的工作机理与应用研究，是国内最早开展MBR研究的团队之一。十多年来，主要针对MBR的构型及膜组件、新型MBR工艺及其处理各类污水的特性、膜污染机理与控制技术、工程应用等开展了系统研究。在国内外期刊上发表了研究论文130余篇，授权发明专利10项，多项技术获得实际应用，曾获国家科技进步奖二等奖、高等学校科技进步奖一等奖和自然科学奖一等奖、北京市科技进步奖三等奖各1次。

本书是我们2012年底出版《水处理膜生物反应器原理与应用》的姊妹篇，全面介绍膜法水处理工艺，重点是膜生物反应器中的膜污染机理与控制技术，主要内容是作者及其研究团队十多年来部分研究成果的总结。全书共6章，第1章主要介绍膜技术分类与特点、膜技术在水处理领域中的应用、膜污染概念与分类、膜污染模型以及膜材料与膜污染的主要表征方法，为本书其他章节的基础。第2～6章分别介绍膜生物反应器膜污染过程特征、膜生物反应器混合液特性与膜污染潜势、膜生物反应器膜污染控制技术及其机理、二级出水臭氧-微滤工艺膜污染及其控制机理以及膜法给水处理工艺膜污染特征与清洗。本书内容源于数十位研究生和博士后的研究工作，主要包括博士生（桂萍、刘锐、孟耀斌、莫罹、吴金玲、魏春海、陈健华、朱洪涛、赵文涛、肖康、徐美兰、杨宁宁、莫颖慧)、硕士生(丁杭军、孙友峰、俞开昌、沈悦啸)、博士后(陈福泰、王勇、曹斌、崔志广、方瑶瑶、孙艳梅、朱宁伟),以及十多位本科生和外校联合培养的多名研究生(名字未一一列出)的工作。在此对所有做出贡献的人员表示衷心感谢!

本书的主要研究成果是在科技部"863"计划课题、国家杰出青年科学基金、国家自然科学基金项目和重大国际合作项目、水体污染控制与治理科技重大专项课题等的支持下完成的,在此表示感谢!

本书可供水处理领域科研人员、工程技术人员以及本科生、研究生参考。希望对从事膜法水处理技术研究的读者有所帮助,以促进我国膜法水处理技术的健康和快速发展。由于作者水平有限,有关膜法水处理技术的研究也在不断发展之中,书中不免存在诸多不足和错误,敬请读者批评指正。

作　者

2015 年 8 月于清华园

目　　录

第1章 概 述

1.1 膜分离技术分类与特点

1.1.1 膜分离技术分类

膜分离是指以具有选择透过功能的薄膜为分离介质，通过在膜两侧施加一种或多种推动力，使原料中的某些组分选择性地优先透过膜，从而达到混合物分离和产物提取、纯化、浓缩等目的的过程。原料中的溶质透过膜的现象一般叫做渗析；溶剂透过膜的现象叫做渗透。

膜分离过程有多种，不同的分离过程所采用的膜及施加的推动力也不同。根据推动力的不同，膜分离过程主要有下列几种：

(1) 基于压力差：如微滤（microfiltration，MF）、超滤（ultrafiltration，UF）、纳滤（nanofiltration，NF）与反渗透（reverse osmosis，RO）。当在膜两侧施加一定的压力差时，混合液中的一部分溶剂及小于膜孔径的组分透过膜，而微粒、大分子、盐等被截留下来，从而达到分离的目的。这四种膜分离过程的主要区别在于被分离物质的大小和所采用膜的结构和性能不同。微滤的分离范围为 0.05～10 μm，压力差为 0.015～0.1 MPa；超滤的分离范围为 0.001～0.05 μm，压力差为 0.1～1 MPa；反渗透常用于截留溶液中的盐或其他小分子物质，压力差与溶液中的溶质浓度有关，一般在 2～10 MPa；纳滤介于反渗透和超滤之间，脱盐率及操作压力通常比反渗透低，一般用于分离溶液中相对分子质量为几百至几千的物质。

(2) 基于浓度差：如扩散渗析（dialysis），是指利用离子交换膜将浓度不同的进料液和接受液隔开，在浓度差的推动力作用下，溶质从浓度高的一侧透过膜向浓度低的一侧扩散，当膜两侧的浓度达到平衡时，渗析过程停止进行。扩散渗析主要用于工业废水酸、碱回收，回收率可达 70%～90%，但不能将它们浓缩。

(3) 基于电位差：如电渗析（electrodialysis，ED），是指在直流电场的作用下，利用阴、阳离子交换膜分别对溶液中阴、阳离子的选择透过性（即阳膜只允许阳离子通过，阴膜只允许阴离子通过），使溶液中的溶质与水分离的一种膜分离过程。电渗析主要用于脱盐，如苦咸水淡化、纯净水制备等，还可以利用电极反应，用于工业废水酸、碱和金属的回收。

(4) 基于渗透压：如正渗透（forward osmosis，FO），利用比盐水渗透压更高的溶液作为驱动液，使水自发地从盐水侧透过半渗透膜到达驱动液侧，结合易于循环使用的驱动液，可用于海水脱盐。由于FO膜对水中的无机、有机物质均有良好的截留效果，正渗透还可用于污/废水净化。此外，由于在正渗透过程中不使用外加压力，因此可有效降低膜污染。

1.1.2　膜分离技术特点

与传统分离技术相比，膜分离技术具有以下特点：

(1) 在膜分离过程中不发生相变，与其他方法相比，能耗较低；

(2) 一般在常温下进行，特别适于对热敏感物质的处理，并且不消耗热能；

(3) 一般不需要投加其他物质，不带入二次污染物质，不改变分离物质的性质，并节省原材料和化学药品；

(4) 在膜分离过程中，分离和浓缩同时进行，可回收有价值的物质；

(5) 分离装置简单，操作容易，运行稳定，易于实现自动化控制。

因此，膜分离技术除广泛用于海水和苦咸水淡化、纯水生产外，在饮用水净化、城市污水处理与利用以及各种工业废水处理与回收利用等领域的应用也得到广泛关注。

1.2　膜技术在水处理领域中的应用

1.2.1　膜技术在给水领域中的应用

膜分离技术应用于给水领域具有以下优点：

(1) 出水水质稳定，受进水水质波动的影响小；

(2) 出水生物稳定性好。由于膜可以完全截留微生物，保证了出水的卫生安全性，起到了消毒作用，与传统灭活病源菌的消毒方法(如氯消毒等)相比，提高了出水的生物稳定性；

(3) 能够减少混凝剂和消毒剂投加量，减少消毒副产物的产生。目前消毒工艺仍以氯消毒为主，进入水体中的氯可能会与水中的一些有机物反应，生成三卤甲烷等消毒副产物，对人体健康造成不良影响。由于膜过滤能够截留水中的微生物，从而降低消毒加氯量；同时膜过滤可去除部分或全部有机物，这两方面的作用能够减少消毒副产物的产生。

膜技术应用于给水处理领域，分膜直接过滤和膜组合工艺两种形式。

1.2.1.1　膜直接过滤工艺

在膜直接过滤工艺中，RO广泛用于海水及苦盐水的淡化、纯水和超纯水的制备，NF常用于水的软化和去除有机物。一般来说，NF对有机物的去除率很高：对

BOD和COD的去除率可达80%以上,截留相对分子质量为300～400/500的NF膜对三卤甲烷生成潜力(trihalomethanes formation potential,THMFP)的去除率可达90%。NF对盐度的去除率为50%～70%,对二价离子和硬度的去除率达90%,因此适合处理低浊度、高硬度的原水。

UF膜主要用于去除细菌、病毒、胶体和大分子有机物,能够截留水中的天然有机物(natural organic matter,NOM)。截留相对分子质量<1000的UF膜可用来去除色度,其对色度的去除率高达95%,对THMFP的去除率可达80%。MF膜主要用于高浊度、低色度水的净化,可以去除悬浮物质、胶体和细菌等。

综上所述,高压RO和NF膜对污染物质的去除比较彻底,可有效地去除水中的细菌、病毒和有机污染物,但RO和NF膜成本较高、操作压力高、预处理要求也较高、易污染。低压MF和UF膜通量大、操作压力低、预处理要求低、成本低,但对小分子有机污染物的去除不够理想。可以将MF或UF膜与其他物理、化学、生物水处理技术相结合,形成膜组合工艺,来提高水中特定污染物质的去除效果。

1.2.1.2 膜组合工艺

将MF或UF膜与其他工艺组合,可以形成膜组合工艺。用于饮用水净化的膜组合工艺主要有以下几种类型:

(1) 混凝→(沉淀)→膜分离→净化水;

(2) 活性炭吸附→膜分离→净化水;

(3) 曝气生物滤池→膜分离→净化水;

(4) 臭氧→曝气生物滤池→膜分离→净化水;

(5) 膜生物反应器(投加粉末活性炭)→净化水。

这些膜组合工艺可以强化对水中溶解性有机物、嗅味物质等的去除。比如采用在线混凝-超滤组合工艺处理微污染地表水,COD_{Mn}的平均去除率达到33%,水质优于直接超滤工艺(崔俊华等,2011);采用曝气生物滤池-超滤组合工艺处理含嗅味物质的原水,可以使水中的致嗅物质2-甲基异莰醇(2-methylisoborneol)和土臭素(geos min)降低到我国《生活饮用水卫生标准》(GB5749—2006)规定的浓度限值以下(杨宁宁,2011)。

1.2.2 膜技术在废水领域中的应用

应用于废水领域的膜工艺主要包括:膜与生物处理组合工艺——膜生物反应器(membrane bioreactor,MBR)、二级处理出水膜过滤工艺、膜与物化方法组合工艺等。

1.2.2.1　膜生物反应器工艺

膜生物反应器工艺是膜分离与生物处理的组合工艺，是用膜组件代替传统活性污泥法中的二沉池，起到分离活性污泥混合液中的固体微生物和大分子溶解性物质的作用，通过膜的分离过滤，得到系统处理出水（黄霞和文湘华，2012）。根据膜组件的设置位置，MBR 可分为外置式（分置式）和浸没式（一体式）两类，基本构型如图 1.1 所示。

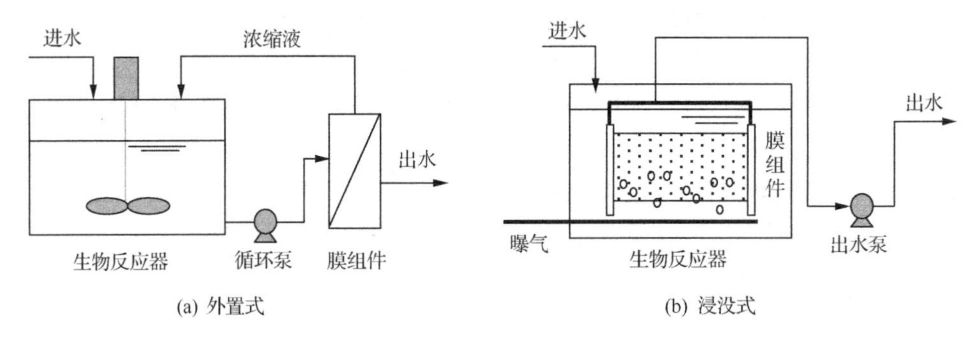

图 1.1　MBR 的分类

与其他污水处理工艺相比，MBR 具有以下优点：

(1) 出水水质好且稳定，可以直接回用；

(2) 生物反应器内能维持高浓度的微生物量，使处理装置容积负荷提高，占地面积大幅度减小；

(3) 膜的截留可以延长增殖速度缓慢的微生物（如硝化细菌）在反应器中的停留时间，有利于提高系统硝化效率。同时，还可以延长一些降解难降解有机物的微生物在系统中的停留时间，有利于提高难降解有机物的降解效率；

(4) 剩余污泥产量低，污泥处理费用少；

(5) 易于实现自动控制，操作管理方便。

但是，MBR 也存在一些不足。主要表现在以下几个方面：

(1) 膜造价较高，使得 MBR 的基建投资较高；

(2) 容易出现膜污染，给操作管理带来不便，使运行费用提高。

1.2.2.2　二级处理出水膜过滤工艺

污水经二级生物处理后出水中仍然残留一定浓度的颗粒性物质和溶解性物质（朱洪涛，2009）。一般以 0.45 μm 作为溶解性物质和颗粒性物质的界限。颗粒性物质包括细菌、各类无机性颗粒物质等；溶解性物质包括微生物代谢产物等有机物、病毒和无机离子等。二级出水的水质一般不能满足再生水水质标准的要求。

当污水需要再生回用时,微滤或超滤膜可用于二级出水的深度处理,可有效去除颗粒性物质和部分大分子的溶解性有机物。

1.2.2.3 膜与物化方法组合工艺

膜与物化方法组合废水处理工艺主要有以下几种类型:

(1) 混凝→膜分离→处理水;

(2) 吸附→膜分离→处理水;

(3) 臭氧催化氧化→膜分离→处理水;

(4) 光催化氧化→膜分离→处理水。

在这些组合工艺中,由于膜对细小的颗粒物有良好的分离效果,吸附剂和催化剂可以采用粉末状的,这样可以促进反应器中的传质,提高处理效果。同时,膜分离可以有效截留粉末吸附剂和催化剂,防止流失。例如,孟耀斌(2001)提出了一种悬浮床光催化氧化-膜分离反应器,有效解决了粉末半导体光催化剂的流失问题,与固定化光催化反应器相比,污染物去除负荷高达6倍以上。

1.3 膜污染的概念与分类

1.3.1 膜污染概念

膜污染是指过滤液中的污泥絮体、胶体粒子、溶解性有机物或无机盐类,由于与膜存在物理化学相互作用或机械作用而引起的在膜面上的吸附与沉积,或在膜孔内吸附造成膜孔径变小或堵塞,使水通过膜的阻力增加,过滤性下降,从而使膜通量下降或跨膜压差(transmembrane pressure,TMP)升高的现象(黄霞和文湘华,2012)。

广义的膜污染主要包括浓差极化、膜孔堵塞以及表面沉积。

(1) 浓差极化:是指由于过滤过程的进行,水的渗透流动使得大分子物质和固态颗粒物质不断在膜表面积累,膜表面的溶质浓度高于料液主体浓度,在膜表面一定厚度层产生稳定的浓度梯度区。过滤开始,浓差极化也就开始;过滤停止,浓差极化现象也就自然消除。因此,浓差极化现象是可逆的。

(2) 膜孔堵塞:指污染物结晶、沉淀、吸附于膜孔内部,造成膜孔不同程度的堵塞,通常比较难以去除,一般认为是不可逆的。

(3) 表面沉积:指各种污染物在膜表面形成的附着层。附着层包括三类:泥饼层(活性污泥絮体沉积和微生物附着于膜表面形成)、凝胶层(溶解性大分子有机物发生浓差极化,因吸附或过饱和而沉积在膜表面形成)、无机污染层(溶解性无机物因过饱和沉积在膜表面形成)。疏松的泥饼层可以通过曝气等水力清洗去除,一般认为是可逆的;但如果膜污染发展到一定程度,泥饼层被压实而变得致密,使反应器本身的曝气作用无法将其进行去除时,则成为不可逆污染。凝胶层和无机污染层需要经过碱洗或酸洗等化学清洗才能去除,一般认为是不可逆的。

1.3.2 膜污染分类

膜污染是膜和污染物在一定条件下相互作用的结果,因此,按污染物的形态、清洗可恢复性、污染物质的性质等,膜污染有不同的分类方法(黄霞和文湘华,2012):

(1) 按污染物的形态分,分为膜孔堵塞、膜表面凝胶层、滤饼层以及漂浮物缠绕污染等。膜孔堵塞污染主要由混合液中的小分子有机物和无机物质由于吸附等所引起;膜表面凝胶层污染主要由混合液中的大分子有机物质由于吸附或截留沉积在膜表面所引起;泥饼层污染主要由颗粒物质在凝胶层上的沉积所引起;漂浮物污染主要由污水中的纤维状物质,如头发、纸屑等缠绕膜丝所造成。

(2) 按污染的清洗可恢复性,分为可逆污染(或称为暂时污染)、不可逆污染(或称为长期污染)、不可恢复污染(或称为永久污染)。可逆污染是指通过物理清洗可以去除的污染,一般指膜表面沉积的泥饼层,通过强化曝气或水反冲洗等物理手段可以被去除;不可逆污染是相对于可逆污染而言,指物理清洗手段不能有效去除的、需要通过化学药剂清洗才能去除的污染,一般指膜表面凝胶层和膜孔堵塞污染;不可恢复污染是指用任何清洗手段都无法去除的污染,直接影响膜的寿命。

(3) 对污染物的性质,按物质大小分,有溶解性(小分子、大分子)、胶体、颗粒物、漂浮物等;按成分分,有无机物(金属、非金属)、有机物(如多糖、蛋白、腐殖酸)等;按来源分,有随原污水带入的未降解物质(如油类、难降解有机物等)、微生物代谢产物等。

1.4 Darcy 定律与膜污染模型

1.4.1 Darcy 定律和污染阻力

Darcy 定律是描述流体流过多孔介质的基础公式,最早由 Henry Darcy 基于水流经沙床的试验结果而得出。当应用于膜过滤领域时(膜也是多孔介质),Darcy 定律可以表达为:

$$J=\frac{p}{\mu(R_{m}+R_{f})} \tag{1.1}$$

其中,J 为膜通量,$m^3/(m^2 \cdot s)$;p 为过滤压差,即跨膜压差,Pa;μ 为透过液黏度,$Pa \cdot s$;R_m为膜固有阻力,m^{-1};R_f为膜污染阻力,m^{-1}。

膜污染所造成的污染阻力可以通过 Darcy 定律获得。变形后可得污染阻力表达式：

$$R_f = \frac{p}{\mu J} - R_m \tag{1.2}$$

R_f又可以分为滤饼层阻力、凝胶层阻力以及膜孔内部的堵塞/吸附阻力，可分别通过测定清除膜表面滤饼层/凝胶层前后的清水阻力并计算得到。

1.4.2 膜污染模型

膜污染过程通常可以用四种模型进行描述（Hermia，1982），如图 1.2 所示。

（1）完全堵塞污染模型（complete blocking model）：假设膜孔被污染物完全堵塞，造成单位面积膜孔数目减少。堵塞是单层的，污染物之间没有重叠。

（2）标准堵塞污染模型（standard blocking model）：假设膜孔内部被污染物不断附着，造成膜孔内部体积的减少，该体积的减少与滤过液体积成正比。

（3）混合堵塞污染模型（intermediate blocking model）：类似于完全堵塞污染模型，但不受单层堵塞假设的限制。

（4）滤饼过滤污染模型（cake filtration model）：适用于描述较大颗粒或污染物在膜表面附着、沉积形成滤饼层污染的情形。

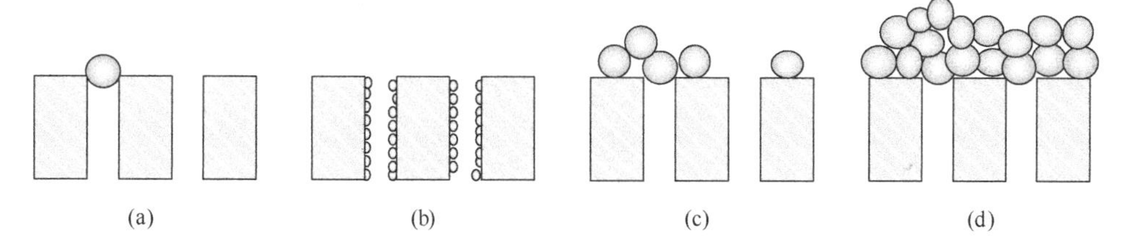

图 1.2 膜污染模型

（a）完全堵塞污染模型；（b）标准堵塞污染模型；（c）混合堵塞污染模型；（d）滤饼过滤污染模型

1.4.2.1 完全堵塞污染模型

该模型假设膜的一部分孔隙在过滤过程中完全被颗粒或大分子物质所堵塞，造成膜的有效过滤面积减小。如假设清洁状态时膜的有效过滤面积为 A_0，过滤任意时刻膜的有效过滤面积为 A，随过滤流量 Q 的增加，A 将成比例地下降，即

$$\frac{dA}{dt} = -\sigma Q \tag{1.3}$$

其中，σ（m^{-1}）是一个与过滤料液性质有关的参数，表示了膜污染的潜在趋势。

A 可由下式表示：

$$A = A_0 - \sigma V \tag{1.4}$$

其中，A_0表示初始过滤面积，m^2；V表示滤液体积，m^3。

过滤流量$Q(m^3/h)$可以通过下面的公式来计算：

$$Q=\frac{dV}{dt}=\frac{A_0-\sigma V}{\mu R_m}p \tag{1.5}$$

其中，μ是滤液黏度（Pa · s）；R_m是膜自身的过滤阻力（m^{-1}）；p是膜过滤压差（Pa）。

在膜过滤过程中，有两种操作方式：一种是恒过滤压力变膜通量操作模式，即在过滤过程中保持膜过滤压差的恒定；另一种是恒膜通量变过滤压力的操作模式，即在过滤过程中维持膜通量恒定，也就是说产水速率恒定。膜的操作模式不同时，膜表面污染物积累的速率及遵循的规律也是不同的。如果采用的是膜通量恒定的操作模式，即$J=Q/A_0$保持恒定。由于$J=Q/A_0=V/(t\cdot A_0)$，则式(1.4)及式(1.5)可以改写成下式：

$$A=A_0-\sigma V=A_0-\sigma JA_0t \tag{1.6}$$

$$Q=\frac{p\cdot A}{\mu R_m}=\frac{p\cdot(A_0-\sigma JA_0t)}{\mu R_m} \tag{1.7}$$

在膜通量恒定的操作模式中，随着膜孔堵塞，有效膜面积A减少，为获得同样的膜通量，必须提高过滤压差p。p可由下式进行计算：

$$p=\frac{\mu R_m Q}{A_0-\sigma JA_0t}=\frac{p_0}{1-\sigma Jt} \tag{1.8}$$

其中，p_0为初始膜过滤压差，$p_0=\frac{\mu R_m Q}{A_0}$。

1.4.2.2　标准堵塞污染模型

如果颗粒沉积在膜的内孔壁上，则会导致膜孔径减小。这种污染模式可以采用标准堵塞污染模型来进行描述。

该模型的主要假定是膜孔内部体积的减小与滤液体积成正比。

设r为瞬时膜孔孔径，N是单位面积内的膜孔数。

则有：

$$2\pi Ner\frac{dr}{dt}=-\beta J \tag{1.9}$$

其中，β为无量纲的膜孔污染系数；e为膜厚度，m。

根据 Poiseuille 流体流动定律，膜过滤阻力R可用下式表示：

$$R = \frac{8e}{\pi r^4} \tag{1.10}$$

当维持膜通量恒定时，由式(1.9)积分得：

$$\pi Ne(r^2 - r_0^2) = -\beta Jt \tag{1.11}$$

其中，r_0为初始膜孔孔径，m。

经过变换得到：

$$r^2 = r_0^2 - \frac{\beta Jt}{\pi Ne} \tag{1.12}$$

将式(1.12)代入式(1.10)，并经变换得：

$$R = \frac{8e}{\pi r^4} = \frac{8e}{\pi\left(r_0^2 - \frac{\beta Jt}{\pi Ne}\right)^2} \tag{1.13}$$

又因为 $J = p/(\mu \cdot R \cdot t)$，最后则有：

$$p = \mu RJ = \frac{p_0}{\left(1 - \frac{\beta Jt}{r_0^2 \pi Ne}\right)^2} \tag{1.14}$$

1.4.2.3 混合堵塞污染模型

混合堵塞污染模型是介于完全堵塞污染模型和滤饼过滤污染模型之间的一种膜污染模型。在完全堵塞污染模型中，假设当部分膜孔被堵塞之后，新的污染物质不会在已经附着的污染物上继续积累，而会继续堵塞膜孔。而在混合堵塞污染模型中，假设当膜孔受到部分堵塞时，新的污染物有的会沉积在已经附着在膜表面的污染物上，有的则会直接沉积在膜表面上，造成膜过滤有效面积的减小。当膜孔被完全堵塞之后，如果具有足够的过滤压力，滤液仍然可以通过膜孔。此时，新的污染物将直接在膜表面沉积的污染物上继续积累，这就进入了滤饼过滤阶段。

在混合堵塞污染阶段，尽管堵塞的膜孔还可以继续让滤液通过，但比起没有被堵塞的膜孔，过滤阻力更大。因此，由堵塞后膜孔产生的滤液体积减小。

假设通过未堵塞膜孔的滤液通量为 J_k，通过堵塞后膜孔的滤液通量为 J_d，则有：

$$J = J_k + J_d \tag{1.15}$$

$$\frac{p}{R} = \frac{p_k}{R_k} + \frac{p_d}{R_d} \tag{1.16}$$

其中，R_k为滤液通过未堵塞的膜孔时受到的过滤阻力；R_d为滤液通过堵塞膜孔时的过滤阻力。由于$R_d \gg R_k$，因此J_d可以忽略。

与单纯的完全堵塞污染模型的不同之处是，在膜面通过同样的滤液体积的条件下，只有一部分滤液造成膜的有效过滤面积A的减小。在膜面受到一定程度的污染后，继续过滤时滤液中污染物可能会堵塞膜孔，造成膜有效过滤面积减小，但也可能继续沉积在原来已经沉积的膜面污染物上，而对膜过滤阻力影响不大。由于污染物落在膜面任意地方的概率是相同的，对某一污染物来讲，可能引起膜有效过滤面积减小的概率为：A/A_0。由此可得：

$$\frac{dA}{dt} = -\sigma Q \frac{A}{A_0} \tag{1.17}$$

其中，$\sigma(m^{-1})$是一个与过滤料液性质有关的参数，表示了膜污染的潜在趋势。从式(1.16)可以推导出下式：

$$A = A_0 e^{-\sigma V/A_0} \tag{1.18}$$

其中，A_0表示初始过滤面积，m^2；V表示滤液体积，m^3，以通过未堵塞膜孔的滤液体积表示。

因此有：

$$Q = \frac{dV}{dt} = \frac{Ap}{\mu R_m} = \frac{(A_0 e^{-\sigma V/A_0})p}{\mu R_m} \tag{1.19}$$

若维持膜通量恒定，则由式(1.19)得到下式：

$$J = \frac{Q}{A_0} = \frac{p}{\mu R_m} \cdot e^{-\sigma V/A_0} \tag{1.20}$$

其中，p可由下式表示：

$$p = \mu R_m \cdot J \cdot e^{\sigma V/A_0} = p_0 e^{\sigma J t} \tag{1.21}$$

式中，p_0为膜过滤的初始过滤压差，$p_0 = \mu \cdot R_m \cdot J$。

1.4.2.4 滤饼过滤污染模型

该模型适用于描述颗粒或大分子物质在膜表面沉积形成一层滤饼层的污染情况。此时，膜过滤阻力的增加主要是由滤饼层的积累所造成的。

该模型假设滤饼层阻力与总的滤液体积成正比，则过滤的总阻力为：

$$R = R_m + \alpha V \tag{1.22}$$

其中，公式中第二项表示了由滤饼层造成的过滤阻力，$\alpha(m^{-4})$是类似于σ的表示膜污染趋势的参数。

当采用膜通量恒定的操作模式时，J 恒定，则有 $V=JtA_0$

$$p=\mu RJ=\mu J(R_m+\alpha JA_0t)=p_0+\mu A_0J^2t \tag{1.23}$$

1.5 膜材料与膜污染表征方法

1.5.1 膜材料表征方法

1.5.1.1 膜清水比通量与阻力

膜水通量(membrane flux)是指水在单位时间通过单位膜面积的量，通常用 J 表示。国际标准单位为 $m^3/(m^2 \cdot s)$ 或简化为 m/s，其他非国际标准单位包括 $L/(m^2 \cdot h)$(或 LMH)和 m/d。膜清水比通量 J' 是指单位时间、单位过滤压差下通过单位膜面积的清水量，是表征膜透过性的重要指标，单位为 $m^3/(m^2 \cdot s \cdot kPa)$ 或 $m/(s \cdot kPa)$。

滤膜的清水比通量可以采用图 1.3 所示的膜过滤装置进行测定。

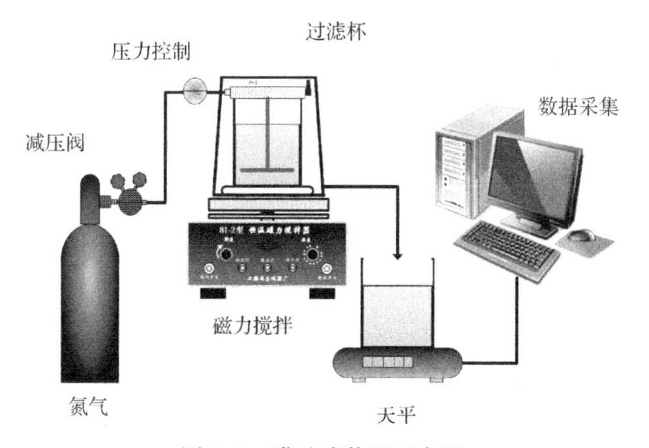

图 1.3 膜过滤装置示意图

过滤装置由压力系统、过滤系统以及数据采集系统三部分组成。压力系统中，采用高纯氮气作为气源。氮气瓶中的高纯氮气经过管路并通过减压阀，通过控制减压阀达到需要的压力数值，并使用压力控制传感器监测气体压力，以便实现对压力的实时控制。具有一定压力的高纯氮气通入置于磁力搅拌器上的过滤杯中，使滤杯中的待过滤溶液在压力驱动和搅拌作用下透过滤膜，通过管路流入数据采集系统中电子天平上的烧杯中。电子天平与计算机连接，计算机上装有数据采集软件。当滤出液滴入天平上的烧杯时，天平数据会实时发生变化，计算机中的数据采集软件将会随时采集天平数据并记录。

测试前，将待测滤膜装入过滤杯中，并在 15 kPa 压力下预过滤>350 g 超纯水，旨在对待测滤膜进行预压。预压后，待测滤膜的通量基本维持稳定。随后，在 10 kPa 恒压、200 r/min 匀速搅拌条件下，使用超纯水进行过滤操作，并记录透过膜的清水体积，按式(1.24)计算膜清水比通量 J'。

$$J' = \frac{J}{p} = \frac{V}{A \cdot t \cdot p} \tag{1.24}$$

式中，J'为膜清水比通量，$m^3/(m^2 \cdot s \cdot kPa)$；$J$ 为膜清水通量，$m^3/(m^2 \cdot s)$；p 为过滤压差，kPa；V 为透过膜的清水体积，m^3；A 为滤膜面积，m^2；t 为过滤时间，s。

应用式(1.1)的 Darcy 定律，有：

$$J' = \frac{J}{p} = \frac{1}{\mu R_m} \tag{1.25}$$

由式(1.25)可以计算滤膜的固有阻力 $R_m(m^{-1})$。

1.5.1.2　膜孔径

1. 超滤膜

超滤膜的孔径一般用截留相对分子质量(molecular weight cutoff，MWCO)来表征。

MWCO 的定义是，当滤膜对某一物质的截留率达到 90%时，所对应的最小相对分子质量即为该滤膜的截留相对分子质量。通常情况下，膜孔径越大，MWCO 也相应越大，反之亦然。

测量 MWCO 的待过滤液通常为具有相似化学结构的不同相对分子质量的一系列化合物，如聚乙二醇(polyethylene glycol，PEG)等。按照相对分子质量由小到大的顺序依次使用同一张滤膜过滤(可采用图 1.3 所示的过滤装置)，收集滤出液。测定原始过滤液和滤出液的总有机碳(total organic carbon，TOC)，用以表征原始过滤液和滤出液中的物质浓度，并分别计算出该滤膜对不同相对分子质量物质的截留率，绘制截留相对分子质量曲线(图 1.4)。当滤膜对某一相对分子质量物质的截留率达到 90%时，所对应的最小相对分子质量即为该滤膜的 MWCO。相对分子质量大于 MWCO 的物质则几乎全部被膜所截留。图 1.4 中的曲线所示的数字即为该型号超滤膜的 MWCO 值。如图 1.4 中标有 1000 的曲线，纵坐标上截留率为 90%时，横坐标上相应的相对分子质量约等于 1000，故该超滤膜的 MWCO 为 1000。在 MWCO 附近，截留相对分子质量曲线越陡，则膜的截留性能越好。

2. 微滤膜

微滤膜的孔径可用泡点法表征。美国材料与试验协会(ASTM)给出了标准方法[标准号 F316-03(2011)]，可测量最大孔径为 0.1～15.0 μm 的微滤膜孔径分

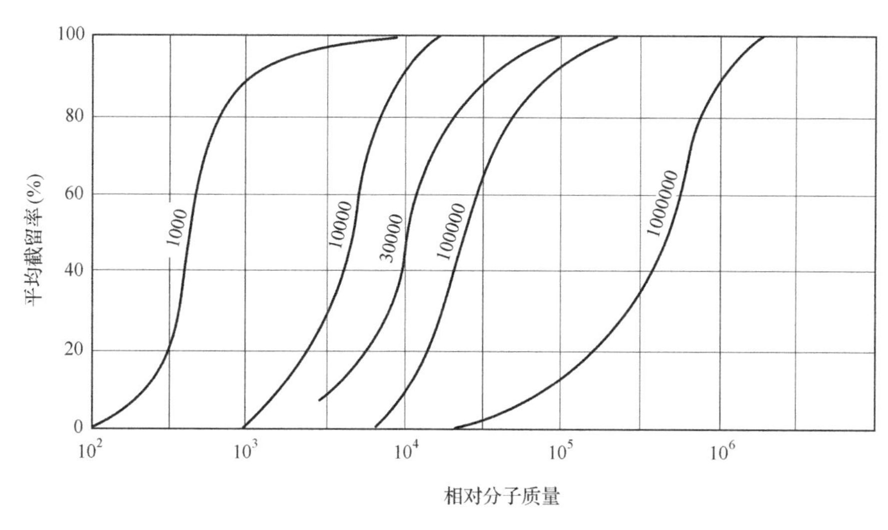

图 1.4 各种不同截留相对分子质量的超滤膜

布。根据毛细管理论，在完全润湿的膜孔内，气泡穿过膜孔需要的压力 p 与孔径 d 成反比：

$$p = C\gamma/d \tag{1.26}$$

其中，γ 是测试液的表面张力；C 是与气-液-膜孔壁三相接触角有关的常数。常用的测试液有水、酒精、矿物油等。当压力递增达到 $p_{\min}$ 时，第一个穿过膜的气泡对应的膜孔径为最大孔径：

$$d_{\max} = C\gamma/p_{\min} \tag{1.27}$$

在某个压力 p 下，气体穿过润湿膜的通量 Q 由孔径大于或等于 d 的膜孔贡献，而气体穿过干燥膜的通量 Q_0 则由所有膜孔贡献，因此 Q/Q_0 即为孔径大于或等于 d 的膜孔面积占膜孔总面积的比例。测量不同 p 下的 Q/Q_0，即可得到膜孔径分布。

微滤膜的孔径也可采用压汞仪测定(与膜孔隙率的测试方法相同)。压汞仪将水银压入膜样品的孔内，孔道越小，压汞需要施加的压力越大。通过测量水银压入体积与施加压力之间的关系，换算得到孔径分布。需要注意的是，压汞仪测出的是整个样品的孔径分布，对于非对称膜或带衬膜而言，指状孔或支撑层孔也将被纳入整个样品的孔径分布。建议将带衬膜的皮层剥离，单独对皮层进行测量，从而得到有效膜孔的孔径分布。

微滤膜的孔径可以基于电镜照片进行表征。用 Adobe Photoshop CS 8.0 软件先对膜的 SEM 照片进行灰度调整，以取得灰度均匀的照片；对 SEM 照片进行二值化(黑/白)处理，以突出显示膜孔。用 R2V 5.5.08 软件对二值化的 SEM 照片做进一步矢量化处理后，再用 ArcGIS 9.0 软件对膜孔进行逐一分析，得出每个膜孔的周长(L_i)和面积(S_i)以及膜孔数量,以进行统计分析。第 i 个膜孔的孔径以水力半径 D_i表示,由式(1.28)进行计算(Xiao et al.,2011)。

$$D_i = 4S_i/L_i \tag{1.28}$$

上述过程也可用自编 Matlab 程序实现(Xiao et al.,2014a)。此外,某些商用软件(如 ImageJ)也提供了类似的功能。需要注意的是,该方法对电镜照片的依赖性强,例如对于膜表面电镜照片,该方法只能得到膜表面孔径(而非内部孔径)的分布。

1.5.1.3　膜孔隙率

膜的孔隙率可采用压汞仪测定。为了消除水分的干扰,测定前需要将膜材料放入真空干燥箱中进行真空干燥后,再进行测定。

1.5.1.4　膜接触角

接触角为微小液滴与固体样品表面接触时的气、液、固三相夹角,如图 1.5 示意。采用水滴时,接触角(θ)可以用来表征固体物质(如膜)的疏水性,θ 越大,疏水性越强。

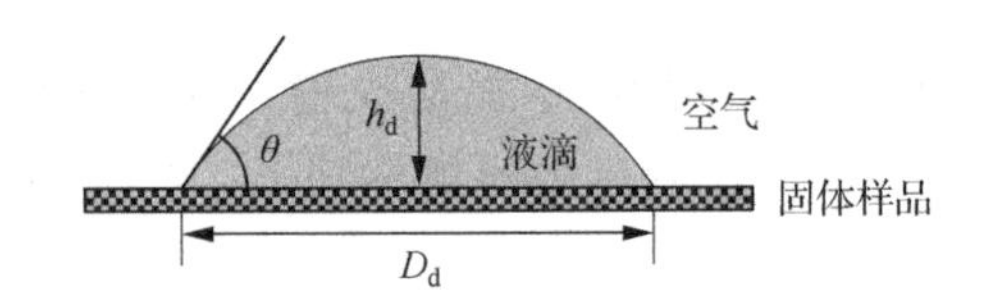

图 1.5　接触角示意图

接触角分为静态接触角和动态接触角。一般情况下,可以测定静态接触角。当膜表面对液滴的吸收比较大时,建议测定动态接触角。

动态接触角是指液滴在固体表面缓慢移动过程中的接触角,前进侧的接触角为前进角,后退侧的则为后退角。静态角的数值一般介于前进角和后退角之间。前进角的测量需要液滴缓慢移动并停止数秒,在此过程中前进角需几乎保持不变(准稳态),以读取准确数值。然而在膜的接触角测量过程中,由于膜的多孔结构(尤其是亲水膜)将导致水滴的渗透,接触角的读取必须在水和样品接触后尽量短的时间内完成。这使得前进角的测量难以实现。鉴于此,推荐采用水滴到达样品表面 0.2 s 的瞬时静态接触角代替前进角。在 0.2 s 时,水滴在样品表面的振动几乎停止,刚好得以读取瞬时静态接触角。水滴在样品表面的变化过程如图 1.6 示意。

膜接触角采用视频光学接触角测量仪测定,测试方法为座滴法。利用该仪器的快速拍照功能,可读取瞬时静态接触角。采用 Young-Laplace 方法拟合水滴轮廓,给出接触角、水滴体积、高度及底部直径等信息。水滴的大小可能通过重力及

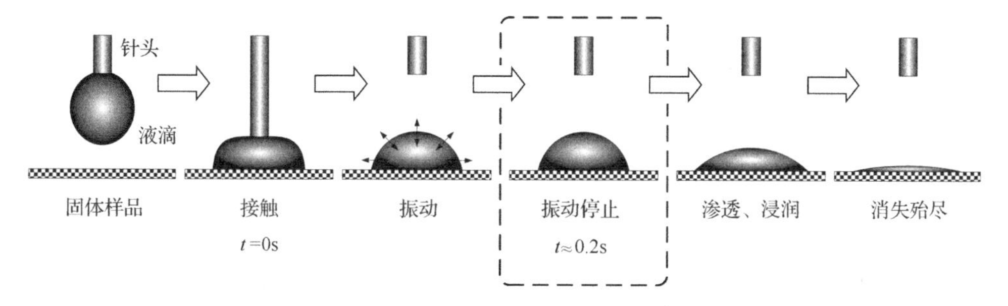

图 1.6 接触角测量过程中液滴行为的示意

挥发等因素对接触角的测定产生滞后作用，从而使其偏离真实值；因此需检验水滴尺寸是否在合适范围内，条件如下(Erbil,1997)：

$$\frac{2h_d/D_d}{\tan(\theta/2)} \approx 1 \tag{1.29}$$

其中，h_d和D_d分别为水滴高度和底部直径，如图1.5所示。因此只需要测量h_d和D_d，就可以测定出膜的接触角。

每个膜样品的接触角需做至少10次平行测量。利用Wenzel方程(Wenzel,1936)对接触角测量值(θ_M)进行校正，以消除样品表面粗糙度的影响：

$$\cos\theta = \frac{\cos\theta_M}{r} = \frac{\cos\theta_M}{1+\mathrm{SAD}} \tag{1.30}$$

其中，r为膜样品实际面积和几何面积的比值；SAD为膜样品的表面积偏差(surface area difference)，可通过原子力显微镜测量。式(1.30)适用于表面粗糙度远小于液滴尺寸的情况(Nosonovsky,2007)。

1.5.1.5 膜表面带电性

用zeta电位(ζ电位)可以表征固体(膜)表面的带电性。膜表面的ζ电位通过带有平表面样品池的纳米粒度及ζ电位分析仪采用电渗探粒技术进行测量。测量所用的电解质溶液与膜所应用的背景溶液成分相同，其中加入经改性、荷负电的醋酸纤维素标准颗粒作为探粒。将膜装入平表面样品池中，使其与电解质溶液接触。在电场作用下，探粒的运动速度为电泳速度和电渗速度的加和，可通过激光多普勒效应测量。电泳速度和电渗速度分别反映探粒和膜表面的ζ电位。需要注意的是，ζ电位受溶液环境的影响较大，测试时需设定合适的溶液pH和离子强度。

1.5.1.6 膜表面粗糙度

膜表面粗糙度是影响膜污染的一个重要指标，它决定了膜污染的难易程度。

膜表面粗糙度可以采用原子力显微镜在轻敲模式下测量。有关原子力显微镜的测定原理和方法，详见后述。

1.5.2　膜污染表征方法

1.5.2.1　直接观察

在任何规模的膜过滤装置运行过程中，将膜丝/膜片/膜组件/膜组器从反应器中取出之后，均可以直接观察其形貌，以判断膜污染情况。根据运行情况的不同，对于膜污染的直接观察主要关注以下几个方面：

（1）通常的膜过滤过程均会发生溶解性有机物、胶体所导致的膜孔内污染和膜表面凝胶层污染。膜孔内污染一般无法通过直接观察加以判断，而膜表面凝胶层污染由于会导致膜表面宏观形貌的变化，从而可通过直接观察加以判断。由于该污染层是原料液中溶解性有机物、胶体在膜表面由于浓差极化作用析出并附着于膜表面形成的，因而，与洁净膜相比在宏观形貌和触感上均有通过肉眼可分辨的明显差异。

（2）对于中空纤维膜构型的膜组件/膜组器，过滤原料液为污泥混合液时，通常在长期运行过程中会发生污泥在膜表面的积累、附着，从而形成污染层，尤其是在中空纤维膜丝的两端与膜组件密封连接处。这是由于在膜丝两端局部的膜丝装填密度更高，且抖动的自由度更小，曝气造成的冲刷效果相对于膜丝中间部位较差所致。这样的污染进一步发展，可能导致板结现象。膜丝上的污泥积累污染、板结也是肉眼可识别的(图 1.7)。

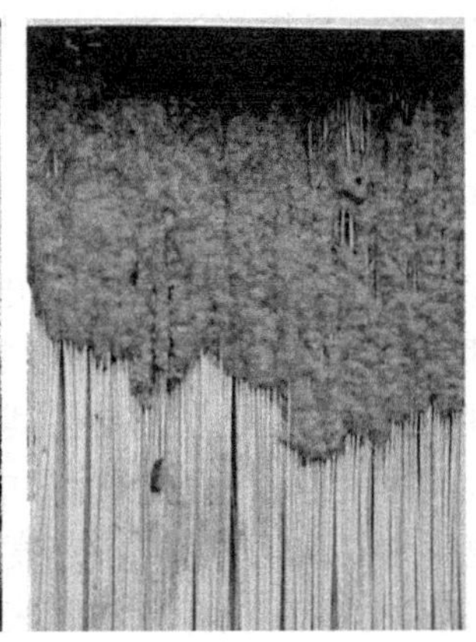

图 1.7　MBR 中的积泥与板结现象

（3）对于原料液中存在高价金属离子（Ca^{2+}、Mg^{2+}、Al^{3+}、Fe^{3+}等）的情况，在过滤过程中可能会形成结垢污染，污染物的主要成分是这些金属元素的氢氧化物、碳酸盐等。尤其对于 Fe 形成的污染，膜表面的颜色会发生明显变化(呈红色或暗红色)(如图 1.8)，而对于 Ca、Al 等元素形成的污染，膜表面亦可能形成细小的沉淀物。这类污染在膜表面也可直接观察(或借助光学显微镜观察)。

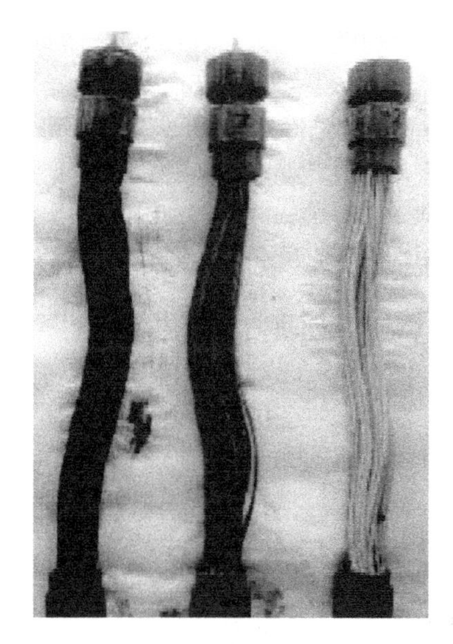

图 1.8 MBR 中的金属(Fe)结垢污染

1.5.2.2 扫描电子显微镜与环境扫描电子显微镜

1. 扫描电子显微镜

扫描电子显微镜(scanning electron microscope, SEM)是一种介于透射电镜和光学显微镜之间的微观形貌观察手段。SEM 的工作原理是，利用聚焦得非常细的高能电子束在试样上扫描，激发出各种物理信息，通过对这些信息的接收、放大和成像，获得测试试样的表面形貌。其中所激发的物理信息包括：二次电子、俄歇电子、特征 X 射线和连续谱 X 射线、背散射电子、透射电子等。此外，当 SEM 与能谱仪(energy dispersive spectrometer, EDS)配合使用时，可以表征试样表面的元素成分。其原理是，各种元素具有特定的 X 射线特征波长，特征波长的大小取决于能级跃迁过程中释放出的特征能量。在 SEM 采用高能电子束扫描试样时，可以激发出各元素的特征 X 射线，通过解析特征 X 射线的能量即可确定试样表面的元素成分。

采用 SEM 观察膜表面形貌结构时，需要先对膜进行简单的预处理，再将其放置于 SEM 的样品台上进行观察。预处理包括：干燥、导电处理。这是由于：SEM 的样品室在测试过程中需要保持较高的真空度，以减少空气/水蒸气对电子的散射影响观察结果；膜材料大多不导电，不满足 SEM 的工作原理。在实际操作中，常采用冷冻干燥对试样进行干燥处理，采用喷碳/金/铂等对试样进行导电处理。值得注意的是，当需要观测试样表面元素成分时，不可以采用碳作为导电处理材料，因为所喷的碳会对膜材料中的碳产生影响。

SEM 的优点包括：分辨率高，可达几纳米级别；仪器放大倍数范围大且连续可调；观察样品的景深大、视场大、图像富有立体感，可观察起伏较大的粗糙表面；样品制备简单；可进行综合分析。其用于观察膜表面形貌时的缺点包括：样品需要干燥处理，可能会破坏污染层结构；无法观察样品的颜色。

MBR 中使用的聚偏氟乙烯(polyvinylidene fluoride, PVDF)中空纤维膜丝 SEM 照片如图 1.9 所示，EDS 结果如图 1.10 所示。SEM 照片系列中，在低放大倍数下(100～1000 倍),洁净膜表面较为光滑,污染膜表面可以明显看出污染层附着(图片中裂纹即为样品冷冻干燥过程中形成的裂缝);在高放大倍数下(3000～10000 倍),洁净膜表面可以观察到比较均匀的膜孔分布,而污染膜表面则被污染层覆盖,无法观察到膜孔。EDS 元素分析表明,清洁膜表面的元素主要为 C、F,这两种元素为 PVDF 的主要元素,含有少量的 O 主要是源自膜表面亲水化改性引入的羧基;污染膜表面 C、O 元素明显增加,表明膜表面污染层含有有机物,此外还含有 Al、Si、Ca、Cr、Fe 等元素,表明膜表面污染层中也含有这些金属或矿物元素。

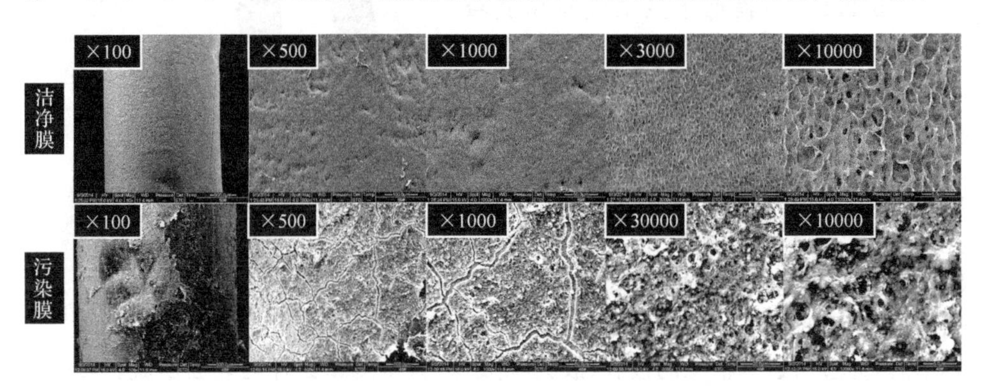

图 1.9　MBR 中 PVDF 中空纤维膜丝 SEM 照片

上排为洁净膜,下排为污染膜;从左至右依次为放大倍数 100 倍、500 倍、1000 倍、3000 倍、10000 倍

2. 环境扫描电子显微镜

环境扫描电子显微镜(environmental scanning electron microscope,ESEM)同样是一种利用高能电子束对样品进行扫描,进而分析样品表面形貌的观察手段。相对 SEM,其主要改进在于利用几个压差光栏、几个真空阀和几个真空泵把 SEM 的真空系统分割成几个真空度呈阶梯分布的区域,这样可以使样品室在测试过程中存在一定的气体流动。由于这样的改变,入射电子束产生的二次电子和样品散射出来的背散射电子在电压(一般为几千伏)的作用下,可以使样品室中气体分子电离成正离子和电子,其中正离子在样品电压作用下可用来中和入射电子束轰击绝缘样品时在样品上所留下来的负电荷,达到检测绝缘样品的目的;电离出来的电子在偏压的作用下,通过联级碰撞而把样品产生的二次电子信号逐级放大,最后达到检测不导电样品和含油含水样品的目的。值得注意的是,环境扫描电子显微镜中的"环境"一词,并不是指样品处于"自然环境",而只是指样品所处环境的真空度远低于 SEM 的高真空度。

根据以上改进,ESEM 用于膜材料的形貌表征,除了拥有 SEM 的一系列优点之外,还具有以下优点:样品不需要干燥处理,可以最大限度维持样品原貌;样品不需要导电处理,操作更加简单。

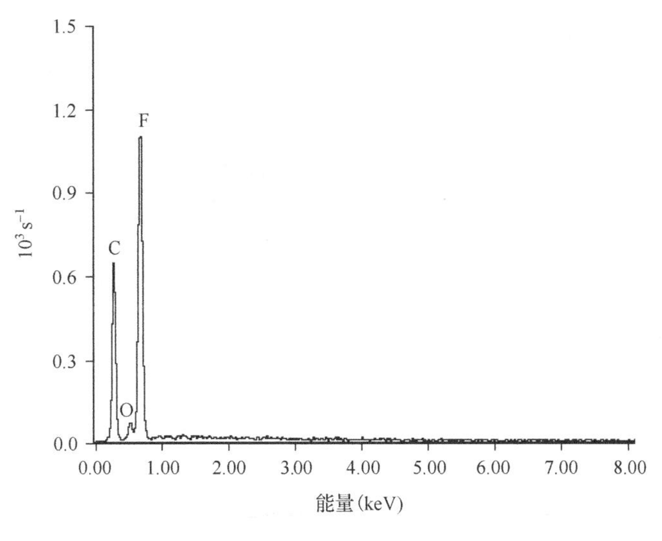

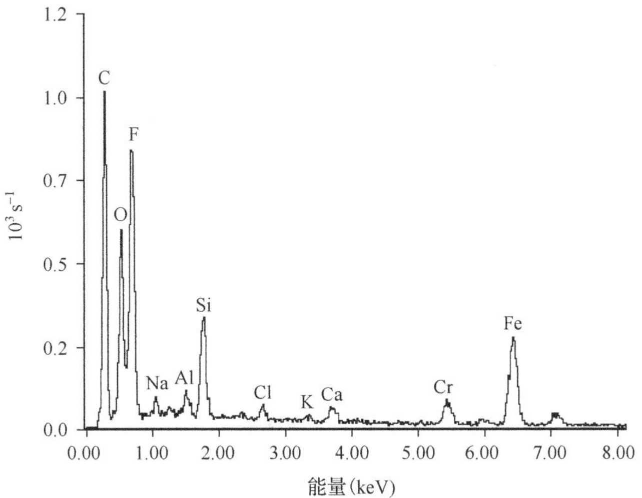

图 1.10 MBR 中中空纤维膜丝 EDS 元素分析结果

上为洁净膜,下为污染膜

MBR 中使用的聚乙烯(polyethylene,PE)中空纤维膜丝 ESEM 照片如图 1.11 所示。与新膜膜丝相比,污染膜丝表面由一层类似凝胶的物质所覆盖,无法观察到膜材料本体;化学清洗后,膜丝外表面的凝胶层基本消失,可以观察到大部分膜材料本体和膜孔。与 SEM 照片相比,ESEM 照片中无样品干燥形成的裂纹,更能反映膜丝样品的原貌。

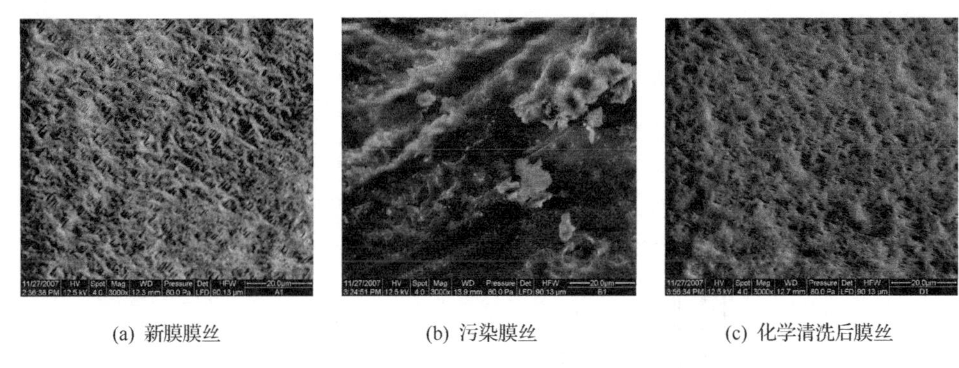

(a) 新膜膜丝　(b) 污染膜丝　(c) 化学清洗后膜丝

图 1.11　MBR 中 PE 中空纤维膜丝新膜和清洗前后膜丝的 ESEM 照片

1.5.2.3　原子力显微镜

原子力显微镜(atomic force microscope,AFM)是一种通过检测探针与样品之间的相互作用力来反映样品表面信息的分析手段。典型的探针-样品相互作用力曲线如图 1.12 所示。当两者距离较远时,相互作用力为零;随着探针逐渐接近样品表面,两者表现出相互吸引,且吸引力随距离减小逐渐增大;进一步减少探针与样品的距离,吸引力逐渐减小,最后转变为排斥力,并随距离减小而增大。图中所示是探针的三种工作模式,后文会详加介绍。

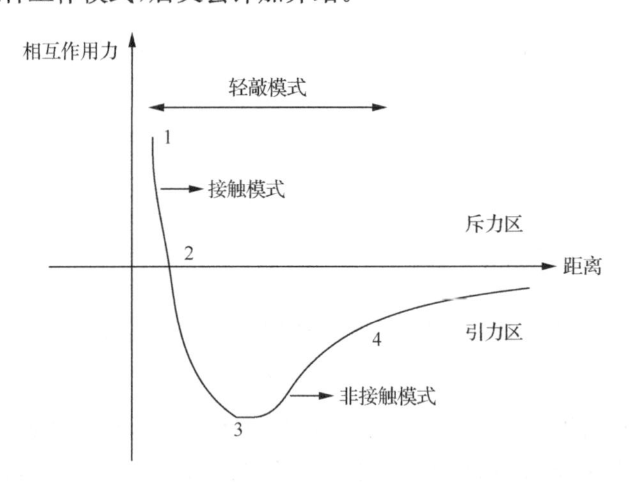

图 1.12　AFM 探针-样品相互作用力曲线

探针-样品间相互作用力的测定是原子力显微镜实现其功能的重要条件。原子力显微镜是通过检测微悬臂的形变来反映探针-样品相互作用力的(朱杰和孙润广,2005)。微悬臂一端固定,另一端与探针相连,当探针受到来自于样品的作用力时,微悬臂将发生位置偏移。通过检测微悬臂的位移量,便可根据其弹性系数来计算出探针所受的作用力。通常采用光束偏转法来测定微悬臂的位移量(图 1.13),即将一束激光照射在微悬臂上,当微悬臂发生形变时,激光反射位置随之发生变化,通过激光反射位置的变化便可反推微悬臂的形变,进而获得探针-样品相互作用力的大小(徐井华和李强,2013)。

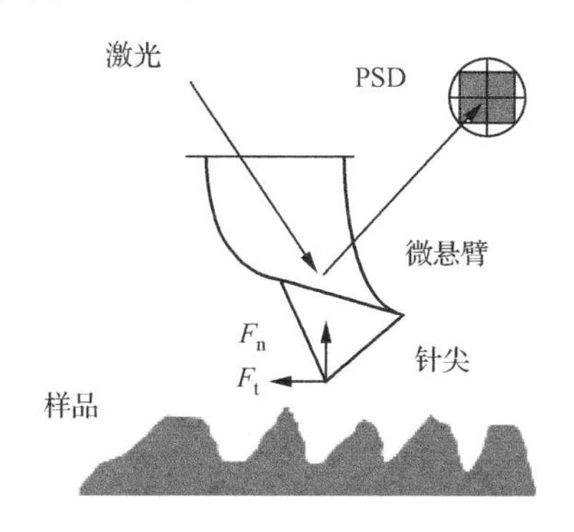

图 1.13 原子力显微镜的微探针及原理示意图

原子力显微镜主要由 3 个系统单元构成(图 1.14)(朱杰和孙润广,2005):

(1) 微悬臂单元:微悬臂是探测样品的直接工具。弹性系数和共振频率是描述微悬臂属性的两个重要参数,直接与原子力显微镜的检测精度相关。弹性系数反映了微悬臂感受力的能力,弹性系数越高,微悬臂对力的检测越灵敏。共振频率反映了微悬臂的时间分辨能力,共振频率越高,当检测位点发生变化时微悬臂对相互作用力变化的反映越快。

(2) 压电陶瓷单元:压电陶瓷单元是将机械能与电讯号进行相互转换的物理器件,它的主要作用是精确地控制样品在 *XYZ* 三维空间内的位置。

(3) 光电检测与反馈单元:该单元由激光器、位置灵敏光检测器及反馈系统组成。激光器提供一束激光照射在微悬臂上,位置灵敏光检测器则检测由微悬臂反

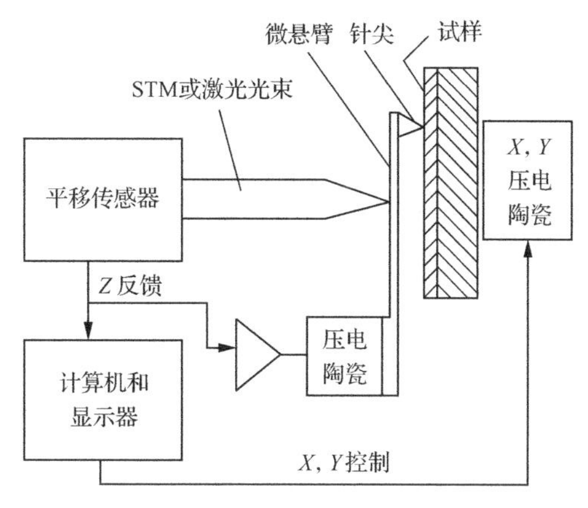

图 1.14 原子力显微镜示意图

射回来的激光，并输出反映反射光位置的电讯号。该电讯号将进入反馈系统，反馈系统的作用是将该电讯号传递给压电陶瓷单元，以调节样品在 Z 轴方向上的位置，从而使探针与样品之间的相互作用力恒定。如此则可通过记录样品在 Z 轴方向上的位置来获得样品表面的高低起伏形态。

原子力显微镜主要有三种工作模式，三者的区别在于探针与样品之间的距离不同：

(1) 接触模式(contact mode)：探针与样品之间的距离小于零点几纳米，此时两者相互作用力位于斥力区域(图 1.12 中 1～2 段)。接触模式可产生稳定、高分辨率的图像，但由于探针与样品之间距离十分接近，样品极易被探针损伤，而探针也容易受到样品污染，从而影响成像。

(2) 非接触模式(non-contact mode)：探针与样品之间距离在 5～20 nm 之间，此时两者相互作用力位于引力区域(图 1.12 中 3～4 段)。由于探针与样品之间距离较远，因而避免了接触模式中遇到的样品损坏及探针污染问题，但分辨率相对较低，且不适合在液体中成像。

(3) 轻敲模式(tapping mode)：介于接触模式和非接触模式之间的新成像方式。其特点在于使用振幅较大的微悬臂来使探针与样品间断地接触。由于探针与样品有接触，轻敲模式获得的分辨率几乎与接触模式一样，又因为接触十分短暂，不易引起样品破坏。

原子力显微镜具有如下优点：

(1) 空间分辨率高：光学显微镜的放大倍数一般不超过 10^3 倍，电子显微镜的放大倍数一般不超过 10^6 倍，而原子力显微镜的放大倍数可高达 10^{10} 倍，远超过其他显微镜。

(2) 试验对象广泛：原子力显微镜不仅可以观察导体，还可以观察半导体，甚至绝缘材料。此外，原子力显微镜还可以对生物样品进行研究，如动植物或细菌的组织、细胞、生物大分子等。

(3) 制样过程简单：原子力显微镜的制样过程十分简单，只需对样品加以固定即可进行观察。其他电子显微镜对样品预处理的要求则要高得多，如共聚焦激光扫描显微镜要求对样品进行特殊的荧光染色等。

(4) 试验环境多样：原子力显微镜可在多种试验环境中对样品进行观察，既可以是真空，也可以是气体氛围，还可以是溶液环境。此外，在观察中既可以对样品进行加热，也可以对样品进行冷却，还可以对样品进行气体喷雾。

在膜表面污染物表征方面，原子力显微镜通常有两个作用：一是表征膜污染物的三维形貌；二是表征膜表面-膜污染物或膜污染物之间的相互作用力。

原子力显微镜用于膜表面污染物三维形貌分析的操作方法较为简单，主要是计算机软件的操作,如送样、选择工作模式、扫描速度等,不同型号的机器具有不同的操作软件,在此不作详细介绍。图1.15为由原子力显微镜扫描得到的膜表面污染物形貌(Mo et al.,2010)。通常情况下,在获得样品表面形貌后,一般会通过操作软件对形貌数据进行处理,进而获得样品表面粗糙度的大小。

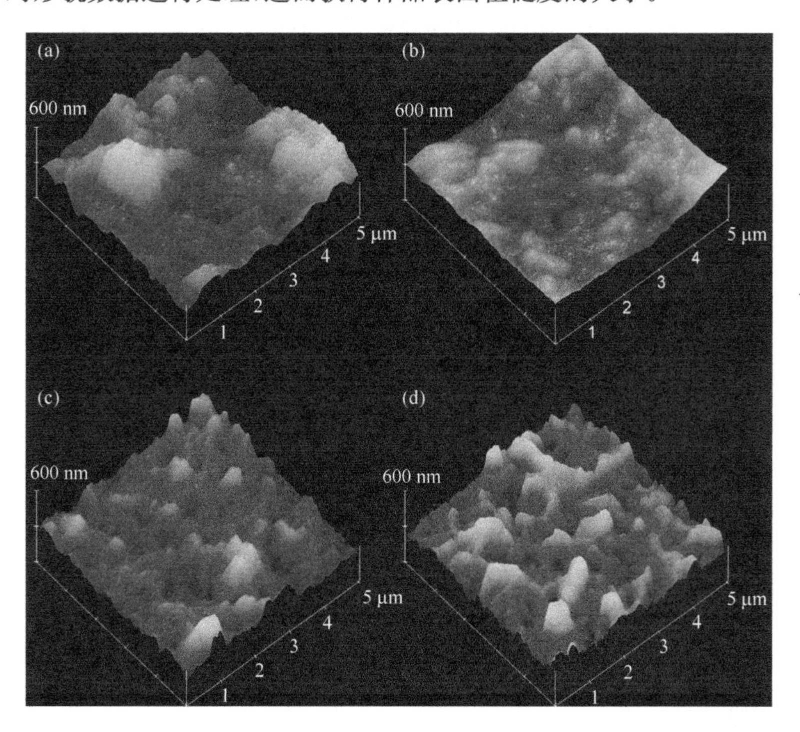

图1.15 由原子力显微镜得到的膜表面污染物三维形貌(Mo et al.,2010)
另见彩图

当原子力显微镜用于表征膜表面-膜污染物或膜污染物之间的相互作用力时,首先需要制备探针(Li and Elimelech,2004; Lee and Elimelech,2006)。与表征形貌不同,此时使用的微悬臂为无探针微悬臂,探针需要进行特别制备,以便反映膜污染物的特性。考虑到羧基是有机污染物中常见的一种官能团,通常使用一种富含羧基的乳胶颗粒[carboxylate modified latex (CML) particle]作为膜污染物的代表,其粒径大约为4 μm,电荷密度约为139 $\mu C/cm^2$。将CML悬浊液滴于洁净的云母表面,然后使无探针微悬臂沾上少量环氧树脂胶水,在显微镜下使带有胶水的无探针微悬臂与CML颗粒接触,便可使CML颗粒固定于无探针微悬臂之上,进一步对微悬臂进行紫外处理以去除操作过程中可能引入的污染物并使胶水固定,则完成了探针的制备过程。

探针制备好以后,便可开始相互作用力的测定。相互作用力的测定需要在流动池内进行，将探针与膜样品同时置于流动池内，膜样品位于探针以下。首先用去离子水对流动池进行清洗，进而加入测试液，使膜样品与探针同时浸泡于测试液之中，平衡一段时间(约 1 h)。平衡结束后，开始测定相互作用力，使探针首先接近膜样品，直至二者接触(接触模式)，进而远离，则可获得探针与膜样品在接近以及远离过程中的相互作用力随距离变化曲线。当膜样品为干净膜时，得到的结果可反映膜表面与污染物分子之间的相互作用力；当膜样品为污染膜时，得到的结果则反映了膜污染物分子之间的相互作用力。

图 1.16 为采用原子力显微镜测定聚酰胺纳滤膜-有机污染物分子相互作用力的一个例子(Li and Elimelech，2004)。图 1.16(a)为探针在接近纳滤膜样品过程中的相互作用力-距离曲线，图 1.16(b)为探针在远离纳滤膜样品过程中的相互作用力-距离曲线。当测试液中含有钙离子时，探针-膜样品吸引力更大，这是由于钙离子可同时与聚酰胺纳滤膜表面的羧基以及探针中的羧基发生配位作用，作为桥梁使探针与膜样品连接，增强了二者的吸引力。需要指出的是，远离过程中探针与膜样品表现出了比接近过程更大的相互吸引力。这是由于共价作用力(如配位键)只能在短距离内形成，一旦形成，却能在更大的范围内发生作用。因此，通常采用远离过程曲线来反映膜表面-有机污染物的相互作用力。

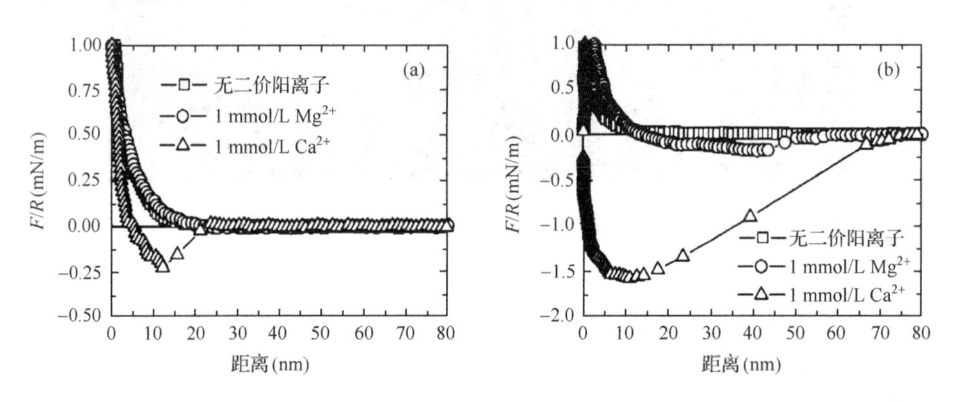

图 1.16　聚酰胺纳滤膜-原子力显微镜探针的相互作用力随距离变化曲线
(Li and Elimelech，2004)

由远离过程曲线可得到两个指标，一是黏附力，二是断裂距离。黏附力是指相互作用力-距离曲线中的最大吸引力，断裂距离是指相互作用力-距离曲线中相互作用力消失的距离。一般在膜表面选取若干测试点(如 5 个)，并在同一测试点进行多次测试(如 25 次)，来获得黏附力与断裂距离的分布情况，如图 1.17 所示(莫颖慧，2013)。通过统计分析，则可对不同情况的膜-污染物或污染物相互作用力进行比较，来预测膜污染发生的难易程度。

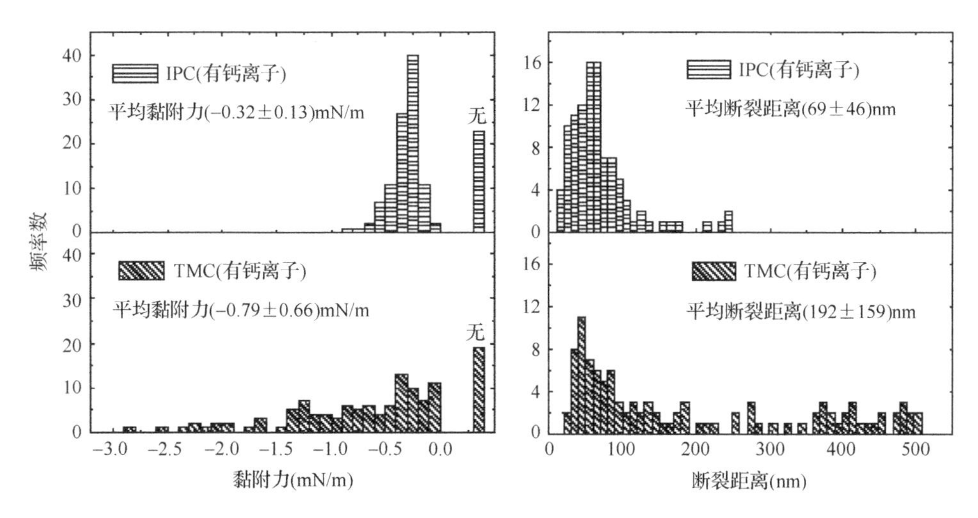

图 1.17 两种纳滤膜与有机污染物分子在含钙溶液中的黏附力及断裂距离分布情况（莫颖慧，2013）

1.5.2.4 共聚焦激光扫描显微镜

共聚焦激光扫描显微镜（confocal laser scanning microscope，CLSM）用于观测膜污染层，具有以下几方面的优势：

(1) 共聚焦成像，无杂散光信号干扰；

(2) 激光作为发射光，穿透力强，可看到污染层深层的图像；

(3) 在 xy 和 z 方向扫描，可得到污染层的 3D 图像；

(4) 可以与多种荧光探针联用，可用于观测污染层内部的微生物及大分子。

CLSM 与荧光染色联用，可表征膜污染层的以下性质：

(1) 污染层结构和形貌；

(2) 污染层孔隙率；

(3) 污染层内微生物/大分子物质的组成；

(4) 污染层内各成分沿水平方向和垂直方向的空间分布。

CLSM 检测膜污染层的基本步骤包括：

(1) 膜污染层样品的制备；

(2) 污染层的荧光染色；

(3) CLSM 观测；

(4) 结果分析。

对于污染层的荧光染色，荧光探针的选取至关重要。针对不同的目标物质，应选取合适的荧光探针。对于膜污染层内通常含有的多糖、蛋白、核酸、脂类等物质，可供选择的荧光探针举例如表 1.1(Lawrence et al.，2003)。

表 1.1 共聚焦激光扫描显微镜分析可选取的荧光标记探针

荧光标记探针*	激发/发射波长(nm)	目标物质
Syto9	488/522	核酸
Sypro Orange	470/570	蛋白质
Nile Red	552/636	酯类,疏水基团
Arachis hypogaea-CY5	650/670	β-Gal(1-3)galNAc
Canavalia ensiformis-TRITC	554/576	α-D-甘露糖 α-D-葡萄糖
Wisteria floribunda-FITC	494/520	*N*-乙酰-D-氨基半乳糖
Tetragonolobus purpureas-TRITC	554/576	α-L-海藻糖
Tetragonolobus purpureas-CY5	650/670	α-L-海藻糖
Ulex europaeus-FITC	494/520	α-L-海藻糖
Ulex europaeus-CY5	650/670	α-L-海藻糖
Ulex europaeus-Colloidal Gold	不透明区	α-L-海藻糖
Datura stramonium-CY5	650/670	*N*-乙酰氨基葡萄糖 *N*-乙酰氨基葡萄糖
Sambucus nigra-CY5	650/670	α-NcuNAc(2-6)gal/galNAc

* 荧光染料缩写：FITC,异硫氰酸荧光素；TRITC,异硫氰酸四甲基罗丹明；CY5,五甲炔花青

荧光染色的参考步骤如图 1.18 所示(以四重荧光染色为例)(Chen et al., 2006)。在此例中,SYTO 63 对核酸染色,用于指示微生物细胞;FITC 对蛋白和糖蛋白染色;Con A-TRITC 对多糖中的 α-吡喃甘露糖和 α-D-吡喃葡萄糖染色;Calcofluor white 对多糖中的 β-D-吡喃葡萄糖染色。此例中用到两种缓冲剂:$NaHCO_3$用于维持 pH,防止蛋白中的氨基质子化;PBS 用于清洗多余的荧光染料。

CLSM 观测膜污染层时,需采集以下指标:①直观形貌;②空间变量,包括垂直距离、发光面积(反映平面均匀度)、发光体积(反映孔隙度)等;③荧光强度,可反映污染层中目标物质的含量。每次观测(拍照)的范围为 $10^4 \sim 10^5\ \mu m^2$。

CLSM 对膜污染层观测数据的分析,可包括以下几方面:

(1) 沿垂直于膜表面的方向分析,靠近膜表面的数据可反映初始污染情况,污染层中部深度的数据可反映主体污染情况;

(2) 沿水平方向分析,目标物质的含量可反映其对当前深度污染层的贡献,目标物质的密实度可反映其对该层孔隙率及过滤比阻的贡献;

(3) 垂直-水平方向联立分析,可通过污染层均匀度随垂直距离变化、孔隙度随垂直距离变化、各种目标物质含量随垂直距离变化等方面,揭示污染层的发展状况。

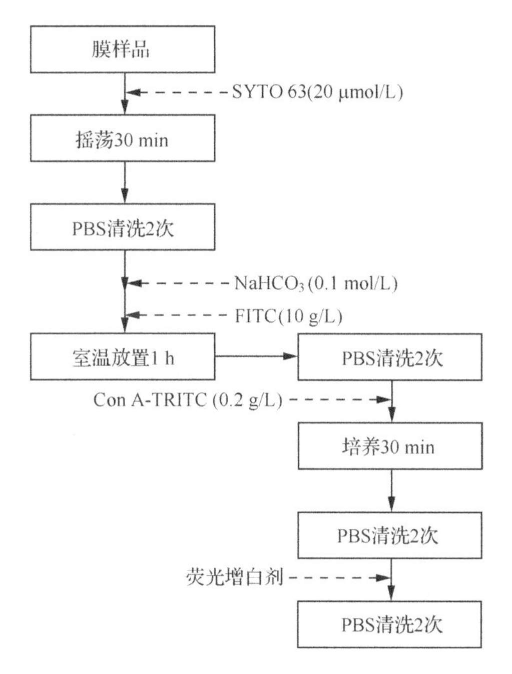

图 1.18 荧光染色的参考步骤(以四重荧光染色为例)(Chen et al.,2006)

膜污染层的 CLSM 照片如图 1.19 示例,包括平面视图和三维视图。示例中的污染层经 SYBR Green I 染色,染料与核酸结合后,在波长为 488 nm 的激发光照射下,呈现绿色(发射光波长 515 nm),用以指示污染层中的微生物(Jin et al.,2006)。

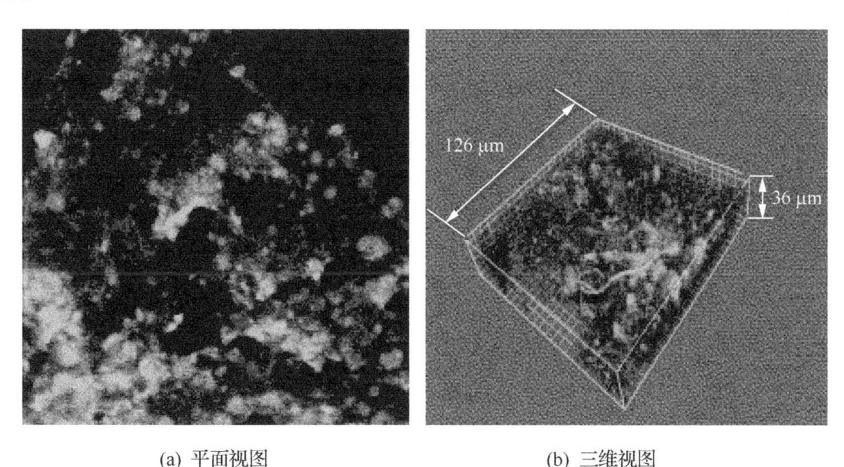

(a) 平面视图 (b) 三维视图

图 1.19 膜污染层的 CLSM 照片示例(Jin et al.,2006)
另见彩图

1.5.2.5 傅里叶变换红外光谱

利用衰减全反射傅里叶变换红外光谱(ATR-FTIR),对污染膜丝样品表面的有机成分进行检测,根据对官能团振动峰的分析,可以初步判断出膜丝表面污染物的种类。

红外光谱测定仪的采样深度为膜表面以下数微米。膜表面官能团信息由衰减全反射傅里叶变换红外光谱给出,表1.2为红外光谱吸收带与疑似官能团的对应关系。

表1.2 红外光谱吸收带与疑似官能团的对应关系

波数范围(cm^{-1})	吸收强度	振动类型	可能的官能团
3600～2700	强	O—H伸缩	羟基、氢键、水
3350～3050	中	酰胺N—H伸缩	酰胺、肽键、蛋白类
2950～2850	强	C—H伸缩	饱和脂肪C
1800～1700	强	C═O伸缩	羧酸酯
1750～1650	强	C═O伸缩	羧酸
1700～1600	强	酰胺C═O伸缩	酰胺、肽键、蛋白类
1600～1550	强	C═O伸缩	羧酸盐
约1450	中	C—H变形	饱和脂肪C
1400～1250	强	O—H弯曲	羟基
1400～1000	强、尖锐	C—F	膜背景(C—F)
1300～1000	强	C—O伸缩	含氧亲水物、多糖类
850～700	强	苯环C—H弯曲	芳香环
800～700	弱	C—F	膜背景(C—F)
800～600	强	C—Cl	膜背景(C—Cl)

有关利用傅里叶变换红外光谱对PVDF新膜、污染膜和化学清洗后膜的测定结果及其分析参见第4章图4.87。

第 2 章　膜生物反应器膜污染过程特征

膜污染是指在膜过滤过程中，被分离料液中溶质分子、胶体粒子和颗粒物在膜表面或膜孔内部的吸附或沉积，致使膜孔道变小或堵塞，膜表面形成凝胶层或滤饼层，从而造成膜通量降低或者跨膜压差(TMP)升高的现象。膜污染是制约 MBR 稳定运行与推广应用的瓶颈问题。由于 MBR 中的料液性质十分复杂，关于膜污染过程特征尚不完全清楚。

本章通过实验室 MBR 小试和实际 MBR 工程，对膜污染进行宏观和微观观察，分析了膜污染过程特征及其影响因素(桂萍，1999；桂萍等，2004；丁杭军，2001；Gui et al.，2003)，以期为膜污染控制提供基础。

2.1　MBR 小试装置中膜污染过程特征

在 MBR 运行过程中，膜污染是不可避免会发生的。深入了解膜污染过程和机理，对于膜污染控制技术的研究具有十分重要的意义。

本节以处理实际城市污水的 MBR 实验室小试为对象，采用宏观研究与微观研究相结合的方法，在全时监测 TMP 变化的同时，利用电子显微镜对膜表面的污染状况进行了不定期的微观观测，对其与 TMP 变化的相关性进行了分析，并探讨了在不同运行条件下的膜污染模式(桂萍，1999；桂萍等，2004；Gui et al.，2003)。

2.1.1　工艺特征与运行条件的设置

小试 MBR 装置采用浸没式，生物反应器的尺寸为：850 mm×100 mm×1100 mm。反应器由隔板分隔成两个容积相等且底部相通的部分。隔板的一侧设有穿孔曝气管，其正上方装有聚乙烯中空纤维膜组件(膜孔径 0.1 μm，膜面积 4 m^2，日本三菱丽阳公司)。通过曝气一方面使反应器中的活性污泥混合液维持一定的循环流动速度，形成对膜表面的冲刷，以减轻活性污泥在膜表面的沉积；另一方面供给微生物分解污水中有机物所需的氧气。试验用水取自清华大学北区的生活污水，并根据试验需求，适时加入一定量的人工自配水。

本试验通过控制生物反应器的污泥浓度、膜通量的大小、膜组件的抽/停时间以及生物反应器的污泥龄(sludge retention time，SRT)，考察了在不同条件下 TMP 的变化规律。试验共运行了 430 天。按试验条件的不同，整个试验过程可分为 6 个阶段：A. 初始运行阶段；B. 高污泥浓度运行阶段；C. 受污染膜过滤性能恢复阶段；D. 低污泥浓度运行阶段；E. 高通量运行阶段；F. 短污泥龄运行阶段。各运行阶段的操作条件如表 2.1 所示。

表 2.1　小试 MBR 各运行阶段的操作条件

编号	运行阶段	运行时间(d)	污泥龄(d)	进水 COD 浓度(mg/L)	抽/停时间(min/min)	膜通量[L/(m²·h)]	污泥浓度(g/L)
A	初始运行阶段	0～60	20	63～827 (平均 227)	13/2	5	1.15～2.74 (平均 2.44)
B	高污泥浓度运行阶段	60～130	40	130～572 (平均 248)	13/2	5	2.41～7.65 (平均 5.47)
C	受污染膜过滤性能恢复阶段	130～180	40	81～496 (平均 171)	13/5	5	1.96～5.21 (平均 3.45)
D	低污泥浓度运行阶段	180～340	40	44～400 (平均 126)	13/2 或 13/5	5	1.11～3.22 (平均 1.96)
E	高通量运行阶段(包括短时高污泥浓度运行)	340～375 375～400	40	57～75 (平均 66)	按正交试验的开停时间设置	4～10	1.33～1.96 (平均 1.58) 9.56～11.32 (平均 10.32)
F	短污泥龄运行阶段	400～430	5	88～155 (平均 96)	13/2	5	1.01～1.80 (平均 1.51)

2.1.2　跨膜压差的变化

试验各阶段 TMP 的时间变化如图 2.1 所示。

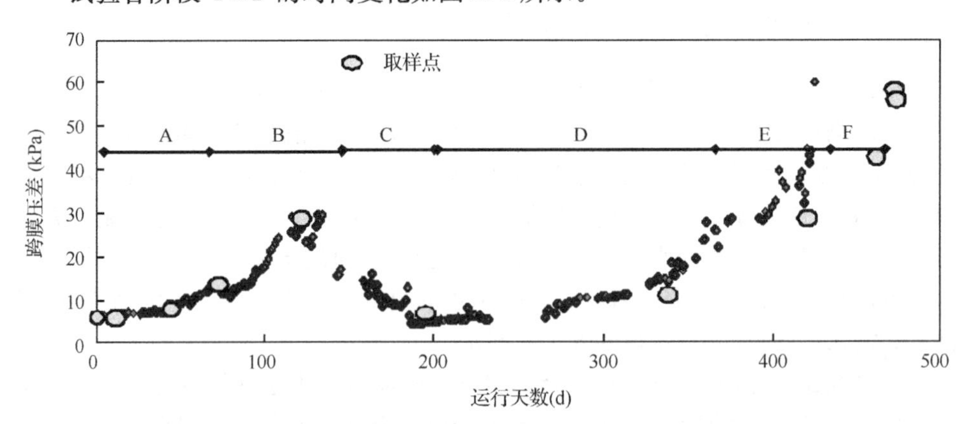

图 2.1　MBR 小试装置运行过程中跨膜压差的变化情况

小试 MBR 在各阶段的运行状况和膜污染情况简述如下：

A. 初始运行阶段，即从清洁膜开始投入运行至第60天。在此运行期间，运行参数设定为膜通量5 L/(m^2 · h)，曝气强度44.44 m^3/(m^2 · h)，抽吸时间13 min，停抽时间2 min，污泥龄为20 d，污泥浓度约为2.44 g/L。在该阶段膜抽吸压力上升速率很小，基本维持在较稳定的水平。

B. 高污泥浓度运行阶段，即运行第60天至第130天。在此阶段生物反应器污泥龄提高到40 d，进水COD浓度也维持在一个较高的水平。因此，生物反应器污泥浓度较高，平均为5.47 g/L，最高时超过7 g/L。该阶段的TMP上升速率逐渐增加，当运行至130 d时，TMP达30 kPa，为初始运行时期的6.7倍左右，约为本试验采用的抽吸泵抽吸能力的一半。

C. 受污染膜过滤性能恢复阶段，从运行天数第130天至第180天。在试验第130天至第140天，将生物反应器停止进出水，但仍维持正常曝气(空曝气)。结果发现TMP大幅度降低，至20 kPa左右；反应器内污泥浓度也有所降低，达到4.5 g/L。该阶段的TMP下降速率为1 kPa/d。第140天将反应器重新恢复运行，并且保持与A阶段和B阶段相同的运行条件，但将进水浓度适当降低，使生物反应器的污泥浓度维持在4 g/L以下，维持运行了15天左右，结果TMP继续下降至15 kPa左右，该阶段TMP下降速率为0.3 kPa/d。在运行第155天时，将膜的停抽时间进一步延长到5 min，结果TMP持续下降，下降速率为0.4 kPa/d。当运行至第180天时，TMP已下降至4.5 kPa左右，接近膜组件初始运行时的抽吸压力。可见，采用生物反应器停止进出水而维持曝气、降低生物反应器污泥浓度以及延长停抽时间三种方法均可使在低压过滤条件下产生的膜污染得到一定程度的恢复，其中以停止进出水，维持空曝气的方法对受污染膜过滤能力的恢复速率最快。

D. 低污泥浓度运行阶段，即从第180天至第340天。在该阶段的初期，污泥浓度在2～3 g/L的范围内。停抽时间保持在5 min。在运行天数的第180天至第240天，膜抽吸压力上升速率非常低，一直维持在接近膜起始抽吸压力的水平。当运行到第240天时，因系统维护，反应器停止运行维持空曝气30天，至第270天再次恢复运行。此时生物反应器的污泥浓度降至1.5 g/L，但反应器上清液COD浓度有所增加，膜抽吸压力开始缓慢上升，到本阶段结束时升至14 kPa。

E. 高通量运行阶段，即从第340天至第400天。在此阶段的初期，由于低污泥浓度条件下正交试验的需要，将膜通量提高到原来的1.5～2倍，结果发现TMP上升速率增加较快。在此阶段的后期，即运行到第360天时，将膜通量恢复到了正常的5 L/(m^2 · h)，但TMP未见有明显下降，仍保持在30 kPa左右。这说明此时膜过滤能力很难通过空曝气的方式进行恢复。在高通量运行阶段末期，还进行了短时间的高污泥浓度正交试验。

F. 短污泥龄运行阶段，为从第400天至第430天。该阶段初期TMP在30 kPa左右。当运行到第422天时，将反应器污泥龄调节至5 d，结果发现，TMP迅速上升甚至超过了抽吸泵的极限抽吸力。此时，将反应器停止进出水，维持空曝气，结果发现膜抽吸压力有所下降，但一旦恢复运行，膜抽吸压力又会很快上升。这表明膜已经严重堵塞，不能继续运行，必须对膜进行清洗。

2.1.3　各运行阶段膜污染特征分析

结合以上 TMP 的变化，为考察膜表面的污染特征，分析其与 TMP 变化之间的关系，在试验各运行阶段不定期地从膜组件截取一段中空纤维膜丝，采用扫描电镜观察膜丝外表面污染物的沉积情况以及膜截面孔径的堵塞情况。不同阶段的取样点标示在图 2.1 中。

2.1.3.1　清洁膜

清洁膜的表观和微观结构如图 2.2 的扫描电镜(SEM)照片所示。

从放大倍数 200 的膜外表面表观照片[图 2.2(a)]来看，清洁膜表面清洁、光滑，未见有污染物在膜表面沉积。将膜表面放大到 5000 和 10000 倍[图 2.2(b)]时，可以清晰地观察到膜的微孔结构及其分布情况。从膜截面的照片[图 2.2(c)]看，该膜结构属于非对称型。在膜的外表面有一层厚约 0.5 μm 的致密表皮层，在该表皮层之下，是厚约 0.06 mm 的高孔隙率支撑层。在膜内表面，同样也有一层厚约 0.5 μm 的致密的内表皮层。由此可见，该膜具有内外表皮层，可以通过纤维外表皮层进行外压过滤，也可以通过纤维内表皮层进行内压过滤。

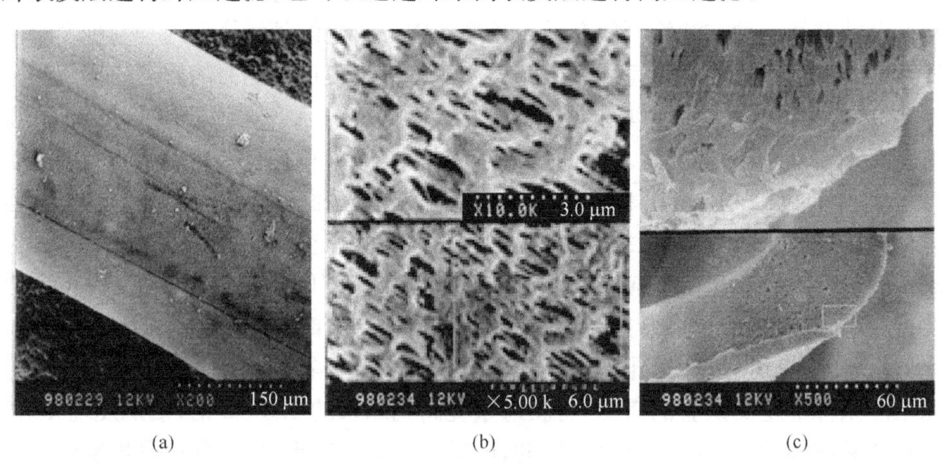

图 2.2　清洁膜表面和截面的电镜照片

2.1.3.2　初始运行阶段

在膜初始运行阶段曾取样两次。第一次是在 MBR 运行 5 小时后，第二次是在 MBR 运行 37 天后。

MBR运行5小时后膜表面的污染情况见图2.3所示。

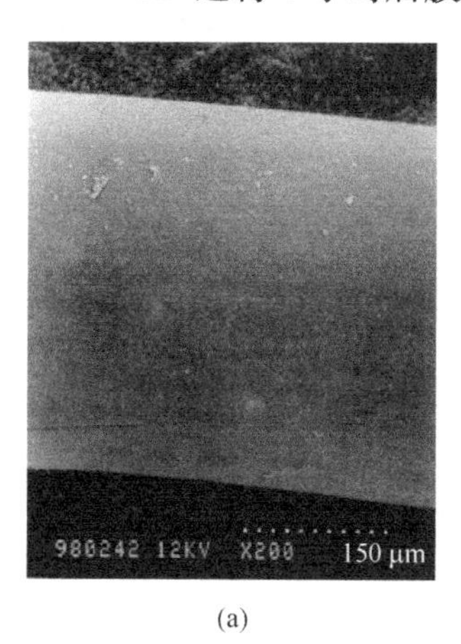

(a)

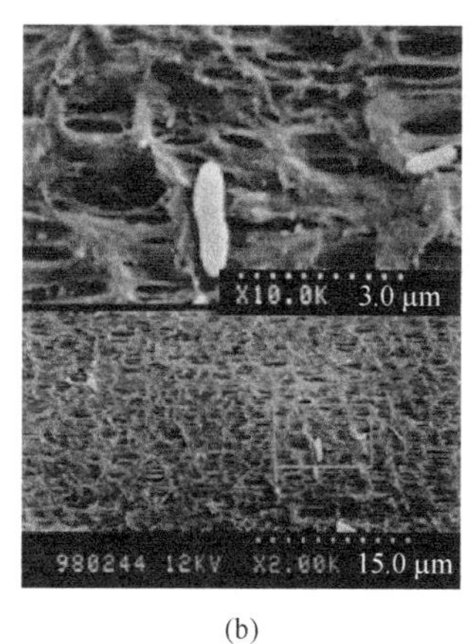

(b)

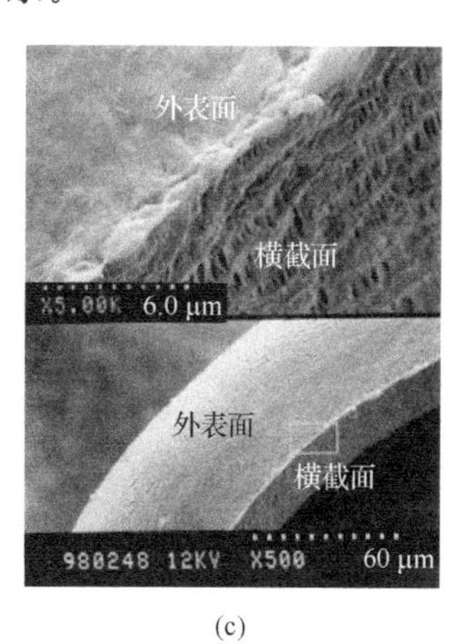

(c)

图2.3　小试MBR运行5小时后膜表面及截面的电镜照片

从膜外表面表观情况[图2.3(a)]来看,除发现有极少数颗粒状物质外,未见有许多污泥在膜表面沉积。从2000倍和10000倍的电镜照片[图2.3(b)]来看,部分膜孔已经模糊,被覆盖上了一层深色的黏性物质。其中,有些膜孔上覆盖的黏性物质较多,几乎已看不见原来的膜孔;但有些膜孔只在边缘有少量的黏性物质;而有些膜孔则依然清晰可见。从膜截面的电镜照片[图2.3(c)]来看,膜截面的颜色变深了。

小试MBR运行了37天后膜表面的污染情况如图2.4所示。

从膜外表面的表观电镜照片[图2.4(a)]来看,有一些白色细小的物质均匀地分布在膜表面,仍未见有大量的污泥沉积。从1000倍的微观照片[图2.4(b)]来看,大部分膜孔已经被黏性物质覆盖,但少量膜孔依然清晰可见。这些膜孔四周均匀地吸附着一些深色的黏性物质。有些膜孔内部还能看到一些细小的颗粒物。同时,在膜表面还分布着一些菊花状的结晶体,推测可能是无机金属离子形成的结晶体。

从膜截面的电镜照片[图2.4(c)]来看,作为分离层的表皮层以下的支撑层依然清晰,但颜色比起运行5小时后的状态要深。

由以上观察可见,在此阶段膜污染主要以由溶解性大分子黏性物质在膜表面附着引起的污染为主。因此,反映到宏观上为TMP上升速率缓慢。

2.1.3.3　高污泥浓度运行阶段

在高污泥浓度运行阶段,分别在运行天数第68天和第116天对膜丝进行采样,进行了扫描电镜观察。其中,运行第68天时,TMP上升速率开始出现较快的增加趋势;运行第116天时,TMP已经上升到较高的水平。

图 2.4　小试 MBR 运行 37 天后膜表面及截面的电镜照片

MBR 运行到第 68 天时膜表面的电镜照片如图 2.5 所示。

从膜外表面的表观电镜照片[图 2.5(a)]来看，膜表面出现了污泥絮体的沉积。而且，污泥絮体均集中沉积在膜丝柱体的一侧，并且呈块状分散分布。将絮体污泥与膜表面的交界面放大[图 2.5(b)]可以看到，吸附在膜表面的污泥絮体与吸附在膜表面的黏性物质层未见混杂，是完全分离的。这表明污泥絮体是在凝胶层吸附之后再附着上去的。而且，在吸附的污泥絮体之下，由溶解性有机物吸附形成的凝胶层较薄，有些地方还可以清晰地见到膜孔。而在没有污泥絮体沉积的地方，膜表面形成的凝胶层明显更厚。这说明悬浮污泥絮体在膜表面的沉积可以在一定程度上阻止溶解性物质在膜表面的进一步附着。

同时还发现，在膜表面形成的凝胶层的内部，有一些白色的丝状物[图 2.5(c)]，一部分埋在黏性物质层的内部，另一部分伸向空中。从形态上判断，这可能是无机

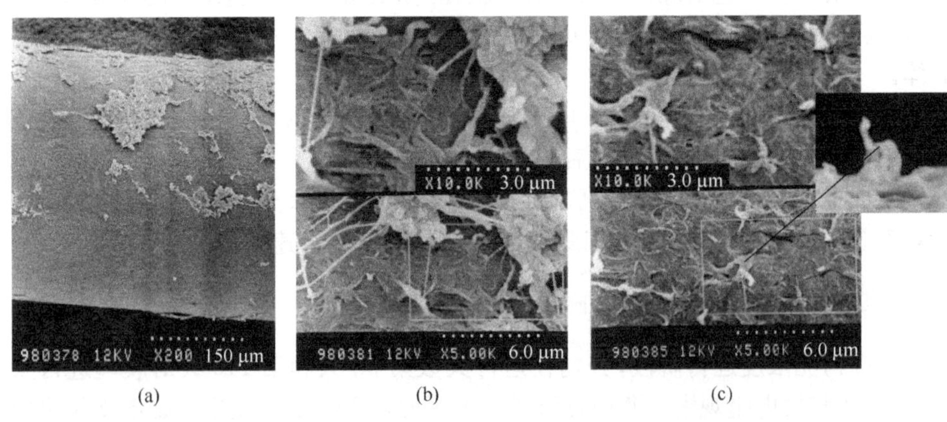

图 2.5　小试 MBR 运行第 68 天时膜表面污染的电镜照片

离子形成的晶体。由于溶解性有机物与无机离子均是溶解性的，在反应器混合液内是均态分布的，因此二者被吸附在膜表面的时间比较接近。

当 MBR 运行到第 116 天时的膜表面污染状况见图 2.6。

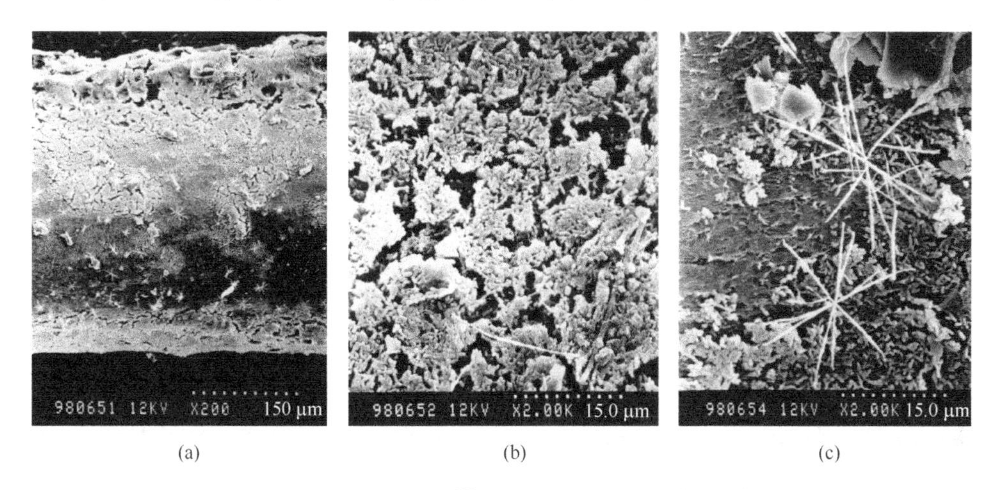

图 2.6　小试 MBR 运行到第 116 天时膜表面污染的电镜照片

从膜外表面的表观电镜照片[图 2.6(a)]来看，膜表面大部分已经被悬浮污泥絮体所覆盖。污泥絮体主要沉积在膜丝两侧，而在膜丝的中间，有一个条状带，在该带内悬浮污泥絮体沉积较薄。而在这个条状带两侧的悬浮污泥的沉积则逐渐增厚。

将悬浮污泥层最厚的区域放大[图 2.6(b)]，可以看到，污泥层主要是细菌，细菌之间结合十分紧密。而且还可以明显看到细菌之间有一些黏性物质存在。

从电镜观察的结果来看，主要细菌种类是杆菌，与第 68 天膜表面沉积的悬浮污泥絮体有较大的区别。观察结果表明生物反应器内的微生物相也有类似的变化情况。这说明膜表面沉积的微生物絮体形态也是随生物反应器内微生物相的变化在不断更新的。

将污泥层较薄的条状带部分放大[图 2.6(c)]发现，污泥絮体的尺寸均比较小，而且在污泥层表面又进一步吸附了一些葵花状以及正方体状的物质。从形状上推测为无机离子形成的晶体和一些无机颗粒物。这个条状带内，一部分膜表面未完全被污泥覆盖，仍可以看到一些凝胶层以及部分膜孔的存在。

从膜截面的情况看，膜表面沉积的污泥层厚度约为 2 μm。

可见，本阶段由悬浮污泥在膜表面的沉积造成的膜污染逐渐占主导地位，从而造成 TMP 上升速率加快。

2.1.3.4 膜过滤能力恢复阶段

在膜过滤能力恢复阶段的末期(运行第 180 天)对膜表面的污染状况进行了观察,结果如图 2.7 所示。

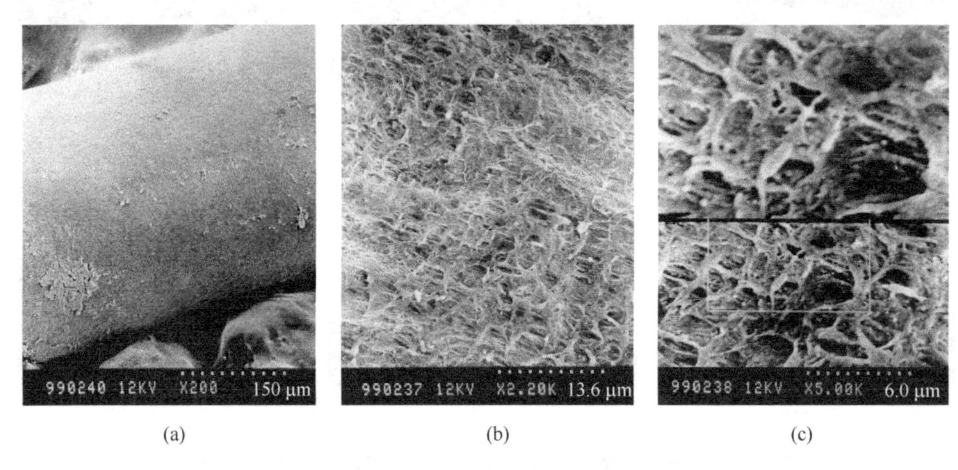

(a) (b) (c)

图 2.7 膜污染在线恢复末期膜表面污染的电镜扫描照片

从膜的表观情况看[图 2.7(a)],该阶段膜表面沉积的污泥层已经基本脱落,膜表面显得比较干净、光滑。深色的黏性物质比较均匀地吸附在膜表面,整个膜丝颜色较浅,而且比较均匀。图 2.1 所示该阶段 TMP 急剧下降正是由于膜表面沉积污泥脱落的缘故。

从膜的微观结构[图 2.7(b)(c)]来看,膜表面以前曾被黏性物质覆盖的膜孔,有一些已变得清晰了,不被溶解性有机物覆盖的膜孔数目也增多了,有些膜孔还得到了完全的恢复。

以上结果表明,悬浮污泥在膜表面的沉积对膜孔结构不会发生影响,而且是可逆的。通过停止进出水维持空曝气或降低反应器内 SS 浓度可以使沉积在膜表面的悬浮污泥脱离膜表面,从而使膜过滤能力得到很好的恢复。膜表面吸附的溶解性有机物虽然也有一定的脱落,但不如沉积污泥明显。

2.1.3.5 低污泥浓度运行阶段

经过膜过滤能力恢复阶段,TMP 降低到接近膜过滤初期的抽吸压力值,随后 TMP 开始缓慢上升。在该阶段虽然溶解性有机物在膜表面沉积时会引起膜孔有效面积的减小,使 TMP 上升速率略有上升,但上升的速率不大。

在 TMP 稳定上升的过程中(运行第 310 天),对膜表面的污染状况进行了考察,结果如图 2.8 所示。

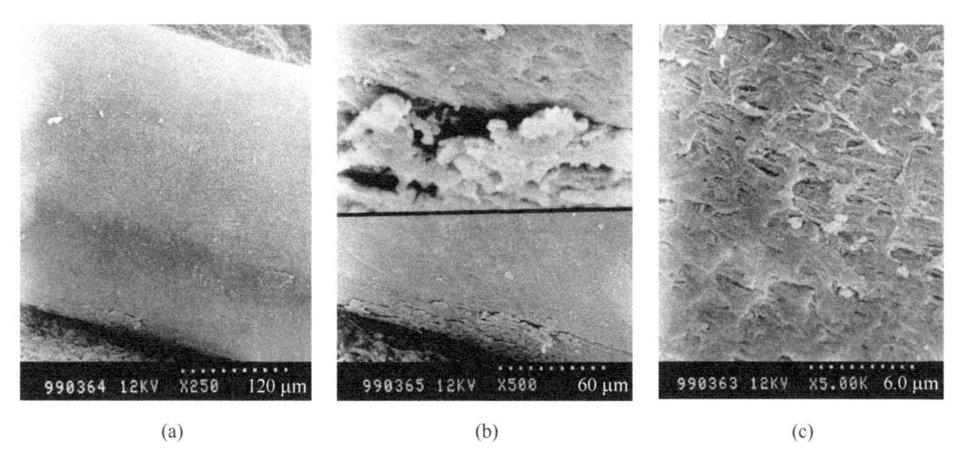

(a) (b) (c)

图 2.8 小试 MBR 运行到 310 天时膜表面扫描电镜照片

从膜的表观电镜照片来看[图 2.8(a)],膜表面一侧出现少量污泥的附着,其余部分完全被溶解性有机物覆盖,颜色较深。而膜表面深色的黏性物质也出现带状分布。在有少量污泥沉积的一侧,膜表面的颜色较深,过渡到没有污泥沉积的一侧时逐渐变浅。

对污泥沉积的部位放大观察[图 2.8(b)]发现,膜孔表面沉积的黏性物质较多,膜表面可见的孔隙率很小。随着从有沉积污泥的一侧向另一侧过渡,膜表面附着的黏性物质明显减少,颜色也逐渐变浅。从图 2.8(c)中可以看到黏性物质逐渐减少的过渡区。

以上电镜观察结果表明在该阶段,由于生物反应器内悬浮污泥浓度较低,悬浮污泥不易在膜表面沉积,TMP 上升缓慢。此时,TMP 的缓慢增长主要是由溶解性有机物造成的。

2.1.3.6 高通量运行阶段

在此阶段,由于正交试验的需要,将膜通量提高到原来的 1.5～2 倍,致使 TMP 上升速率增加(参见图 2.1)。而且,这种上升趋势当膜通量降低到正常值之后也未见恢复。正交试验结束后(运行第 375 天时),对此阶段膜表面的污染状况进行了考察,结果如图 2.9 所示。

从膜表面的表观情况[图 2.9(a)]看,膜表面沉积了大量的污泥。同时由黏性物质引起的灰色比低污泥浓度运行时期的更深。增大放大倍数观察发现[图 2.9(b)(c)],未被沉积污泥覆盖的地方,黏性物质的沉积量有所增加,颜色也较之以前更深。而且,黏性物质中还混杂有一些颗粒状物质。

分析可知,膜通量增加以后,一方面溶解性有机物在膜表面的积累速度增加,引起由于浓差极化产生的膜表面凝胶层厚度的增加;另一方面,由于由膜通量引起

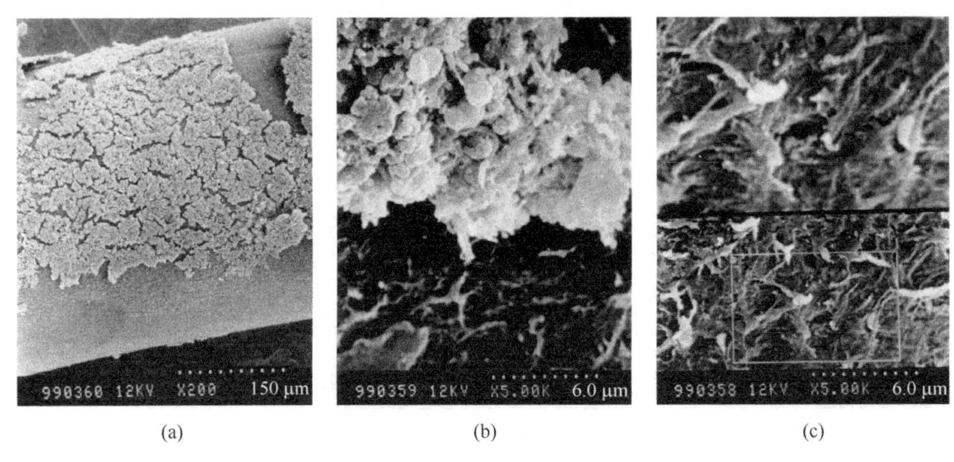

(a)　　(b)　　(c)

图 2.9　小试 MBR 高通量过滤阶段膜表面污染的电镜照片

的颗粒向膜表面的运动速度增加，加速了污泥在膜表面的沉积，甚至使一些小颗粒物质也偏离了悬浮污泥混合液的流线，随溶解性有机物一起在膜表面沉积。这可以从在图 2.9(c)中发现部分小颗粒物质混杂在凝胶层中得到证明。

由以上观察的结果可知，该阶段 TMP 的上升是由沉积在膜面的污泥层和溶解性黏性物质形成的凝胶层共同作用的结果。

2.1.3.7　短污泥龄运行阶段

在生物反应器污泥龄缩短之前，TMP 稳定在 30 kPa 左右；当生物反应器污泥龄缩短为 5 天后，TMP 迅速上升。此时，停止反应器进出水，维持空曝气，使 TMP 恢复到接近急速上升之前的水平。之后(运行第 425 天时)，取膜丝样品进行电镜观察，结果如图 2.10 所示。

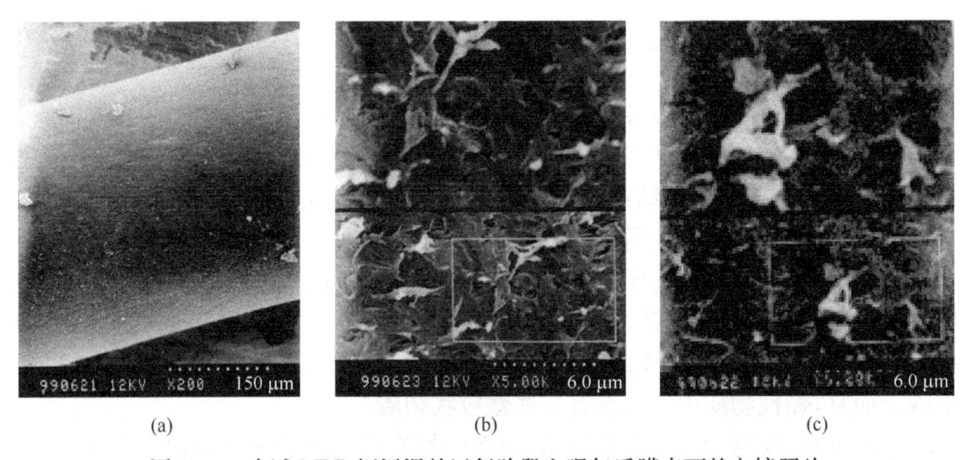

(a)　　(b)　　(c)

图 2.10　小试 MBR 短污泥龄运行阶段空曝气后膜表面的电镜照片

从膜表观电镜照片可以看到[图 2.10(a)],膜表面比较均匀、光滑,沉积的悬浮污泥很少,只有少数几个颗粒物沉积在膜表面。但膜表面的颜色比较深。

从膜表面的微观情况看[图 2.10(b)],膜表面附着的凝胶层沿膜表面的分布比较均匀。从 5000 倍的电镜照片观察[图 2.10(c)],膜表面大部分膜孔几乎完全被黏性物质覆盖,而只有少量一些膜孔依稀可见。

在重新开始运行后,TMP 仍然急速上升,由于膜组件的抽吸泵的抽吸能力有限,运行两天后,发现膜通量下降至原来的 2/3。此时,对膜表面的污染状况(运行第 432 天时)进行扫描电镜观察,结果如图 2.11 所示。

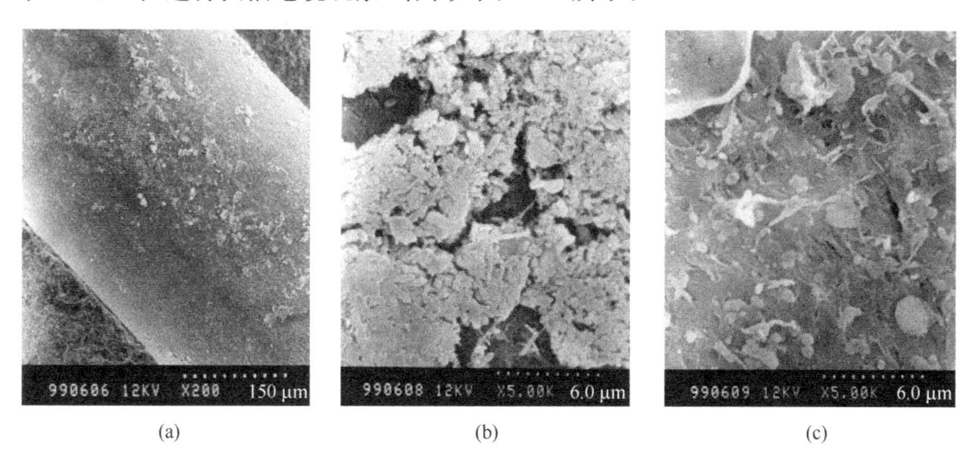

图 2.11　小试 MBR 短污泥龄运行阶段膜表面严重污染后的电镜照片

图 2.11(a)为膜表面的表观电镜照片。可以看到有厚厚的一层黏性物质附着在膜表面。同时,还附着有一些悬浮污泥。从膜表面的 5000 倍的照片[图 2.11(b)]可以看出,膜表面的沉积污泥与凝胶层是分离的。沉积污泥有的地方比较致密,有的地方则比较疏松。致密的污泥层有被压缩的痕迹,推测这是由于膜抽吸压力过大的缘故。在没有悬浮污泥附着的地方,除了黏性物质和之前见到的无机离子的结晶体以外,还发现了许多大小不等的颗粒状物质。有的是游离的细菌菌体,有的从形态上判断是无机颗粒。

分析原因,这是由于该阶段的膜已经受到严重污染,膜的有效孔径大幅度减少,因而膜过滤引起的流速增加,致使一些小颗粒物质偏离悬浮污泥混合液的流线,随溶解性有机物一起在膜表面沉积。这也可以解释图 2.11(c)中部分小颗粒物质与凝胶层发生混杂的原因。

参见图 2.1 可知,在这个阶段 TMP 上升很快。但电镜照片观察表明,膜表面沉积的污泥层并不太厚,膜表面的凝胶层也未见有明显的增厚。推测此时引起 TMP 上升的主导因素是膜孔的堵塞。在此阶段污泥龄为 5 d,污泥龄过低,反应器污泥浓度过低,对有机物的分解能力弱,反应器上清液中会残留一部分未降解的有机物。相对分子质量测定表明这些物质相对分子质量大约在 6000 以下，可能会引起膜孔堵塞，导致 TMP 的上升。

2.1.4　各运行阶段膜污染模式的探讨

如第 1 章 1.4.2 节所述，膜污染过程通常可以用完全堵塞污染模型、标准堵塞污染模型、混合堵塞污染模型以及滤饼过滤污染模型四种模型进行描述。在恒通量过滤模式下，这四种模型的表达式如表 2.2 所示（桂萍，1999）。

表 2.2　恒通量过滤条件下四种膜污染模型的表达式

模型	公式
完全堵塞污染模型	$p_0/p = 1 - \sigma Jt$
标准堵塞污染模型	$p_0/p = \left(1 - \frac{\beta Jt}{r_0^2 Ne}\right)^2$
混合堵塞污染模型	$p = p_0 e^{\sigma Jt}$
滤饼过滤污染模型	$p = p_0 + \mu AJ^2 t$

注：p，膜过滤压差；p_0，初始膜过滤压差；J，膜通量；t，过滤时间；r_0，初始膜孔孔径；N，单位面积内的膜孔数；e，膜厚度；A，过滤面积；σ，与过滤料液性质有关的参数；β，无量纲的膜孔污染系数；μ，滤液黏滞系数

应用膜污染模型，对在试验过程中得到的 TMP 变化曲线分阶段进行拟合，选择最优的拟合模型，整理见图 2.12。

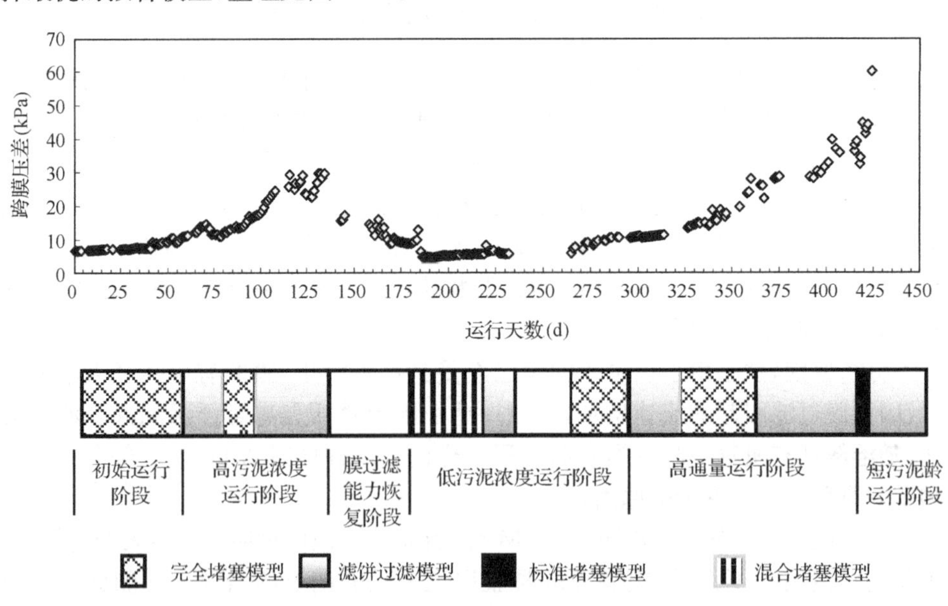

图 2.12　各运行阶段跨膜压差的变化及其与膜污染模型的拟合情况

根据以上拟合结果，可以看到，在运行初期，悬浮污泥浓度很低，膜表面的污染主要表现为溶解性有机物产生的完全堵塞污染。

在高污泥浓度运行阶段，除中间一段时间表现为完全堵塞污染模式外，其余时间段膜污染主要表现为滤饼沉积污染模式，可用滤饼过滤模型来描述。这与电镜观察到的膜面有大量污泥沉积的现象是一致的。

在低污泥浓度运行阶段，初期的膜污染表现为混合堵塞污染模式。分析可知，由于悬浮污泥脱落，原来未完全堵塞的膜表面又重新裸露出来。污染物继续在膜表面积累时，可以沉积在没有堵塞的膜表面上，也可以沉积在已经堵塞的部位。从电镜观察的结果看，这段时间，污染物在膜表面的分布不均匀，有的地方厚，有的地方还能看见膜孔，有的地方则有少量的悬浮污泥沉积。由此可间接证实混合堵塞污染模型的合理性。

在低污泥浓度运行后期，由于试验装置维护的需要，在停止进出水而维持空曝气的条件下，试验进行了 30 天，此时膜表面的凝胶层脱落，大部分膜孔又重新裸露出。之后继续运行时，膜污染又表现为完全堵塞污染模式。

在高膜通量运行初期，由于膜通量较大，造成即使在反应器悬浮污泥浓度较低的情况下，悬浮污泥也易向膜表面沉积，因而膜污染表现为滤饼过滤污染模式。而当膜通量恢复正常后，又表现为完全堵塞污染模式。在该阶段的后期，由于进行高污泥浓度的正交试验的需要，反应器悬浮污泥浓度维持得较高，此时膜污染表现出滤饼过滤污染模式。

最后，在短污泥龄运行阶段，TMP 迅速上升。通过膜污染模型验证，发现标准堵塞模型对此阶段的 TMP 上升情况符合得最好。当污泥龄较低时，反应器上清液中相对分子质量小的物质含量较高，推测这部分物质由于不能被膜所截留，会进入膜孔道，造成孔道内部堵塞。而当膜孔堵塞后，在孔道内滤液的实际流速增加，使膜孔对悬浮污泥的实际抽吸力增加，引起悬浮污泥迅速在膜表面沉积，膜污染进而转变为滤饼过滤污染模式。

另外，在高污泥浓度运行阶段和高膜通量运行阶段，从完全堵塞污染模式到滤饼过滤污染模式之间未明显观察到混合堵塞模式的存在。而在低污泥浓度运行期，能观察到一个很长的混合堵塞模式存在的阶段。这是由于在高污泥浓度运行期，悬浮固体在膜表面的沉积速度快，很快就从膜孔完全堵塞污染阶段进入滤饼过滤污染阶段。而在低污泥浓度运行期，由于反应器混合液污泥浓度不是很高，而且停抽时间也较长，因此，悬浮固体不易很快在膜表面沉积。在很长一段时间内只有溶解性有机物在膜表面附着，因而观察到了混合堵塞污染模式的存在。

综上所述，在 MBR 的初始运行期，或生物反应器污泥浓度较低时，膜污染一般遵循膜孔完全堵塞污染模式，采用完全堵塞污染模型能够很好地描述 TMP 的上升规律。当生物反应器污泥浓度较高，或低污泥浓度但膜通量较高时，膜污染过程遵循滤饼过滤污染模式。当膜污染过程是由溶解性有机物和悬浮污泥共同影响时，膜污染符合混合堵塞污染模式。当污泥龄较短，混合液中有大量小分子物质存在时，膜污染过程符合标准堵塞污染模式。

从 TMP 的上升速率看，在完全堵塞污染模式中，TMP 上升速率最慢。在混合堵塞污染模式中，TMP 的上升也不显著。但发生滤饼过滤污染和标准堵塞污染时，TMP 上升速率很快。滤饼过滤污染一般是可逆的，可以通过调整操作条件来进行控制，使膜的过滤能力得以恢复。但标准堵塞污染一般难以通过物理手段来恢复。

在实际运行中应当尽量避免膜孔内部堵塞的标准堵塞污染情况的出现，而最好将 TMP 上升速率控制在完全堵塞污染的水平。当膜表面出现滤饼过滤污染时，可以通过调整污泥浓度，或增大曝气量使之得到减缓。当滤饼污染严重时，可通过停止进水，维持空曝气的方法使之得到恢复。

2.2 MBR 实际工程中膜污染过程特征

上节考察了实验室小试 MBR 运行过程中膜污染的动态变化。在此基础上，本节进一步以某一处理医院污水的 MBR 实际工程为对象，通过跟踪监测膜污染过程，分析 MBR 实际工程中的膜污染过程特征（丁杭军，2001）。

2.2.1 工艺特征

以某一处理医院污水的浸没式 MBR 装置为研究对象。该装置设计处理能力 20 m^3/d，主要由生物反应池和膜组件两部分组成。生物反应池采用好氧完全混合式活性污泥反应池，有效容积 6 m^3，设有隔板将其分为大小相等的两个池子，内置聚乙烯中空纤维膜组件（孔径 0.4 μm，日本三菱丽阳公司）24 块，每一膜组件的膜面积为 4 m^2，膜总面积 96 m^2。膜组件下设有穿孔管曝气，膜组件采用间歇运行，抽吸频率为 13 min 开，2 min 关。

2.2.2 跨膜压差的变化

如图 2.13 所示，在整个运行过程中，TMP 随时间不断地上升，但在不同运行阶段 TMP 的变化情况不同。根据 TMP 上升的特点将整个运行过程分为几个阶段：启动运行期、TMP 稳定上升期、TMP 快速上升期和 TMP 极限上升期（图中依次用 A、B、C、D 表示）。之后，对膜进行了清洗（E 阶段）。下面分别对每一阶段的 TMP 变化情况和膜污染特征进行分析。

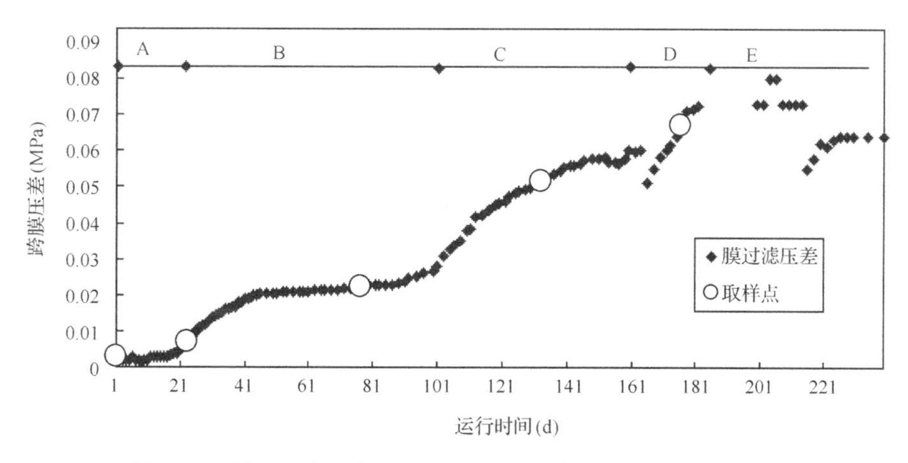

图 2.13　处理医院污水 MBR 实际工程中跨膜压差随时间的变化

2.2.3　各运行阶段膜污染特征分析

在不同的运行阶段从膜组件随机剪下一段中空纤维膜丝(见图 2.13 中标记出的取样点)采用扫描电镜观察膜丝表面污染物的沉积情况及膜截面孔径的堵塞情况,考察在不同的 TMP 变化下的膜污染特征,分析其与 TMP 之间的关系。

2.2.3.1　清洁膜

清洁膜内外表面的电镜照片见图 2.14(放大倍数 3000 倍)。可见,膜孔清晰,没有任何污染物。

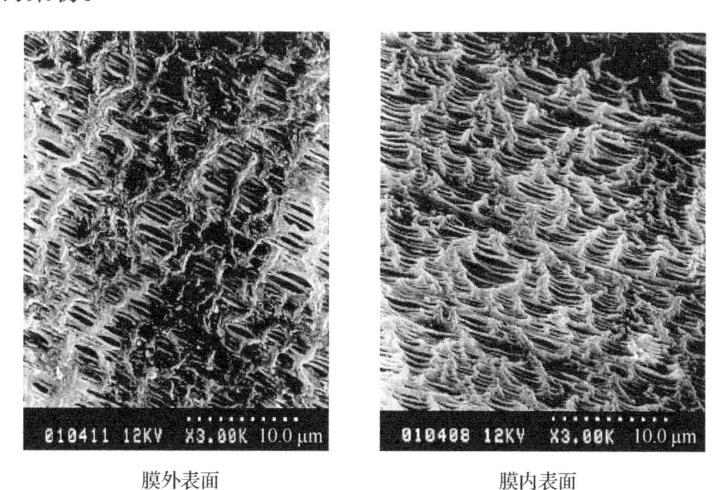

图 2.14　清洁膜内外表面的电镜扫描照片

2.2.3.2 启动运行期

在装置运行第 25 天,从膜组件截取膜丝,对膜丝内外表面的污染情况进行了电镜观察(图 2.15)(放大倍数 3000 倍)。膜外表面与启动前相比,表面上黏性物质增多,颜色变深,形成一层比较均匀的凝胶层,一部分膜孔被凝胶层覆盖。但膜内表面的膜孔还清晰可见。比较 TMP 的变化,膜外表面不断形成的凝胶层使 TMP 逐渐上升。

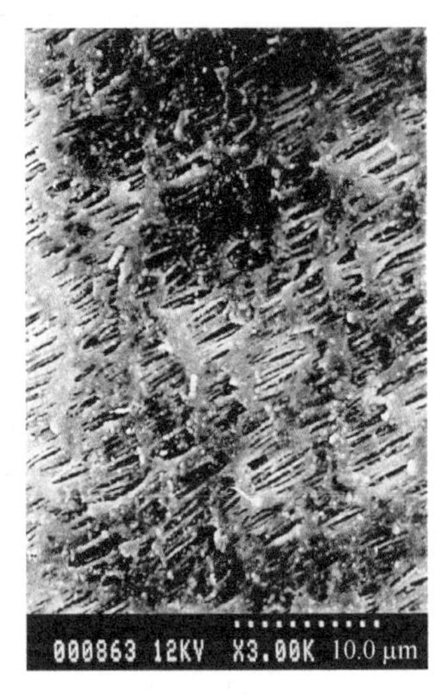

膜外表面

膜内表面

图 2.15 启动运行期(运行第 25 天)膜内外表面的电镜照片

2.2.3.3 TMP 稳定上升期

在 TMP 稳定上升期,于运行第 75 天,从膜组件截取一段膜丝,对其进行电镜扫描观察。放大 200 倍的膜外表面的表观电镜照片如图 2.16(a)(b)所示,在膜表面上很明显出现两层沉积物:膜丝外表面有一层均匀的凝胶层,而在凝胶层的外面又均匀地包裹着一层厚厚的污泥层,而且凝胶层和污泥层完全分离,清晰表明了污泥层是在凝胶层形成之后再附着上去的。将膜丝表面凝胶层放大到 3000 倍[图 2.16(c)]可以看到此时形成的凝胶层比在启动运行阶段的凝胶层更加均匀、致密,覆盖在膜外表面上,外表面膜孔依然可见,但孔径减小。从污泥层的放大照片[图 2.16(d)]中可见污泥层主要是活性污泥絮体在膜外表面的沉积,污泥层中有大量的细菌,细菌在黏性物质的作用下,紧密地结合在一起,形成一层致密而厚实的污泥层。

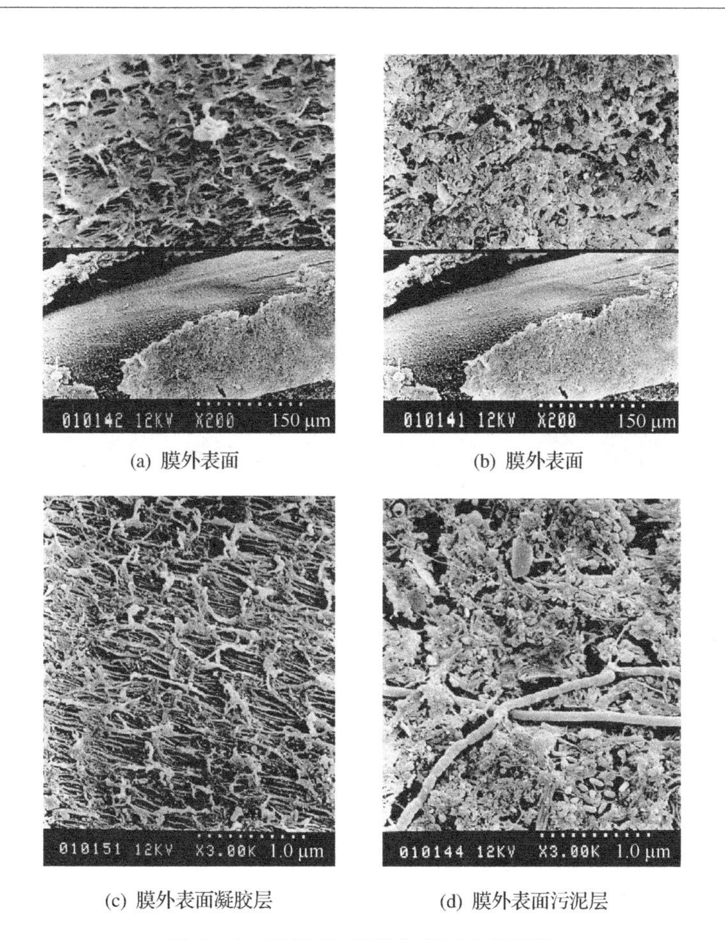

(a) 膜外表面　　(b) 膜外表面

(c) 膜外表面凝胶层　　(d) 膜外表面污泥层

图 2.16　运行 75 天膜外表面电镜照片

膜内表面的污染情况如图 2.17 所示。从放大 500 倍[图 2.17(a)]的照片来看，膜内表面的大部分地方都是干净的，部分地方黏附有不均匀的大块白色物质，将这些白色大块物质放大 3000 倍[图 2.17(b)]，发现是由大量的细菌在丝状黏性物质的黏附下紧密地结合而成，细菌在膜内表面的滋生是膜丝内的少量细菌以膜过滤出水中的少量有机物和营养物质为基质进行生长繁殖的结果。但这种情况不是很严重，大部分内表面还是很干净的。本阶段膜污染的主要原因是膜外表面形成的凝胶层和污泥层。

2.2.3.4　TMP 快速上升期

MBR 运行 100 天后，TMP 开始以较大的速率上升，在运行 133 天时，取膜丝观察了膜污染状况。

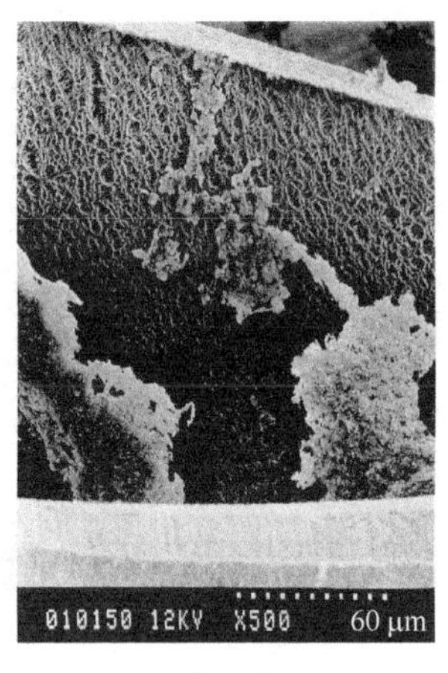

(a) 膜内表面

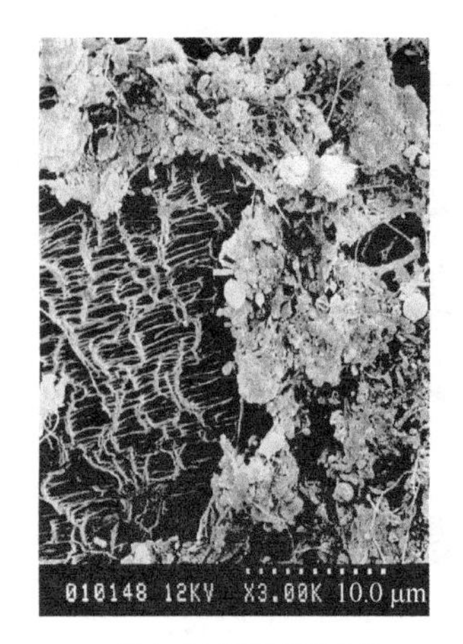

(b) 膜内表面滋生的微生物

图 2.17　运行 75 天膜内表面电镜照片

从膜外表面观察，此时没有看到污泥层，而凝胶层则发生了很大的变化。明显看到凝胶层已经变硬、变厚，紧紧糊在膜表面上，下面的膜孔几乎已完全看不到[图 2.18(a)]。另外在凝胶层上滋生了大量的丝状细菌[图 2.18(b)]。同时膜内表面上滋生了大量的细菌，丝状菌交错成支架，球菌以此为依附，成串地生长在上面，形成致密的一层，将内表面膜孔覆盖，只有在成串细菌团的空隙之间才可看到一些膜孔[图 2.18(c)]。此时，变厚的凝胶层和膜内表面微生物的滋生构成了膜污染的主要原因，在宏观上表现为 TMP 上升速率加快，呈乘幂方式上升。

(a) 膜外表面凝胶层

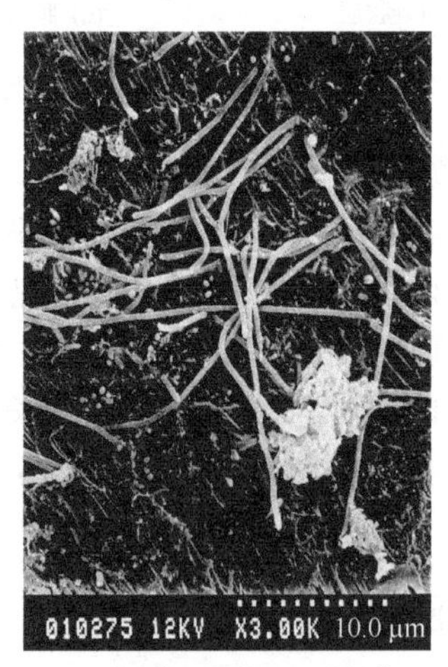

(b) 膜外表面凝胶层上的细菌

(c) 膜内表面滋生的细菌

图 2.18　运行 133 天膜内外表面电镜照片

2.2.3.5　TMP 极限上升期

当反应器继续运行到第 170 天，TMP 又突然增大，其斜率大于 TMP 快速上升期，仅仅两周时间，TMP 上升 20 kPa。在运行 176 天对膜丝取样进行电镜观察。

如图 2.19(a)所示，此时膜外表面污染十分严重，凝胶层已经变质，完全硬化成固态物质，膜外表面已经完全被糊死，看不到任何膜孔，另外上面还附有大块的白色物质。而膜内表面上细菌大量繁殖，致密的细菌层将内表面上膜孔完全覆盖[图 2.19(b)(c)]。剖面观察膜截面，发现截面膜孔没有发生堵塞现象，可见此时 TMP 迅速上升是膜外表面凝胶层的继续硬化，以及膜内表面滋生的大量微生物将膜内孔完全堵塞所致。宏观表现为 TMP 直线上升，很快达到出水泵的抽吸极限，此时必须中止反应器运行，对膜进行清洗。

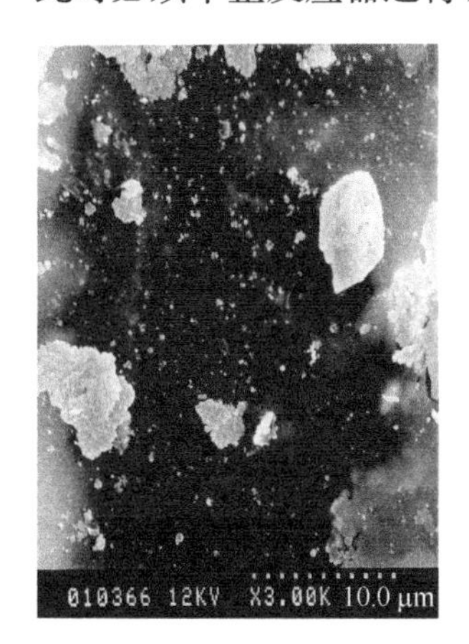

(a) 膜外表面硬化的凝胶层

(b) 膜内表面

(c) 膜内表面滋生的细菌

图 2.19　运行 176 天膜电镜照片

2.3　膜污染过程特征总结

(1) 造成膜污染的主要原因是膜外表面凝胶层的形成、污泥层以及膜内表面微生物的滋生。

(2) 在各运行阶段膜污染的特点不同。在运行前期，膜污染物主要是外表面的凝胶层，TMP 先上升再平稳发展。运行中期，膜外表面凝胶层增厚，污泥沉积在膜表面，同时膜内部滋生的微生物成为主要污染物，此时 TMP 上升速率加快。运行后期，当内部滋生的微生物生长繁茂并且将膜内孔几乎完全堵塞时，TMP 以直线方式加速上升。

第3章　膜生物反应器混合液特性与膜污染潜势

在MBR工艺中，活性污泥混合液是膜过滤的对象，混合液的各种组分是膜污染物质的直接来源。同时，混合液中的生物相是活性污泥的主体部分，承担着去除有机物、脱氮除磷等作用。因此，充分了解MBR污泥混合液的性质对于MBR工艺性能的提升及膜污染的控制具有重要意义。

本章首先介绍混合液性质的表征方法，在此基础上介绍MBR长期运行过程中混合液性质的变化特征和MBR处理城市污水实际工程中混合液的理化特性；然后评价混合液的膜污染潜势及其主要影响因素；在识别出上清液有机物是影响混合液膜污染潜势的主要因素的基础上，对处理城市污水和焦化废水两种情况下的MBR上清液有机物各组分的膜污染潜势做进一步深入研究，识别上清液中的优势污染物(沈悦啸，2011；吴金玲，2006；赵文涛，2009)。

3.1　混合液性质的表征方法

3.1.1　混合液性质的分类

混合液的主要性质包括理化和生物学性质。

3.1.1.1　混合液理化性质

混合液的理化性质包括环境指标、组成性质和功能性质。

混合液的环境指标包括温度、溶解氧(dissolved oxygen，DO)浓度、电导率等，会对混合液的物质组成、微生物群落结构产生重要影响，与反应器的运行条件密切相关。

混合液的组成性质包括活性污泥絮体和上清液两部分。活性污泥絮体的指标包括悬浮污泥浓度(mixed liquor suspended solids，MLSS)、挥发性悬浮污泥浓度(mixed liquor volatile suspended solids，MLVSS)、胞外多聚物(extracellular polymeric substances，EPS，一些文献称 extractable EPS 或 bounded EPS)(Yoon et al.，2004)的组成、表面电荷以及粒径分布等；上清液中含有大量的溶解性微生物代谢产物(soluble microbial products，SMP，一些研究者称SMP为soluble EPS或free EPS)、少量进水带来的污染物质、游离的细菌、细小的污泥絮体和无机盐类等。SMP 的主要成分为多糖、蛋白、核酸、腐殖酸以及富里酸等物质。

混合液的功能性质包括混合液的沉降性、流变学特性等。MBR 混合液污泥浓度很高，使得 MBR 中污泥的沉降性较差。混合液黏度与污泥浓度有良好的相关关系。

3.1.1.2　混合液生物学性质

混合液的生物学性质主要包括微生物群落结构特征和功能特征。

微生物群落结构特征包括微生物多样性、不同微生物的丰度、优势菌种等。

功能特征是指在 MBR 特有的环境条件下（如高污泥浓度、低 F/M 值等）微生物所表现出来的代谢特征（如有机物降解、碳氮硫等营养元素的循环）、细菌活性等。

3.1.2　混合液部分理化性质的测定方法

3.1.2.1　活性污泥胞外多聚物提取方法

1. 甲醛-NaOH 提取法

采用甲醛-NaOH 方法提取 EPS 总量。根据 Liu 和 Fang (2002)的研究，该方法在众多的 EPS 提取方法中效果最好。

首先取混合液样品 10 mL，2000 r/min 离心 10 min，弃去上清液，加入高纯水，振荡使絮体散开，反复离心清洗 3 次，加入高纯水至 10 mL，振荡。离心清洗的目的是去除上清液及絮体表面黏附的有机物。加入 0.06 mL 的 36.5%甲醛溶液，4℃保存 1 h，固定细胞（甲醛和细胞膜上的羟基、氨基以及膜蛋白上的硫氢基反应，防止在提取 EPS 时细胞发生破裂）。加入 4 mL 1 mol/L NaOH，4℃保存 3 h。NaOH 中和酸性基团，使带负电的 EPS 产生排斥力，提高 EPS 的溶解性。在 4℃下 20000 *g* 离心 20 min，弃去污泥层。经 0.2 μm 膜过滤去除游离细胞。最后在 4℃下放入 3500 D 透析袋透析 24 h，去除小相对分子质量物质。透析后记录样品体积，分别测定 TOC、蛋白、多糖浓度，并计算出含量。每个样品均进行两次平行提取和测定。

2. 热提取法

采用热提取法（Li and Yang，2007）对活性污泥中松散结合的 EPS（loosely-bound EPS，LB-EPS）和紧密结合的 EPS（tightly-bound EPS，TB-EPS）进行提取。首先将污泥混合液在 4000 r/min 离心 5 min，上清液用 0.7 μm 的玻璃纤维滤膜过滤，剩余的沉积物用 50℃的 0.05%的氯化钠溶液稀释到原体积，在振荡器上剧烈振荡 1 min，4000 r/min 下离心 5 min，上清液再用 0.7 μm 的玻璃纤维滤膜过滤得到的上清液即为 LB-EPS；离心剩余的沉积物再用 0.05%的氯化钠稀释至原体积，

60 ℃水浴 30 min，4000 r/min 下离心 5 min，再用 0.7 μm 的玻璃纤维滤膜过滤得到的上清液即为 TB-EPS。

3.1.2.2　上清液有机物浓度分析

参照 Bouhabila 等(2001)报道的方法，将上清液有机物分胶体有机物和溶解性有机物两部分进行分析。取两份混合液样品经 4500 r/min 离心 1 min，取上清液，其中一份测定 TOC，即为上清液总有机物浓度。将另一份加入 $Al_2(SO_4)_3$ 溶液，将上清液胶体有机物絮凝去除，投加量为 250 mg/L，反应 20 min。经 4000 r/min 离心 10 min 去除沉淀。取上清液，测定 TOC，即为上清液溶解性有机物(dissolved organic carbon，DOC)浓度。TOC 和 DOC 之差则为胶体有机物(colloidal organic carbon，COC)浓度。

3.1.2.3　上清液有机物的分离方法

上清液中不同大小的有机物采用不同截留相对分子质量(MWCO)的超滤膜进行分离。采用的超滤膜(Millipore Corp.，USA)的 MWCO 分别为 1 kDa，10 kDa，30 kDa 和 100 kDa，材质为再生醋酸纤维素。分离所用的超滤杯装置示意图如图 3.1(a)所示。将一定体积的水样置于超滤杯中，通以氮气以维持一定的过滤压力，控制搅拌速度为 170 r/min 以防止浓差极化，过滤温度为室温[(20±2)℃]。最终透过液和截留液的体积比控制为 3∶1。

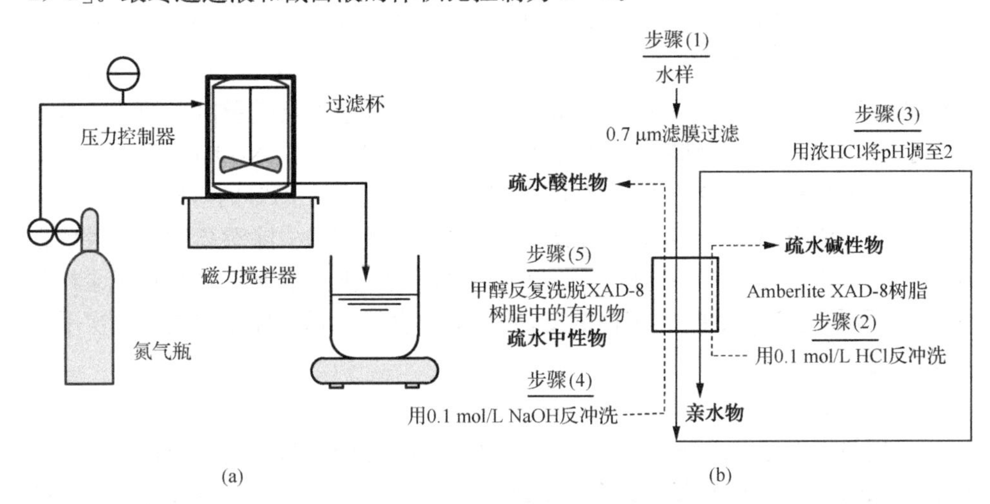

图 3.1　(a)分离有机物大小的超滤杯装置图和(b)亲疏水组分分离流程图

上清液中有机物的亲疏水组分的分离采用大孔树脂柱层析(Supelite™ XAD-8，40～60 目，平均孔径 22.5 nm，表面积 160 m^2/g，孔体积 0.79 cm^3/g)方法(Leenheer，1981)，将样品中的有机物分离成为亲水物(hydrophilic substance，

HIS)、疏水酸性物(hydrophobic acid，HOA)、疏水中性物(hydrophobic neutral substance，HON)和疏水碱性物(hydrophobic base，HOB)四种组分。分离流程如图 3.1(b)所示，简要描述如下：

(1) 将一定体积的水样通过 XAD-8 树脂柱吸附，收集流出液；

(2) 用 0.1 mol/L 的 HCl 溶液反洗树脂柱得到疏水碱性物组分；

(3) 将步骤(1)中 XAD-8 树脂柱的流出液用浓 HCl 溶液调至 pH 为 2，再次用树脂柱吸附，流出液为亲水物组分；

(4) 用 0.1 mol/L 的 NaOH 溶液反洗树脂柱得到疏水酸性物组分；

(5) 用甲醇提取 XAD-8 树脂中的剩余物质得到疏水中性物组分；

(6) 取原水样和各分离组分测定 TOC 和色度，其中疏水中性物组分的 TOC 通过物料衡算得到。

3.1.2.4　多糖含量的测定

H_2SO_4-苯酚比色法(Dubois et al.，1956)是一种快速而简便的多糖含量测定方法。苯酚和 H_2SO_4混合后，可以和游离的己糖或多糖中的己糖基、戊醛糖及己糖醛酸起反应，反应后溶液呈洋红色，在 490 nm 处有最大吸收峰。通过测定吸光度，由标准曲线换算溶液中多糖浓度(以葡萄糖计)。

3.1.2.5　蛋白质和腐殖酸

采用改进的 Lowry 法(Frolund et al.，1995)。由于该方法会受到城市污水中钙镁离子的干扰，因此，对其测定方法进行了改进。采用离子交换树脂对受试样品进行预处理，去除钙镁离子后，再采用改进的 Lowry 法对蛋白质和腐殖酸进行测定(Shen et al.，2013；沈悦啸，2011)。

3.1.2.6　污泥活性的测定

比耗氧速率(specific oxygen uptake rate，SOUR)的测定装置如图 3.2 所示。通过测定活性污泥内源呼吸(无底物)状态下的比耗氧速率可判断污泥活性的强弱。首先采用高纯水将污泥样品离心清洗 3 次，去除混合液中的营养物质，再将污泥样品倒入碘量瓶(去盖)中，在恒温(15 ℃)磁力搅拌器上搅拌，使其 DO 浓度上升，然后将 DO 仪的探头插入碘量瓶，水封，不要

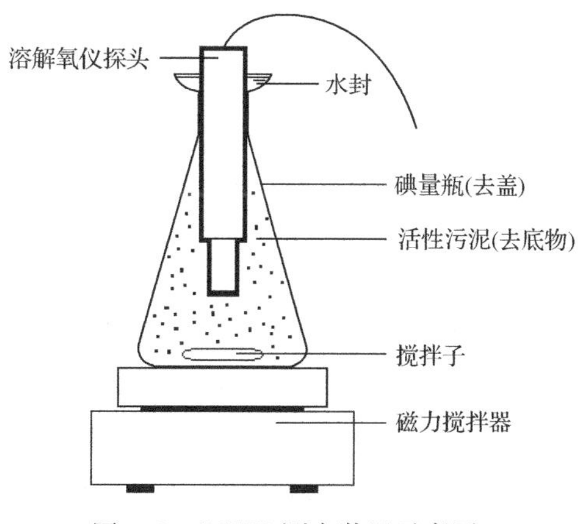

图 3.2　SOUR 测定装置示意图

留有气泡。用秒表计时，记录相应时间下 DO 浓度，对 DO 浓度(mg/L)-时间(s)作图，利用所得斜率及污泥量计算出 SOUR，单位 mg-O_2/(g-VSS · h)。

3.1.3 混合液膜污染潜势的评价方法

混合液膜过滤性测定采用小型膜过滤装置，如图 3.3 所示。采用的膜组件为聚乙烯中空纤维膜组件，膜孔径 0.4 μm，过滤面积 0.033 m^2，装置容积 3 L。膜组件下方设有砂头进行曝气，曝气量为 0.4 m^3/h。一定量的混合液样品置入过滤装置中，利用抽吸泵进行过滤。为使混合液性质在过滤过程中保持不变，滤过液返回至过滤装置。试验采用恒通量过滤，通量为 36 L/(m^2 · h)，随时间记录 TMP 并通过 Darcy 公式计算过滤阻力随时间的变化情况。根据试验发现这条曲线一般在测试时间(30 min)内呈一条直线，采用直线的斜率—过滤阻力的上升速率 k 来表征混合液的膜污染潜势。k 越大，混合液膜污染潜势越高，即膜过滤性越差。

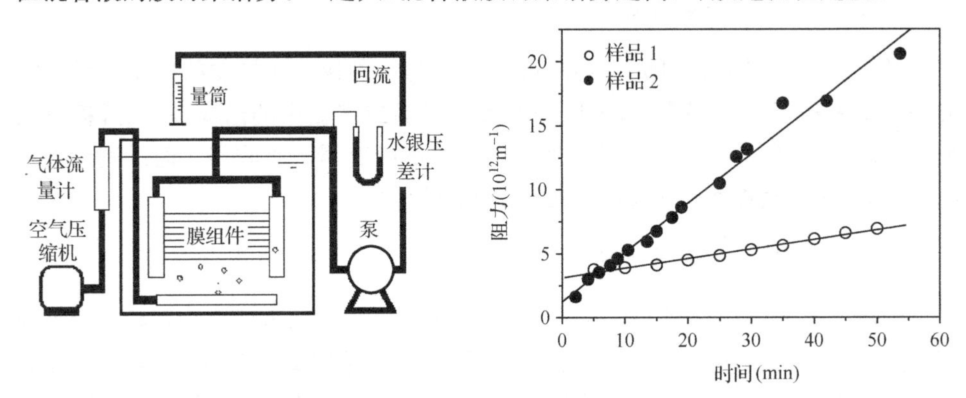

图 3.3 混合液膜过滤性测试装置与过滤阻力变化曲线示意

3.1.4 上清液膜污染潜势的评价方法

上清液的膜污染潜势采用死端过滤杯装置进行评价(Shen et al.，2010)。试验装置如图 3.4 所示，主要由氮气瓶、压力控制器、搅拌过滤杯、电子天平和计算机组成。试验用的滤膜为亲水化的 PVDF 滤膜，膜孔径 0.22 μm，有效过滤面积 41.8 cm^2；过滤压力控制在(7.0±0.1)kPa，搅拌速度为 170 r/min，过滤温度控制在(20±1)℃。

通过联机的计算机自动采集滤出液质量的变化可求得通量下降曲线。相对通量(J/J_0)是上清液的通量(J)除以同一张膜的清水通量(J_0)。通过线性回归求得通量下降直线段的斜率，将该斜率定义为污染指数(fouling index)，用于评价上清液膜污染潜势。图 3.4 中的比滤液体积由滤液体积除以过滤杯滤膜的过滤面积得到。

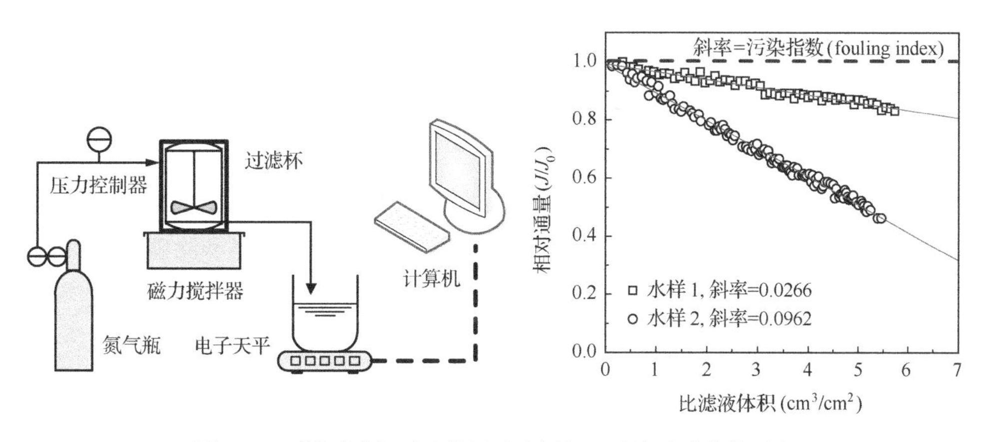

图3.4　死端过滤杯试验装置示意图与上清液过滤曲线示意

3.2　MBR运行过程中混合液性质的变化特征

本节以设置在北京某污水处理厂处理实际城市污水的浸没式MBR中试装置为对象，对该装置进行了历时400天的跟踪监测，考察了混合液组成性质、结构性质、功能性质以及微生物学性质等多项指标的长期变化特征。同时考察了该厂传统活性污泥(conventional activated sludge，CAS)工艺曝气池活性污泥混合液性质，作为MBR工艺混合液性质的参照对比(吴金玲，2006)。

3.2.1　工艺特征

中试装置的工艺流程如图3.5所示。该装置主要由曝气池和膜组件两部分组成。曝气池的箱体采用不锈钢制造，长×宽×高为930 mm×900 mm×2800 mm，有效容积为2.1 m^3，液面高度为2.5 m。导流板(同时作为膜组件固定支架)将曝气池分成升流区和降流区两部分，膜组件置于升流区内，曝气管置于升流区底部、膜组件的正下方。曝气由空压机提供，在反应器内形成水流循环，有利于膜污染控制并可强化反应器内的传质速度。反应器内安置了两种竖丝膜组件。一种是日本三菱公司生产的PVDF中空纤维帘式膜(膜孔径0.4 μm，总面积14.5 m^2)，另一种是天津膜天公司生产的PVDF中空纤维帘式膜(膜孔径0.2 μm，总面积12.5 m^2)。进水经沉淀池后进入反应器内，污水中的有机物经过曝气池中微生物的降解后，在出水泵的抽吸作用下由膜过滤得到系统出水。出水泵由时间继电器以运转13 min、停止2 min的模式自动控制运行。中试反应器的水力停留时间(hydraulic retention time，HRT)控制为4 h，污泥龄(SRT)为5 d。

同时监测了该厂一期工程CAS工艺曝气池活性污泥混合液特性，作为MBR

工艺混合液特性的参照对比。该厂一期工程的设计规模 20 万 m^3/d，采用 A/O 工艺，增加了除磷功能，O 段采用延时曝气，HRT 为 13 h，A 段与 O 段停留时间比约 1∶2，污泥回流比 40%～50%，SRT 为 5 d。

中试 MBR 装置和该厂的 CAS 工艺并行运行。为防止污水中的悬浮杂质对膜组件的污染和破坏，在 MBR 装置之前，设置了沉淀池。中试 MBR 装置对 COD 和氨氮的去除效果与 CAS 工艺相当，但由于没有特意考虑脱氮和除磷效果，因此出水 TN 和 TP 略高于 CAS。

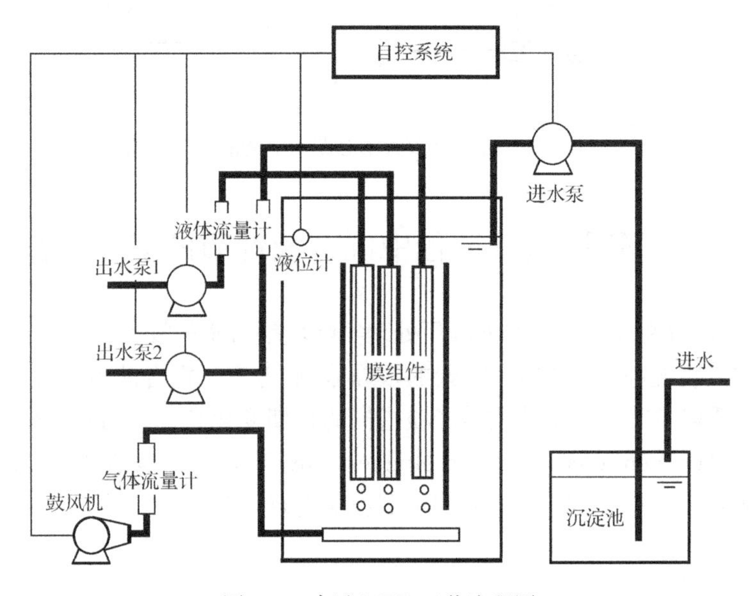

图 3.5 中试 MBR 工艺流程图

3.2.2 混合液组成性质的变化特征

3.2.2.1 *污泥浓度*

图 3.6 显示了中试 MBR 装置和实际 CAS 工艺曝气池中混合液污泥浓度(MLSS)随时间的变化。MLSS 的变化主要是受污泥产率和排泥的影响。通常情况下，MLSS 亦可作为反应器的运行条件，通过排泥而对其进行调控。从监测结果看来，在 CAS 运行过程中，污泥浓度在 2～4 g/L 之间波动。而中试 MBR 由于 HRT 短、污泥浓度高、间歇排泥等原因，污泥浓度波动幅度较大，但基本上控制在 8～15 g/L 之间。

从 MLVSS/MLSS 的变化趋势(图 3.7)来看，CAS 随季节变化明显，冬季污泥中的有机质含量高，夏季有机质含量低。其波动趋势与进水 COD 波动趋势相似，

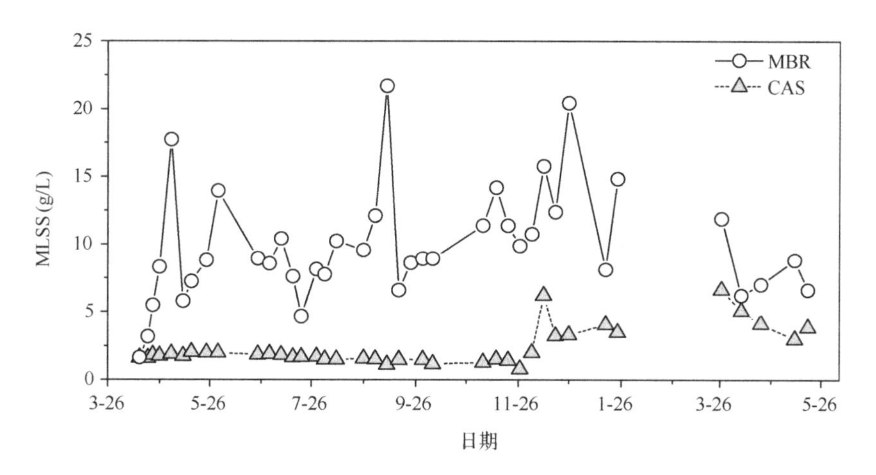

图 3.6 MLSS 浓度随季节变化

冬季进水 COD 在 300 mg/L 左右，夏季进水 COD 为 200 mg/L 左右。因此 CAS 工艺中活性污泥有机质含量与进水水质有关。中试 MBR 装置中活性污泥的有机质含量虽与进水 COD 呈现相似的变化趋势，但在夏季污泥中的有机质含量并未出现明显下降。这可能与 MBR 装置前设置了沉淀池、去除了部分无机成分有关。

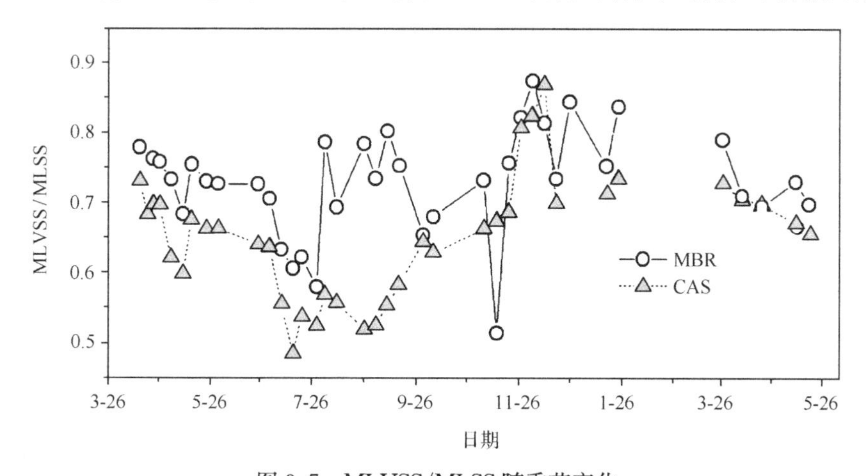

图 3.7 MLVSS/MLSS 随季节变化

3.2.2.2 上清液有机物浓度

图 3.8 至图 3.10 分别呈现了上清液总有机物（TOC）浓度、溶解性有机物（DOC）浓度和胶体有机物（COC）浓度随季节的变化情况。由图可见，中试 MBR 和实际 CAS 工艺曝气池的上清液 TOC 和 DOC 变化趋势相似，与进水水质有关。COC 的波动趋势相差较大，这主要是因为这些胶体大分子有机物多是微生物代谢

产物(SMP),而SMP含量与微生物状态和活性密切相关,两种工艺中活性污泥微生物生长状态各不相同,引起胶体有机物浓度变化的不同。

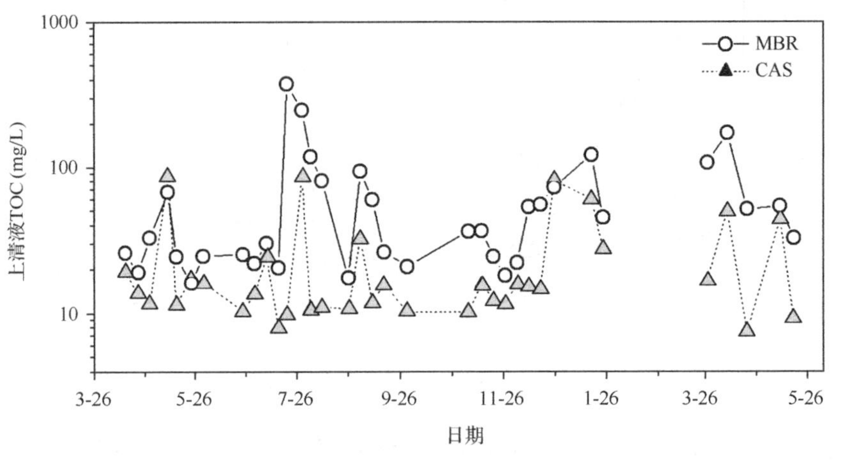

图 3.8 上清液 TOC 浓度随季节变化

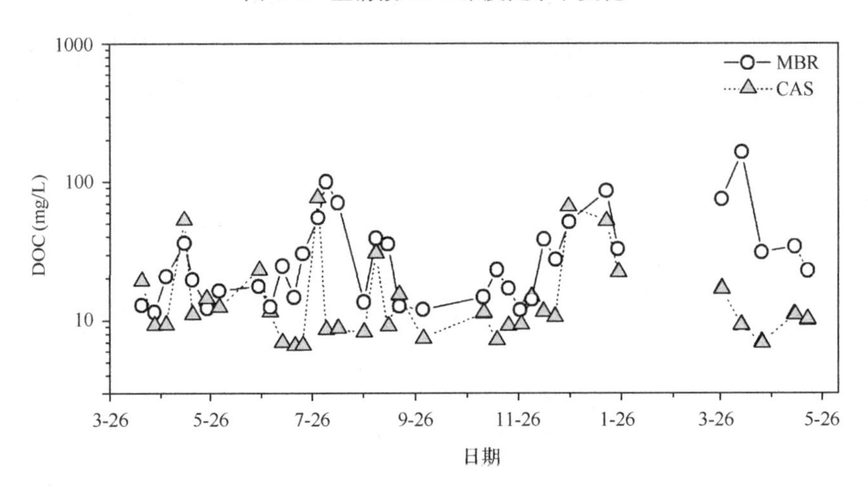

图 3.9 上清液 DOC 浓度随季节变化

中试MBR的上清液TOC、DOC和COC浓度均高于CAS,体现了膜的高效截留作用。在MBR中,微生物通过新陈代谢作用降解进水中的大部分污染物,膜的高效截留作用又进一步使微生物及大分子物质累积在反应器内。但上清液有机物质并不会在反应器中无限积累,一方面会随着MBR的排泥排出,另一方面,微生物对这些有机物也有降解作用。

中试MBR和CAS的上清液TOC、DOC和COC浓度在冬季呈现上升趋势。可能原因包括:①冬季进水COD浓度较高;②冬季微生物活性降低,因此对有机物降解能力减弱;③低温条件下,污泥絮体易发生解体,释放出EPS(Jiang et al.,

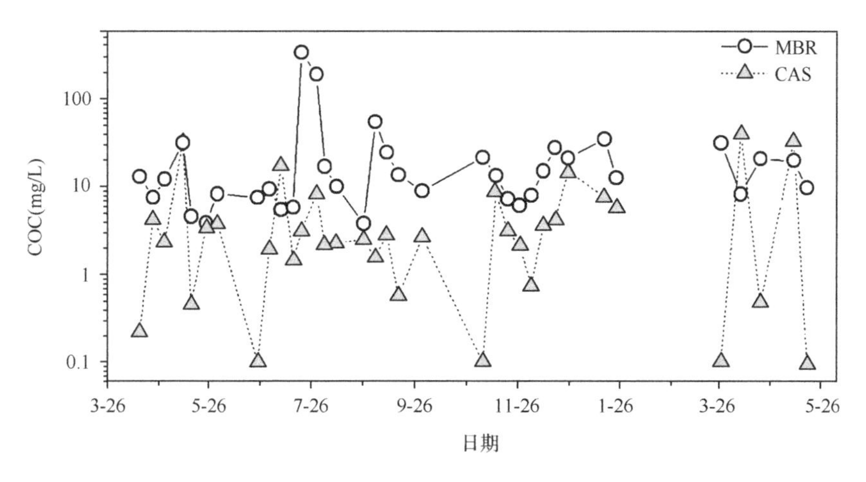

图 3.10　上清液 COC 浓度随季节变化

2005)。7 月中试 MBR 和 CAS 上清液有机物浓度突然上升，主要与进水水质变化有关，进水 COD 在进入 7 月后由原来 350 mg/L 快速下降至 120 mg/L。根据 Barker 的报道，当营养物质不足而溶解氧充足时，或者当进水水质突然发生变化时，活性污泥会产生大量的 SMP，而引起上清液有机物浓度的增加(Barker and Stuckey, 1999)。

3.2.3　混合液结构性质的变化特征

3.2.3.1　污泥絮体表面胞外聚合物含量

图 3.11 显示了污泥絮体表面 EPS 含量随季节的变化情况。由于 MBR 接种

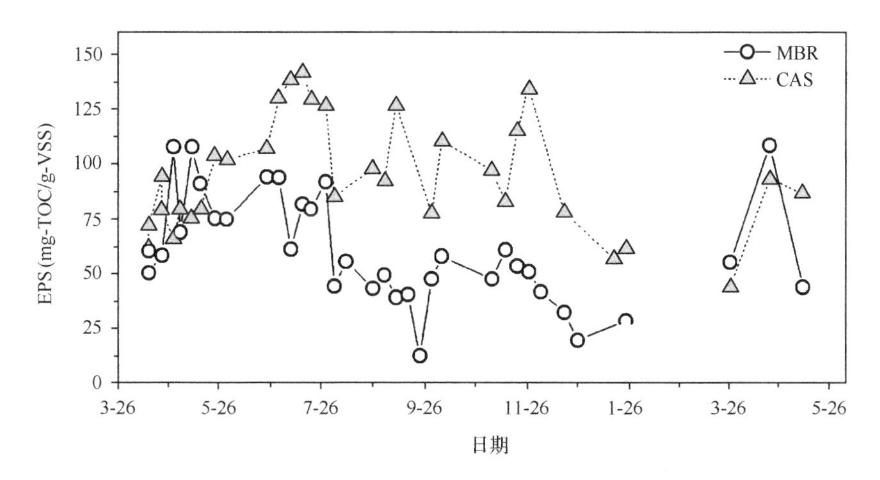

图 3.11　污泥表面 EPS 含量随季节变化

了CAS活性污泥,因此启动运行初期,两者EPS含量相差不多。两个月后,MBR中混合液污泥表面EPS含量降低。在之后的运行中,MBR中污泥表面EPS含量比CAS中的低20%左右。EPS含量主要与微生物生活状态有关,说明两个反应器内微生物状态存在差异。另外在MBR中曝气强度较大,较大的剪切力会打散污泥絮体,可能会导致污泥表面EPS释放。在冬季,两工艺中污泥的EPS含量均呈现降低趋势,与上清液有机物浓度增加相对应。这主要是由于在低温条件下,污泥絮体易发生解体而释放出EPS(Jiang et al. ,2005)。

3.2.3.2 污泥絮体粒径分布

图3.12为中试MBR和实际CAS工艺曝气池混合液的平均粒径随季节的变化。可见两者存在明显的差异。MBR中的污泥粒径比CAS小得多,这是由于MBR中曝气强度高,导致水流紊动对污泥絮体产生剪切作用,使混合液中细小污泥颗粒增多。较小的污泥粒径为加强传质提供了适宜的环境,因此有可能提高系统的有机物去除效率和抗冲击负荷能力。MBR中的污泥粒径随季节并没有明显的变化,这可能是絮体的絮凝和水流紊动切削作用动态平衡的结果,而CAS工艺中污泥粒径分布却明显呈现夏秋变大,冬春变小的趋势。

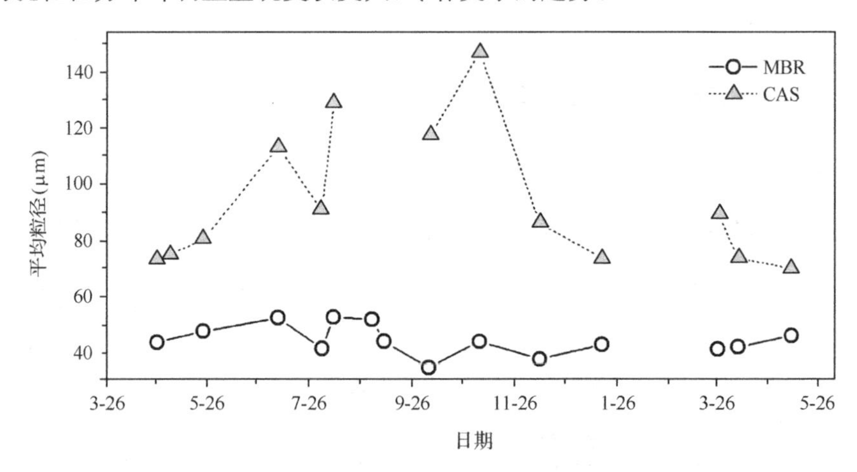

图3.12 污泥絮体平均粒径随季节变化

3.2.4 混合液功能性质的变化特征

3.2.4.1 混合液的沉降性能

CAS和MBR混合液污泥沉降比(sludge volume,SV)、污泥体积指数(sludge volume index,SVI)随季节的变化分别如图3.13和图3.14所示。由图3.13可见,MBR 混合液 SV 比 CAS 更高。MBR 中混合液由于污泥浓度和黏度都比较高,静置 30 min 后污泥几乎不沉降。由图 3.14,MBR 混合液的 SVI 在 50～160 之间波动,基本不随季节变化,而 CAS 混合液的 SVI 在冬春季节明显变大,发生了污泥膨胀,从而说明 MBR 相对于 CAS 较为不易发生污泥膨胀。

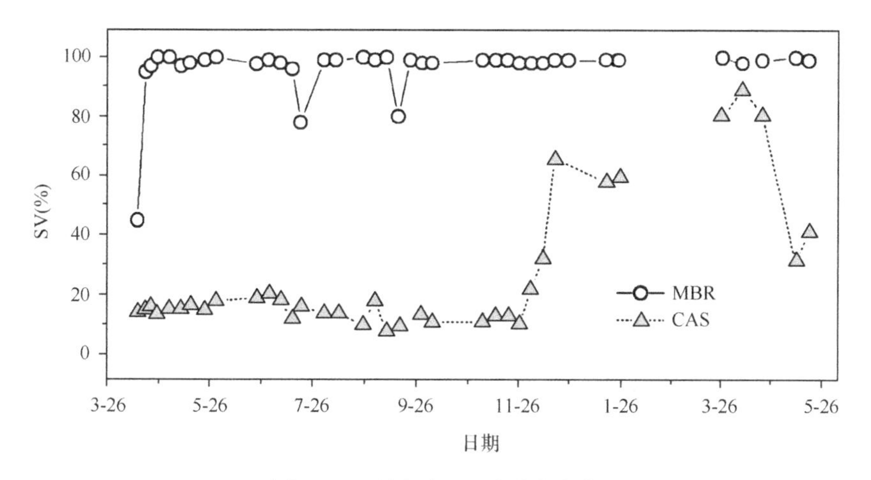

图 3.13　混合液 SV 随季节变化

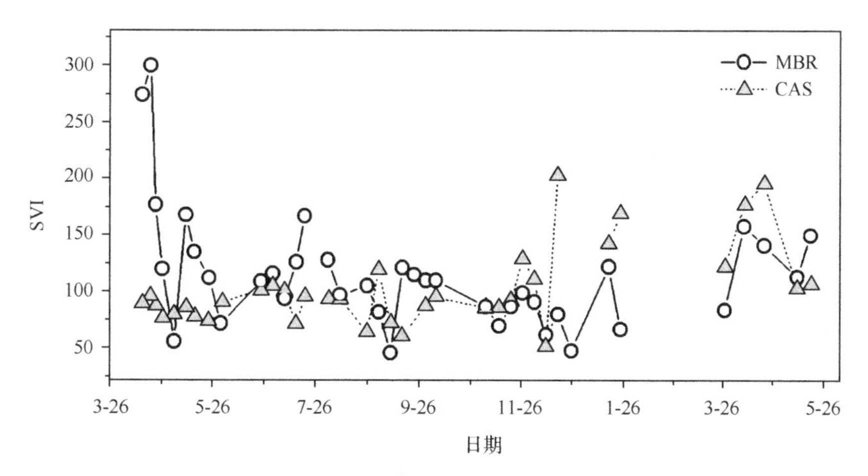

图 3.14　混合液 SVI 随季节变化

3.2.4.2　混合液的流变特性

黏度是影响混合液过滤性能的重要因素,主要是由污泥中的黏性物质所引起的。图 3.15 显示了 MBR 和 CAS 中混合液黏度随季节的变化。CAS 工艺的混合液黏度在 1.37～1.44 mPa・s之间,波动幅度很小,而 MBR 工艺的混合液黏度波动很大,特别是在秋冬季节混合液黏度明显增大,主要由温度下降导致。

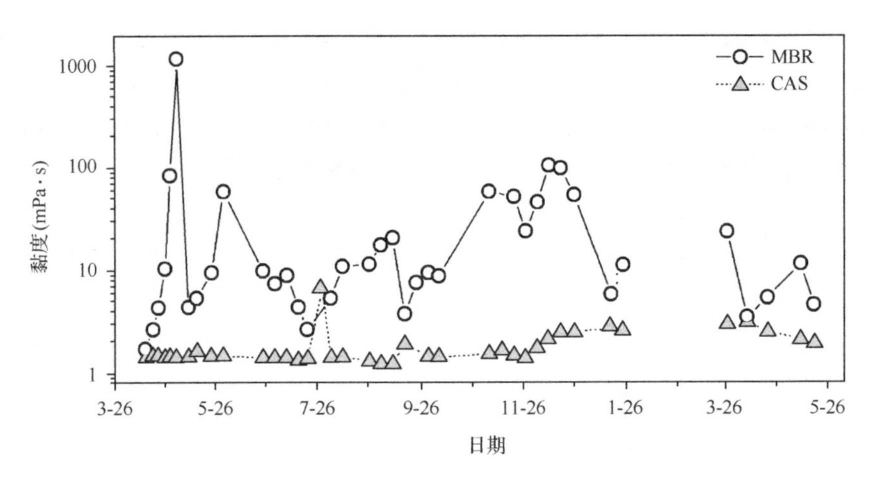

图 3.15　混合液黏度随季节变化

3.2.5　混合液生物学性质的变化特征

3.2.5.1　絮体表面形貌及特征

图 3.16(a)(b)分别为 MBR 和 CAS 混合液中污泥絮体颗粒放大 500 倍的电镜照片。通过比较发现,CAS 的活性污泥颗粒粒径大,饱满丰富,颗粒表面覆盖着一层细菌,而 MBR 的活性污泥粒径小,颗粒松散,表面主要是无机物和细菌代谢物。

图 3.16(c)(d)分别为 MBR 和 CAS 活性污泥放大 4000 倍的电镜照片。CAS 的污泥絮体周围布满了丝状菌,不少球菌和杆菌攀附在丝状菌上,以丝状菌为骨架形成菌胶团,菌胶团之间依靠丝状菌的作用互相连接。MBR 的污泥颗粒表面布满了球菌和杆菌,丝状菌含量很少。

MBR 活性污泥中没有发现原生动物和后生动物,而 CAS 的污泥含有钟虫、草履虫等大量种类各异的原生动物和后生动物。

3.2.5.2　污泥比耗氧速率

图 3.17 所示为 MBR 和 CAS 工艺中活性污泥的内源呼吸比耗氧速率(SOUR)随季节的变化。由图可见,MBR 污泥的 SOUR 比 CAS 中的略低。但由于 MBR 的污泥浓度高,因此 MBR 可能具有更高的潜在的污水处理能力。MBR 和 CAS 工艺中的污泥活性随季节呈现显著变化规律,夏季活性高,冬季活性低,与温度密切相关。

(a) MBR(500倍)　(b) CAS(500倍)

(c) MBR(4000倍)　(d) CAS(4000倍)

图 3.16　MBR 和 CAS 活性污泥电镜照片

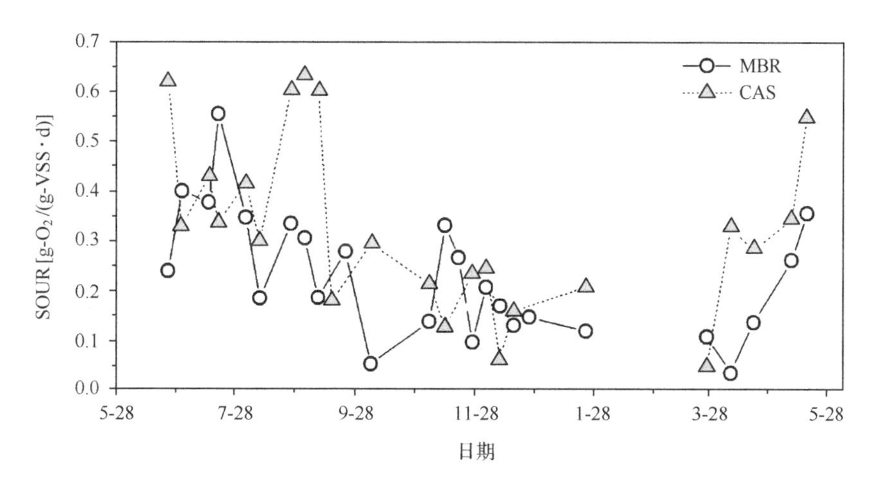

图 3.17　污泥比耗氧速率(SOUR)随季节变化

3.2.5.3 对不同碳源的利用速率

通过 Biolog 的 AWCD 计算,发现 MBR 和 CAS 工艺中微生物利用速率较快的碳源并不相同,而且差异较大,如表 3.1 所列。可以看出 MBR 中被微生物利用速率快的碳源种类比 CAS 更多,尤其是糖类和蛋白类。由于 EPS 和 SMP 的主要成分就是蛋白和多糖,而 MBR 中 EPS 和 SMP 含量较高,因此反应器内的微生物利用这一类碳源的能力得到了驯化。而 MBR 的这种代谢功能特征非常有利于这些微生物代谢产物在反应器内的进一步降解与利用。

表 3.1 微生物利用速率较快的碳源

	MBR	CAS
糖类及衍生物	D-纤维二糖 α-D-乳糖 I-赤藻糖醇 葡萄糖-1-磷酸盐 D,L-α-甘油	D-木糖 β-甲基-D-葡萄糖苷 α-环式糊精
蛋白类	L-天冬酰胺酸 L-苏氨酸 甘氨酰-L-谷氨酸	L-丝氨酸
脂肪酸及衍生物	4-羟基苯甲酸 α-丁酮酸	D-葡萄胺酸 衣康酸 D-苹果酸
其他	*N*-乙酰基-D-葡萄胺 苯乙基胺 腐胺 吐温-80	丙酮酸甲酯 吐温-80

将由 31 种碳源利用速率组成的向量进行主成分分析得到主元向量(PC2, PC1),结果见图 3.18。点的位置的差异直观地反映出微生物群落的代谢特征的差异。由图 3.18(a)可见,混合液微生物功能特征随着季节发生更替变化,1 月即温度最低的月份代谢功能与其他月份差异更加明显。不同的反应池之间也有差异,如图 3.18(b)所示。

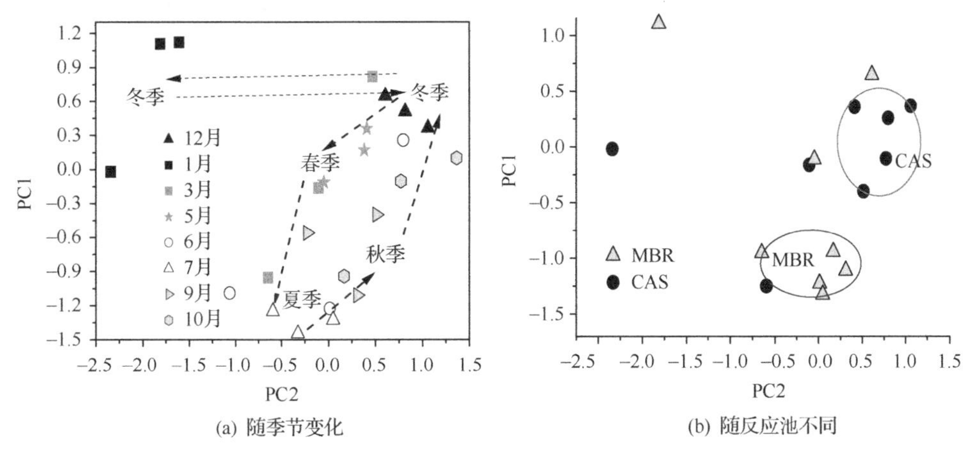

(a) 随季节变化　　(b) 随反应池不同

图 3.18　Biolog 平板方法主成分分析结果

3.3　MBR 处理城市污水工程应用中混合液的理化特性

近年，随着 MBR 技术的逐渐推广应用，我国已建设了不少处理城市污水的大型 MBR 实际工程(Xiao et al.，2014b)，这为开展大型 MBR 工程应用中混合液的相关研究提供了有利条件。本节以分布在全国 4 个城市的 10 座处理城市污水的大型 MBR 工程为依托，检测与分析了 MBR 工程应用中混合液的理化性质特征，为深入认识 MBR 实际工程中混合液特征提供基础数据(沈悦啸，2011)。

3.3.1　MBR 城市污水处理工程的基本概况及样品采集

选取了 10 座采用 MBR 工艺的大型城市污水处理厂作为监测对象。其中，北小河污水处理厂(北小河)、怀柔庙城污水处理厂(怀柔)、门头沟再生水厂(门头沟)和延庆再生水厂(延庆)位于北京市；梅村污水处理厂(梅村)、新城污水处理厂(新城)、硕放污水处理厂(硕放)和城北污水处理厂(城北)位于江苏省无锡市；十堰神定河污水处理厂(十堰)位于湖北省十堰市；昆明第四污水处理厂(昆明)位于云南省昆明市。

选取的所有 MBR 工程都具有脱氮除磷的功能，每个厂的具体工艺流程见表 3.2。采用的膜均为亲水化的 PVDF 中空纤维膜，孔径在 0.04～0.4 μm 之间。其中，北小河、延庆、十堰和昆明四个 MBR 工程处理的是生活污水；怀柔和门头沟 MBR 工程处理的是部分工业源混入的生活污水，工业废水的比例为 20%左右；无锡的四个 MBR 工程(梅村、新城、硕放和城北)的进水中工业废水占一半左右。10 座 MBR 工程的常规运行参数如 HRT、SRT、MLSS 分别见表 3.2。大多数 MBR

工程已稳定运行一年以上，出水水质基本稳定在或者优于《城镇污水处理厂污染物排放标准》(GB 18918—2002)中的一级A标准。

表3.2　10座MBR城市污水处理工程的工艺流程和运行参数

工程名	处理工艺[a]	污水种类	HRT (h)	SRT (d)	MLSS (g/L)	设计处理规模 (m^3/d)
北小河	A_1—A_2—O—M	生活污水	17.3	20	7.00～8.50	60000
怀柔	A_1—A_2—O—M	80%生活污水+20%工业废水	40.6	25～30	3.45～12.10	35000[b]
门头沟	A_1—A_2—O—M	80%生活污水+20%工业废水	30.2	30	2.60～7.80	40000[b]
延庆	A_1—A_2—O—M	生活污水	16～17	24～28	3.58～4.21	30000[b]
梅村	—A_1—A_2—O—M	40%生活污水+60%工业废水	10.9	20～30	5.65～16.56	30000
新城	A_1—A_2—O—M	40%生活污水+60%工业废水	10～14	14	3.24～12.00	20000[b]
硕放	A_1—A_2—O—A_2—M	40%生活污水+60%工业废水	33～38	27～37	7.07～11.59	20000[b]
城北	A_1—A_2—A_2—O—M	60%生活污水+40%工业废水	12～13	25～32	5.65～10.44	50000
十堰	A_1—A_2—O—M	生活污水	16.4	24	1.92～3.02	110000[b]
昆明	A_1—A_2—O—A_2—M	生活污水	16.8～17.4	24～25	5.60～9.63	60000

a. A_1,厌氧;A_2,缺氧;O,好氧;M,膜池

b. 目前这些工程的实际处理规模为设计规模的40%～80%,其他工程均满负荷运行

上清液和活性污泥混合液样品均取自于每个MBR工程的膜池，为了保证取样的代表性，每次取样取三个重复，分别从独立的三个廊道内取样。采样时间为2010年10月份至2011年1月份。

3.3.2　混合液环境指标与污泥性质

3.3.2.1　混合液环境指标

测定了10座大型MBR工程中混合液的DO、pH和电导率，结果如图3.19所示。受调查的所有MBR工程中膜池的DO均高于6 mg/L，而且绝大多数高于8 mg/L；pH变化很小，均在7.5～8.0范围之间；电导率相差很大，有的厂（如十堰、昆明、北小河）只处理生活污水，电导率较低（<1000 μS/cm），而像新城、梅村等具有工业源的污水处理厂，电导率甚至超过2000 μS/cm。

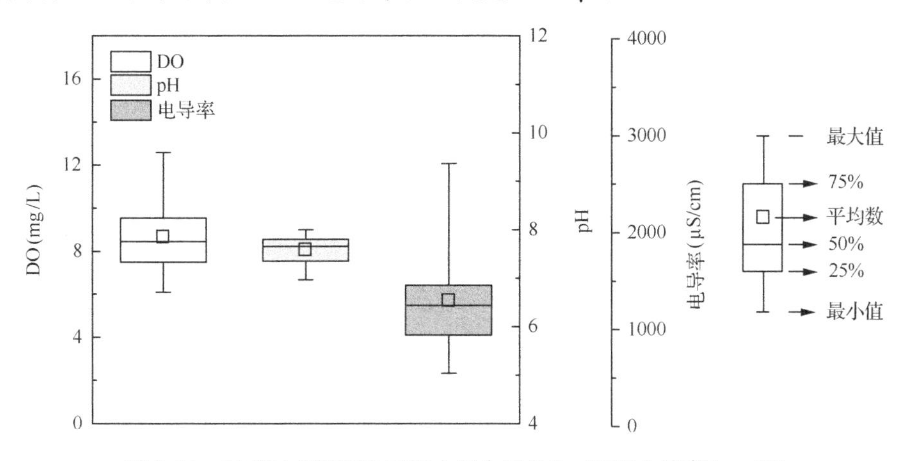

图3.19　10座大型MBR工程中混合液DO、pH和电导率（n=30）

3.3.2.2　混合液污泥浓度与性质

10座大型MBR工程中MLSS浓度和黏度、沉降性关系（SV30）如图3.20所示。在所调查的实际MBR工程中，污泥浓度的范围分布非常广。某些MBR工程的污泥浓度非常低，例如十堰，MLSS维持在2～3 g/L；有些MBR工程常年的污泥浓度都比较高，例如硕放，MLSS在10 g/L左右。但是绝大多数MBR工程的污泥浓度均控制在10 g/L以下。

污泥黏度（η）与污泥浓度存在着较好的指数关系[式(3.1)]，相关系数R^2=0.5764。

$$\eta = 1.1695e^{0.1101\mathrm{MLSS}} \tag{3.1}$$

MBR混合液污泥的沉降性比较差，大多数静止30 min后几乎不沉降。

10座大型MBR工程中混合液污泥的LB-EPS和TB-EPS的测定结果如图3.21所示。

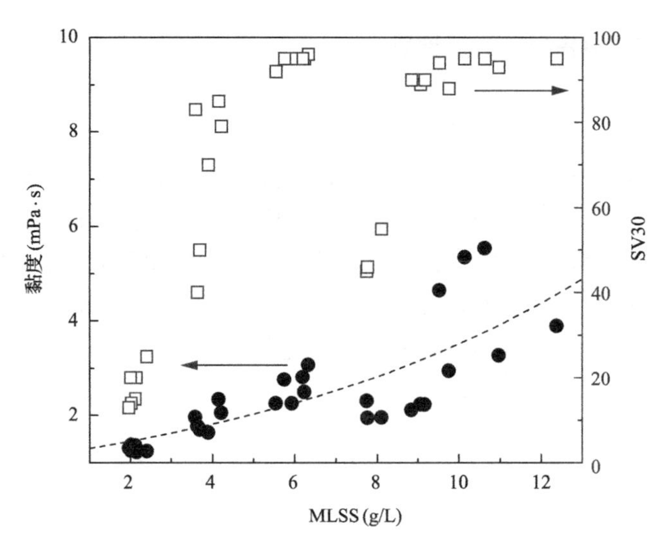

图 3.20　10 座大型 MBR 工程中混合液 MLSS 浓度和黏度、SV30 的关系(n=30)

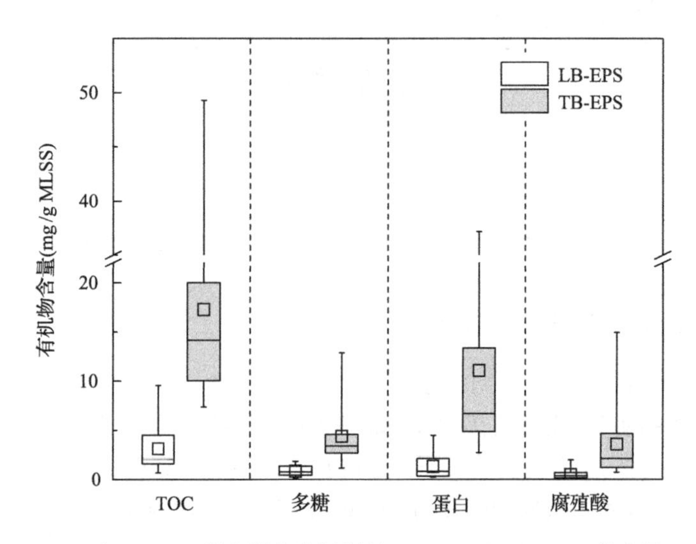

图 3.21　10 座 MBR 工程中混合液污泥的 LB-EPS 和 TB-EPS 的含量(n=29)

EPS 中的有机物主要集中在 TB-EPS 中，不论是 TOC 还是多糖、蛋白以及腐殖酸这些主要的微生物代谢产物，TB-EPS 中的平均含量均是 LB-EPS 中的 5 倍以上；蛋白是 EPS 中的主要成分，这与蛋白具有相对疏水(同时具有亲水和疏水基团)的性质有关；相比之下，多糖在 EPS 中的含量要低很多(这和上清液有机物组成相反，见 3.3.3 节)；TB-EPS 的蛋白含量更高，说明 EPS 内层更加疏水。

在不同 MBR 工程之间污泥的 EPS 含量差异较大。例如梅村的 EPS 浓度很低，LB-EPS 和 TB-EPS 分别为 0.80 mg-TOC/g-MLSS 和 8.59 mg-TOC/g-MLSS；而

延庆的EPS浓度非常高，LB-EPS和TB-EPS分别为5.56 mg-TOC/g-MLSS和45.66 mg-TOC/g-MLSS。虽然有文献报道(Meng et al.，2009)，SRT是影响EPS浓度的主要因素，但是由于不同MBR工程的HRT、温度以及进水组成等都有较大差别，因此，这些因素可能都会对污泥EPS含量产生影响。

3.3.3　上清液有机物的主要组成和浓度

如图3.22所示，在MBR实际工程中，上清液SMP的浓度在6.34～23.90 mg-TOC/L范围波动，平均水平在11.59 mg-TOC/L左右。上清液有机物浓度普遍偏低，在采集的29个样品中，只有3个样品的TOC浓度超过20 mg/L；箱式图说明超过3/4的样品的TOC在13 mg/L以下。上清液有机物主要含有多糖、蛋白以及腐殖酸三种组分，主要来自微生物代谢产物，其中多糖的含量最多，它与总有机碳(TOC)偏相关关系很强($R'=0.614$，$P=0.001$，$n=29$)，浓度范围在3.14～17.36 mg/L。蛋白在MBR实际工程的上清液有机物中的含量很低，浓度都小于4.5 mg/L，而且与TOC的相关性比较小($R'=0.368$，$P=0.059$，$n=29$)。腐殖酸类物质在上清液有机物中的含量相对较多，浓度范围在2.36～8.67 mg/L，它与TOC的偏相关关系较强($R'=0.650$，$P=0.000$，$n=29$)。

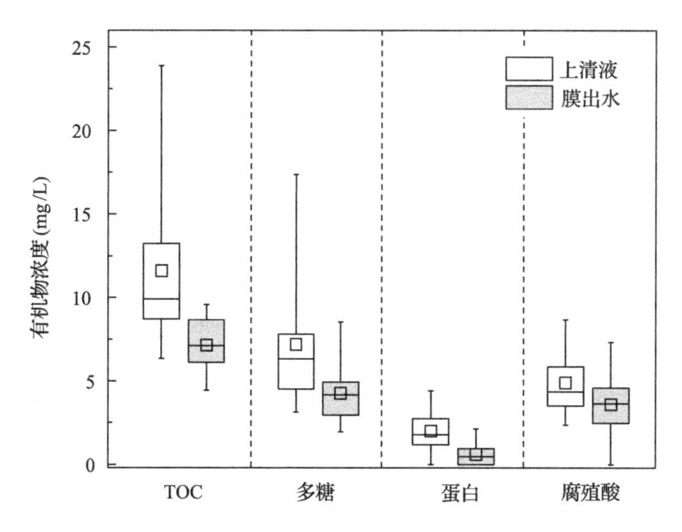

图3.22　10座大型MBR工程中上清液和膜出水中有机物组成与浓度($n=29$)

由于膜的截留作用，MBR上清液中的有机物浓度比膜出水中的浓度显著地高(t test，$P=0.05$，$n=29$)。虽然蛋白在上清液中的浓度很低，但是膜对蛋白的截留率最高(68%)，膜出水中基本不存在蛋白类的物质。膜对多糖的截留率大致为1/3，对腐殖酸的截留率最低，只有20%。三种物质不同的截留率与它们的相对分子质量大小有关(见3.3.4.1)。

3.3.4　上清液有机物的相对分子质量和亲疏水组成分布

3.3.4.1　相对分子质量分布

如图 3.23 所示,对于 MBR 处理城市污水实际工程,上清液有机物的相对分子质量分布范围非常广。大约 1/4 的有机物是大分子物质(相对分子质量超过 100 kDa),其余的属于中小分子。多糖是上清液有机物的主要成分,主要集中在相对分子质量小于 1 kDa 和大于 100 kDa 的范围中,呈现双峰分布。蛋白类的物质虽然量很少,但主要集中在相对分子质量大于 10 kDa 的大分子中;这也解释了在 MBR 中膜对蛋白类物质有较高的截留率。腐殖酸类物质主要集中在相对分子质量小于 10 kDa 的中小分子中。SMP 最主要的三种组分的相对分子质量分布差异很大,这也是 TOC 的分布非常宽的原因。

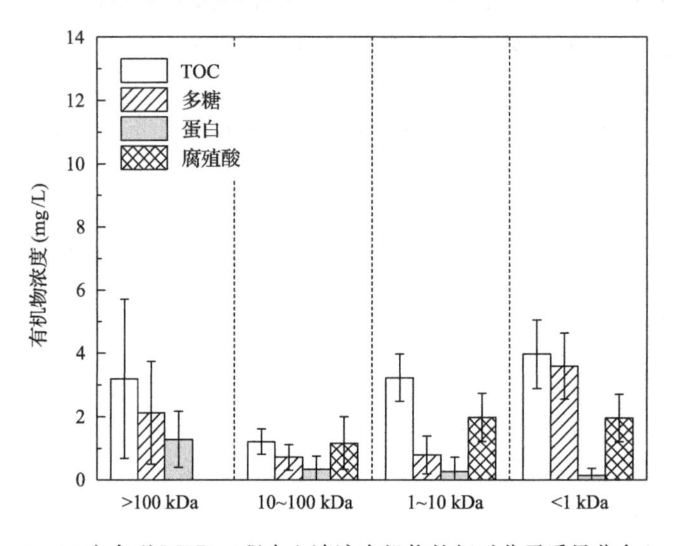

图 3.23　10 座大型 MBR 工程中上清液有机物的相对分子质量分布(n=29)

3.3.4.2　亲疏水组分分布

MBR 实际工程中上清液有机物的亲疏水组分分布如图 3.24 所示。

对于大型 MBR 实际工程,HIS 和 HOA 是上清液有机物的主要组分,分别占 51.9%和 28.2%(TOC 浓度)。多糖主要富集在 HIS 组分中;腐殖酸类物质主要集中在疏水物中,尤其是 HOA 和 HON 组分,这两个组分显淡黄色,符合腐殖酸的带色特征;蛋白的亲疏水分布并不是非常明显,它在各个组分中均有分布,但是浓度都非常低。

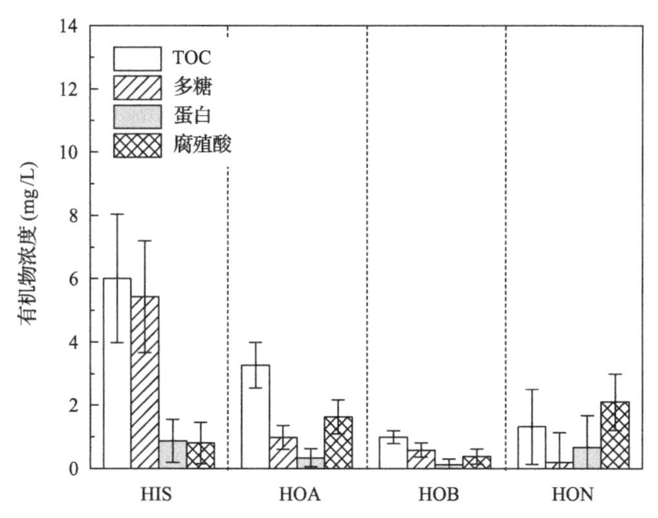

图 3.24　10座大型MBR工程中上清液有机物的亲疏水组分分布(n=29)

3.3.5　上清液的荧光性质

10座大型MBR工程的上清液和出水的三维荧光光谱(excitation emission matrix fluorescence spectra，EEM)如图3.25所示，不同MBR工程的上清液的荧光性质差别非常大，这可能与进水有很大的关系。为了进一步分析不同MBR工程的EEM结果，采用FRI方法结合聚类分析。根据FRI分析方法(Chen et al.，2003)，计算MBR上清液的EEM图中5块区域的荧光强度百分比$P_{i,n}$(如表3.3所示)，然后进行聚类分析。根据聚类图显示的结果(图3.26)，梅村、硕放和城北MBR工程的上清液EEM聚成一类，与怀柔和门头沟聚成一大类；北小河、延庆、新城、十堰和昆明MBR工程的上清液聚成一类。这个结果与进水的性质非常吻合(表3.2)：梅村、新城、硕放和城北4个MBR工程都坐落于无锡，而且它们的进水都是工业废水和生活污水掺半；怀柔和门头沟的MBR工程处理的主要是生活污水，工业废水占20%左右；北小河、延庆、十堰和昆明4个MBR工程处理的全部是生活污水。这里只有新城MBR工程是一个特例，虽然其进水是工业废水和生活污水掺半，但它的EEM结果和处理生活污水的MBR工程的EEM的结果聚成一类(图3.26)。分析可能的原因是由于新城MBR工程中微生物代谢产物的荧光强度太大[尤其是在区域Ⅲ，E_x/E_m=252 nm/455 nm附近，这一区域属于富里酸类物质(Chen et al.，2003)]，干扰了聚类分析的结果。另一方面，表3.3也给出了10个MBR工程中上清液有机物标准化的总荧光积分($\Phi_{T,n}$)，梅村、新城、硕放和城北4个MBR工程中上清液单位TOC的荧光响应要比其他主要处理生活污水的MBR工程的强得多，这也进一步佐证了聚类分析的结果——处理生活污水和工业废水的MBR工程的上清液荧光性质差别很大。

利用平行因子法(PARAFAC),可以从不同 MBR 上清液和出水的 EEM 结果中提取共有的组成成分,如图 3.27 所示。分析结果表明,五个成分是比较合适的。对比原来的 EEM 结果(图 3.25),进水全部是生活污水的 MBR 工程(北小河、延庆、十堰和昆明)的上清液中,有两个典型的蛋白类物质的荧光峰[图 3.27(b),E_x/E_m=230 nm/350 nm 附近;图 3.27(c),E_x/E_m=279 nm/340 nm 附近],但这两个峰在原来的 EEM 结果中强度相对很弱。当进水中出现工业源时(怀柔、门头沟、梅村、新城、硕放和城北),其中一个蛋白峰发生蓝移[比较图 3.27(c)和(a),从

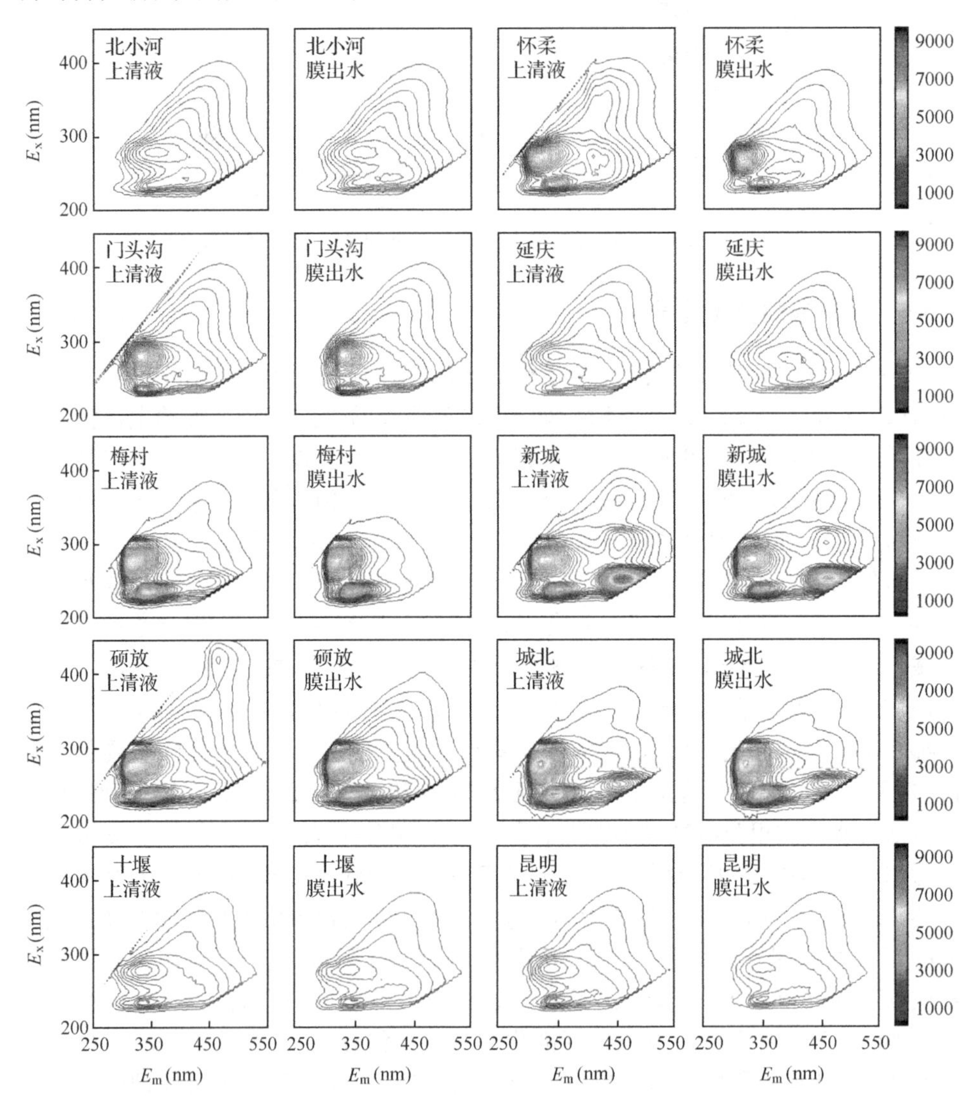

图 3.25　10 座大型 MBR 工程上清液和膜出水的三维荧光光谱

E_x/E_m=279 nm/340 nm 偏移至E_x/E_m=279 nm/315 nm]，而且荧光强度增加。其次，进水全部是生活污水的 MBR 工程的上清液中腐殖酸类的荧光峰是比较弱的[图 3.27(d)]；当混入工业源后，腐殖酸类荧光峰加强，同时还出现富里酸类物质的荧光峰[图 3.27(e)]。

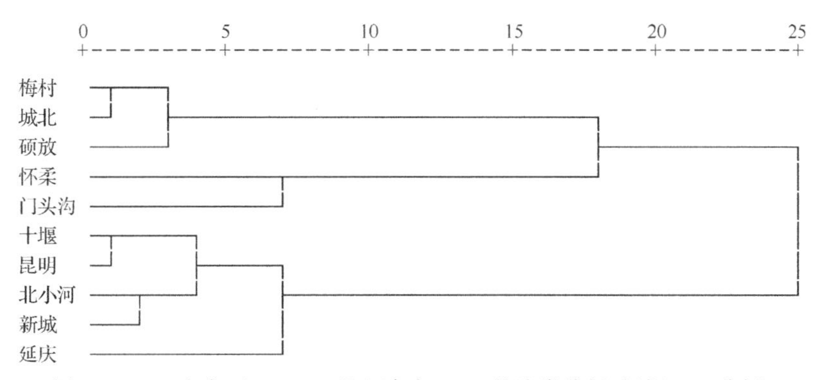

图 3.26　10 座大型 MBR 工程上清液 EEM 的聚类分析(根据 FRI 分析)

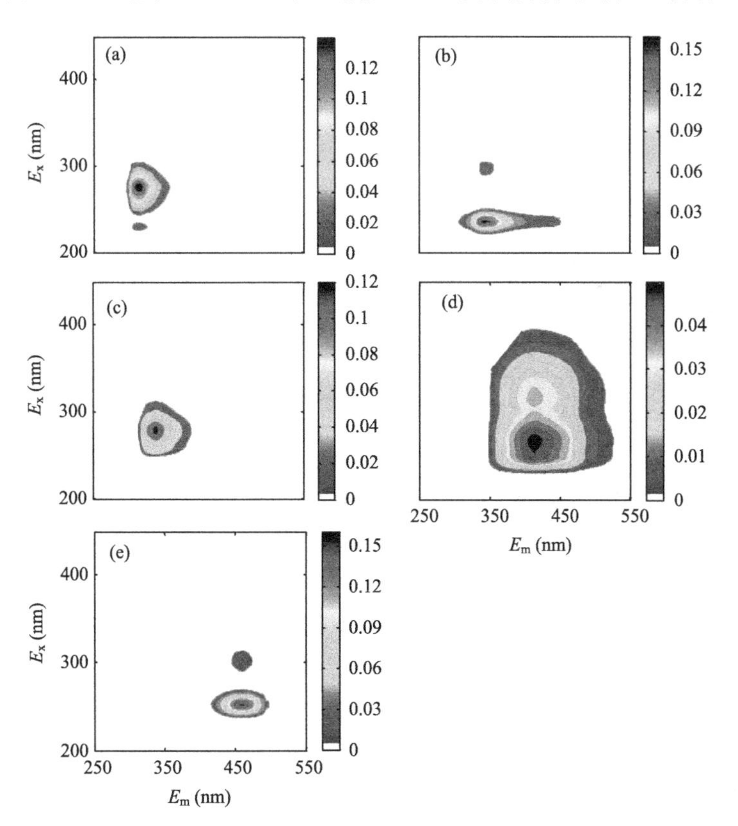

图 3.27　通过 PARAFAC 法从 MBR 上清液和膜出水的 EEM 结果中提取的五个组分

(a) 类微生物代谢产物类；(b)和(c) 蛋白质类；(d) 腐殖酸类；(e) 富里酸类

表 3.3 10座大型 MBR 工程上清液 EEM 的区域荧光百分比($P_{i,n}$)和总荧光积分($\Phi_{T,n}$)(每个工程三个平行样)

工程名	区域的荧光百分比 $P_{i,n}$(%)					$\Phi_{T,n}$(×10⁻⁶)(AU- nm²-[mg/L C]⁻¹)
	$P_{Ⅰ,n}$	$P_{Ⅱ,n}$	$P_{Ⅲ,n}$	$P_{Ⅳ,n}$	$P_{Ⅴ,n}$	
北小河	4.6	21.9	32.2	25.1	16.2	16.0
怀柔	8.6	23.9	21.1	34.2	12.2	16.7
门头沟	5.7	20.8	17.9	42.0	13.6	8.1
延庆	4.1	17.4	30.5	28.6	19.5	10.0
梅村	9.0	34.4	18.3	32.8	5.5	62.7
新城	6.1	22.5	32.4	27.3	11.7	43.8
硕放	8.9	30.0	19.5	32.2	9.3	25.0
城北	8.9	34.3	20.4	31.2	5.3	99.8
十堰	7.8	23.6	25.9	29.0	13.6	14.2
昆明	5.5	24.6	27.3	28.4	14.2	16.7

注：AU,荧光强度

3.3.6 与中小试研究的比较和讨论

3.3.6.1 SMP 浓度

根据上面的监测结果，在大型 MBR 处理城市污水的实际工程中，上清液有机物的浓度都相对比较低，绝大多数样品的分析结果都小于 20 mg-TOC/L，而对中小试的研究结果表明，上清液有机物的浓度范围很广，从小于 5 mg-TOC/L 到大于 100 mg-TOC/L。造成这种差异的主要原因分析如下：

中小试装置与 MBR 实际污水处理工程的一个差异就是处理工艺不同。有些中小试规模的处理工艺只用一个膜池，有些研究设置了反硝化池；大多数中小试的 HRT 都比较短。而 MBR 处理城市污水的实际工程结合脱氮除磷的需要，膜池都置于一个完整的厌氧—好氧—缺氧活性污泥工艺之后（有些工程还设置两个缺氧池来增强反硝化），相对较长的 HRT 和交替的缺氧/好氧过程都可能加强生物降解和对碳源（包括微生物的代谢产物）的重新利用。

中小试装置与 MBR 实际工程的另一个不同是运行条件，尤其是曝气强度和污泥浓度。根据 Drews(2010)的报道，中小试装置的曝气强度（用来冲刷膜表面）是 MBR 实际工程的 2～20 倍，这使得中小试环境下的微生物受到更强的剪切力；其次，中小试装置往往在高浓度的 MLSS 条件下运行（比 MBR 实际污水处理工程高很多）。而 MBR 实际污水处理工程由于处理规模大，对于温度、进水负荷的变化以及不同的进水来源组成都有更强的适应和缓冲能力。在中小试相对“恶劣”的环境下，活性污泥微生物的代谢受到影响，进而影响混合液的性质，这也解释了中小试条件下的上清液有机物要比MBR实际工程中的浓度高的原因。

3.3.6.2　上清液组成和理化性质

上清液有机物的主要组成包括多糖、蛋白和腐殖酸类物质，测定得到的MBR实际工程上清液中的这些有机物浓度都较中小试的研究所得浓度偏低。

过去的研究结果表明，上清液有机物的相对分子质量呈双峰分布；而MBR实际工程的监测结果表明，由于进水差异较大，上清液组成复杂，上清液有机物的相对分子质量分布更宽；但上清液的亲疏水组分分布与过去中小试的研究接近(Shen et al.,2010)。

由于进水成分不同，MBR实际污水处理工程中上清液的荧光性质更加复杂。即使上清液的TOC浓度非常接近，具有工业源的上清液与完全生活污水源或者自配污水的上清液的荧光性质有很大差异。这可能是由于上清液中存在进水中未降解的物质或者特殊的微生物代谢产物所导致的。

3.3.6.3　上清液浓度与EPS的关系

MBR上清液有机物主要是SMP，其主要来源是EPS。SMP与LB-EPS的相关分析如图3.28所示。SMP与LB-EPS中所有的组分(以mg/L计)呈正相关关

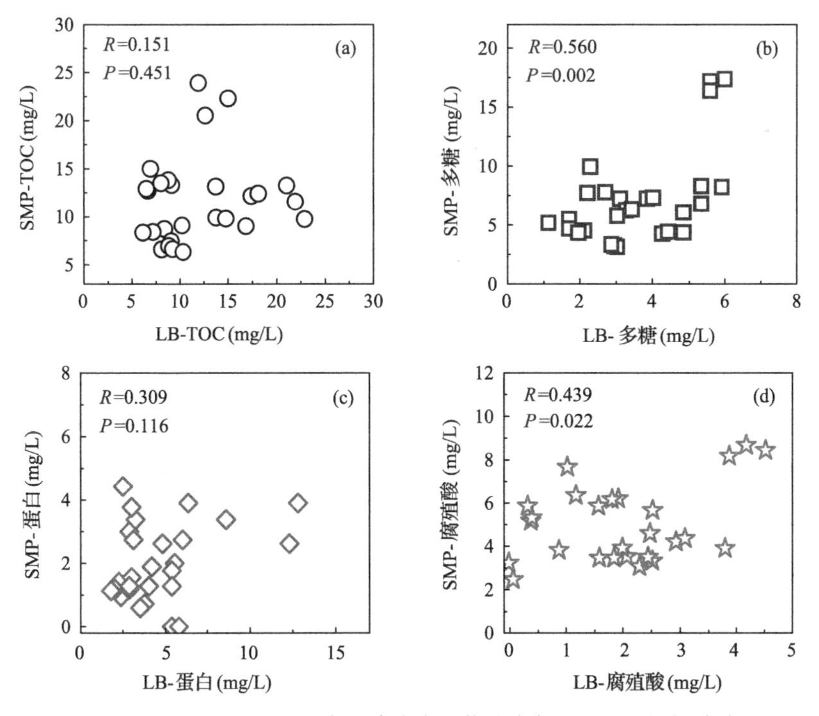

图3.28　10座MBR工程中上清液有机物浓度与LB-EPS的相关关系

系，虽然并不是非常显著。SMP也与总EPS(LB-EPS＋TB-EPS，以mg/L计)呈非常弱的正相关关系(图3.29)。研究结果表明，虽然10个MBR工程的进水、运行条件有较大差异，但SMP与EPS之间存在某种动态平衡。

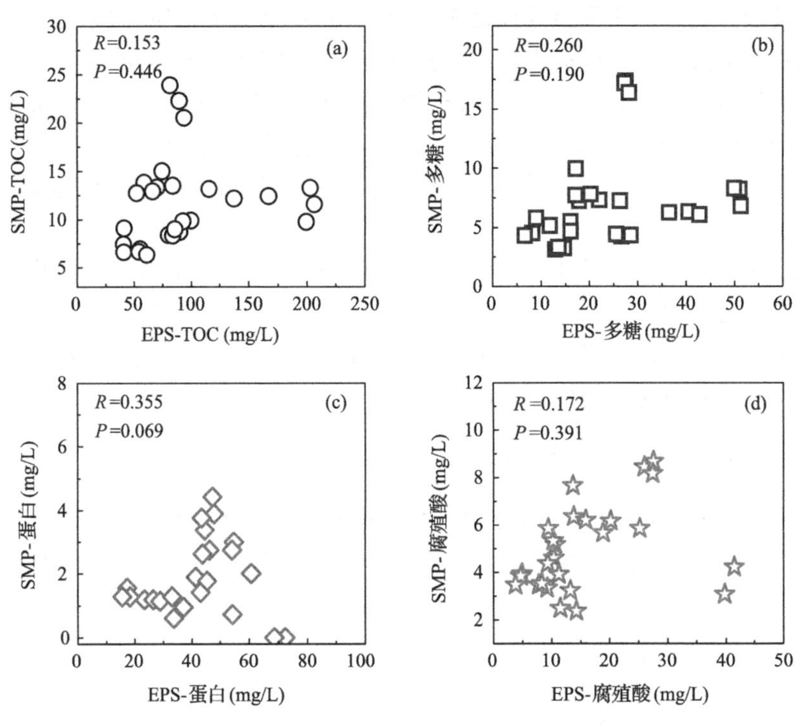

图3.29　10座MBR中上清液SMP与总EPS的相关关系

3.4　MBR混合液膜污染潜势及其主要影响因素

为系统分析混合液性质对膜污染的影响，研究采集了几十个活性污泥混合液样品，测定了混合液性质指标和膜污染潜势，利用统计学方法，分析混合液性质与膜污染潜势之间的相关关系，从混合液的众多理化和生物学性质指标中识别影响混合液膜污染潜势的主要因素，从而为调控混合液性质，控制膜污染提供理论指导(吴金玲，2006；Wu and Huang，2009)。

3.4.1　混合液样品来源及性质指标测定

活性污泥混合液大部分样品取自北京地区正在运转的用于处理城市污水、洗浴废水以及厕所污水等的大、中、小型MBR装置。为了获得性质差异更大、指标参数分布更广的混合液样品，部分试验样品采自其他工艺(如传统活性污泥法)中的活性污泥。少量样品还进行了混合液勾兑，以获得一些特殊性质的样品。

混合液测定的指标包括：①组成性质：MLSS、MLVSS、MLVSS/MLSS、上清液总有机物(TOC)、上清液胶体有机物(COC)、上清液溶解性有机物(DOC)、上清液蛋白、上清液多糖；②功能性质：黏度、SVI；③结构性质：EPS 总量、EPS 蛋白、EPS 多糖、平均粒径(D_m)、ζ 电位；④生物学性质：丝状菌指数(FI)；⑤混合液膜污染潜势(k)：测定方法参照 3.1.3 节。

采集样品的全部性质在 24 h 内测定完毕，各项性质(除膜污染潜势外)进行平行样测定。

3.4.2　混合液各项性质与膜污染潜势之间的关系

利用 SPSS 11.0 软件对测得的混合液各项性质指标与膜污染潜势指标 k 进行 Pearson 线性相关性分析，相关系数是 Pearson 指数(R)，用来表征其相关性，它分布在 −1～1 之间。其绝对值越大表示其相关性越好。正值表示二者之间呈现正相关，负值表示负相关。相关关系必须通过检验。检验的假设是：总体中两个变量间的相关系数为 0。P 指数为该假设成立的概率，表示该相关的显著性。一般当 $P<0.05$ 时，认为二者之间呈现显著相关性。

3.4.2.1　上清液有机物浓度

图 3.30 显示了混合液膜污染潜势与上清液有机物浓度之间呈现显著的相关关系。上清液中有机物质浓度过高，会导致严重的凝胶层污染，而且还会引起膜孔和泥饼层内后生孔道堵塞，从而引起膜阻力的大幅度升高。

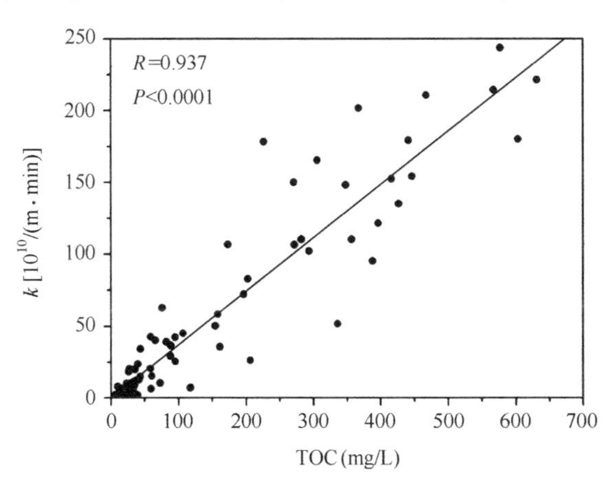

图 3.30　混合液膜污染潜势 k 与上清液 TOC 相关关系

为了进一步确定究竟哪类有机物质是加剧膜污染的主要因素，本研究将上清液有机物浓度 TOC 分为胶体(COC)和溶解性有机物浓度(DOC)分别与 k 进行相关性分析讨论。图 3.31 显示 k 与 COC 和 DOC 均相关，可见 COC 和 DOC 都对膜污染有重要影响。但从图 3.31 中两条相关拟合直线的斜率可以发现 DOC 直线的斜率更大，说明在变化量相同的情况下，DOC 引起的膜阻力上升速率变化更大，即 k 对溶解性有机物浓度的变化比胶体有机物浓度更为敏感。此外，上清液中的多糖成分与 k 有较好的相关性，而蛋白质含量与 k 的相关性不大(图 3.32)。说明，上清液中的多糖成分对膜污染有重要贡献。

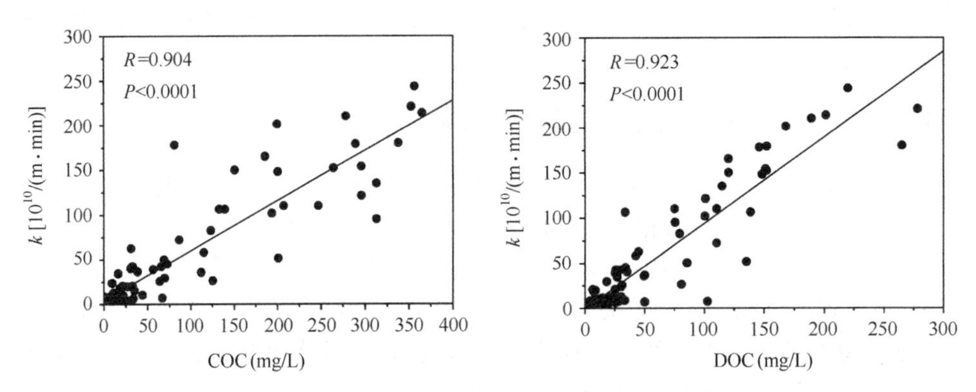

图 3.31 混合液膜污染潜势 k 与胶体和溶解性有机物浓度的相关关系

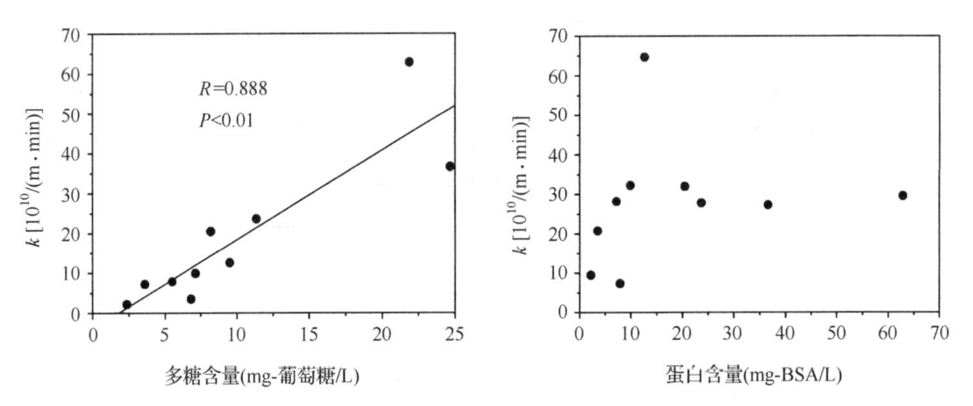

图 3.32 混合液膜污染潜势 k 与上清液中的多糖和蛋白含量的相关关系

BSA：牛血清蛋白

3.4.2.2 悬浮固体浓度

图 3.33 所示为 MLSS 浓度与 k 的相关关系图，可见混合液的膜污染潜势与 MLSS 浓度在不同的 MLSS 范围内呈现不同的相关关系。因此就 MLSS<10 g/L 和 MLSS>10 g/L 两个不同 MLSS 范围分别讨论，得到 Pearson 指数(R)和 P 指数如表 3.4 所示。当 MLSS>10 g/L 时，k 与 MLSS 浓度呈显著相关。当 MLSS<10 g/L 时，从 Pearson 指数分析，MLSS 对膜过滤性的影响较小。近年来关于混合

液膜过滤性与MLSS浓度之间的关系研究很多，但是并未形成一致的认识。很多学者认为增大MLSS会增大膜过滤阻力，但有的研究者则认为MLSS浓度对膜污染影响不大。此研究结果统一了以前的报道中关于污泥浓度对膜污染影响的矛盾结论，即MLSS对混合液膜过滤性的影响程度是随着MLSS范围而有所不同的。在污泥浓度高的情况下，MLSS对混合液膜过滤性的影响大。其原因除了高污泥浓度引起膜表面污染物的沉积量增多之外，与高浓度污泥引起高黏度也有关。

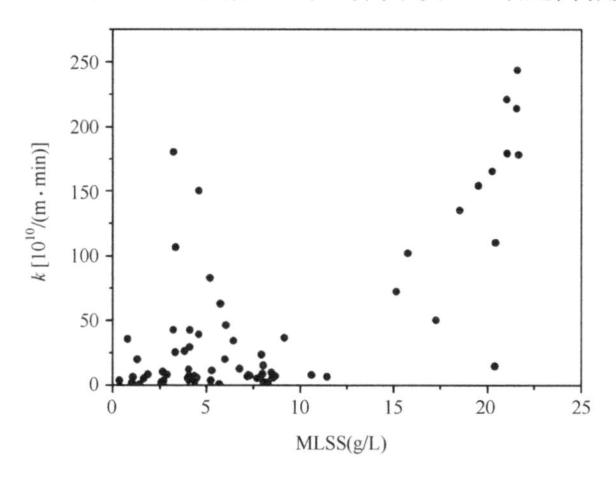

图3.33 膜污染潜势 k 与MLSS浓度的相关关系

表3.4 膜污染潜势 k 与MLSS浓度的相关性分析

MLSS范围	<10 g/L	>10 g/L
R	−0.096	0.775
P	0.487	<0.001

3.4.2.3 絮体粒径

图3.34显示了混合液膜污染潜势与絮体平均粒径 D_m 的相关关系。可见两者之间存在显著的负相关关系。进一步将图3.34分成 D_m<80 μm和>80 μm两部分，分别进行讨论。当 D_m>80 μm时，混合液均呈现良好的过滤性，过滤阻力上升速率均低于 3×10^{11}/(m·min)。当 D_m<80 μm时，粒径对混合液膜污染潜势的影响大，过滤性相对较差[$k>1\times10^{12}$/(m·min)]的混合液絮体平均粒径皆低于80 μm。这一结果与很多学者的研究结果相一致，即小颗粒絮体更易致污(Shimizu et al.,1997)。一方面由于大颗粒絮体受到膜表面错流提升作用较大不易沉积在膜表面；另一方面沉积在膜表面的大颗粒絮体由于形成大的空隙因而具有较小的阻力。

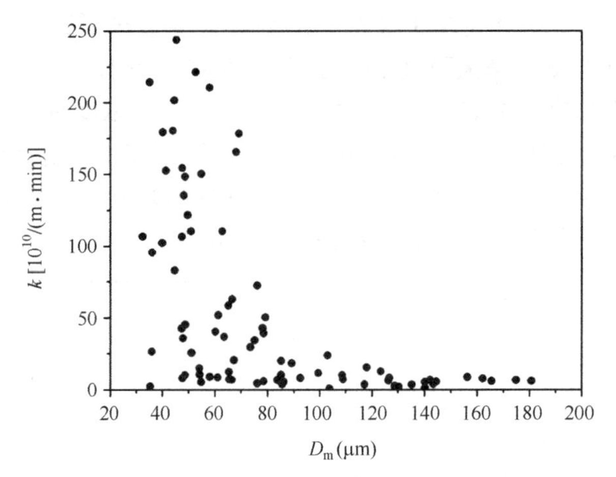

图 3.34　混合液膜污染潜势 k 与絮体平均粒径 D_m 的相关关系

3.4.2.4　黏度

图 3.35 显示了混合液膜污染潜势与黏度(μ)的相关关系。从 Pearson 指数 R 与 P 指数来看,两者之间呈显著相关。但在不同的黏度范围内,其相关关系也呈现不同趋势的变化,这与 MLSS 与膜过滤性的相关关系类似。进一步分析黏度与 MLSS 的相关关系,如图 3.36,发现 MLSS 与黏度之间呈现显著相关。同时发现当 MLSS 大于 10 g/L 时,混合液的黏度呈现显著增长,达到 30 mPa · s 以上。因此可以推断,黏度的大幅度升高是高污泥浓度显著影响混合液膜污染潜势的重要原因。这一结果也统一了近年来许多研究者关于黏度对膜过滤性的影响不一致的看法。

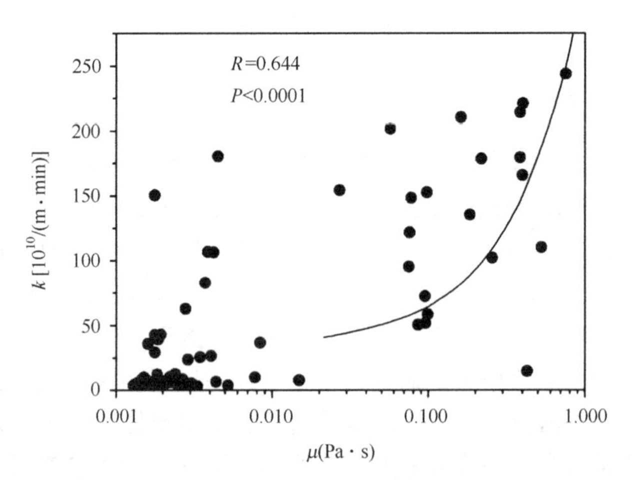

图 3.35　混合液膜污染潜势 k 与黏度的相关关系

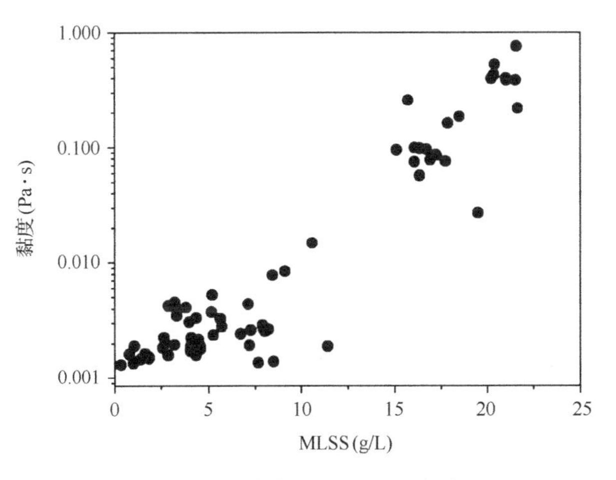

图 3.36 黏度与 MLSS 的相关关系

3.4.2.5 EPS 含量

近年来,研究者对 EPS 浓度对膜污染的影响未达成共识。有研究认为 EPS 浓度高容易形成大絮体,同时对污泥絮体之间的剪切起到缓冲作用,阻止污泥絮体的扩散,可以改善污泥的过滤性能(Kim et al.,2001)。但也有研究者对此持不同看法,Nagaoka 指出,EPS 会引起混合液黏度增加并在膜表面积累,导致膜过滤阻力增加(Nagaoka et al.,1996)。除此之外,Rosenberger 等认为 EPS 浓度对膜污染并没有显著影响(Rosenberger and Kraume,2003)。图 3.37 显示了此研究的结果,该结果与 Rosenberger 等的结果相类似,从表面看 EPS 含量与膜过滤性之间不存在显著的相关关系。但是进一步分析认为,可能是由于上清液 TOC 浓度对 k

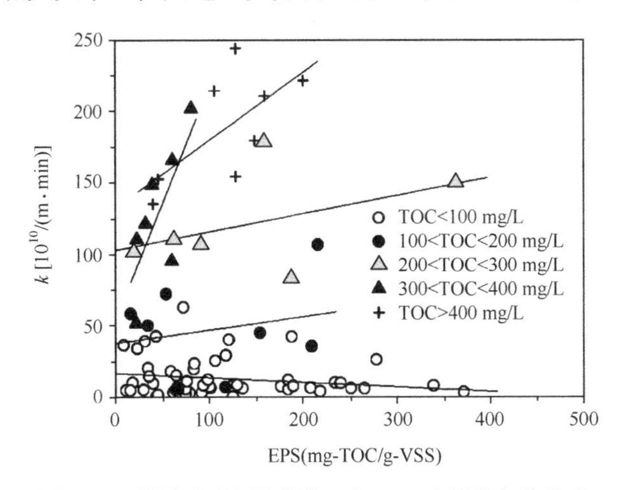

图 3.37 混合液膜污染潜势 k 与 EPS 含量的相关关系

的强烈影响掩盖了 EPS 的作用。将图 3.37 中各样品点按照其所对应上清液 TOC 浓度不同范围进行分类讨论，可以发现，除了 TOC<100 mg/L 时，其余在上清液 TOC 处于同一水平范围内的各点 EPS 与 k 均呈现正相关关系。由此说明，污泥的 EPS 对混合液膜污染潜势有影响，其含量越大，膜过滤阻力上升速率越快；但此影响作用较弱，易受到其他性质因素的影响。这个影响在 Pearson 分析中被上清液有机物含量的影响给掩盖掉了，但在后面的偏相关分析中能体现出来。

3.4.2.6 丝状菌

如图 3.38 所示，丝状菌含量对混合液膜污染潜势有重要影响。推测其主要由于丝状菌在絮体中起支撑作用，易于形成更大的絮体（图 3.39 左图）；此外丝状菌含量增多，上清液 SMP 等物质相应减少（图 3.39 右图），因此膜过滤性得到提高。丝状菌含量与上清液有机物含量呈现显著负相关关系，这一现象已经被研究者所证实（Jenkins，1992）。但这一负相关关系是由于上清液中积累的 SMP 等物质更易被丝状菌所利用，还是丝状菌本身产生的代谢产物较少导致的，还需进一步验证。

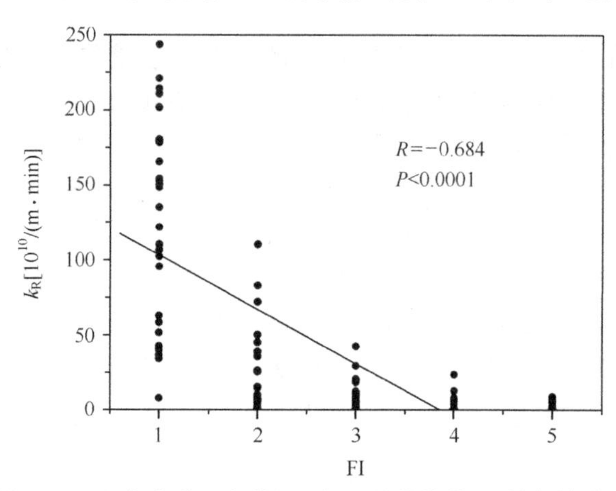

图 3.38 混合液膜污染潜势 k 与丝状菌指数 FI 的相关关系

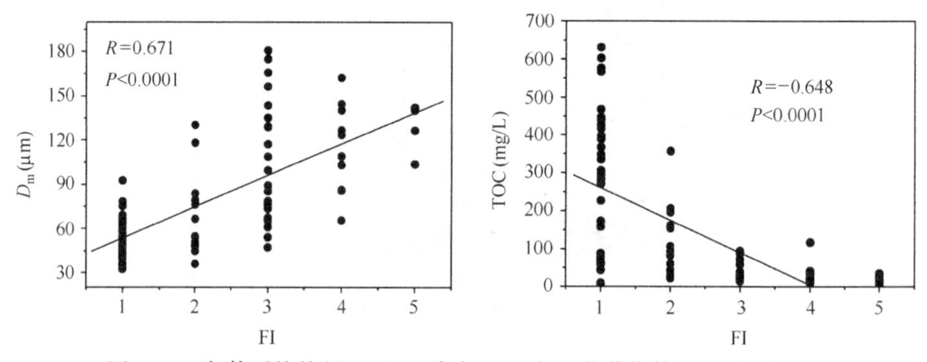

图 3.39 絮体平均粒径 D_m 和上清液 TOC 与丝状菌指数 FI 的相关关系

针对发生丝状菌膨胀的MBR系统，考察了MBR长期运行中跨膜压差(TMP)的变化，如图3.40所示。TMP的变化呈现出两阶段特征，即第一阶段的平缓上升期和第二阶段的快速上升期。将TMP随时间的变化曲线分为两阶段，分别计算两阶段的斜率K1和K2。如图3.41所示，随着SVI升高(丝状菌膨胀越来越严重)，K1降低，即发生丝状菌膨胀时MBR系统的TMP上升速率比不发生污泥膨胀时缓慢。但随着膜污染的继续发展，第二阶段的TMP上升速率K2随SVI的增加而增大，MBR的运行周期缩短。图3.42为未膨胀污泥和膨胀污泥条件下，膜表面污染层的电镜照片。可见未发生膨胀的污泥在膜丝表面形成的污染层薄但密实，而发生膨胀的污泥在膜丝表面形成的污染层疏松但很厚，由此造成TMP的快速增加。

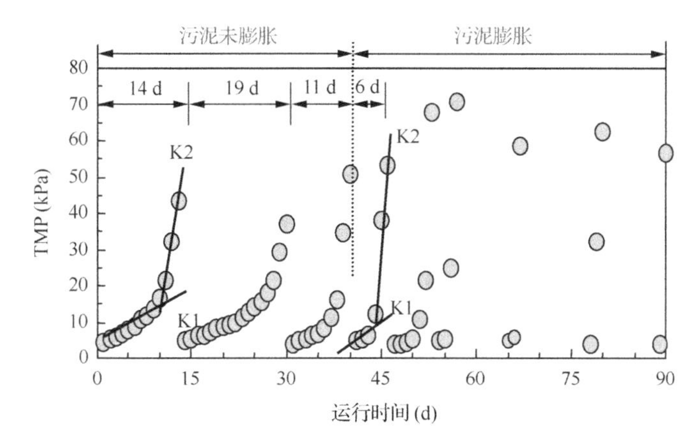

图3.40　长期运行的MBR系统中TMP随丝状菌膨胀的变化

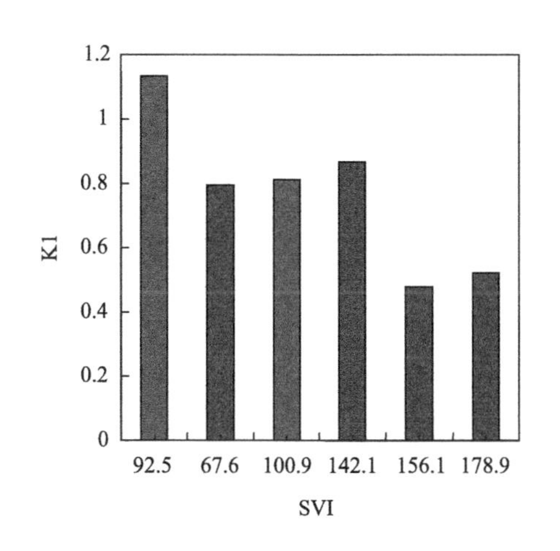

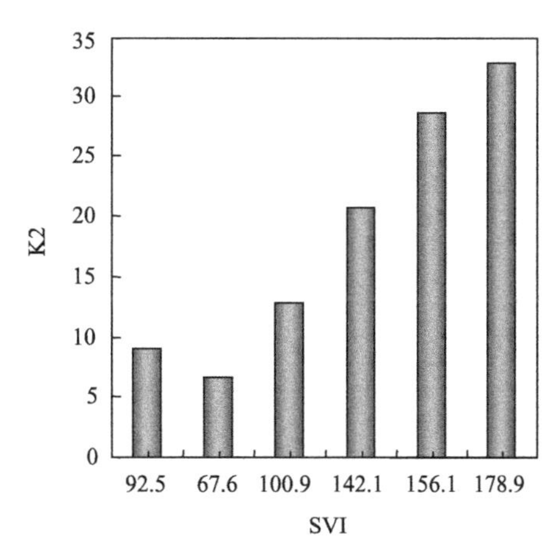

图3.41　TMP变化曲线第一阶段上升速率K1(左图)与第二阶段上升速率K2(右图)随丝状菌膨胀的变化

(a) 未膨胀污泥

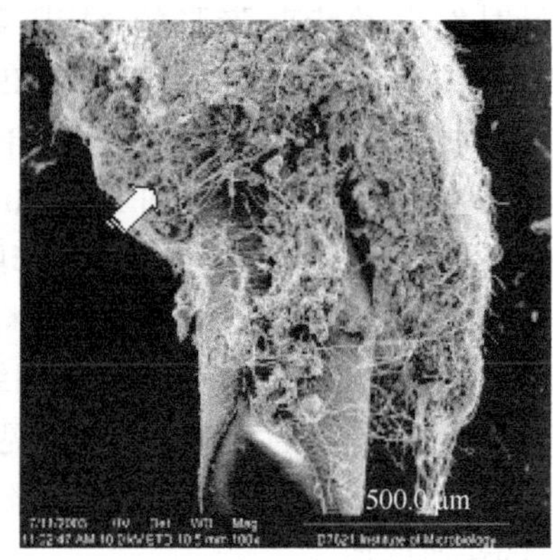

(b) 膨胀污泥

图 3.42　未膨胀和膨胀污泥在膜丝表面形成的污染物的电镜照片

上述结果表明，发生污泥膨胀时，虽然初期膜污染比较轻，但从 MBR 系统的长期运行来看，形成的负面影响还是比较大的。

3.4.3　影响混合液膜污染潜势的主要因素识别

采用 Pearson 相关分析和偏相关分析，分析了混合液各性质指标与混合液膜污染潜势 k 之间的相关显著性，见表 3.5(Wu and Huang，2009)。

表 3.5　混合液性质指标与混合液膜污染潜势 k 的 Pearson 相关分析和偏相关分析

指标	Pearson 相关分析		偏相关分析	
	R	P	R'	P'
上清液 TOC(mg/L)	0.804	0.000*	0.477	0.048*
黏度(mPa · s)	0.525	0.002*	−0.011	0.968
MLSS (g/L)	0.457	0.004*	0.077	0.775
平均粒径(D_m) (μm)	−0.402	0.013*	−0.263	0.326
ζ 电位(mV)	−0.338	0.091	−0.042	0.879
EPS(mg-TOC/g-VSS)	0.245	0.144	0.211	0.432
SVI	0.297	0.169	0.020	0.940

注：* 表示显著相关

Pearson 相关分析表明，上清液 TOC、黏度、污泥浓度(MLSS)和絮体平均粒径与 k 之间呈现显著相关性。其中上清液 TOC 与 k 之间的相关性最显著，R 值最高。膜过滤阻力随上清液 TOC、黏度和污泥浓度的增加而增大(正相关)。而 k 与絮体平均粒径之间呈负相关，k 值随粒径的增加而减少。

偏相关分析主要用于分析控制了其他变量影响的条件下两变量间的相关性。例如，控制变量黏度，对混合液膜过滤阻力上升速率与 MLSS 之间进行偏相关分析，可以得到当黏度不变的情况下，MLSS 的变化对过滤阻力上升速率的影响。偏相关系数用 R' 表示，与 Pearson 指数 R 一样，也分布在 $-1\sim1$ 之间，其绝对值表示相关程度大小。P' 表示该相关的显著性，一般当 $P'<0.05$ 时，认为二者之间呈现显著相关性。表 3.5 的偏相关分析结果表明，在排除其他性质影响时，k 与上清液 TOC 之间的相关性最显著，因此，上清液 TOC 应是混合液调控和膜污染控制关注的重点指标。k 与 EPS 之间也表现出较好的相关性，但不及与上清液 TOC 之间的关系显著。

3.4.4　混合液膜污染潜势主要影响因素的回归分析

通过 SPSS 11.0 进行回归分析，采用逐步引入-剔除法（stepwise），建立混合液膜污染潜势指标与上清液 TOC 浓度之间的关系如下：

$$k = 1.14 + 0.33\text{TOC} \tag{3.2}$$

其中，k 为膜阻力上升速率[10^{10}/(m · min)]；TOC 为上清液 TOC 浓度(mg/L)。模型与实测数据之间拟合的相关系数为 0.895，说明该式可以较好地用于预测混合液的膜污染潜势。

3.5　MBR 上清液膜污染潜势及优势污染物

上节的研究表明，混合液上清液 TOC 浓度是影响混合液膜过滤性的最重要因素。因此，在膜污染研究中，应更关注上清液的膜污染潜势。本节进一步深入考察上清液中的组分性质及其对上清液膜污染潜势的影响，识别上清液中的优势膜污染物质（赵文涛，2009；Shen et al.，2010；Zhao et al.，2010）。

3.5.1　上清液不同组分的分离

采用 3.1.2.3 节所述的方法，MBR 上清液经不同相对分子质量的超滤膜分离后，分别得到上清液原液、MW＜100 kDa、MW＜30 kDa、MW＜10 kDa、MW＜5 kDa 和MW＜1 kDa 一共 6 个不同相对分子质量组分的样品。

MBR 上清液经 XAD-8 树脂分离后，分别得到亲水物（HIS）、疏水碱性物（HOB）、疏水酸性物（HOA）和疏水中性物（HON）四种亲疏水组分。

将上清液不同组分的 pH 调至 7.0±0.2，作为膜过滤试验的待过滤液体。采用 3.1.4 节所述的方法，对上清液及其各组分的膜污染潜势进行评价，计算污染指数。

3.5.2 处理城市污水 MBR 上清液的膜污染潜势及优势污染物

从处理实际城市污水的中试 MBR 装置采集上清液样品，进行了亲疏水成分的分离和表征，同时对膜污染潜势进行了评价，并对影响上清液膜污染潜势的优势污染物进行了分析(Shen et al.，2010)。

3.5.2.1 上清液有机物的亲疏水组分分布

处理实际城市污水的中试 MBR 上清液 TOC 浓度为 12.3 mg/L。其亲疏水物质组分的分布如图 3.43 所示。可见，亲水物组分(HIS)占了绝大多数比例，占总 TOC 的近 50%，疏水酸性物(HOA)是第二大组分。疏水碱性物(HOB)和疏水中性物(HON)的含量很少。

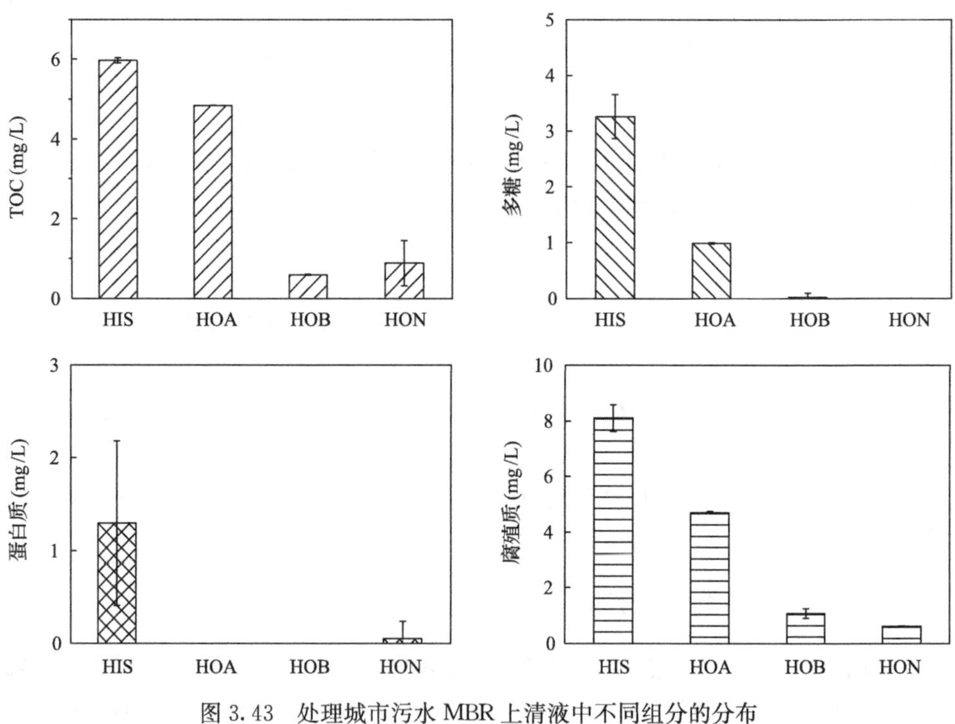

图 3.43 处理城市污水 MBR 上清液中不同组分的分布

上清液中多糖主要集中在亲水物组分中(超过 60%)，疏水酸中也有一定的含量，疏水中性物和疏水碱组分中基本不含多糖类物质。上清液中蛋白质含量很少，主要集中在亲水物中。腐殖质类物质主要集中在亲水物和疏水酸组分中，在疏水中性物和疏水碱中也有一定含量。

3.5.2.2 上清液亲疏水组分的膜污染潜势

将处理城市污水 MBR 上清液分离为亲水物、疏水碱性物、疏水酸性物和疏水中性物四个组分,然后稀释到同一 TOC 水平(TOC=2.0 mg/L),考察各组分在相同压力下(5 kPa)的过滤性能,通量曲线如图 3.44 所示。

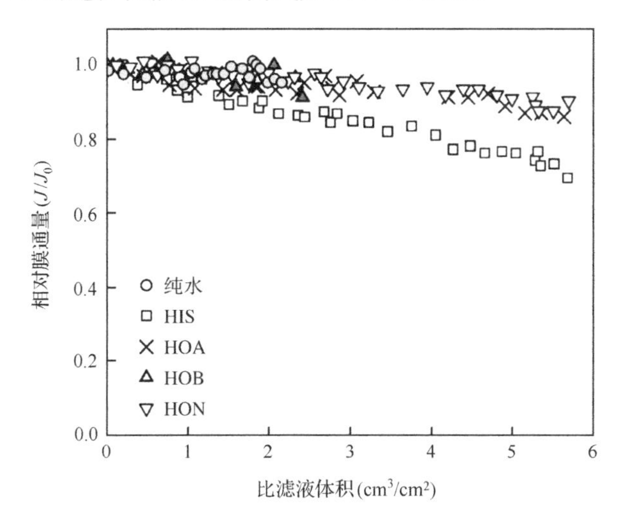

图 3.44 处理城市污水的 MBR 上清液不同组分的膜过滤通量曲线
(TOC=2.0 mg/L,过滤压力 5 kPa,pH=7.0±0.2)

当比滤液体积达 5 cm^3/cm^2 以上时,亲水性组分的通量下降了 30%,疏水组分只下降了 10%。在相同的 TOC 条件下,亲水物组分对初期膜污染的贡献更大,而疏水组分的贡献较小。

关于污染物对初期膜污染的贡献可以从两个方面进行解释。一是膜材料和膜污染物之间的疏水作用。一般而言,疏水性物质和疏水性膜之间应该有更强的作用力。然而通常膜材料表面会进行亲水化处理,由此,会减弱这种疏水作用。另一个可能的原因是由大分子物质产生的空间排阻(机械筛分)效应。疏水作用和空间排阻效应的联合作用是造成膜污染的主要原因。而本研究发现,亲水性组分对膜污染的贡献大,说明疏水作用不占主导,而空间排阻效应对膜污染的影响可能盖过了疏水作用的影响。空间排阻效应如图 3.45 所示(Huang et al.,2010),其必要条件有:污染物与膜孔有交集;污染物能够进入膜孔。此外,柔性大分子的长链结构或分支结构(例如多糖类大分子)以及弯曲、交联、粗细不均的膜孔结构也有利于产生空间排阻效应(Zhao et al.,2010)。

为了证实 MBR 上清液中亲水物对膜污染的影响主要是由于空间排阻效应,将上清液中的亲水组分用 100 kDa 的超滤膜截留,滤出液认为是相对分子质量小

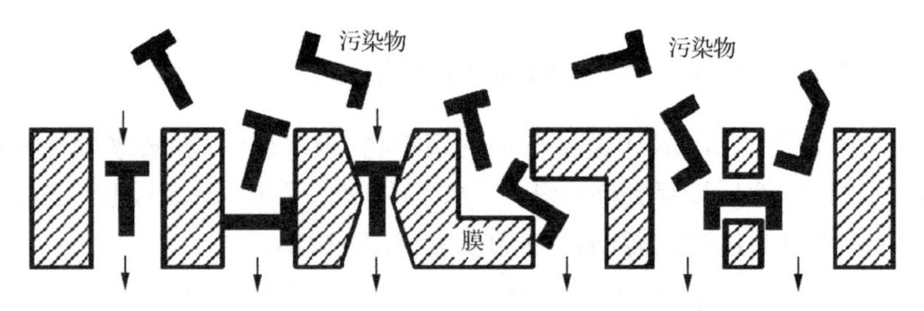

图 3.45　膜对污染物的空间排阻效应示意

于 10 万的亲水组分。将原亲水物组分和相对分子质量小于 10 万的亲水物组分分别进行膜过滤试验，结果如图 3.46 所示。

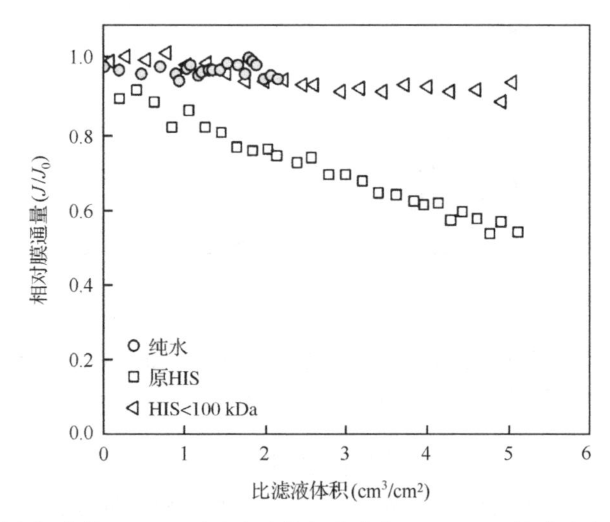

图 3.46　处理城市污水的 MBR 上清液亲水物与亲水物<100 kDa 的膜过滤通量曲线(HIS 的 TOC 为 5.97 mg/L，HIS<100 kDa 的 TOC 为 4.43 mg/L，过滤压力 5 kPa，pH=7.0±0.2)

经过 100 kDa 的超滤膜分离后，相对分子质量小于 10 万的亲水组分基本不会导致膜通量的下降，但是原亲水物却有 50%的通量下降。这组试验表明在亲水物中相对分子质量大于 10 万的组分才会对初期膜污染有显著贡献。

为了考察亲水物在经过 10 万相对分子质量超滤膜分离前后的物质含量差异，对亲水物及其相对分子质量小于 10 万组分的有机物含量进行了测定，结果如表 3.6 所示。

表 3.6　HIS 和 HIS<100 kDa 组分的有机物含量

指标	HIS	HIS<100 kDa
TOC (mg/L)	5.97±0.07	4.43±0.02 (74.2%)
多糖 (mg/L)	3.26±0.40	0.89±0.20 (27.1%)
蛋白质 (mg/L)	1.30±0.89	2.84±1.12

在亲水物组分中，相对分子质量10万以上的TOC约占25%，多糖约占73%。结果说明，亲水物中大于10万相对分子质量的有机物(主要是多糖)导致膜通量的快速下降，是造成初期膜污染的优势污染物。亲水物中小分子的物质对初期膜污染的贡献不大。

3.5.2.3 膜污染的原子力显微镜照片

新膜、经HIS>100 kDa和HIS<100 kDa组分过滤后的污染膜的原子力显微镜(AFM)照片见图3.47。新膜表面呈现多孔结构。当膜被相对分子质量小于100 kDa的亲水物污染后，其表面的多孔结构和新膜相比几乎没有发生变化。而当被相对分子质量大于100 kDa的亲水物污染后，膜表面变得密实，不少小孔被颗粒物堵塞。由此说明，HIS>100 kDa会造成膜孔堵塞，从而使膜通量快速下降。膜表面粗糙度的变化可以反映污染物和膜表面之间的作用程度。根据AFM照片，新膜表面粗糙度测算为215 nm，受相对分子质量小于100 kDa的亲水物污染后的膜表面粗糙度为203 nm，仅略低于新膜，这主要是由于小分子的亲水物在膜表面沉积，使膜表面变得更平滑。而受相对分子质量大于100 kDa的亲水物污染

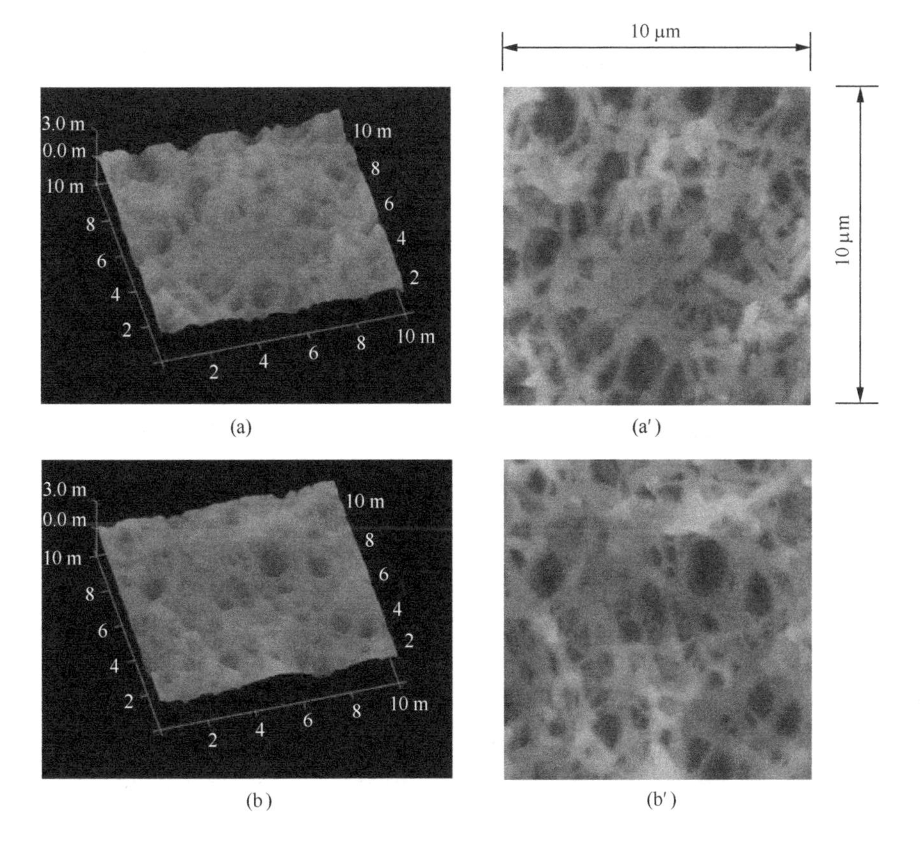

(c)

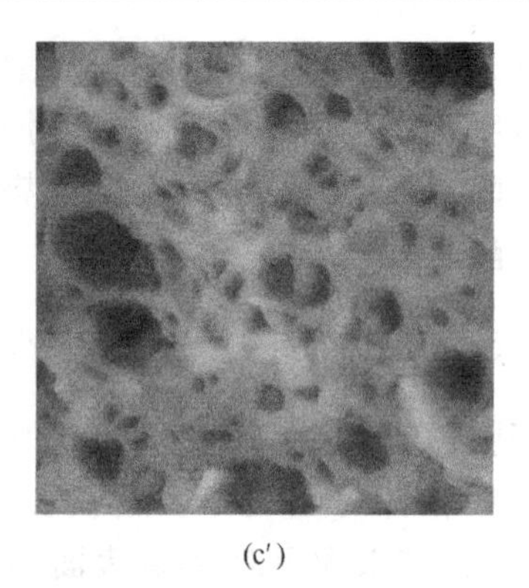
(c′)

图 3.47　新膜和污染膜的 AFM 照片 (表面面积 10 μm×10 μm)

(a)和(a′)新膜；(b)和(b′)被 HIS<100 kDa 污染后的膜；(c)和(c′)：被 HIS>100 kDa 污染后的膜

另见彩图

后的膜表面粗糙度增加到为 253 nm，推测主要是由于膜孔堵塞和膜表面吸附造成大分子物质在膜表面的积累所致。

3.5.2.4　不同上清液组分的过滤模型

如第 1 章 1.4.2 节所述，膜污染过程通常可以用四种模型进行描述：①完全堵塞污染模型(complete blocking model)；②标准堵塞污染模型(standard blocking model)；③混合堵塞污染模型(intermediate blocking model)；④滤饼过滤污染模型(cake filtration model)。

对于在死端恒压过滤条件下的膜通量的变化过程，四种模型的表达式如表 3.7 所示。

表 3.7　死端过滤条件下四种膜污染模型的表达式

模型	公式
完全堵塞污染模型	$J_0 - J = AV$
标准堵塞污染模型	$1/t + B = J_0/V$
混合堵塞污染模型	$\ln J_0 - \ln J = CV$
滤饼过滤污染模型	$1/J - 1/J_0 = DV$

注：J,膜通量；J_0,初始膜通量；V,滤液体积；t,过滤时间；A,B,C 和 D 为常数

将上述模型与试验得到的膜通量曲线进行拟合，结果如图 3.48 所示。可见，完全堵塞污染模型、标准堵塞污染模型以及混合堵塞污染模型均能较好地用于描述上清液亲水物的膜过滤过程，其中完全堵塞污染模型的拟合度最优。由此，可进一步推测，由上清液亲水物造成的膜污染机理主要以完全堵塞为主，但同时也存在标准堵塞和混合堵塞的污染现象。完全堵塞污染机理主要是由于亲水性大分子污染物的空间排阻效应。滤饼过滤污染模型不适合于上清液亲水物的膜过滤过程，

而在此研究的短期过滤试验过程中，确实未观察到在膜表面有滤饼层和凝胶层形成。需要说明的是，这里的讨论仅限于初期膜污染，对于更长期的膜过滤过程，凝胶层和滤饼层对膜污染的贡献需要做进一步研究。

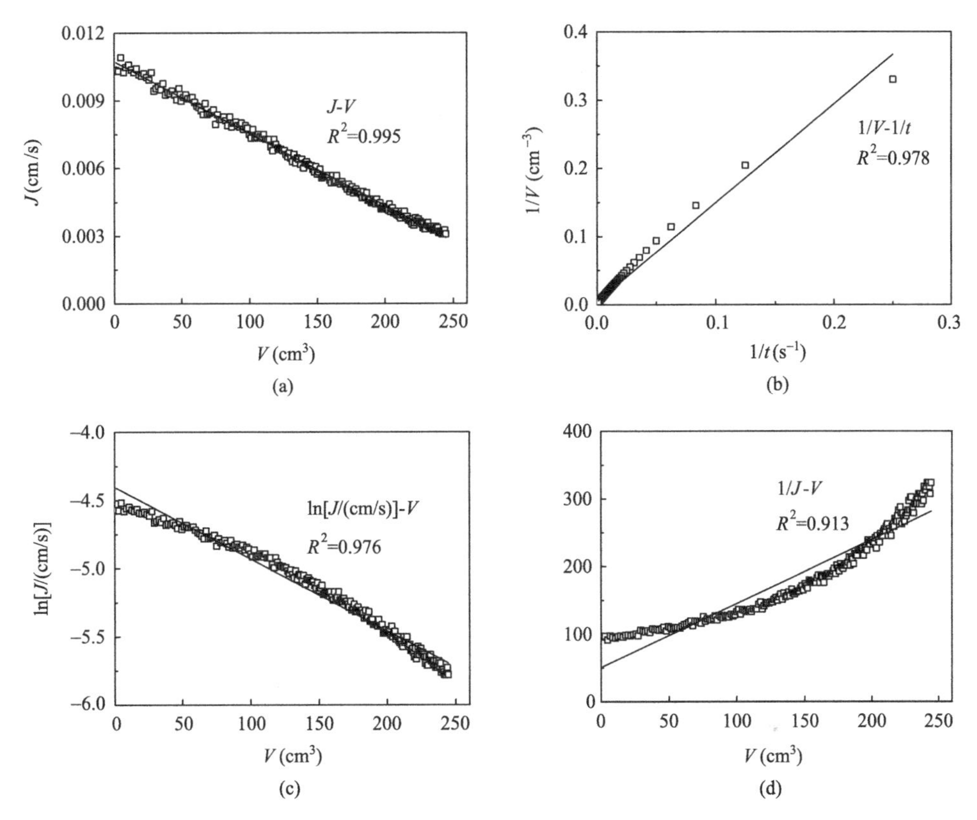

图3.48 上清液亲水组分过滤曲线与四种模型的拟合情况

(a) 完全堵塞污染模型；(b) 标准堵塞污染模型；(c) 混合堵塞污染模型；(d) 滤饼过滤污染模型

3.5.3 处理焦化废水MBR上清液的膜污染潜势及优势污染物

上节考察了处理城市污水MBR上清液的膜污染潜势，作为对比，本节选择焦化废水为工业废水的代表，考察处理焦化废水MBR上清液的膜污染潜势及优势污染物，并与处理城市污水MBR的情况进行对比(赵文涛，2009；Zhao et al.，2010)。

3.5.3.1 上清液有机物组分的表征

1. 上清液有机物相对分子质量分布

MBR上清液取自处理焦化废水的厌氧/缺氧/好氧-MBR小试工艺的MBR单元。MBR上清液不同相对分子质量组分的TOC分布如图3.49所示，相对分子质量大于10万的物质占总TOC的近40%，还有约40%的TOC集中在相对分子质量小于1000的组分内，在相对分子质量1000万～10万的范围内TOC分布比较少。上清液中TOC在不同相对分子质量范围的分布呈现出的“双峰”特征与处理城市污水时的情况相似(沈悦啸，2011)。

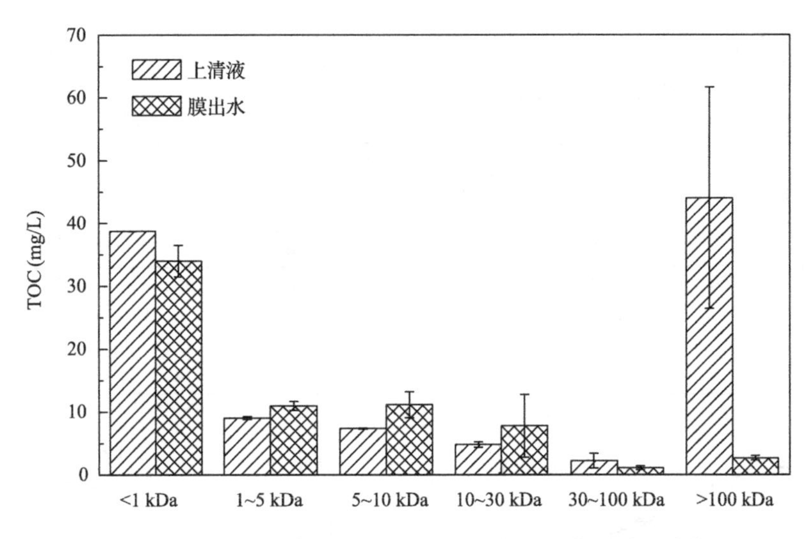

图 3.49　MBR上清液和膜出水的有机物相对分子质量分布

在相对分子质量小于10万的组分中，MBR上清液和膜出水的有机物相对分子质量分布基本没有区别，但膜出水基本不含相对分子质量大于10万的有机物，膜对相对分子质量大于10万的有机物有很好的截留效果。

MBR上清液中多糖的相对分子质量分布与TOC的基本相似(图3.50)，多糖主要分布在相对分子质量大于10万和小于1000的范围内，相对分子质量大于10万的多糖类物质占总多糖的50%左右，相对分子质量小于1000的多糖占40%左右。由于焦化废水进水的成分中基本不含多糖类物质，多糖主要是微生物代谢产物。在膜出水中，相对分子质量大于10万的组分中基本没有多糖物质，说明膜可以将大分子的多糖类物质截留在上清液中。在相对分子质量小于10万的组分中，膜出水和上清液中的多糖分布基本一致。

如图3.51所示，MBR上清液中的蛋白质主要集中在相对分子质量大于10万的组分内，约占50%。膜出水中蛋白质在相对分子质量小于10万的分布与上清液基本分布一致，在相对分子质量大于10万的组分中基本没有蛋白质。

如图3.52所示，上清液中腐殖质的浓度在180～200 mg/L，其中相对分子质量小于1000的腐殖质超过50%，相对分子质量大于1000小于10万的区间内都有腐殖质分布，相对分子质量大于10万的腐殖质很少。腐殖质在上清液和膜出水中的相对分子质量分布也基本一致，进一步说明膜对腐殖质没有截留作用。

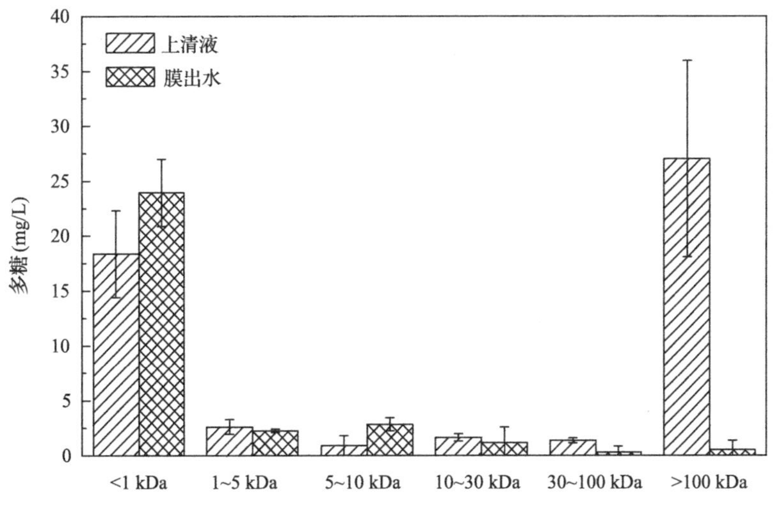

图 3.50　MBR 上清液和膜出水中多糖的相对分子质量分布

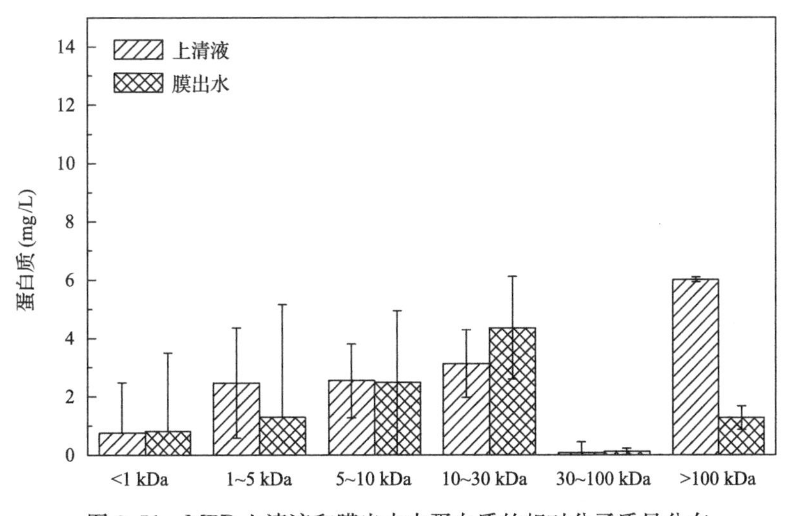

图 3.51　MBR 上清液和膜出水中蛋白质的相对分子质量分布

2. 上清液有机物亲疏水物质组分的分布

将处理焦化废水的 MBR 上清液和膜出水按 3.1.2.3 节所述的方法进行分离，得到亲水物（HIS）、疏水酸性物（HOA）、疏水碱性物（HOB）和疏水中性物（HON）四种组分。

MBR 上清液的 TOC 在亲疏水物质组分中的分布见图 3.53 左图。可见，上清液中的有机物主要以亲水物和疏水酸为主，疏水碱和疏水中性物所占比例很少，4 个组分按 TOC 含量大小的顺序为亲水物＞疏水酸性物＞疏水中性物＞疏水碱性物。

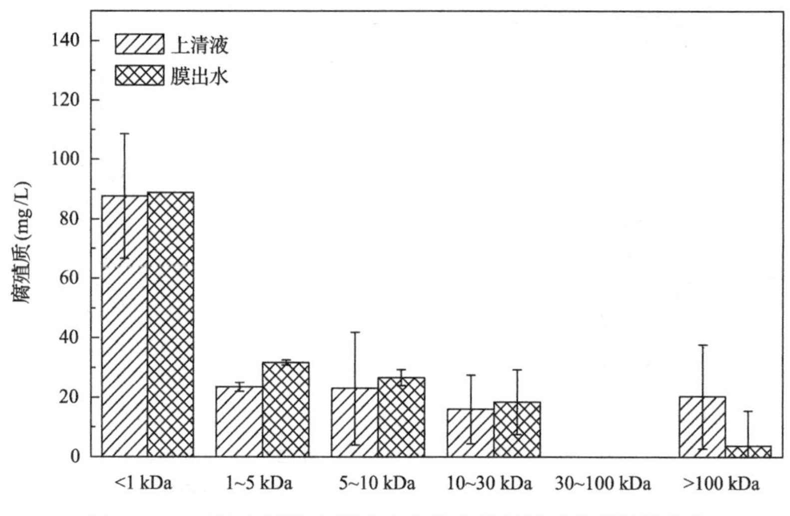

图 3.52　MBR 上清液和膜出水中腐殖质的相对分子质量分布

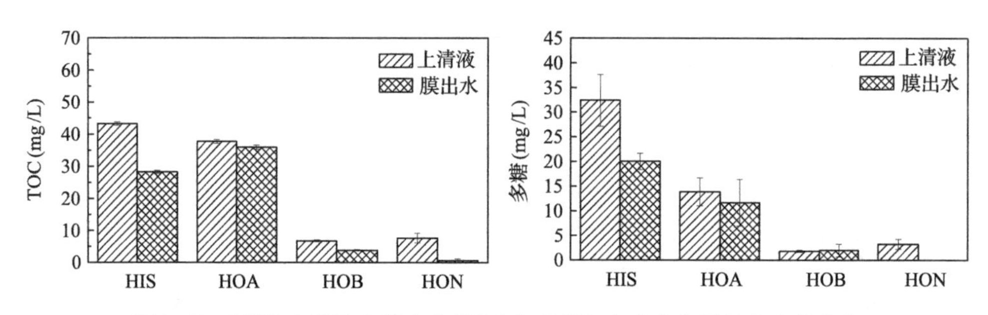

图 3.53　MBR 上清液和膜出水 TOC 和多糖在亲疏水物质组分中的分布

上清液的 TOC 浓度比膜出水高出 27 mg/L,膜出水各亲疏水组分的 TOC 浓度都比上清液的要低。在疏水酸、疏水碱和疏水中性物中,上清液和膜出水的 TOC 没有太大的差别;上清液和膜出水亲疏水分布的主要差异集中在亲水物组分中,膜对上清液中部分亲水物有明显的截留作用,截留量在 15 mg/L(以 TOC 计),占 TOC 总截留量的一半以上。

MBR 上清液多糖在亲疏水物质组分中的分布如图 3.53 右图所示。上清液中的多糖类物质主要集中在亲水物组分,含量超过 50%,多糖存在的第二大组分是疏水酸性物,疏水碱性物和疏水中性物中多糖类物质含量很少。

膜出水中疏水酸性物、疏水碱性物和疏水中性物中的多糖含量与上清液的差别不大。在亲水物组分中,膜出水中的多糖要比上清液的小 12 mg/L 左右,膜对亲水物组分中多糖的截留率占总多糖截留率的近 80%。结合上清液和膜出水多糖的相对分子质量分布结果可以推测,亲水物中被膜截留的多糖大都是相对分子质量 10 万以上的组分。

3.5.3.2　上清液不同组分的膜污染潜势

处理焦化废水 MBR 上清液中不同相对分子质量组分的过滤通量曲线如图 3.54 所示。上清液原液的通量曲线下降很快，在比滤液体积达 3 cm^3/cm^2时，通量下降超过 90%。经过超滤膜分离后的相对分子质量小于 10 万的组分的通量下降很缓慢，只下降了 20%；相对分子质量小于 3 万的组分的通量下降得更少。说明上清液中造成膜过滤初期通量下降的主要物质是相对分子质量大于 10 万的组分，相对分子质量小于 10 万的上清液组分也会引起膜通量的下降，但是下降趋势很缓慢。

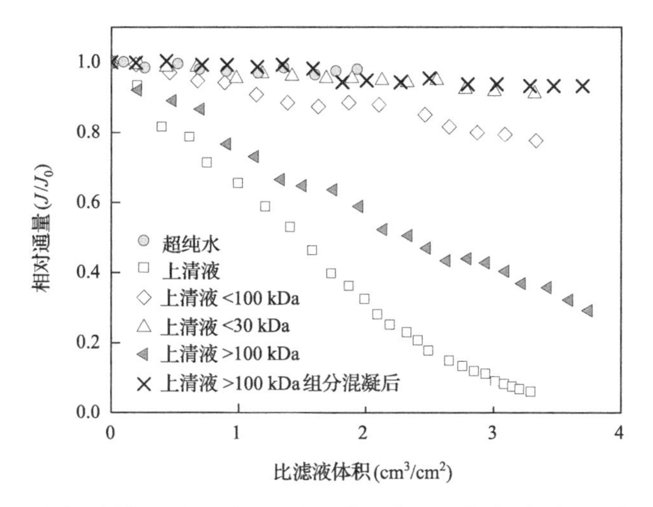

图 3.54　上清液不同相对分子质量组分的膜过滤通量曲线(水样经两倍稀释，上清液 TOC=49.32 mg/L)，MW<100 kDa(TOC=28.21 mg/L)，MW<30 kDa(TOC=24.36 mg/L)，过滤压力 5 kPa，pH=7.0±0.2)

为了进一步证明相对分子质量大于 10 万的上清液组分是造成初期膜污染的主要物质，向相对分子质量大于 10 万的上清液中投加硫酸铝混凝剂，经混凝、沉淀和过滤，去除大分子物质后，得到澄清液体，再进行过滤得到的通量曲线也列入图 3.54 中。可见，相对分子质量大于 10 万的上清液组分，经过混凝之后，通量基本不下降。以上结果表明，相对分子质量大于 10 万的上清液有机物是造成初期膜污染的主要物质，而混凝可以去除这些污染物质。

处理焦化废水 MBR 上清液中不同亲疏水组分(5 倍稀释条件下)的过滤通量曲线如图 3.55 所示。上清液中亲水物组分的通量下降最快，在比滤液体积接近 4 cm^3/cm^2时，通量已下降 40%。疏水酸性物、疏水碱性物和疏水中性物组分的通量下降缓慢，只下降了 10%左右。试验结果表明，处理焦化废水 MBR 上清液中的亲水物组分是引起初期膜污染的主要污染物。

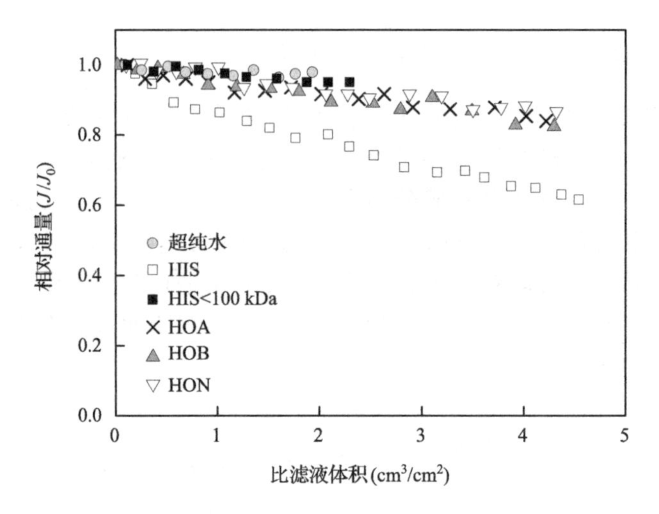

图 3.55　上清液亲疏水组分的膜过滤通量曲线(HIS 的 TOC 为 8.65 mg/L，HOA 的 TOC 为 7.54 mg/L，HOB 的 TOC 为 1.35 mg/L，HON 的 TOC 为 1.53 mg/L，过滤压力 5 kPa，pH＝7.0±0.2)

为了进一步明确 MBR 上清液中亲水物组分是由于亲疏水作用还是因为相对分子质量大容易被膜截留而导致污染，将上清液的亲水物组分用 100 kDa 的超滤膜过滤后，再进行过滤试验，结果也列入图 3.55 中。可见，相对分子质量 10 万以下的亲水组分基本不导致膜通量的下降，这个试验表明，在亲水物中只有相对分子质量大于 10 万的组分才会对初期的膜污染有显著的贡献。

为了考察亲水物在经过 100 kDa 超滤膜分离前后物质含量的差异，对亲水物及其相对分子质量小于 10 万组分的有机物含量分别进行了测定，结果如表 3.8 所示。

表 3.8　处理焦化废水 MBR 上清液 HIS 和 HIS＜100 kDa 组分的有机物含量(5 倍稀释)

指标	HIS	HIS＜100 kDa
TOC (mg/L)	8.65±0.11	4.81±0.64
多糖 (mg/L)	6.48±1.05	3.87±0.79
蛋白质 (mg/L)	未检测出	未检测出

结果表明，在上清液亲水物中，TOC 和多糖在＞10 万相对分子质量范围有较大分布。说明亲水物中大于 10 万相对分子质量以上的有机物对初期膜污染的贡献更大，小分子的物质对初期膜污染的贡献甚微。

3.5.3.3　与处理城市污水 MBR 的比较

由于废水种类不同，MBR 上清液在性质上也有很大的差异，处理焦化废水的

MBR上清液有机物浓度要比处理城市污水的MBR上清液浓度高很多。但上清液中亲疏水组分的TOC分布结果表明两种废水的上清液都是以亲水物为主(图3.43和图3.53),焦化废水中由于腐殖质含量高,所以疏水酸的组分含量相对比城市污水的高。虽然在有机物的含量上存在差异,但无论是处理城市污水还是工业废水,MBR的上清液中,多糖、蛋白类物质主要集中在亲水物组分中。

MBR上清液的膜过滤试验结果表明,无论是处理城市污水还是处理焦化废水的MBR,上清液中对膜污染起主要贡献的优势污染物均是亲水组分中大于10万相对分子质量的大分子物质。朱洪涛(2009)曾针对城市污水处理厂出水开展了微滤膜过滤试验,发现对膜污染起重要作用的也是大分子的亲水性组分。

3.5.4　处理城市污水MBR实际工程中上清液的膜污染潜势

为进一步识别MBR实际工程上清液中的优势污染物,以3.3.1节所述的10座处理城市污水的MBR实际工程为依托,采集上清液样品,进行膜污染潜势评价(沈悦啸,2011)。结果表明,不同MBR上清液的污染潜势差异很大。

分析膜污染潜势与上清液总有机物(TOC)及各组分之间的关系,见图3.56。可见,膜污染潜势与上清液总有机物呈现显著的相关关系($R=0.891$,$P=0.000$,

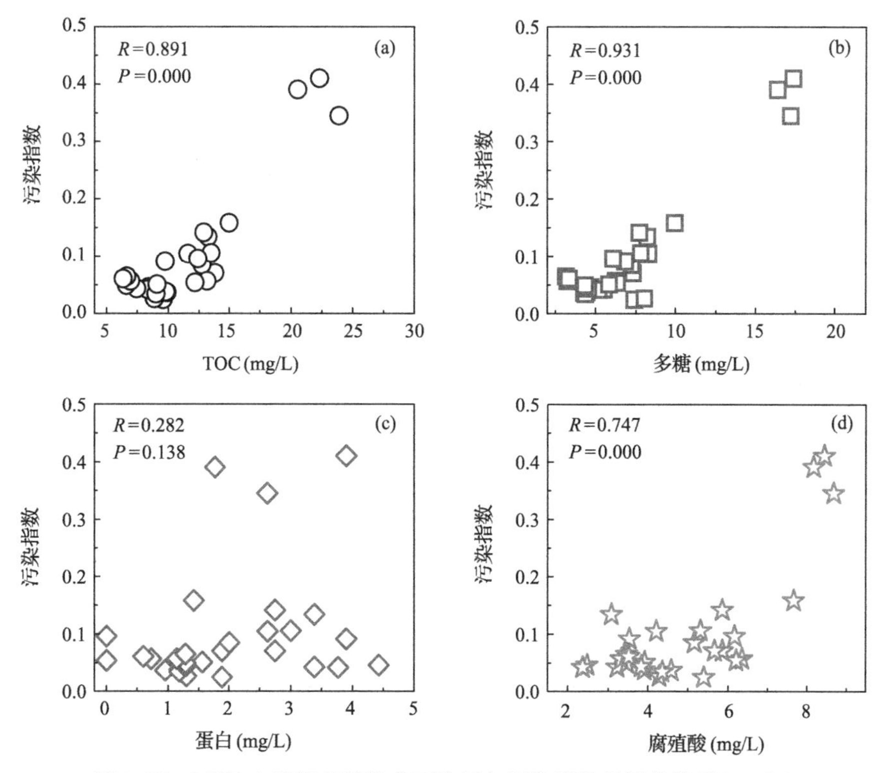

图3.56　MBR上清液有机物主要物质与污染指数的相关关系($n=29$)

n=29)。上清液中的多糖(R=0.931,P=0.000,n=29)和腐殖酸(R=0.747,P=0.000,n=29)都与膜污染潜势存在显著的相关关系。但蛋白对膜污染潜势的影响不显著(R=0.282,P=0.138,n=29)。为排除多糖、蛋白和腐殖酸之间的自相关关系,进一步采用偏相关进行分析,只有多糖与膜污染潜势存在较强的偏相关关系(R'=0.739,P=0.000,n=29)。

为考察上清液有机物的相对分子质量大小和亲疏水性质对初期膜污染的共同影响,将上清液有机物的不同相对分子质量组分和亲疏水组分分别对膜污染指数做相关分析,结果如图 3.57 所示。对于上清液不同相对分子质量组分,相对分子质量大于 100 kDa 的组分[TOC 和多糖,图 3.57(a)(b)]与膜污染指数显著相关;而相对分子质量小于 100 kDa 的组分(TOC)对膜污染指数的影响并不明显(R=0.360,P=0.055,n=29)。上清液膜污染指数和亲水物组分之间也存在显著相关性,尤其是亲水物的主要组分——多糖(R=0.921,P=0.000,n=29);疏水组分(包括 HOA,HOB 和 HON)也对初期污染有贡献,但是相比亲水物要小(R=0.703,P=0.000,n=29)。

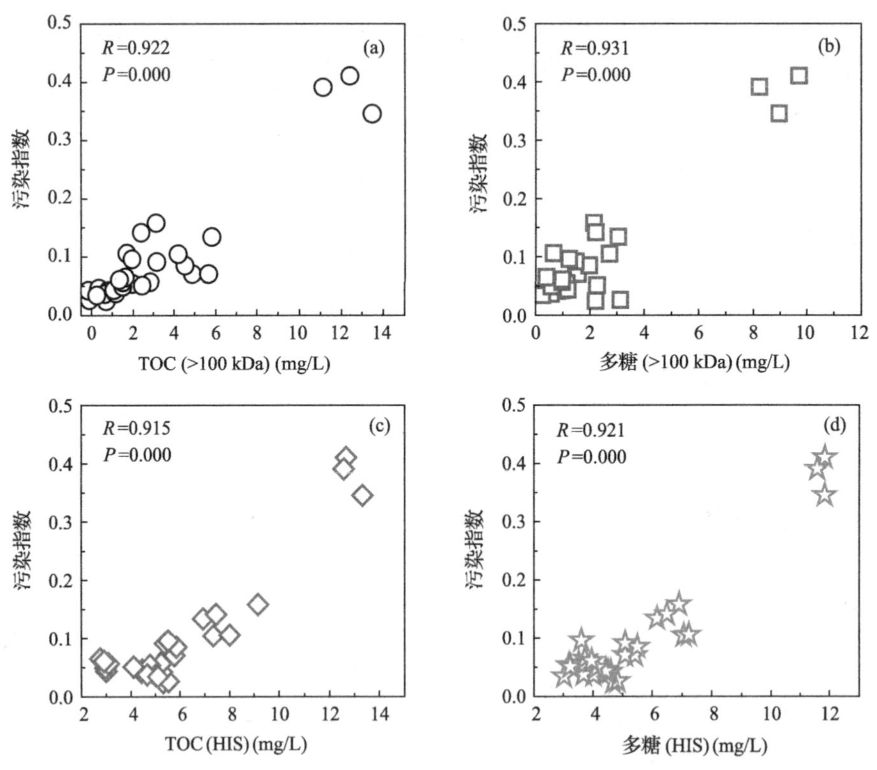

图 3.57　MBR 上清液不同相对分子质量和亲疏水组分与污染指数的相关关系(n=29)

上述结果表明,从 MBR 工程层面也证明,上清液中相对分子质量大于 10 万的亲水组分(多糖为主)是造成初期膜污染的优势污染物。

第4章　膜生物反应器膜污染控制技术及其机理

根据第1章的介绍,MBR中的膜污染按污染物的形态,主要分为膜孔堵塞、膜表面凝胶层以及泥饼层等污染。膜污染是制约MBR稳定运行与推广应用的瓶颈问题,对膜污染进行有效控制是保证MBR系统稳定运行的关键。

MBR膜污染的控制方法是综合性的,主要包括污泥混合液膜过滤性调控、膜性能提升和优化膜操作条件、膜污染清洗等方法(黄霞和文湘华,2012)。根据我们的研究成果,本章首先介绍混合液膜过滤性的主要调控方法,包括投加混凝剂、氧化剂、粉末活性炭等(曹效鑫等,2005;吴金玲,2006;Huang and Wu,2008; Wu et al.,2006,2010; Wu and Huang,2008)。然后介绍水动力学对泥饼层膜污染的控制(刘锐,2000;Gui et al.,2003; Liu et al.,2000,2003;俞开昌,2003)、投加悬浮载体对泥饼层膜污染的控制(Huang X et al.,2008; Wei et al.,2006)、膜污染的在线清洗(魏春海,2006; Wei et al.,2011)以及在线超声对膜污染的控制(陈福泰,2005;刘昕等,2008a,2008b)等。最后对以上膜污染控制方法的特点和适用范围做一总结。

4.1　投加混凝剂对混合液膜过滤性的调控效果

由第3章3.4.2节的研究可知,影响混合液膜过滤性的最重要的性质指标是上清液有机物浓度。因此,减少上清液有机物浓度成为调控混合液膜过滤性的主要目的。在水处理技术中,去除有机物的常见方法有混凝、氧化、吸附等。

本节首先考察了投加混凝剂对混合液膜过滤性的调控效果。为选择适用于MBR混合液膜过滤性调控的混凝剂,并解析作用机理,本节利用间歇试验比较了多种混凝剂对活性污泥混合液过滤性质的改善效果;通过测试各种活性污泥混合液性质指标的变化,进一步对其作用机理进行解析;并通过连续试验验证混凝剂投加对实际运行MBR的膜污染的控制效果,寻求混凝剂的最佳投加方式,并考察混凝剂投加对MBR其他性能的影响(吴金玲,2006; Wu et al.,2006; Wu and Huang,2008)。

4.1.1　混凝剂种类与评价方法

4.1.1.1　*混凝剂种类*

选用了水处理工程中常用的四种无机混凝剂:单体Al[$Al_2(SO_4)_3$]、单体

Fe($FeCl_3$)、聚合 Al(聚合氯化铝,PAC)和聚合 Fe(聚合硫酸铁,PFS);四种有机混凝剂:壳聚糖、两种阳离子型 PAM(polyacrylamide,聚丙烯酰胺;分别为 Praestol BC55L 和 Praestol 650BC,德国,两种型号的 PAM 区别在于相对分子质量和所带电荷具有差异)、阴离子型 PAM。由于壳聚糖不溶于水只溶于酸,因此将壳聚糖先溶解在 4%乙酸溶液中,再按一定投加量投加到混合液中。

4.1.1.2　间歇试验

首选采用间歇试验筛选适用于 MBR 混合液膜过滤性调控的混凝剂种类。间歇试验所用活性污泥混合液取自北京市清河污水处理厂二沉池回流污泥。将一定量的混凝剂投入到活性污泥中,经混凝后,测定污泥的过滤比阻和膜过滤性。膜过滤性的测定方法参见 3.1.3 节。

4.1.1.3　连续试验

利用间歇试验筛选出的混凝剂,开展 MBR 的连续试验,以证实投加混凝剂对实际运行 MBR 的膜污染的控制效果。用于连续试验的小试装置为浸没式 MBR。反应器有效容积为 18 L,导流板将曝气池分成升流区和降流区两部分,膜组件置于升流区内,穿孔曝气管置于膜组件的正下方,曝气量为 0.8 m^3/h。膜组件选用日本三菱丽阳公司生产的聚乙烯中空纤维膜组件(膜孔径 0.4 μm,膜面积 0.2 m^2)。试验采用以葡萄糖、淀粉和蛋白胨为主要成分的人工配水。试验过程中监测跨膜压差(TMP)。当 TMP 超过 50 kPa 时,对污染的膜组件依次采用清水冲洗、NaClO(0.04%)浸洗(20 h)和柠檬酸(pH=4)浸洗(4 h),使通量恢复,进行下一周期的运行。

4.1.2　混凝剂种类与投加量对混合液膜过滤性的影响

4.1.2.1　无机混凝剂

图 4.1 所示为四种无机混凝剂在不同投加量下对混合液过滤比阻的影响,其中 α_0 和 α_s 分别表示投加混凝剂前后混合液过滤比阻。由图可见,投加混凝剂后,活性污泥混合液过滤性得到改善,混合液过滤比阻降低,可达投加前比阻的 20%。但混凝剂种类不同,最佳投加量相差较大。最佳投药量由小到大的顺序依次为:PFS<PAC<单体 Al<单体 Fe。聚合 Fe 的最佳投加量最低,为 0.6 mmol/L Fe,对污泥混合液过滤性的改善效果最为明显。

此外,需要指出的是无机混凝剂的投加会引起混合液 pH 的降低,影响混合液中微生物的活性。根据 Zhang 等(2004)的报道,为了保证微生物的活性,pH 应该高于 5。因此无机絮凝剂的投加量需要控制在一定范围内,不能太高。

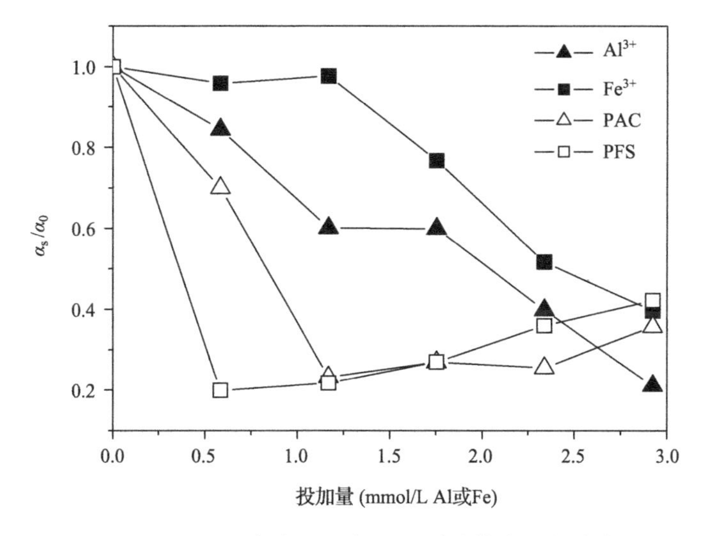

图 4.1 污泥混合液比阻随无机混凝剂投加量的变化

4.1.2.2 有机混凝剂

图 4.2 所示为四种有机混凝剂在不同投加量下对混合液膜过滤性的影响，其中 k_0 和 k 分别表示投加混凝剂前后混合液膜过滤阻力上升速率。由图可见，壳聚糖和阳离子型 PAM(Praestol BC55L 和 Praestol 650BC)的投加有利于混合液膜过滤性的改善，而阴离子型 PAM 对混合液膜过滤性没有改善作用，反而使膜过滤性变差。阳离子型 PAM(Praestol BC55L 和 Praestol 650BC)由于型号不同(相对

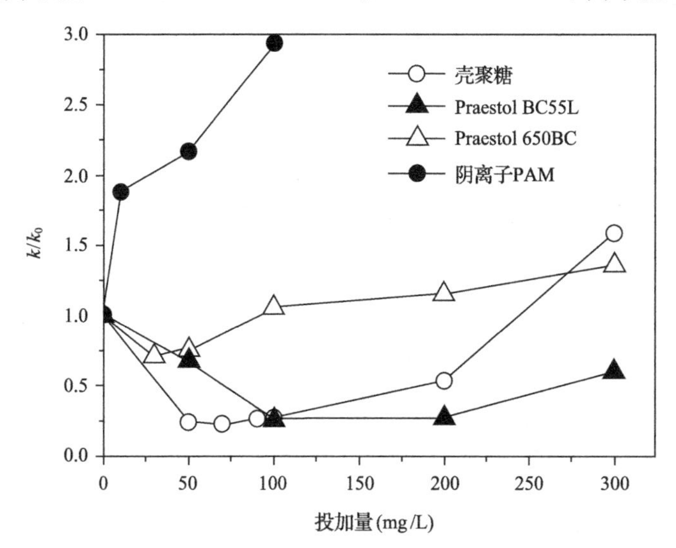

图 4.2 混合液膜过滤性随有机混凝剂投加量的变化

分子质量和电荷具有差异)，效果也不同。其中壳聚糖和 Praestol BC55L 在最佳投药量条件下对膜过滤性的改善效果最好，膜过滤阻力上升速率仅为投加前的 25%。壳聚糖的最佳投药量最小，仅为 50 mg/L。但是与无机混凝剂相比，价格比较高。

4.1.3 投加混凝剂改善混合液膜过滤性的机理

通过考察混凝剂投加对絮体、上清液有机物、颗粒 ζ 电位等性质指标的影响，解析混凝剂的作用机理。

4.1.3.1 污泥絮体的变化

1. 投加无机混凝剂

无机混凝剂投加前后活性污泥絮体表面形貌和颗粒粒径的变化情况如图 4.3 所示。图 4.3(a)、(b)、(c)分别为未投加混凝剂、投加 PAC(0.6 mmol/L Al)以及投加 PFS(0.6 mmol/L Fe)的活性污泥絮体表面电镜照片(200 倍)。可以明显看出投加混凝剂后，污泥絮体之间发生聚集作用，絮体颗粒变大。图 4.3(d)为投加

图 4.3　投加 PFS 和 PAC 前后混合液污泥絮体表面扫描电镜照片

(a) 未投加混凝剂 (200 倍)；(b) 投加 PAC (200 倍)；(c) 投加 PFS (200 倍)；(d) 投加 PFS (5000 倍)

PFS后絮体表面局部电镜照片(5000倍),可以观察到混凝剂形成的有规则形状的无机晶体包裹在絮体表面,从而为絮体的聚集发挥作用。

试验还考察了污泥混合液分别投加四种相同浓度(0.6 mmol/L Al或Fe)混凝剂后污泥絮体的平均粒径,见图4.4。四种混凝剂的投加使絮体平均粒径由低于80 μm增加到高于100 μm,由第3章第3.4节的研究结论,混合液絮体平均粒径这一变化对膜过滤性的改善有重要作用。进一步观察,发现混凝剂聚集絮体能力由大到小的顺序依次为:PFS>PAC>单体Al>单体Fe,PFS使絮体颗粒增大效果最为明显。该顺序与图4.1中的无机混凝剂最佳投加量的顺序刚好一致,PFS同样表现出最高的混合液膜过滤性改善的能力,说明由于混凝剂的絮凝作用使污泥絮体粒径增大是混合液膜过滤性改善的重要原因。

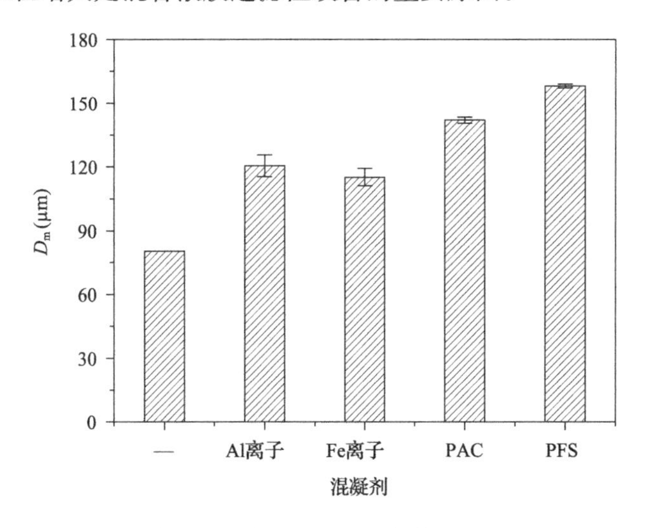

图4.4　投加无机混凝剂前后污泥絮体的平均粒径(D_m)

2. 投加有机混凝剂

图4.5和图4.6为投加壳聚糖和Praestol BC55L后的污泥絮体粒径分布。有机混凝剂的投加也会引起絮体粒径增大。投加50 mg/L的壳聚糖和投加100 mg/L的Praestol BC55L对絮体粒径增大的效果相当。但当壳聚糖投加量高于50 mg/L时,进一步增加其投加量并不能使污泥絮体持续增大。而增加Praestol BC55L的投加量,絮体粒径可持续增大,当投加量高于200 mg/L以上时,絮体粒径的增大远超过投加壳聚糖的效果。但是对照投加量对混合液膜过滤性的影响,发现絮体粒径增大到一定程度后继续增大并不有助于膜过滤性的继续提高。这一结论与第3章第3.4节中絮体粒径对混合液膜过滤性研究得到的结论一致,即当平均粒径超过一定范围(80 μm)后,平均粒径对膜过滤性的影响变小。

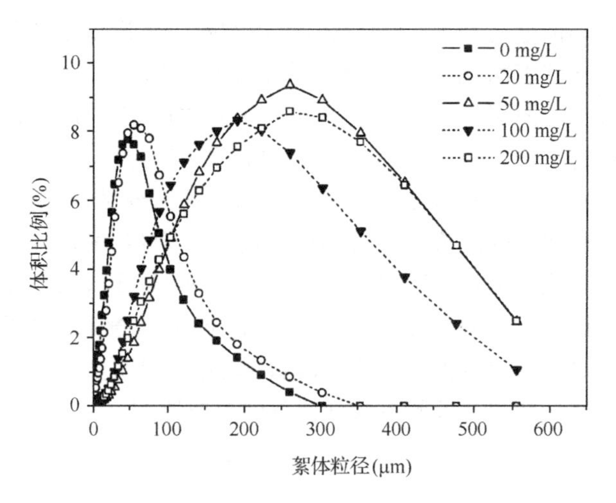

图 4.5 投加壳聚糖前后污泥絮体的粒径分布

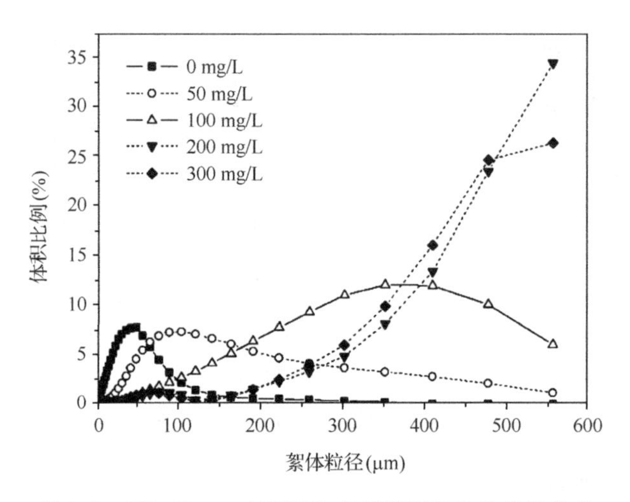

图 4.6 投加 Praestol BC55L 前后污泥絮体的粒径分布

4.1.3.2 上清液有机物质的去除

考察不同投加量的混凝剂对上清液 TOC 浓度的影响，由此分析其对混合液胶体和溶解性有机物质的作用。

1. 投加无机混凝剂

图 4.7 显示了四种无机混凝剂在不同投加量时上清液 TOC 浓度的变化情况。可见，投加无机混凝剂对上清液有机物质具有明显的去除作用。四种混凝剂的最佳投加量由低至高分别为：PFS＜PAC＜单体 Al＜单体 Fe。PFS 的最佳投加量最小，在最佳投加量下，PFS 对上清液 TOC 的去除达到 60％左右。PAC 在最佳投

加量下，对上清液 TOC 的去除效果最好，去除率可达73%。但投加量比 PFS 要高5倍以上。聚合物的过量投加引起了上清液 TOC 回升，发生“胶体再稳”的现象。单体 Fe 和 Al 盐在所选取投加量范围内没有出现该现象。

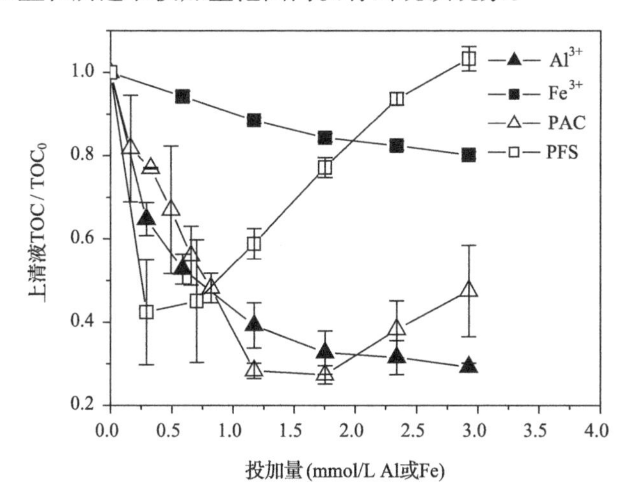

图 4.7　上清液 TOC 随无机混凝剂投加量的变化

2. 投加有机混凝剂

图 4.8 和图 4.9 所示为四种有机混凝剂在不同投加量时上清液胶体有机物(COC)和溶解性有机物(DOC)浓度的变化情况。可见，由于壳聚糖是溶解在乙酸溶液中进行投加，因此随着壳聚糖投加量的增加，混合液中乙酸浓度增加，因此上清液 DOC 显著增加。但是壳聚糖投加量为 50 mg/L 时，其对上清液胶体有机物的去除具有显著的作用，COC 浓度降低。COC 浓度随壳聚糖投加量的变化情况

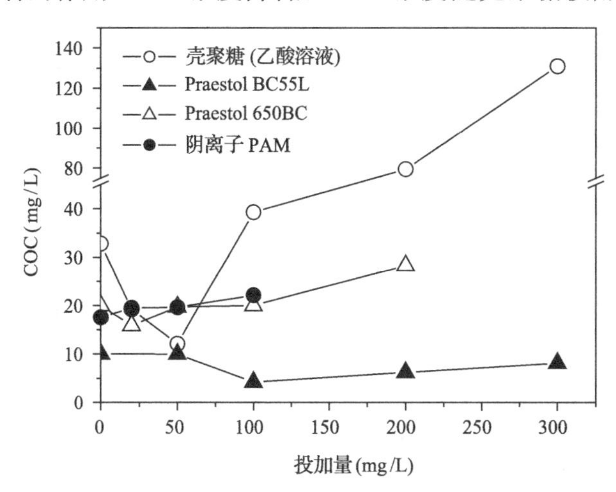

图 4.8　上清液胶体有机物(COC)浓度随有机混凝剂投加量的变化

与膜过滤性变化具有相同的趋势。除了投加壳聚糖外，其他混凝剂的投加对上清液有机物质的浓度的影响不大。

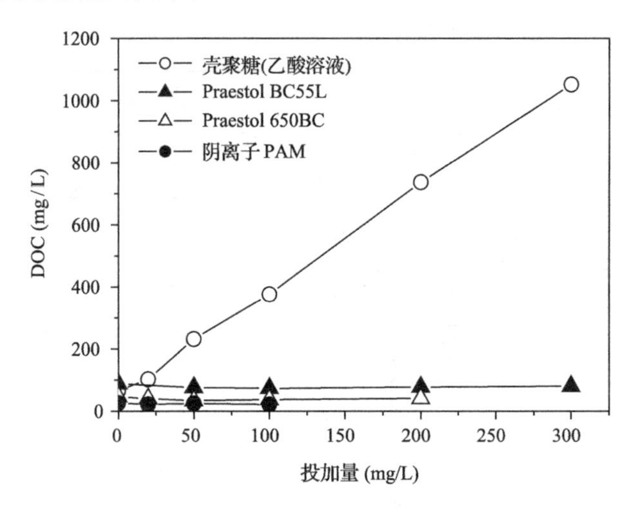

图 4.9　上清液溶解性有机物(DOC)浓度随有机混凝剂投加量的变化

4.1.3.3　混凝剂的电中和与架桥作用

为进一步探索污泥絮体颗粒增大和上清液有机物浓度减少的原因，考察了上清液胶体的稳定性。由此可以更深入地了解混凝剂与污泥絮体、胶体以及溶解性有机物质的作用过程。

图 4.10 为投加无机混凝剂后胶体 ζ 电位的变化情况。可见，混凝剂投加后，ζ 电位先降低(绝对值)，之后变为正电位。这是由于活性污泥中的胶体通常带负电，混凝剂的投加起到了对活性污泥胶体吸附电中和的作用。从 ζ 电位随投加量的先降低后上升速度(绝对值)可见，混凝剂提供正电荷能力由高到低分别为 PFS＞PAC＞$Al_2(SO_4)_3$＞$FeCl_3$，聚合体混凝剂正电荷提供能力高于单体混凝剂。这个顺序与混凝剂凝聚絮体能力的顺序一致，说明混凝剂水解产生的正电荷与凝聚絮体的能力呈现相关关系。该现象暗示了混凝剂与污泥絮体颗粒之间的作用：混凝剂水解产生的正电荷吸附在絮体颗粒表面，由此降低了絮体表面负电荷数量和絮体之间的排斥力，使絮体凝聚成更大的颗粒，从而改善混合液膜过滤性。

混凝剂对上清液有机物的去除除了提供正电荷的电中和作用外，还有架桥作用。Al 系混凝剂之所以比 Fe 系混凝剂具有对有机物更高的去除效果，主要是因为 Al 系混凝剂出色的架桥作用。甚至可以看到，虽然理论上聚合物比单体金属盐具有更加强烈的吸附架桥作用，但 Al^{3+} 单体盐对上清液胶体和溶解性物质的去除却更为显著。Al^{3+} 单体盐在最佳投加量下的吸附架桥作用要比同样处于该投加量下的 PFS 聚合物更加突出，此时 PFS 由于过量投加出现“胶体再稳”现象。

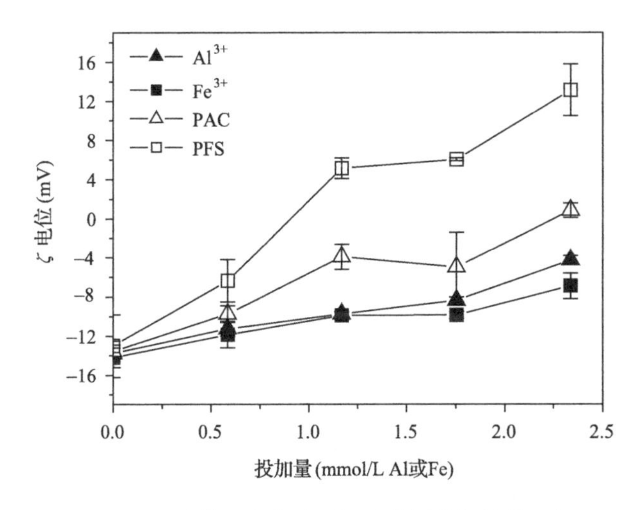

图4.10 胶体ζ电位随无机混凝剂投加量的变化

在PFS投加量大于0.8 mmol/L Fe、PAC投加量大于2.2 mmol/L Al后ζ电位由负变正，此时胶体颗粒被过量的高分子物质包裹，产生正电排斥作用，胶体更加稳定，出现“胶体保护”现象，这可以解释图4.7中聚合物混凝剂投加过量后上清液TOC回升的原因。

图4.11为投加有机混凝剂后ζ电位的变化。由图可见，投加阴离子型PAM使混合液胶体颗粒ζ电位升高(绝对值)，胶体稳定性提高，没有产生电中和作用，因此不能改善混合液的膜过滤性。而与此相反，投加另外三种混凝剂后，ζ电位降低，投加量达到一定程度后，胶体不带电荷。而此时恰好是膜过滤性得到最佳改善的时刻。有机混凝剂虽然也可以使胶体失稳，但是除了壳聚糖，两种阳离子型

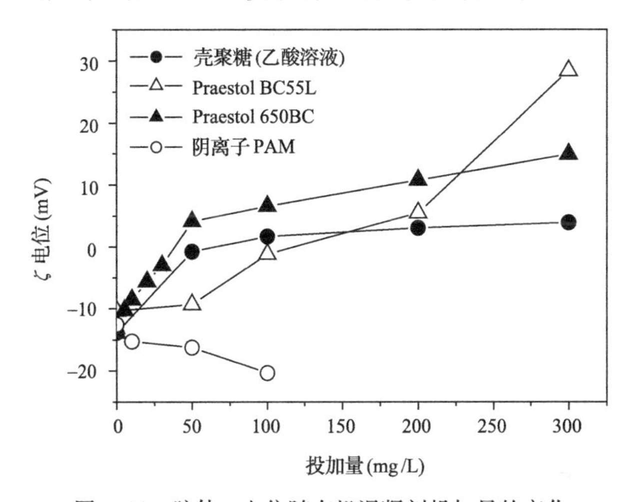

图4.11 胶体ζ电位随有机混凝剂投加量的变化

PAM 并没有因此使上清液胶体有机物浓度减少，可能是由于 PAM 的投加引入了其他大分子有机物的结果。可以看到，通过 ζ 电位达到零点时混凝剂的投加量可以预测出混合液膜过滤性得到改善的最佳投加量。

4.1.4 投加聚合硫酸铁对 MBR 长期运行中膜污染的控制

在对四种无机混凝剂和四种有机混凝剂比较的基础上，从对混合液过滤性改善效果和应用成本两方面考虑，选取聚合硫酸铁（PFS）进行 MBR 长期试验，以进一步考察混凝剂投加对膜污染的控制效果。

4.1.4.1 聚合硫酸铁投加方式和投加量的选择

1. 聚合硫酸铁投加方式

在 MLSS=8 g/L 的 MBR 中分别以两种方式投加 PFS（投加量为 0.6 mmol/L Fe）。B 点投加：在运行之前投加；M 点投加：在运行中间投加。在两种混凝剂投加方式下，TMP 与上清液 TOC 随时间的变化如图 4.12 所示。

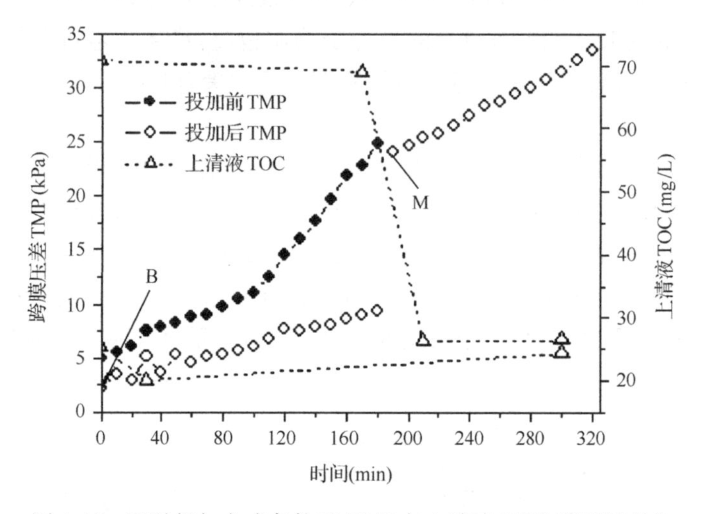

图 4.12 两种投加方式条件下 TMP 与上清液 TOC 随时间变化

无论 B 点还是 M 点投加，投加后 TMP 的上升速率都出现了降低。这是因为 PFS 的投加可以去除上清液有机物，改善混合液的膜过滤性，因此减少了污染物在膜表面的积累。B 点投加时，除了 TMP 上升速率降低外，起始 TMP（即 MBR 开始运行，几分钟内 TMP 达到稳定时的数值）也出现了降低，这是因为 MBR 运行初期几分钟内 TMP 快速上升主要与上清液有机物迅速形成的凝胶层有关，由于 PFS 的投加减少了 MBR 上清液有机物浓度，因此使起始 TMP 降低；在 M 点投加时，除 TMP 上升速率变慢，投加后即时（20 min 内）TMP 由 24.9 kPa 降低至 24.1

kPa。短时间内 TMP 的降低暗示了 PFS 的投加可以去除膜表面已经附着的污染物。这可能是由于与污染层结合力较弱的絮体或胶体颗粒，被 PFS 的较强的正电荷和架桥作用影响，从膜表面污染层中剥离开来而造成。比较图中 B 点投加和 M 点投加的两条 TMP 曲线，可以发现采用 B 点投加，即 MBR 运行前投加，对 TMP 上升速率的控制更加明显。

2. 聚合硫酸铁投加量

由于连续试验的 MBR 中污泥浓度比间歇试验的高，PFS 的最佳投加量可能与间歇试验得到的投加量有差异。因此，先通过 MBR 短期连续运行试验考察 PFS 的最佳投加量。在 MLSS=8 g/L 的 MBR 中采用 B 点投加法投加 PFS 0～1.2 mmol/L (Fe 计)。MBR 在每个投加量条件下运行 3 h，计算 TMP 随时间的上升速率，得到 TMP 上升速率随 PFS 投加量的变化曲线，如图 4.13 所示。可见 TMP 上升速率随 PFS 投加量的增加而降低，当投加量达到 1.08 mmol/L Fe 时，TMP 增加速率可以降至为 0。这里得到的最佳投加量比间歇试验得到的最佳投加量 0.6 mmol/L Fe 要高一倍左右，主要因为混合液污泥浓度相差近乎一倍。

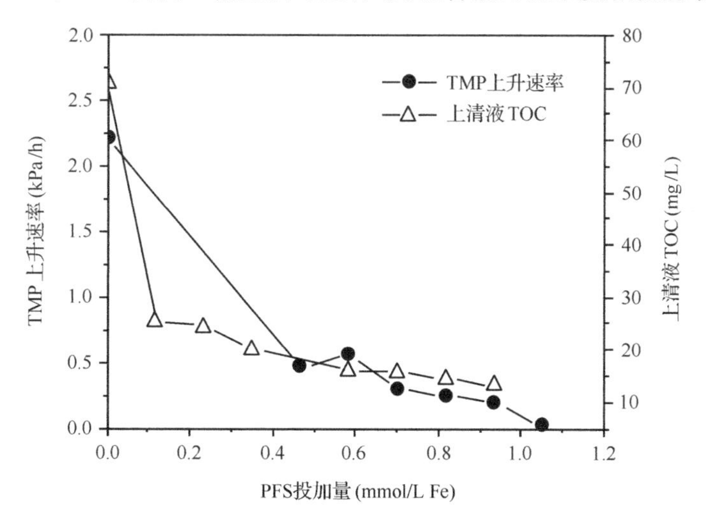

图 4.13　TMP 上升速率与上清液 TOC 随 PFS 投加量的变化

4.1.4.2　投加聚合硫酸铁的 MBR 中跨膜压差的变化

按照上一节得到的结果，本节在 MBR 运行前，首先投加了 PFS，投加量为 1.0 mmol/L Fe。并与不投加混凝剂的 MBR 对比，考察 PFS 在 MBR 长期运行中对膜污染的控制效果。

图 4.14 显示了 TMP 随运行时间的变化。PFS 在反应器运行过程中投加了三次(见图中箭头)。当 TMP 超过 50 kPa 时，反应器停止运行，进行膜清洗。可

以看出投加 PFS 可以使反应器清洗周期从 20～30 d 延长至 60 d。以此得到，在该运行条件下，PFS 投加周期为 15～30 d，可以使运行周期延长一倍以上。根据研究，一般认为 TMP 上升分为两个阶段：主要由上清液有机物导致的缓慢上升阶段和主要由悬浮污泥絮体导致的快速增长阶段。PFS 的投加主要延长了第一阶段，即上清液有机物导致的污染阶段，因此使运行周期得以延长。

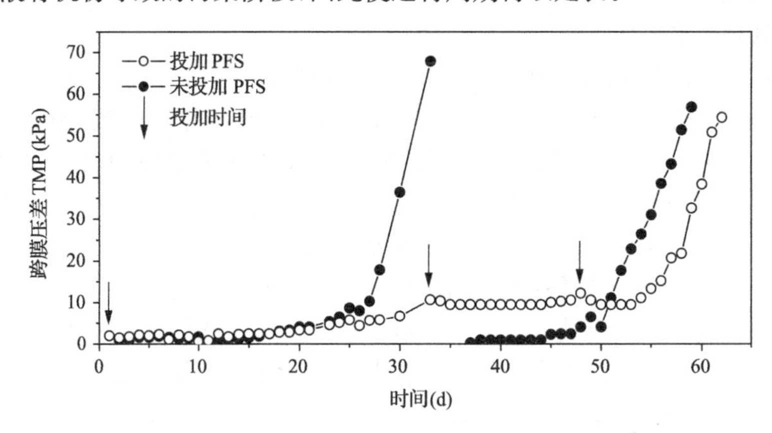

图 4.14 投加和未投加 PES 的 MBR 中 TMP 随运行时间的变化

4.1.4.3 投加聚合硫酸铁对膜表面污染层性质的影响

1. 污染层阻力构成分析

运行结束后对膜表面污染层阻力进行了分析。对污染后的膜组件在不同通量下进行清水过滤获得一系列通量-压力数据，通过达西公式得到清水过滤阻力，即为总阻力 R。对膜组件表面污染物进行清水冲洗，去除主要由悬浮固体形成的泥饼层，再进行清水过滤试验，得到清水过滤阻力 R_1，泥饼层阻力 $R_c=R-R_1$。然后采用 NaClO 浸洗 20 h，主要去除膜丝表面凝胶层及部分膜孔内吸附的有机物，再通过清水过滤试验得到 R_2，可以近似认为凝胶层阻力 $R_g=R_1-R_2$；采用柠檬酸浸洗 4 h 可以去除膜丝表面和部分膜孔内残留的结垢物质及盐类等无机污染物，再通过清水过滤试验得到 R_3，这些无机污染物形成的阻力 $R_i=R_2-R_3$。由此获得的不同污染层阻力如表 4.1 所示。

表 4.1 投加 PFS 对膜表面污染层阻力构成的影响

反应器	$R_c(10^{13}/m)$	R_c(%)	$R_g(10^{12}/m)$	R_g(%)	$R_i(10^9/m)$	R_i(%)
未投加 PFS	1.17	70.8	4.80	29.1	5.72	<0.1
投加 PFS	1.95	94.6	1.11	5.4	8.33	<0.1

注：R_c，泥饼层阻力；R_g，凝胶层阻力；R_i，无机污染阻力

根据报道，泥饼层的形成在凝胶层形成之后，而且其发展速度很快。因此，泥

饼层阻力 R_c 的大小主要取决于反应器停止运行的时刻。比较 R_c 的差异对分析清洗周期增加的意义并不明显。然而从凝胶层阻力 R_g 的结果来看，投加 PFS 可以使 R_g 减少到 1/4。虽然投加 PFS 的反应器运行时间长，相对有机物质的积累时间更长，但 R_g 仅为不投加的 1/4，说明 PFS 有效地抑制了有机物在膜表面的积累。但投加 PFS 后无机污染阻力 R_i 变大，可能的原因为：①投加 PFS 的反应器运行时间长，因此无机物在膜表面积累的时间长；②由于 PFS 的投加引入更多无机物质沉积在膜表面。为了解释这个原因，采用场发射扫描电镜(FESEM，JSM-6310F)-能谱分析仪(EDS，link ISIS EDS，oxford)(SEM-EDS)对沉积在膜表面的污染物进行了元素分析，详见后述。

2. 膜丝表面凝胶层形貌比较

图 4.15 为两个反应器膜表面清除污泥层后凝胶层的 SEM 照片。可以明显见到未投加 PFS 的 MBR 膜丝表面遍布有机物，凝胶层很厚，见不到膜孔。投加 PFS 的 MBR 膜丝表面凝胶层较薄，可以依稀辨出膜孔。由照片可以发现二者受到有机物污染程度差异很大。

(a) 投加PFS　　(b) 未投加PFS

图 4.15 投加 PFS 和未投加 PFS 的 MBR 膜表面凝胶层的电镜照片(3000 倍)

3. 污染物元素分析

图 4.16 和图 4.17 为污染后的膜表面的电镜照片，在膜表面可见一些具有正方体规则形状的晶体，经过 EDS 分析，大部分规则晶体的成分为 $CaCO_3$。较大的棱长约有 2 μm。其他成分的晶体没有发现。大部分无机元素是与有机物一同沉积在膜表面。表 4.2 和表 4.3 显示膜表面污染物元素组成。C 元素峰很高主要是因为样品前处理时在膜表面镀了一层碳膜，不能代表 C 元素在污染物中的实际含量，因此元素百分含量列表中没有 C 元素；而 O 元素含量高暗示了有机物含量高。

通过O元素的相对比例，可以推测投加PFS后膜表面有机物相对含量降低，从另一个侧面说明PFS的投加抑制了有机物的沉积。其他元素相对含量变化不大，包括Fe。说明投加PFS后Fe元素没有大量沉积到膜表面造成新的无机污染。通过对混合液MLVSS/MLSS的考察，发现投加PFS后，污泥中的无机成分增多，说明PFS投加后主要沉积在污泥中。

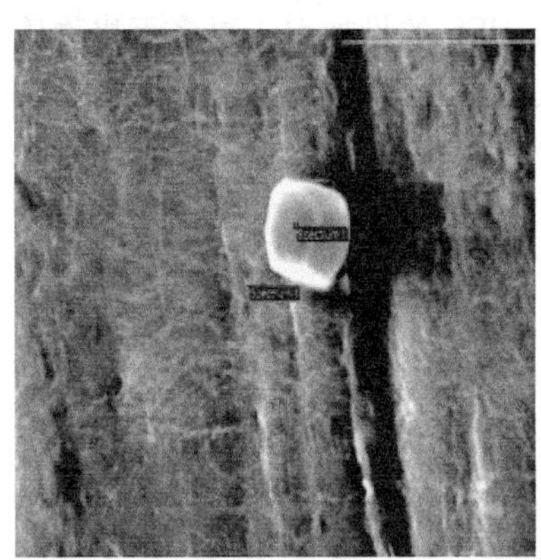

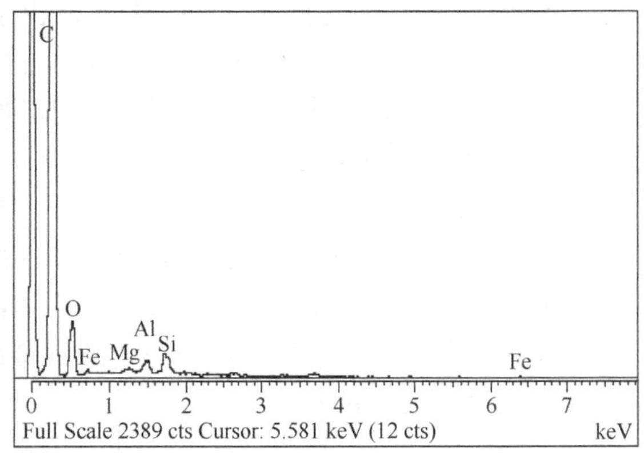

图4.16　未投加PFS膜表面FESEM照片(5000倍)和EDS元素分析

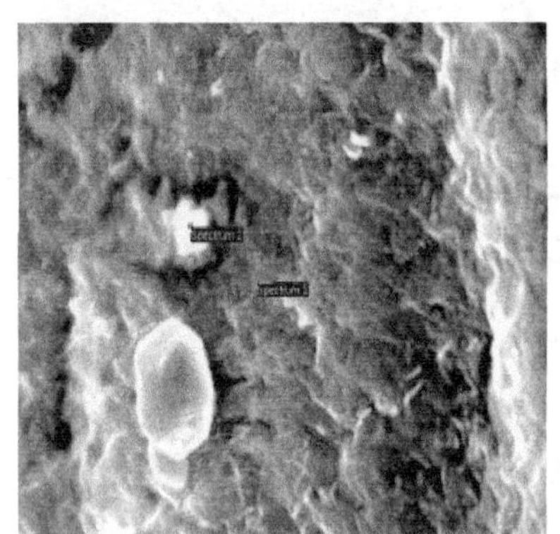

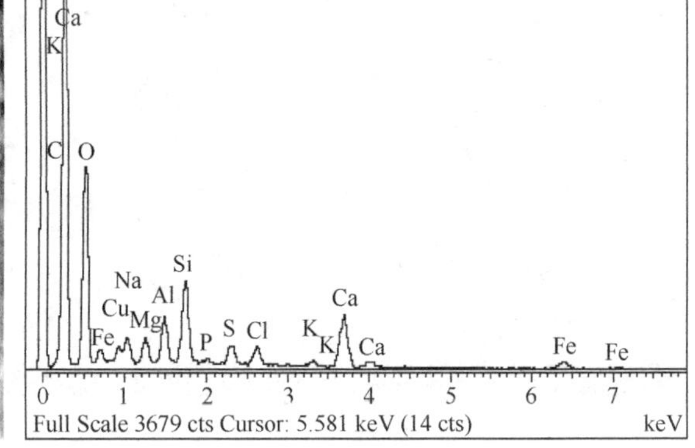

图4.17　投加PFS膜表面FESEM照片(5000倍)和EDS元素分析

表4.2　未投加PFS膜表面污染物元素组成

元素	质量比（%）	原子数比（%）
O	90.32	94.70
Si	3.47	2.05
Al	2.43	1.49
Mg	1.35	0.93
Fe	2.43	0.74

表4.3　投加PFS膜表面污染物元素组成

元素	质量比(%)	原子数比(%)
O	58.97	73.91
Ca	12.51	6.25
Si	5.08	3.65
Al	4.33	3.23
Na	3.28	2.86
Mg	2.32	2.51
Fe	3.05	2.17
S	3.23	2.02
Cl	3.42	1.93

4.1.4.4　投加聚合硫酸铁对混合液性质的影响

长期运行过程中,对两个MBR混合液性质也进行了比较,用以解释上述膜污染过程特征的差异。

1. 上清液有机物浓度

试验中对上清液有机物浓度进行了考察,发现投加PFS后MBR上清液有机物浓度降低(见图4.18)。在每个PFS投加周期内,上清液有机物浓度逐渐缓慢回升。PFS投加使上清液TOC浓度保持在15 mg/L以下。

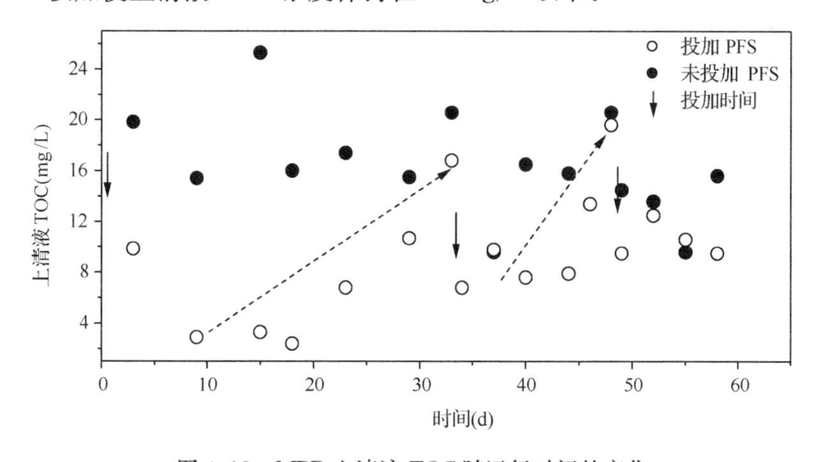

图4.18　MBR上清液TOC随运行时间的变化

2. 上清液有机物相对分子质量分布

对反应器上清液和出水的相对分子质量分布进行了测定,如图4.19所示。第一个峰出现在进样后4.6 min,称为“多糖峰”。通常为多糖、蛋白以及有机胶体等物质。接下来是 7.8 min 出现的腐殖质峰。9.9 min 出现的峰表示一些酸类等更小相对分子质量的有机物。通过上清液和出水的比较，发现通过膜的截留，多糖、蛋白等胶体有机物质峰消失。这个现象暗示，上清液中的多糖、蛋白物质可能是引起膜污染的重要物质。通过投加 PFS 前后和未投加 PFS 反应器上清液相对分子质量分布的峰形比较，发现投加 PFS 可以使“多糖峰”减小，从而达到控制膜污染的作用。

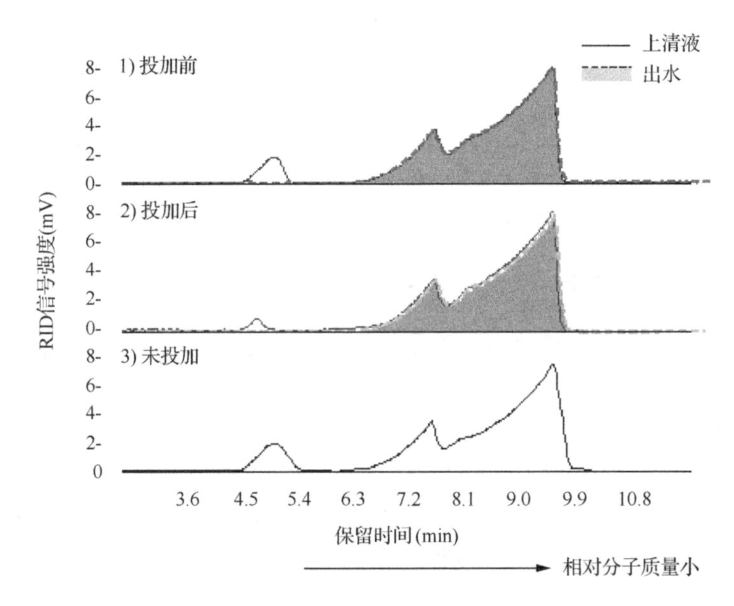

图 4.19 PFS 投加前后上清液和出水有机物相对分子质量分布

3. 絮体粒径

对三次投加 PFS 前后反应器中絮体粒径分布进行了测定，结果如图 4.20 所示。第一次投加 PFS 后，絮体粒径显著增大。但是第二、三次投加 PFS 后，絮体粒径增大不明显。但是从整个反应器运行过程看，投加 PFS 的反应器混合液絮体粒径始终大于不投加的情况。

4. 黏度

图 4.21 显示两反应器中混合液黏度的差异。投加 PFS 的 MBR 混合液黏度比不投加 PFS 的混合液黏度略有降低。

4.1.4.5 投加聚合硫酸铁对 MBR 其他性能的影响

1. 产泥量

投加混凝剂可能引起污泥产量增大，为此，测定了投加 PFS 和不投加 PFS 的

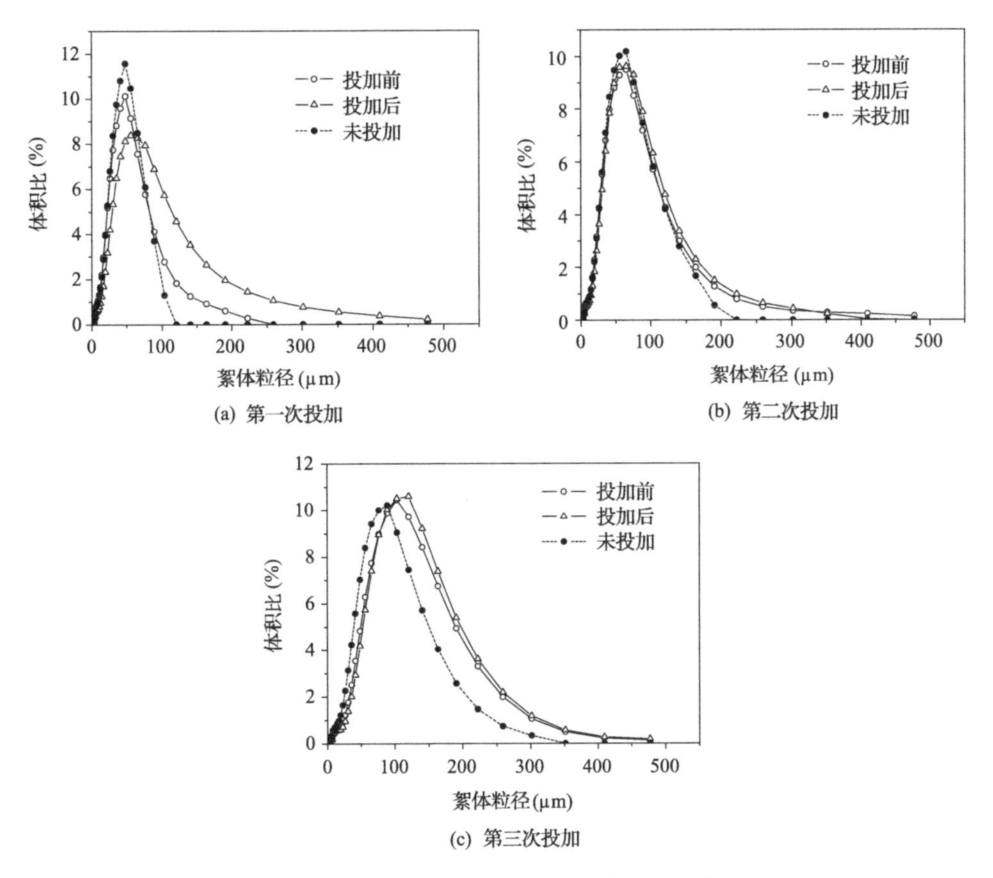

图 4.20　PFS 投加前后 MBR 絮体粒径分布

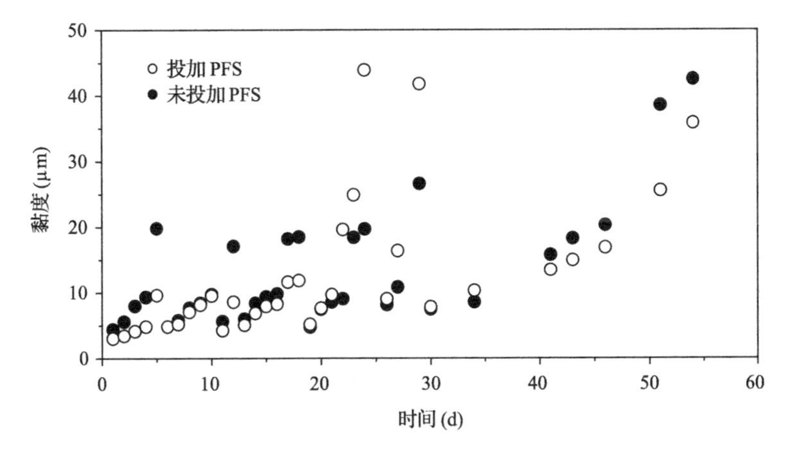

图 4.21　混合液黏度随运行时间变化

MBR 中污泥浓度的变化,结果如图 4.22 所示。投加 PFS 后,MLSS 的增大并不十分明显。两个反应器 MLSS 相差不足 1 g/L。说明 PFS 的投加不会过分增加产泥量,造成污泥处置的负担。

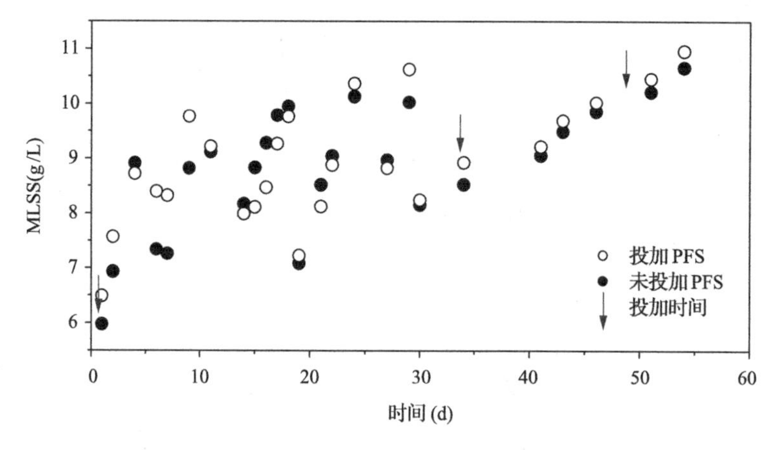

图 4.22 MBR 中 MLSS 随运行时间的变化

2. 污水处理效果

投加混凝剂后混合液 pH 的变化如图 4.23 所示。PFS 的三次投加对混合液 pH 影响时间很短。从整个运行过程看,pH 的降低不明显。pH 的变化可能对混合液微生物活性造成影响,为此,进一步考察了微生物活性的变化,测定了 SOUR。

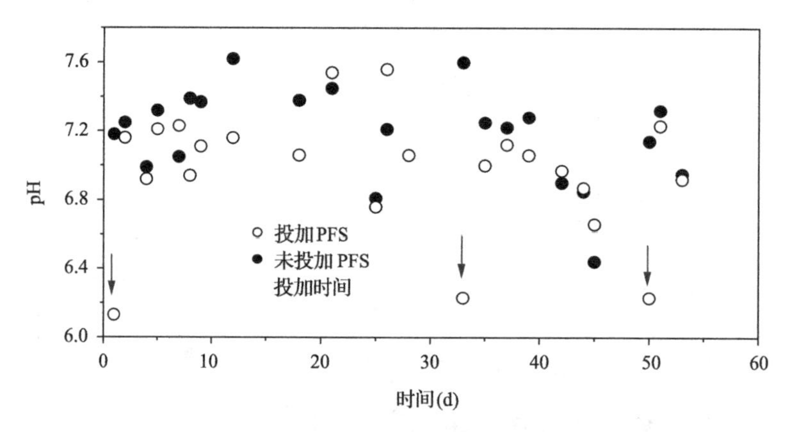

图 4.23 MBR 混合液 pH 随运行时间变化

图 4.24 显示了污泥比耗氧速率(SOUR)随运行时间的变化。可见投加 PFS 后,污泥 SOUR 发生瞬间降低;但随着反应器的运行,污泥 SOUR 得到恢复。

进一步考察出水水质,包括出水 COD(chemical oxygen demand,化学需氧量)、NH_4^+-N、TN(total nitrogen,总氮)、TP(total phosphorus,总磷)浓度的变化,

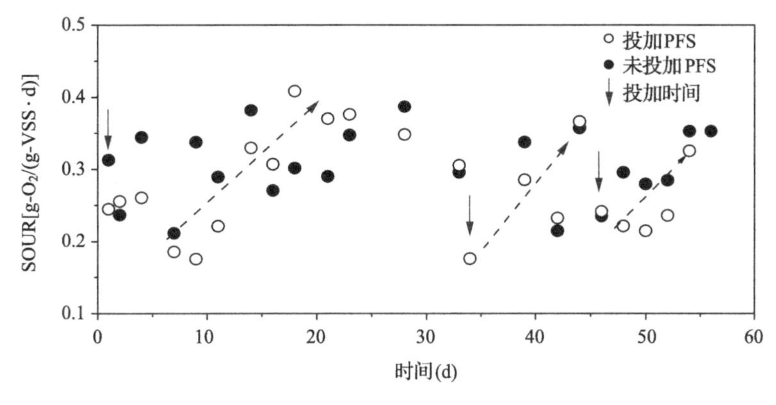

图 4.24　MBR 中污泥的 SOUR 随运行时间的变化

见图 4.25。可见反应器对污水的处理效果并未受到投加 PFS 的影响。尽管从 SOUR 的结果看，PFS 投加瞬间影响了微生物的活性，但并未因此影响系统的出水水质。

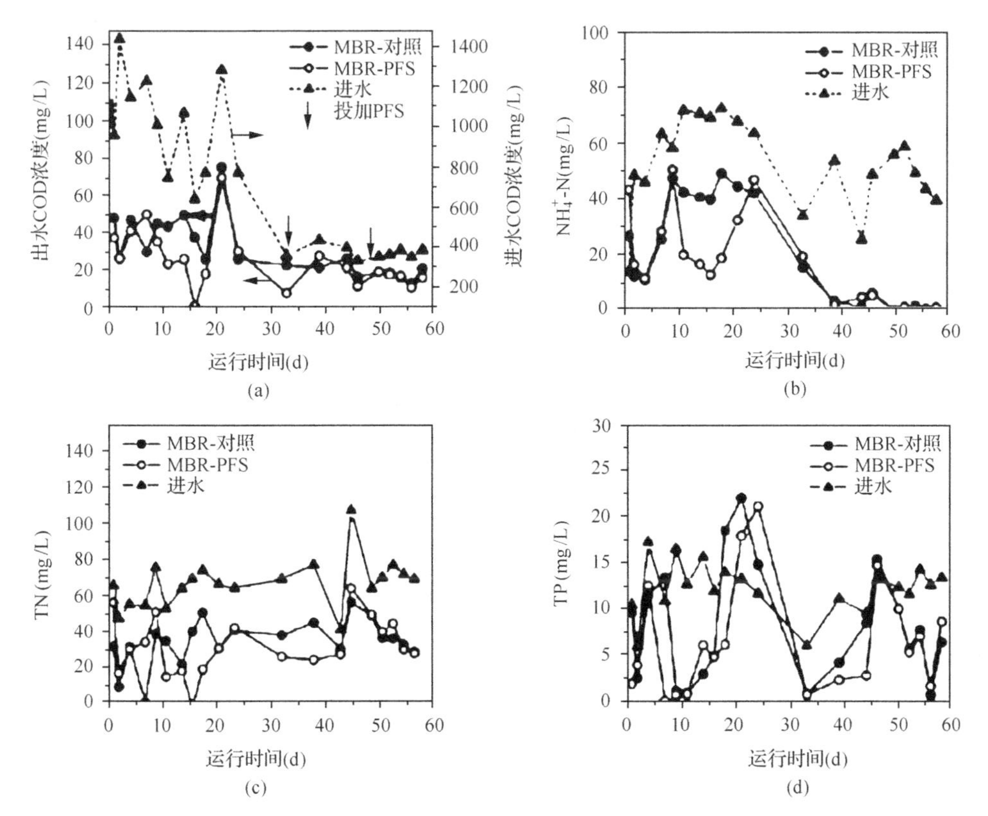

图 4.25　两个 MBR 进出水水质比较

(a) COD；(b) 氨氮；(c) 总氮；(d) 总磷

4.2　投加氧化剂对混合液膜过滤性的调控效果

基于氧化剂对有机物的氧化作用，本节尝试通过投加氧化剂改善活性污泥混合液的膜过滤性，从而达到控制膜污染的目的。

利用间歇试验比较了两种氧化剂（O_3和 H_2O_2）对混合液膜过滤性的改善效果；通过测试各种活性污泥混合液性质指标的变化，对其作用机理进行解析；通过 MBR 连续试验验证投加氧化剂对 MBR 膜污染的控制效果（吴金玲，2006；Huang and Wu，2008； Wu and Huang，2010）。

4.2.1　评价方法

4.2.1.1　间歇试验

间歇试验所用活性污泥混合液样品取自北京清河污水处理厂 MBR 中试，常温曝气保存。将一定量的 O_3或 H_2O_2加入到混合液样品中。对经过氧化剂作用前后的混合液进行膜过滤性和其他性质的测定。膜过滤性测定方法详见 3.1.3 节。

4.2.1.2　连续试验

在间歇试验的基础上，选取 O_3为氧化剂进一步做 MBR 连续运行，进行投加 O_3和不投加 O_3的 MBR 的对比试验。投加 O_3的 MBR 工艺流程如图 4.26 所示。从臭氧发生器产生的 O_3通入 MBR 降流区底部，其目的是使上升的 O_3气泡与下降流的混合液充分接触，且避免 O_3对膜组件的氧化破坏。

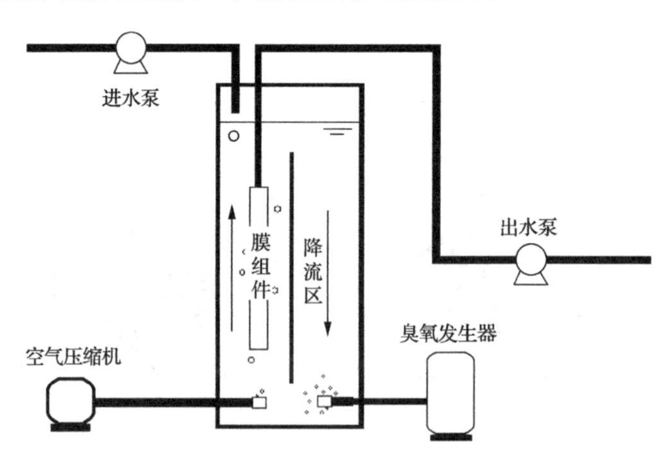

图 4.26　投加 O_3的 MBR 工艺流程图

投加 O_3 的 MBR 和不投加 O_3 的 MBR 具有相同规格，且在相同的条件下运行。两个 MBR 的膜通量均恒定为 18 L/(m^2 · h)，HRT 为 5 h，进水为合成生活污水。

4.2.2　氧化剂种类与投加量对混合液膜过滤性的影响

4.2.2.1　臭氧

图 4.27 所示为 O_3 投加量为 0～80 mg/g-MLSS 时混合液膜过滤性的变化(间歇试验)。k 和 k_0 分别表示经过 O_3 氧化处理和未经过氧化处理的混合液膜过滤阻力上升速率。当氧化剂投加量低于 0.3 mg/g-MLSS 时，k 降低，说明混合液膜过滤性随 O_3 投加量增大而得到改善。当 O_3 投加量继续增大，k/k_0 的比值降低，膜过滤性开始变差，直到投加量达到 80 mg/g-MLSS，混合液膜过滤性又得到提高。在投加量低于 1 mg/g-MLSS 时，k/k_0 的比值低于 1，混合液膜过滤性得到改善，最佳投加量为0.3 mg/g-MLSS，此时膜过滤阻力的上升速率达到最低点，k 仅为投加前的 30%。

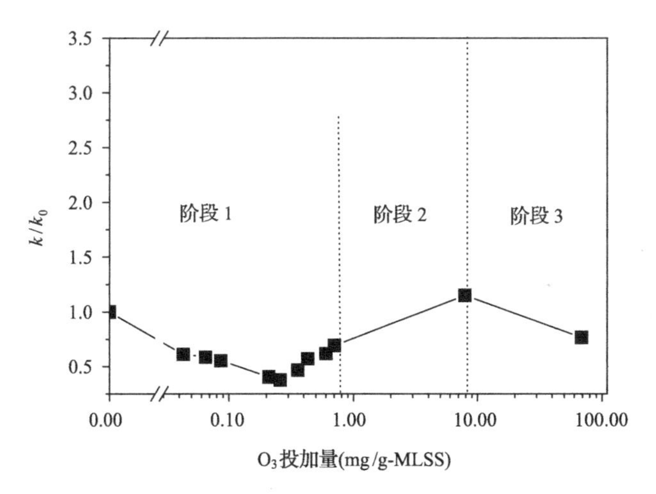

图 4.27　MBR 混合液膜过滤性随 O_3 投加量的变化

4.2.2.2　过氧化氢

图 4.28 显示了 H_2O_2 投加量为 0～2 g/g-MLSS 时混合液膜过滤性的变化(间歇试验)。当 H_2O_2 投加量低于 0.1 g/g-MLSS 时，混合液膜过滤性随投加量的增大而得到改善。当 H_2O_2 投加量继续增大，膜过滤性开始变差，直到投加量达到 2 g/g-MLSS。H_2O_2 最佳投加量为 0.02 g/g-MLSS，膜过滤阻力的上升速率达到最低点，k 和 k_0 的比值为 0.45。比较图 4.27 和图 4.28，在最佳投加量条件下，H_2O_2 对混合液膜过滤性的改善效果要低于 O_3。

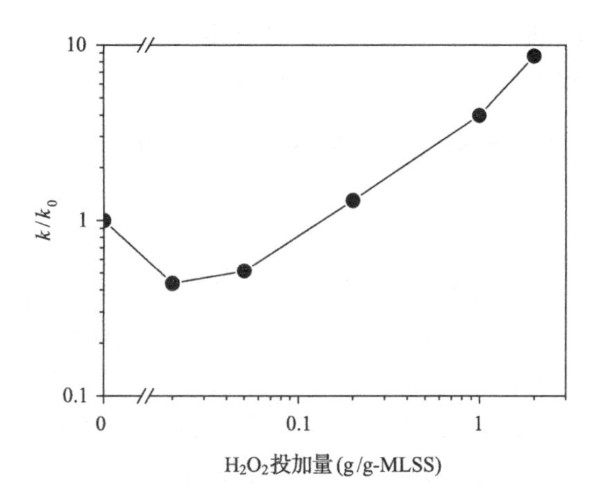

图 4.28　MBR 混合液膜过滤性随 H_2O_2 投加量的变化

4.2.3　投加氧化剂改善混合液膜过滤性的机理

为了揭示氧化作用下混合液膜过滤性的变化原因，考察了混合液污泥絮体和上清液有机物等性质随氧化剂(主要以 O_3 作用为例)投加量的变化。需要注意的是，除了在氧化作用前后对混合液性质进行测定外，还在混合液膜过滤性测定后，即混合液经过 30 min 的曝气反应后也进行了混合液性质的测定，结果发现氧化作用和曝气作用前后混合液性质都发生了变化。

4.2.3.1　混合液性质的变化

1. 悬浮固体浓度

图 4.29 显示混合液 MLSS、MLVSS 和活菌比例随 O_3 投加量的变化趋势。可以看出投加量在低于 1 mg/g-MLSS 的条件下，MLSS 和 MLVSS 几乎没有发生变化。但是，当投加量高于 1 mg/g-MLSS，特别是高于 10 mg/g-MLSS 时，活菌比例、MLSS 和 MLVSS 下降很快。这是由于在大剂量氧化作用下细胞发生破裂，释放出的胞内物质转移到上清液中，使 MLSS 明显降低。根据第 3 章的研究结果：高污泥浓度加速膜污染。这可以用来解释图 4.27 所示在高 O_3 投加量条件下(>10 mg-O_3/g-MLSS)混合液的膜过滤性得到改善的现象，其主要是由于 MLSS 的大幅降低所造成。但是，当投加量在 1～10 mg/g-MLSS 范围时，低 MLSS 并没有带来较好的混合液膜过滤性，这可能是由于氧化作用导致活性污泥其他性质恶化而掩盖了 MLSS 降低所带来的正面效果，从而对膜过滤性产生不良影响。

图 4.30 显示混合液 MLSS 和 MLVSS 随 H_2O_2 投加量变化趋势，这个趋势与 O_3 作用变化趋势类似。可以看出投加量在低于 0.2 g/g-MLSS 的条件下，MLSS

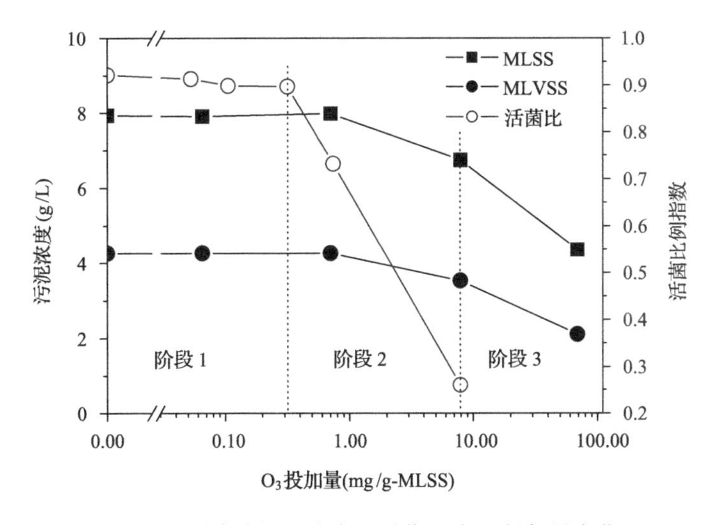

图 4.29　混合液污泥浓度和活菌比随 O_3 投加量变化

和 MLVSS 几乎没有发生变化。但当投加量高于 0.2 g/g-MLSS 时，MLSS 和 MLVSS 下降很快。这说明在大剂量 H_2O_2 的作用下细胞发生破裂，释放出胞内物质转移到上清液中，使悬浮固体浓度明显降低。

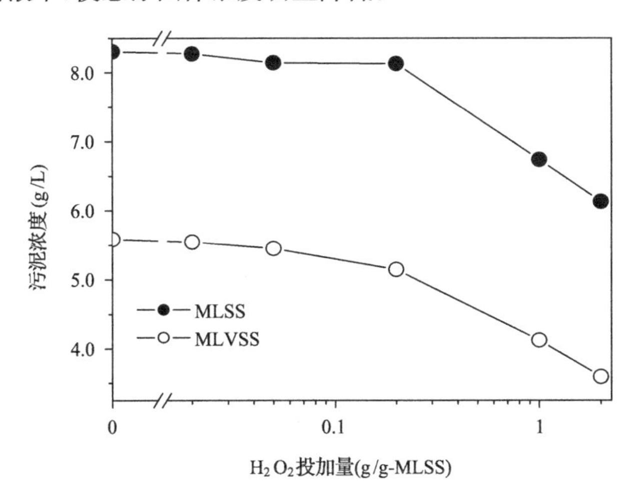

图 4.30　混合液污泥浓度随 H_2O_2 投加量的变化

2. 胞外多聚物(EPS)含量

图 4.31 显示污泥中 EPS 含量随 O_3 投加量的变化情况。EPS 和 EPS_0 分别表示氧化处理后和处理前的污泥 EPS 含量。可以看出，当投加量低于 1 mg/g-MLSS 时，氧化作用后的污泥 EPS 含量降低。从而说明低投加量 O_3 氧化可以有效地去除细胞表面的 EPS。有研究表明，EPS 具有疏水性和亲水性的双重性质，

对絮体形成的影响有好有坏，累积量太多或太少都不利于生物絮凝，只有适量的EPS才能产生最佳的絮凝效果（Flemming and Wingender，2001；Jorand et al.，1998；Wilen et al.，2003）。EPS呈现有流变性的双层结构，位于内层的TB-EPS与细胞表面结合较紧，稳定地附着于细胞壁外，具有一定外形；位于外层的LB-EPS具有比较疏松的结构，可以向周围环境扩展，无明显边缘的黏液层（Wingender et al.，1999）。LB-EPS中的大分子有机物向外延伸于水中被高度亲水化，当含量过高时，因其位阻的作用，可阻止聚合物、细胞和絮体相互之间的接近，絮凝作用减弱，从而使絮体结构变得松散、易破碎，导致单个细胞或微小絮体的数量增多，过滤性能降低。而TB-EPS在内层，保持着EPS原有的疏水性，对污泥的絮凝性影响较小。又有研究指出，易提取的EPS主要为对絮凝不利的亲水分子、带电荷分子和水溶性分子（Neyens et al.，2004）。推测由于氧化剂的氧化作用，LB-EPS被氧化或释放到上清液中，暴露出TB-EPS，使絮体之间更容易发生絮凝作用。对O_3作用前后絮凝性进行测定证明，混合液在经过投加量低于0.8 mg/g-MLSS的作用后，絮凝性确实得到了提高。

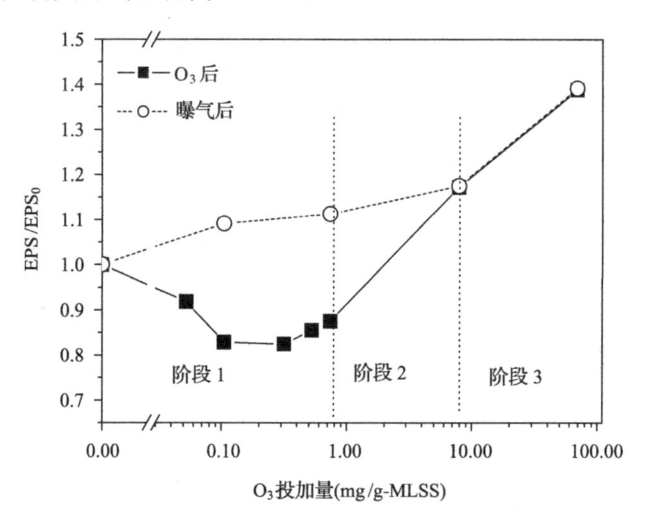

图4.31　污泥EPS含量随O_3投加量变化

经过低投加量O_3氧化的混合液再经过曝气作用后，EPS含量增多，甚至超过未经氧化作用时的活性污泥EPS含量水平。增加的EPS可能来源于上清液中的胶体有机物质。EPS的含量变化暗示了活性污泥絮体发生了“重新絮凝”。上清液中分散的胶体有机物质（包括氧化作用后释放的EPS）在“重新絮凝”过程中黏附到悬浮絮体上。O_3投加量超过10 mg/g-MLSS，由于氧化剂对细胞的破碎作用，胞内物质大量释放到胞外，引起EPS含量大幅度增大，而曝气作用后大量破碎的细胞也很难再通过絮凝作用形成污泥絮体，因此EPS含量也没有大的变化。

图 4.32 显示污泥 EPS 含量随 H_2O_2 投加量的变化情况。EPS 和 EPS_0 分别表示 H_2O_2 处理后和处理前的污泥 EPS 含量。可以看出当 H_2O_2 投加量低于 0.1 g/g-MLSS 时，氧化作用后的污泥 EPS 含量降低。这一变化与 O_3 作用相似。

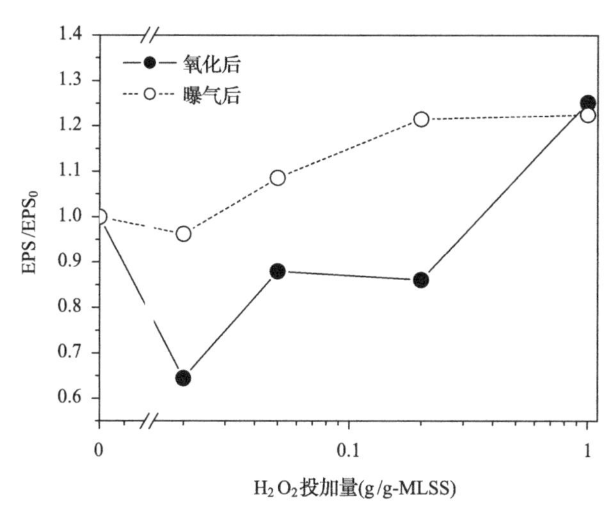

图 4.32　污泥 EPS 含量随 H_2O_2 投加量的变化

在经过曝气作用后，低 H_2O_2 投加量作用后的污泥 EPS 含量增多，超过未经 H_2O_2 作用时的活性污泥 EPS 含量水平。EPS 的含量变化同样暗示了经 H_2O_2 氧化作用后活性污泥絮体发生了重新絮凝。与 O_3 的作用机理类似。

3. 污泥絮体亲疏水性

图 4.33 显示污泥絮体接触角随 O_3 投加量的变化。由图可见，在 O_3 投加量为

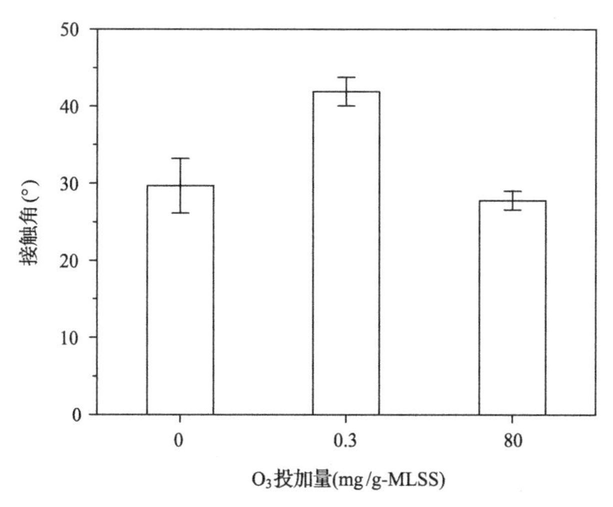

图 4.33　絮体表面接触角随 O_3 投加量的变化

0.3 mg/g-MLSS 条件下，污泥絮体表面性质发生了变化，变得更加疏水。这正是由于 TB-EPS 暴露出来的结果。

4. 絮体颗粒粒径

图 4.34 显示了经过投加量为 0.3 mg/g-MLSS 的 O_3 氧化作用后的活性污泥经过曝气作用后絮体粒径分布与未经氧化曝气作用的活性污泥的比较。结果发现经过氧化曝气作用后，絮体的平均粒径由 49.9 μm 增至 69.8 μm。这一现象更加证实了污泥絮体在 O_3 氧化作用后在曝气过程中发生了“重新絮凝”。由第 3 章得到的结论，当絮体平均粒径低于 80 μm 时，絮体的平均粒径对混合液膜过滤性有较大的影响，因此在氧化曝气作用后活性污泥的平均粒径的增大使膜过滤性得到改善。

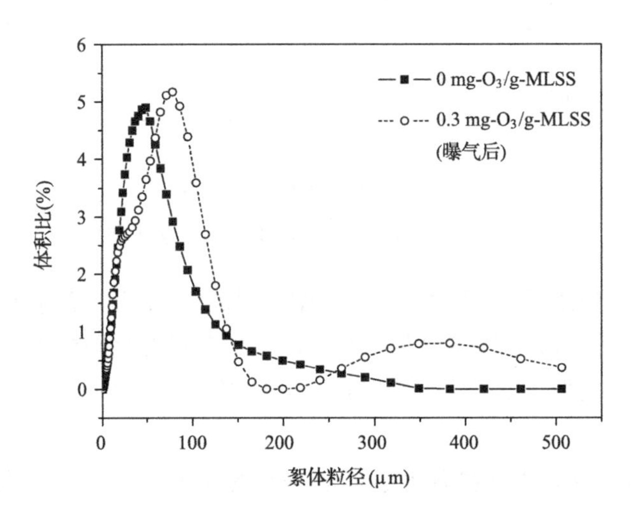

图 4.34 絮体颗粒粒径分布随 O_3 投加量的变化

图 4.35 显示了经过投加量为 0.02 g/g-MLSS 的 H_2O_2 作用并经曝气作用后活性污泥与未经氧化曝气作用的活性污泥絮体粒径分布的比较。结果发现经过氧化和曝气作用后，絮体的平均粒径增大。这一现象与 O_3 作用类似，进一步证实了经过氧化剂作用后的污泥絮体在曝气过程中发生了“重新絮凝”。

5. 上清液有机物浓度

上清液有机物浓度随 O_3 投加量的变化如图 4.36 所示。由图可见，在 O_3 投加量低于 1 mg/g-MLSS 条件下，氧化作用后胶体有机物(COC)和溶解性有机物浓度(DOC)变化不大。在曝气“重新絮凝”过程后，部分胶体有机物和溶解性有机物通过架桥作用黏附到污泥絮体表面，因此上清液 COC 浓度显著降低，DOC 浓度也有降低，甚至低于原混合液中的浓度。这与 EPS 含量在曝气作用后的增加相一致。

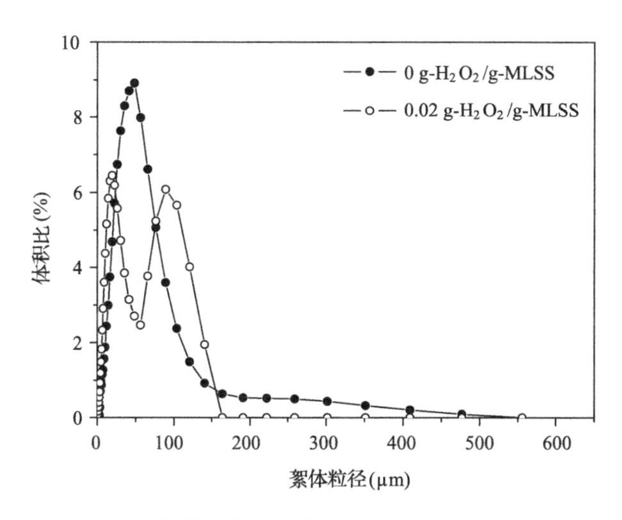

图4.35 絮体颗粒粒径分布随H_2O_2投加量的变化

在混合液进行膜过滤过程中，较低的上清液COC和DOC浓度，对控制膜表面凝胶层的形成、减少膜孔堵塞，从而改善混合液的膜过滤性具有积极作用。上清液有机物浓度在曝气作用之后的减少也是由絮体"重新絮凝"作用引起。

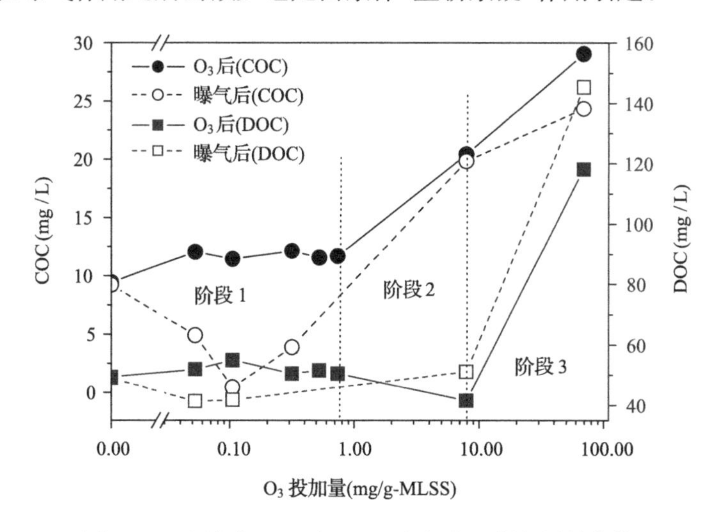

图4.36 上清液COC和DOC浓度随O_3投加量的变化

图4.37显示了曝气作用后上清液胶体和溶解性有机物浓度随H_2O_2投加量的变化，COC浓度的变化与O_3作用相似。同样说明氧化剂作用后的絮体在重新絮凝后，上清液的COC浓度下降。但是与O_3作用不同的是DOC浓度却未出现降低，可能由于H_2O_2与O_3对有机物的氧化降解途径不同所致。

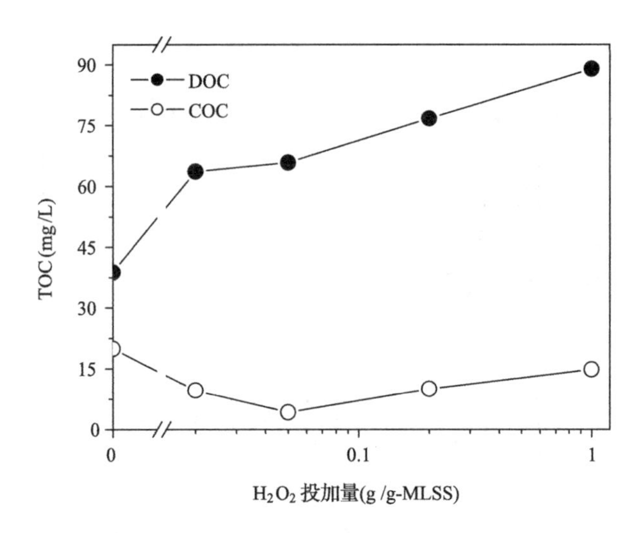

图 4.37　曝气后上清液 COC 和 DOC 浓度随 H_2O_2 投加量的变化

6. 上清液胶体 ζ 电位

图 4.38 显示 O_3 对上清液胶体 ζ 电位的影响。发现适量的 O_3 氧化作用可引起 ζ 电位降低(绝对值)。O_3 作用可以降低胶体稳定性在多年前曾被研究者报道(Chandrakanth and Amy,1996)。蛋白质是上清液有机物中的主要物质,它具有相对较强的负电性(Wilen et al.,2003)。O_3 作用可以引起上清液有机物组分的变化,同时引起电荷的变化。这一变化成为污泥发生"重新絮凝"的条件。因此在曝气作用后,胶体有机物失稳并发生"重新絮凝",使上清液有机物浓度下降,从而改善了混合液膜过滤性。

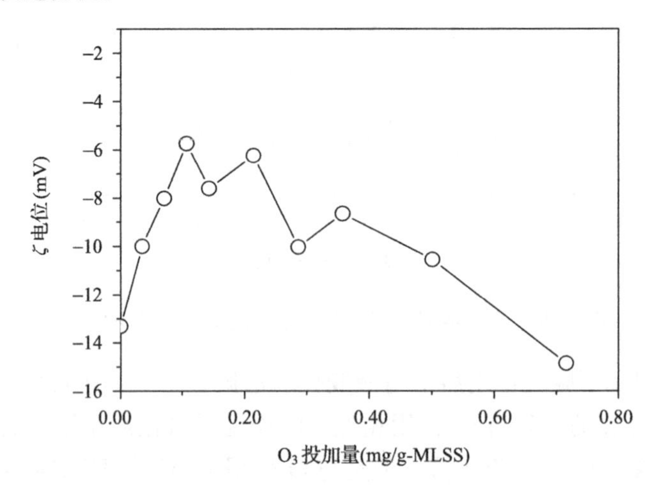

图 4.38　上清液胶体 ζ 电位随 O_3 投加量的变化

7. 黏度

黏度表征混合液的流变特性。很多报道指出污泥黏度与膜过滤性和膜污染具有显著相关关系。图 4.39 显示随 O_3 投加量变化而引起的混合液黏度的变化情况。μ 和 μ_0 分别表示氧化作用后和作用前的混合液的黏度。可见低 O_3 投加量就可以引起黏度的显著降低。黏度除了与 MLSS 具有显著相关关系外，还与 EPS 含量有关。混合液经过低 O_3 投加量的氧化作用后，其黏度的降低即与 EPS 的部分去除有关。黏度的降低也是混合液膜过滤性得以改善的原因之一。

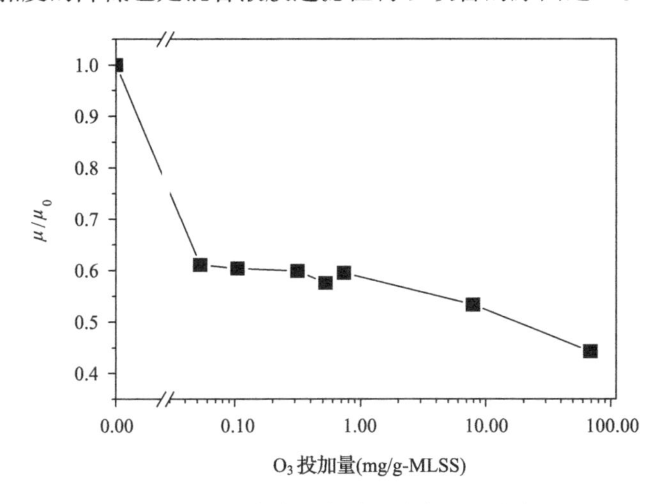

图 4.39　混合液黏度随 O_3 投加量的变化

4.2.3.2　机理分析

以 O_3 为例说明氧化剂对活性污泥混合液的作用。如前所述，在不同的 O_3 投加量条件下，膜过滤性、MLSS、EPS、活菌比例、上清液有机物浓度发生的变化不同。为此，可以将 O_3 对混合液的作用分为三个阶段，如图 4.40 所示。①当 O_3 投加量低于 1 mg/g-MLSS 时，污泥表面的 EPS 被 O_3 氧化释放，含量降低，少量细胞受到 O_3 氧化作用而破碎，导致上清液胶体有机物浓度的略微上升；这一阶段混合液经过曝气作用后膜过滤性得到改善；②当 O_3 投加量超过 1 mg/g-MLSS 时，大量细胞破碎，MLSS 和 MLVSS 开始减少，大分子有机物释放出来，导致 EPS、破碎细胞残片以及上清液胶体物质大量增加；③当 O_3 投加量超过 80 mg/g-MLSS 时，细胞进一步被破碎，MLSS 浓度大幅降低。胶体有机物被氧化成小分子溶解性有机物，导致上清液 DOC 浓度增加。在这一阶段混合液的膜过滤性也得到改善，这是由于 MLSS 浓度大幅降低所造成的。但这一阶段大量活菌被氧化杀死，如果在 MBR 中应用不仅 O_3 投加量高、不经济，而且可能会影响反应器的污染物处理效率，因此不宜用于实际 MBR 膜污染的控制。

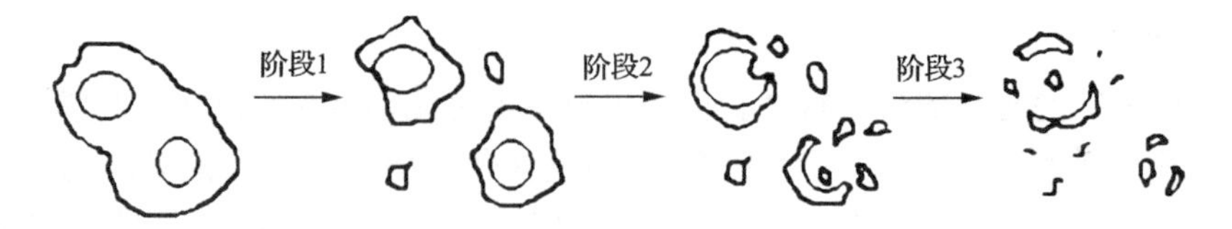

图 4.40 O_3作用的三个阶段

第一阶段中，混合液的膜过滤性在 O_3作用下得以提高。其机理推测如图 4.41 所示。首先活性污泥絮体被 O_3氧化释放 LB-EPS，因此污泥絮体表面性质发生了改变，变得更加憎水。释放的 EPS 进入上清液成为胶体和溶解性有机物。同时 O_3氧化上清液有机物并改变它们的组成，因此上清液胶体有机物表面性质发生改变，ζ 电位降低(绝对值)。氧化后的污泥絮体以及上清液胶体和溶解性有机物在曝气条件下发生相互作用。通过架桥，形成具有更大粒径和更好絮凝性的"新絮体"。在该絮凝过程中，上清液有机物浓度也得到降低，甚至低于 O_3作用前。因此混合液膜过滤性得以改善。

图 4.41 利用 O_3作用第一阶段改善混合液过滤性

4.2.4 投加臭氧对 MBR 长期运行中膜污染的控制

通过前面的对比，可以发现 O_3对混合液膜过滤性改善效果要好于 H_2O_2。利用 O_3第一阶段的作用，采用 O_3投加量为 0.3 mg/g-MLSS，开展 MBR 的长期运行试验，并与在同样条件下不投加 O_3的 MBR 进行并行试验对比，验证 O_3对 MBR 膜污染的控制效果并确定适宜的 O_3投加周期。

4.2.4.1 臭氧投加周期与跨膜压差变化

1. 每日投加

每日投加 O_3(投加量 0.3 mg/g-MLSS)的 MBR 中 TMP 随运行时间的变化情况如图 4.42 所示。可见 O_3的投加延长了 MBR 的清洗周期，对膜污染控制具有显著的效果。

表 4.4 总结了 MBR 清洗周期随 MLSS 的变化，可见随着 MLSS 升高，未投加 O_3的 MBR 的膜清洗周期迅速缩短，投加 O_3的 MBR 的膜清洗周期也受到 MLSS 的影响但影响比不投加 O_3的要小。通过比较未投加 O_3和投加 O_3的 MBR 的清洗周期的比值，可以发现 MLSS 越高，该比值越大，说明 O_3延长清洗周期的作用越明显。

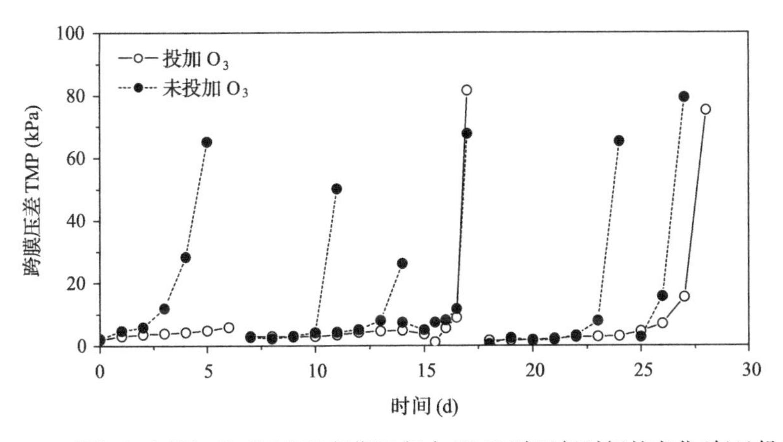

图 4.42　投加和未投加 O_3 的 MBR 长期运行中 TMP 随运行时间的变化(每日投加)

表 4.4　两个 MBR 的清洗周期随 MLSS 变化

MLSS(mg/L)	投加 O_3 清洗周期 A(d)	未投加 O_3 清洗周期 B(d)	A/B 比值
8～11	＞5	5	＞1
11～13	10	4	2.5
13～16	10	3	3.3
16～22	5	0.8	6.2

2. 隔日投加与隔两日投加

改变投加方式，采用隔日投加，TMP 变化如图 4.43 所示。按照该方式投加 O_3，MBR 的清洗周期也得以延长，由原来未投加 O_3 的 30 d 延长至 45 d。但比每日投加 O_3 时的膜污染控制效果要差一些。试验还对每隔两日投加一次 O_3 的投加方式进行了考察，膜污染的控制效果几乎没有显现。由此可见，采用每日投加 O_3 对 MBR 膜污染的控制效果最好。

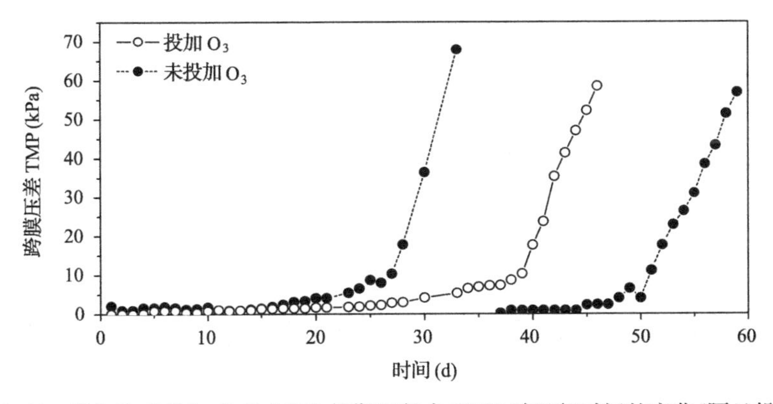

图 4.43　投加和未投加 O_3 的 MBR 长期运行中 TMP 随运行时间的变化(隔日投加)

4.2.4.2　投加臭氧对膜表面污染层性质的影响

1. 污染层阻力构成分析

进一步研究膜表面的污染层阻力构成(每日投加)，见表 4.5。在第 17 天和第 28 天时，两个 MBR 分别完成一个运行周期(即清洗周期)需要进行膜清洗，在清洗时测定了阻力构成。虽然投加 O_3 的 MBR 比不投加 O_3 的 MBR 的清洗周期长得多，但污染层总阻力相当。通过分析凝胶层的阻力(R_g)差异，发现投加 O_3 的 MBR 中上清液有机物在膜表面的沉积比不投加 O_3 的 MBR 要慢得多，这是因为投加 O_3 的 MBR 中混合液上清液有机物浓度更低，详见后述。

表 4.5　投加 O_3 对膜表面污染层阻力构成的影响(每日投加)

运行时间	反应器	R_c(10^{13}/m)	R_c(%)	R_g(10^{11}/m)	R_g(%)
第 17 天	投加 O_3	1.46	95.1	7.48	4.9
	未投加 O_3	2.13	85.7	36.6	14.3
第 28 天	投加 O_3	4.60	97.5	12.0	2.5
	未投加 O_3	3.81	95.1	19.5	4.9

注：R_c，泥饼层阻力；R_g，凝胶层阻力

2. 膜丝表面凝胶层形貌比较

由于投加 O_3 改善膜过滤性的主要依据为减少上清液有机物浓度，而上清液有机物主要影响膜表面凝胶层的形成，为此采用扫描电镜观察了膜表面凝胶层形貌。图 4.44 为两个 MBR 膜表面清除污泥层后，凝胶层的电镜照片。可以明显见到，投加 O_3(隔日投加)的 MBR 的膜表面凝胶层较薄，可以分辨出膜孔。未投加 O_3 的

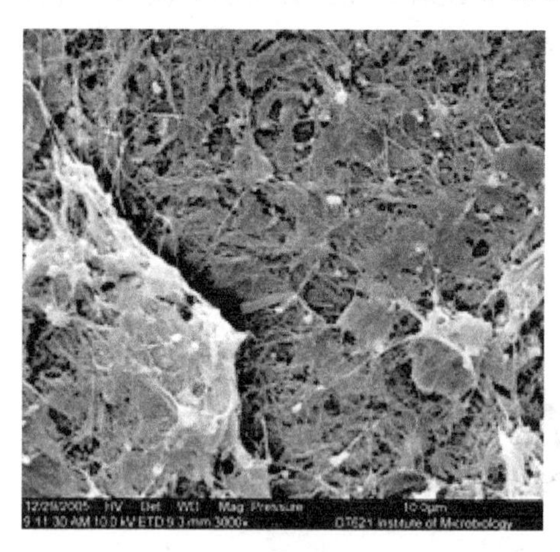

(a) 未投加

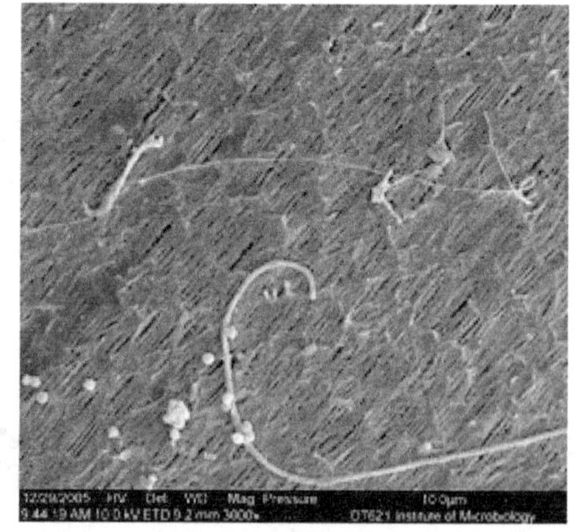

(b) 投加 O_3(隔日投加)

图 4.44　投加和未投加 O_3 的 MBR 膜表面凝胶层的扫描电镜照片(3000 倍)

MBR膜丝表面遍布有机物，凝胶层很厚，见不到膜孔。未投加O_3的MBR遭受凝胶层污染更严重。

4.2.4.3　投加臭氧对混合液性质的影响

在长期运行过程中，对两个MBR混合液性质也进行了对比，用以解释上述膜污染过程特征的差异。

1. 上清液有机物浓度

图4.45比较了每日投加O_3时，两个MBR上清液胶体(COC)和溶解性有机物(DOC)浓度的变化。每日投加O_3使MBR上清液COC浓度降低，但两个MBR上清液DOC浓度相差不大。图4.46比较了隔日投加O_3时，两个MBR上清液有机物浓度(TOC)的变化。可见隔日投加O_3的MBR上清液有机物浓度比未投加O_3的MBR低。与间歇试验中氧化剂对上清液有机物质的去除结果相一致。

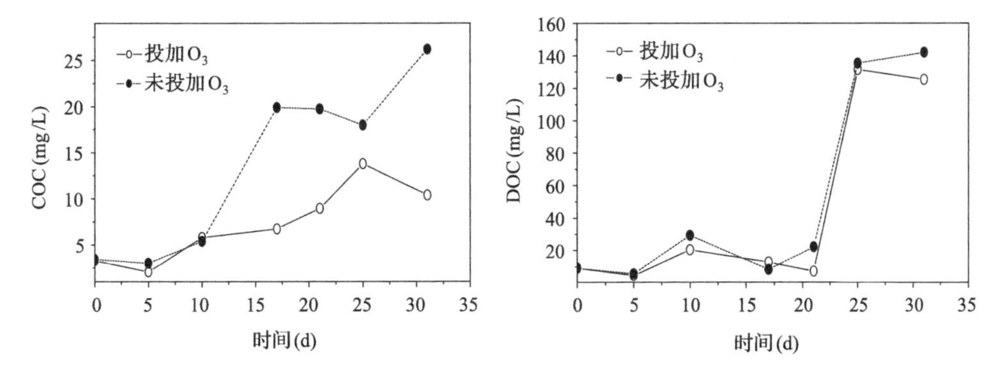

图4.45　投加与未投加O_3的MBR上清液胶体(COC)和溶解性有机物(DOC)浓度的变化(每日投加)

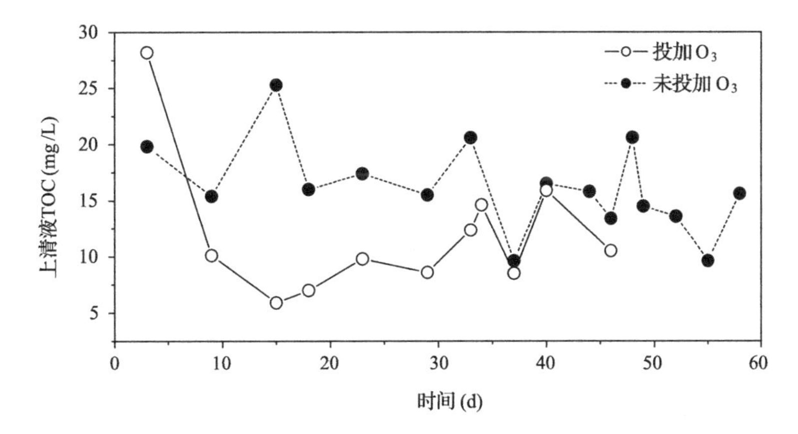

图4.46　投加与未投加O_3的MBR上清液有机物浓度的变化(隔日投加)

2. 上清液有机物相对分子质量分布

由于氧化剂的长期氧化作用可能使上清液有机物中的大分子物质变成小分子物质，而小分子有机物的积累可能会加剧膜孔堵塞的污染。因此进一步考察了MBR上清液有机物相对分子质量分布。

图4.47表示两个MBR上清液有机物相对分子质量分布结果(隔日投加)。发现投加O_3的MBR上清液有机物“多糖峰”较小。但是在隔日投加O_3作用下，随着MBR连续运转，腐殖质和酸类小分子有机物含量并未出现显著增多。另外，通过比较两个MBR上清液DOC的结果(图4.45)，也可以发现随着反应器运行，投加O_3的MBR并未出现上清液DOC浓度高于不投加O_3的情况。

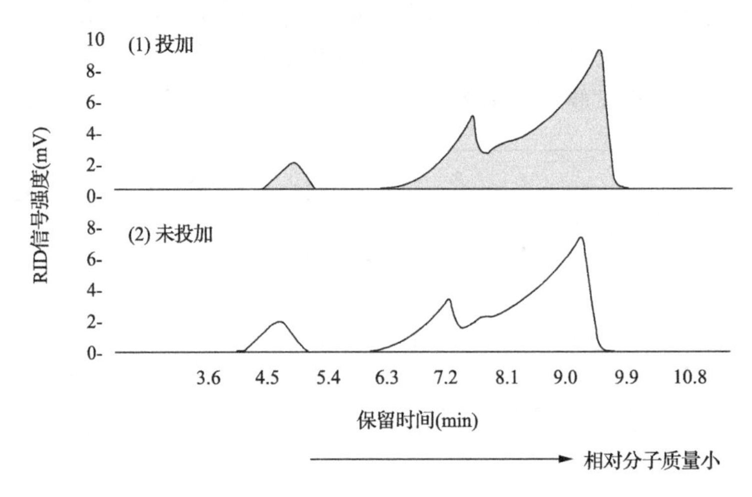

图4.47 投加与未投加O_3的MBR上清液有机物相对分子质量分布(隔日投加)

3. EPS含量

由于O_3的长期作用，可能使污泥EPS含量持续降低，而EPS含量过低反而不利于污泥絮体的絮凝，由此可能引起混合液膜过滤性变差。为此，考察了污泥EPS含量随时间的变化情况(每日投加)，如图4.48所示。EPS出现大幅度波动与微生物生长条件和状况显著相关。投加O_3的MBR中污泥的EPS含量始终略低于不投加O_3的MBR。由此可见持续的氧化作用可以在一定程度降低污泥絮体的EPS含量，但不能无限制地使之降低。

4. 粒径分布

对MBR运行过程中粒径分布的变化(每日投加)进行了测定。开始运行时，由于两个MBR接种相同的活性污泥混合液，因此粒径分布几乎没有差异。在运行21天后再次对两个MBR粒径分布进行测定，发现投加O_3的MBR中平均粒径要高于未投加O_3的MBR(图4.49)。与间歇试验得到的结论一致。

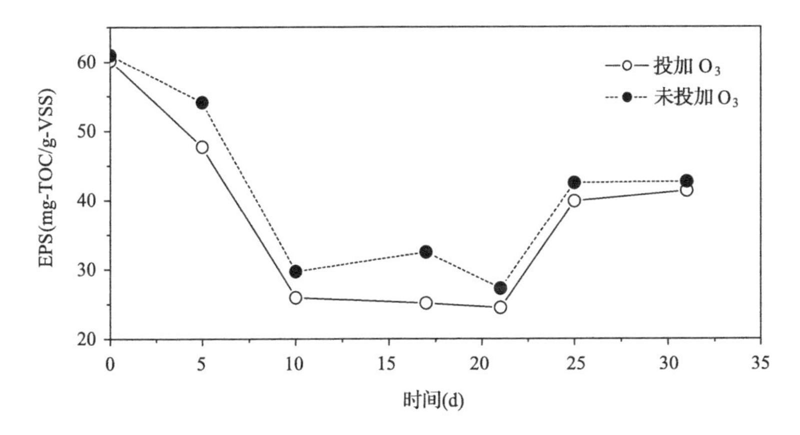

图 4.48　投加与未投加 O_3 的 MBR 污泥 EPS 含量的变化(每日投加)

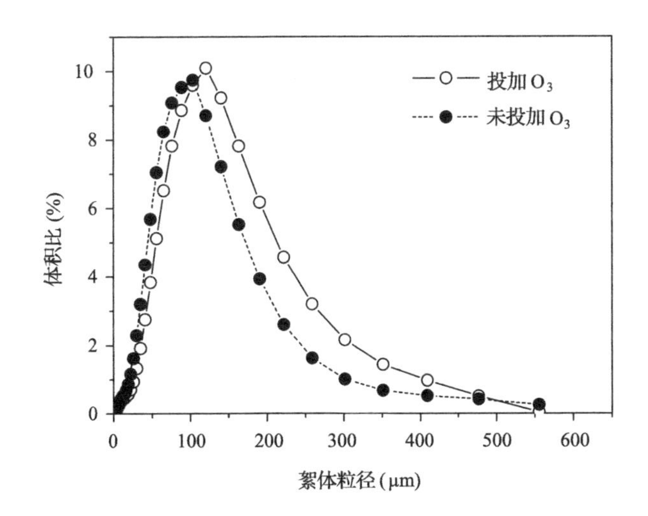

图 4.49　运行 21 天后投加与未投加 O_3 的 MBR 絮体粒径分布(每日投加)

5. 黏度

MBR 运行过程中混合液黏度的变化(每日投加)见图 4.50。因为 MLSS 持续上升,两个反应器中混合液的黏度也持续上升。与不投加 O_3 的 MBR 相比,投加 O_3 的 MBR 中污泥浓度上升较慢,因此黏度上升缓慢,尤其在 MLSS 较高的条件下更慢。由第 3 章得到的结论:MLSS 在较高的条件下,引起混合液膜过滤性变差的重要原因是由于黏度的大幅升高。而 O_3 的投加可以使 MLSS 在较高的时候,维持较低的黏度,因此促进混合液膜过滤性的改善。

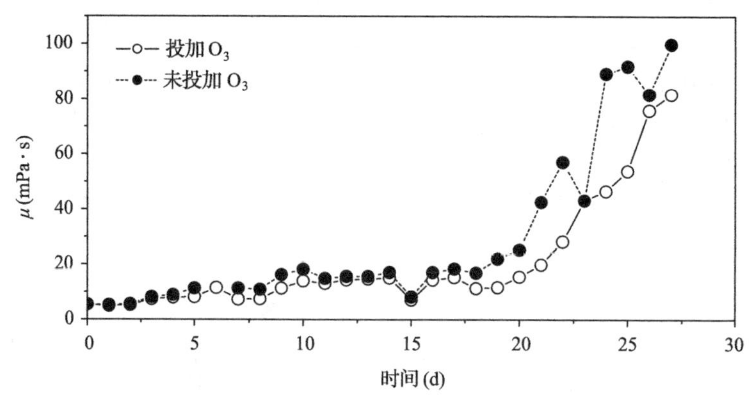

图 4.50 投加与未投加 O_3 的 MBR 混合液黏度的变化(每日投加)

4.2.4.4 投加臭氧对 MBR 其他性能的影响

1. 膜材料性能的变化

由于 O_3 投加量很小,且 O_3 通入位置在 MBR 降流区,O_3 气泡基本不与膜表面接触,推测 O_3 对膜组件的破坏作用很小。在每个运行周期结束,采用清水和 NaClO 溶液对膜组件进行清洗。NaClO 清洗后,投加和不投加 O_3 的膜通量分别恢复至 91.2%和 98.1%。结合膜表面的电镜照片发现,投加 O_3 的膜材料没有受到 O_3 的氧化破坏。

2. 产泥量

图 4.51 显示 MLSS 随时间的变化情况(每日投加)。由于在反应器运行过程中没有排放剩余污泥,因此 MLSS 呈现持续增加的趋势。图中 MLSS 的波动是由于化学清洗时反应器空曝气所造成。投加 O_3 的 MBR 中 MLSS 上升速度比不投加 O_3 时慢。根据污泥浓度的变化计算得到表观污泥产率系数见表 4.6。在起始运行的 15 天内,MLSS 始终低于 15 g/L,O_3 作用后细胞破碎,生物活性受到抑制,

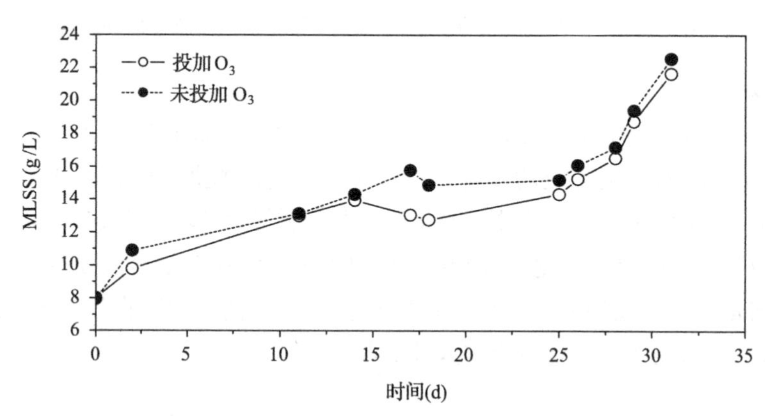

图 4.51 投加与未投加 O_3 的 MBR 中 MLSS 浓度随运行时间的变化

造成污泥产率较低。15天后，MLSS超过15 g/L，两个MBR中污泥产率接近相等。O_3对细胞的破坏作用不明显，因为上清液中累积的有机物质（见图4.45中COC和DOC浓度的变化）消耗了大量的O_3。

表4.6　投加与未投加O_3的MBR中表观污泥产率的比较

项目	投加O_3	未投加O_3
第12天表观产泥系数（kg-VSS/kg-COD）	0.066	0.082
第28天表观产泥系数（kg-VSS/kg-COD）	0.104	0.103

3. 污水处理效果

图4.52显示了投加与未投加O_3的MBR中污泥比耗氧速率（SOUR）随运行时间的变化。可见投加O_3的MBR中污泥比耗氧速率较低，但与未投加O_3的MBR相比，差别不大。推测污泥比耗氧速率的降低是由于O_3氧化细胞，以及对微生物的毒性作用所致。

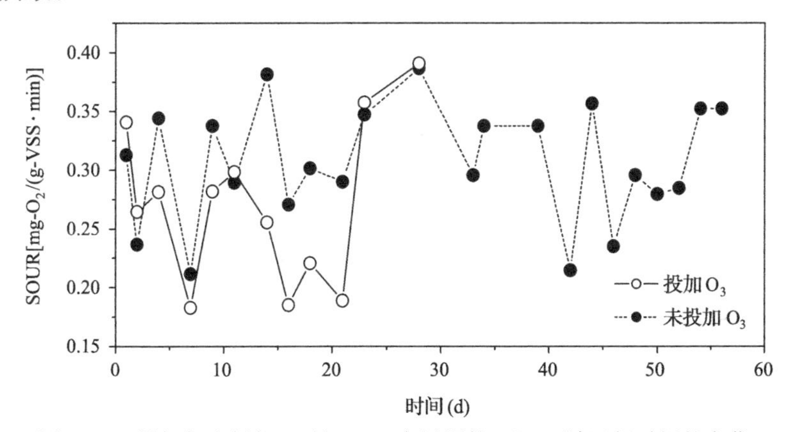

图4.52　投加与未投加O_3的MBR中污泥的SOUR随运行时间的变化

图4.53所示为两个MBR对进水COD、NH_4^+-N、TN、TP的去除效果。可见

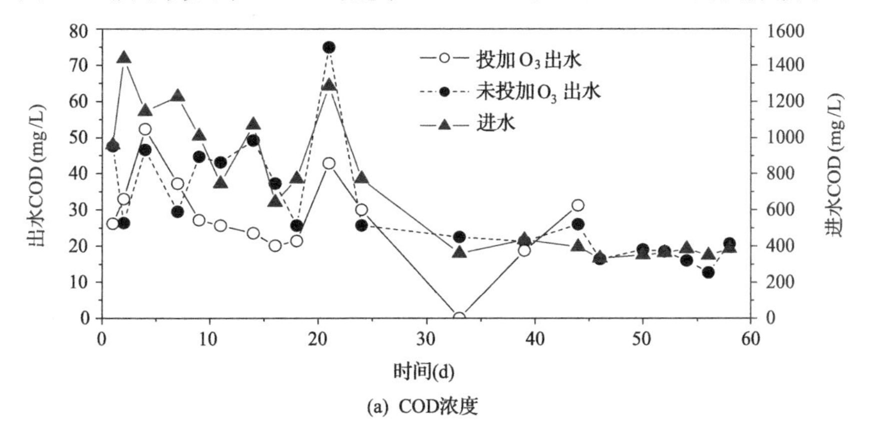

(a) COD浓度

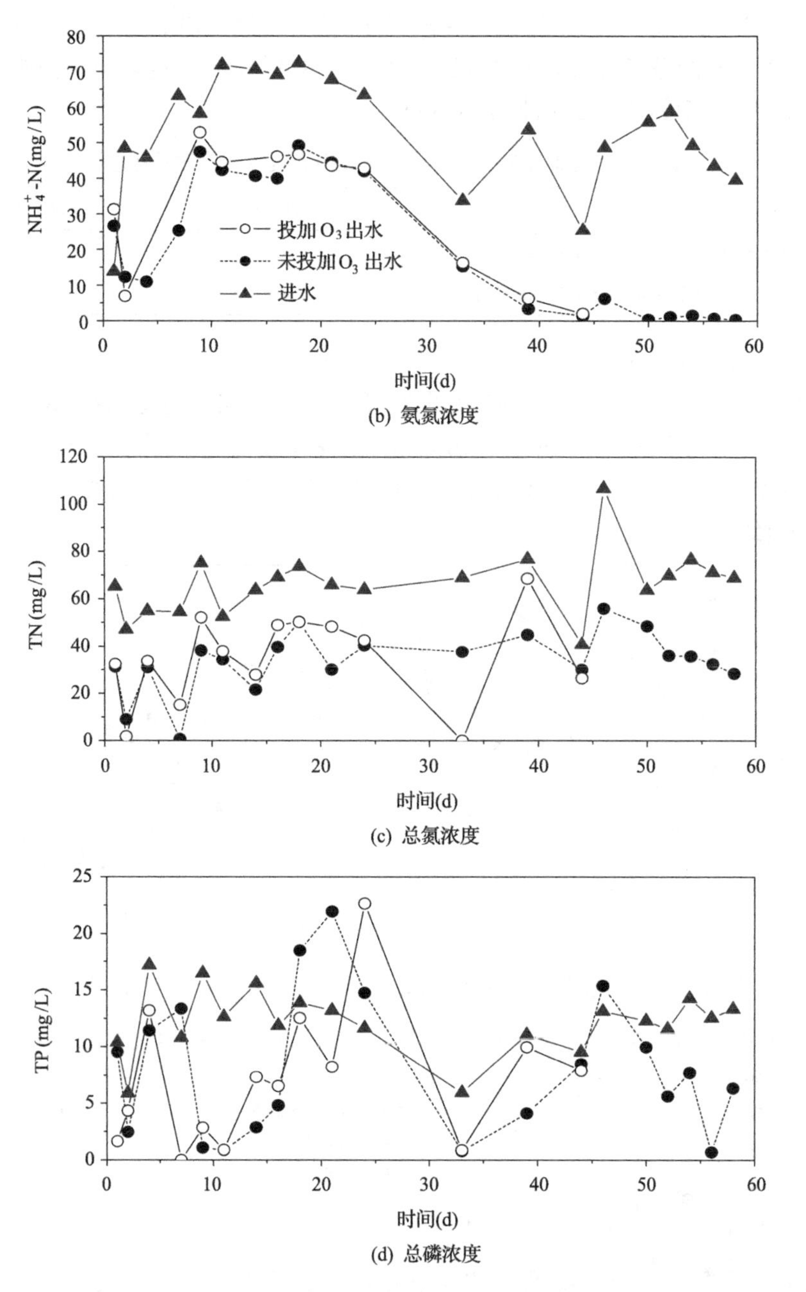

(b) 氨氮浓度

(c) 总氮浓度

(d) 总磷浓度

图 4.53　两个 MBR 进出水水质比较

投加O_3后 MBR 对污水的处理效果并未受到影响。尽管从 SOUR 的结果看，O_3的投加对微生物活性有一定影响，但并未因此而影响系统的出水水质。

4.2.5　投加臭氧与投加聚合硫酸铁的比较

表 4.7 进一步比较了在 MBR 中投加 PFS 和投加 O_3时对膜污染的控制效果、作用机理及其对 MBR 其他性能的影响。由于 O_3和 PFS 的作用机理和价格不同，因此两种调控剂的选用各存优劣。PFS 的突出优点为：价格便宜，使用方便。而 O_3虽然仅从价格上看成本略高，但实际上 O_3可以使产泥率降低 10%～20%，而 PFS 投加使污泥量增加 10%，因此投加 O_3与 PFS 相比还可以节省后续污泥处理处置的费用；而且 O_3的投加比投加 PFS 延长膜的清洗周期更明显，可以减少膜清洗的次数，从而节省膜清洗的费用。此外 O_3还有污泥减量和消毒的作用。综合上述 O_3的优点，在建造一套 MBR 的同时，增加一台臭氧发生装置，可以同时实现对膜污染的控制、污泥减量等多项功能。然而与投加混凝剂相比，增设 O_3发生器和投加装置等需要增加一定的设备费用。对于正在运行的 MBR，作为冬季混合液性质变差的应对措施，建议采用投加 PFS 的方法，其操作方便，而且价格也比较便宜。

表 4.7　PFS 与 O_3在 MBR 中应用的实用性比较

项目		投加 PFS	投加 O_3
最佳投加方式	投加量	1 mmol/L Fe	0.3 mg/g-MLSS
	投加周期	15～30 d	1 d
清洗周期延长倍数		1 倍	2～6 倍
改善混合液性质机理		外加调控剂促进絮凝	改善絮体表面性质，促进絮体自身“重新絮凝”
产泥量		少量增大	少量减小
对污泥比活性影响		投加引起 pH 短暂降低，对比活性有短暂影响	持续影响，但影响小
对出水水质影响		无不良影响	无不良影响
调控剂运行成本		低	较高

4.3　投加粉末活性炭对混合液膜过滤性的调控效果

粉末活性炭作为吸附剂，广泛应用于给水和废水处理。有研究表明，在 MBR 中投加粉末活性炭可以延缓膜过滤阻力的增加，提高膜通量。但是对于不同性质的污泥，粉末活性炭投加量在什么范围内合适，能在多大程度上减轻膜污染，其作用机理如何，尚有待于进一步深入研究。

本节选择了两种不同性质的污泥(非膨胀污泥和膨胀污泥)开展试验,首先通过临界通量测定试验考察了不同粉末活性炭投加量对膜污染的影响,在优化粉末活性炭投加量基础上进行了投加粉末活性炭与未投加的连续运行对比试验,进一步考察了粉末活性炭对膜污染的控制效果(曹效鑫,2004;曹效鑫等,2005)。

4.3.1 评价方法

试验用活性污泥取自位于北京清河污水处理厂的中试 MBR 装置。由于膜污染发展速率与被过滤的污泥性状有关,因此为考察在不同性状活性污泥条件下投加粉末活性炭对膜污染的控制效果,选取了两种不同性质的污泥进行试验,一种是正常运行时的非膨胀污泥,污泥比阻较低,为 0.24×10^9 s^2/g;另一种是丝状菌膨胀下的污泥,污泥比阻较高,为 1.58×10^9 s^2/g。

采用 4.1.1.3 节所示的浸没式小试 MBR 装置 2 套。将上述一定浓度的活性污泥置入小试 MBR 中,其中一组投加不同量的粉末活性炭(颗粒粒径 1~80 μm,平均粒径 38.98 μm,密度 1.34 g/cm^3),进行膜过滤试验。另一组不投加粉末活性炭,进行平行对照试验。在各运行周期,除粉末活性炭投加量不同外,其他运行条件均保持一致:装置供气量为 0.5 m^3/h,HRT 约为 10 h,试验周期内不排泥。试验原水为模拟生活污水的人工配水。

为保证每组试验前膜的状态一致,按以下步骤对膜进行清洗:先用自来水水力清洗,去除污泥颗粒沉积;再用 0.2% NaClO 溶液浸泡去除膜的有机污染,再用自来水浸泡 2 小时,使清水通量恢复至 12 L/(m^2 · h · kPa)。

4.3.2 粉末活性炭投加量对临界通量的影响

分别在非膨胀污泥和膨胀污泥条件下,考察了粉末活性炭投加对于膜临界通量的影响。临界通量采用"阶式通量递增法"测定。由于步长及在每个通量下的持续时间都会影响临界通量值的判定,在本研究中,根据水银压差计的测量精度,认为 1 小时内水银柱一侧液面升高 1.5 mm 以上时,即 TMP 上升 0.399 kPa 以上,就认为膜污染发展较快,认定临界通量在此通量附近(Yu et al.,2003)。在临界通量测定中,曝气强度、温度等条件保持一致。

图 4.54(a)和(b)表示了膨胀污泥(初始 MLSS 浓度为 3762 mg/L)在未投加粉末活性炭和投加粉末活性炭(投加量 3000 mg/L)时的临界通量测定结果。

根据以上临界通量的判定标准,不投加粉末活性炭时膨胀污泥的临界通量在 9 L/(m^2 · h)附近,而投加 3000 mg/L 粉末活性炭后,临界通量上升到 11 L/(m^2 · h)。采用同样方法测定了其他粉末活性炭投加量(50 mg/L,100 mg/L,500 mg/L,2000 mg/L)条件下的临界通量,结果总结见表 4.8。

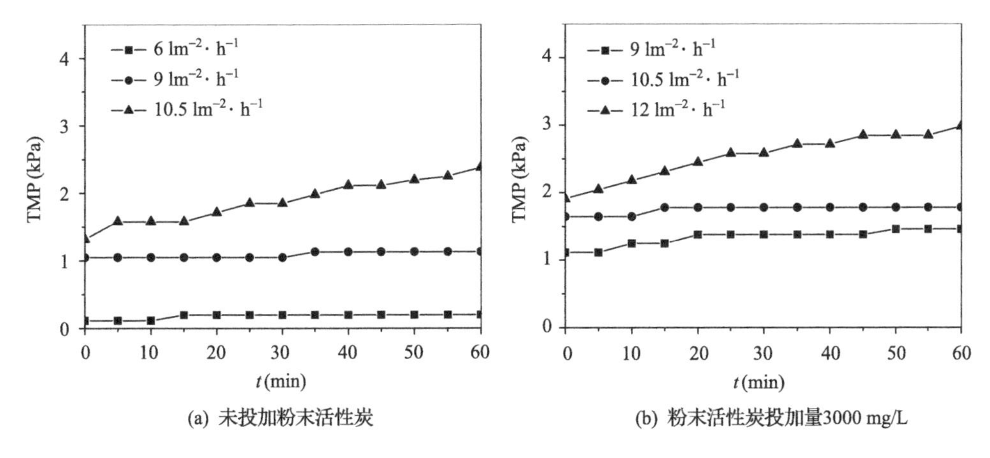

(a) 未投加粉末活性炭　　(b) 粉末活性炭投加量3000 mg/L

图 4.54　膨胀污泥未投加和投加粉末活性炭时临界通量的测定结果

表 4.8　膨胀污泥和非膨胀污泥条件下不同粉末活性炭投加量时临界通量测定结果

粉末活性炭投加量(mg/L)	膨胀污泥条件下临界通量[L/(m²·h)]	非膨胀污泥条件下临界通量[L/(m²·h)]
0	9	13
50	9.5	12
100	<9	—
300	—	14
500	9.5	15
1000	—	15
2000	10	12
3000	11	—

同样，测定了非膨胀污泥条件下投加粉末活性炭对临界通量的影响。图 4.55(a)和(b)表示了非膨胀污泥(初始 MLSS 浓度为 5708 mg/L)在未投加粉末活性炭和投加粉末活性炭(投加量 2000 mg/L)时的临界通量测定结果。

根据上述临界通量的判定标准，不投加粉末活性炭时非膨胀污泥的临界通量在 13 L/(m²·h)附近，而投加 2000 mg/L 粉末活性炭后，临界通量反而略有下降，为 12 L/(m²·h)。采用同样方法测定了其他粉末活性炭投加量(50 mg/L，300 mg/L，500 mg/L，1000 mg/L)条件下的临界通量，为与膨胀污泥的情况做对比，结果总结也列入表 4.8。

临界通量试验表明，对于不同性状和浓度的污泥，粉末活性炭投加量对临界通量的影响程度不同。但适量投加都会改善膜过滤性能，提高临界通量。对于初始污泥浓度为 3762 mg/L 的膨胀污泥，粉末活性炭的适宜投加量为 3000 mg/L 左

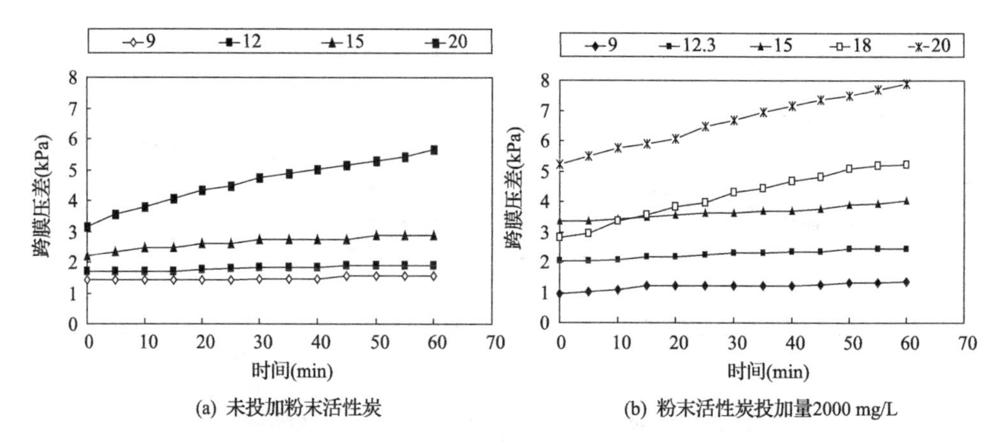

图 4.55　非膨胀污泥未投加和投加粉末活性炭时临界通量的测定结果

右；对初始污泥浓度为 5708 mg/L 的非膨胀污泥，粉末活性炭的适宜投加量为 500 mg/L 左右。但粉末活性炭投加量过高时，临界通量出现降低，原因后述。

4.3.3　连续运行时投加粉末活性炭对膜污染的影响

根据临界通量的测定结果，以膨胀污泥为对象，对比了粉末活性炭投加量分别为 0 和 3000 mg/L、固定通量为 10.5 L/(m^2 · h)、MBR 连续运行时 TMP 的发展情况，如图 4.56 所示。

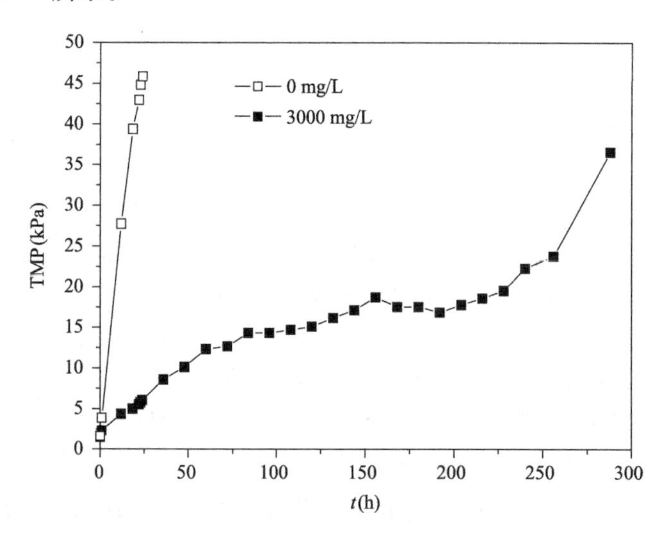

图 4.56　粉末活性炭投加和不投加时 TMP 发展对比

未投加粉末活性炭的 MBR 的 TMP 呈直线迅速上升(上升速率约 1.84 kPa/h)，没有出现平缓的上升段，说明 10.5 L/(m^2 · h)的通量已经处于超临界通量区；投加粉末活性炭的MBR在150 h之内,TMP增加缓慢(从1.49 kPa上升至18.71 kPa,上升速率约0.11 kPa/h),然后呈对数趋势上升。未投加粉末活性炭组只运行了1天,TMP就超过了40 kPa,试验结束;投加粉末活性炭组运行了12天。连续试验说明粉末活性炭投加3000 mg/L确实提高了膜临界通量,而且能够在连续运行中较稳定地发挥作用,降低了膜污染发展速率。

4.3.4　粉末活性炭作用机理分析

上述试验结果表明,适量投加粉末活性炭可以改善污泥混合液膜过滤性能,过量投加会引起负面作用。分析其原因,可能包括以下两方面:

(1) 粉末活性炭的投加降低了溶解性有机污染物质的浓度,改善了污泥絮体的结构。

表4.9是粉末活性炭投加前后两种污泥混合液组成的变化。可见,粉末活性炭投加后,不论膨胀污泥还是非膨胀污泥,都显著降低了混合液中溶解性物质(DOC)的水平。粉末活性炭投加量为500 mg/L时的膨胀污泥与污泥原样相比,溶解性物质浓度降低了56.8%;非膨胀污泥与污泥原样相比,溶解性物质浓度降低了62.7%。混合液中溶解性物质浓度的降低有利于减少其在膜表面的附着和膜孔的堵塞,减缓膜污染。溶解性物质浓度的降低程度与膜污染的改善程度趋势一致。

另一方面,污泥中EPS和胶体有机物(COC)浓度并没有随粉末活性炭的投加发生较大的变化。这说明,投加粉末活性炭直接对EPS含量并没有大的影响,但粉末活性炭与EPS发生作用,对污泥絮体的形成和性状的改变起到了重要作用。在连续运行12天时镜检发现(图4.57),成熟粉末活性炭污泥絮体的尺寸比粉末活性炭颗粒本身的大,每个较为独立的菌胶团中含有一颗或多颗粉末活性炭颗粒,镶嵌在污泥里起骨架作用。根据粉末活性炭及菌胶团的性质,投加到MBR中的粉末活性炭颗粒与菌胶团之间存在相互作用。最初,粉末活性炭的吸附性和微生物的附着性使得混合液中大量的生物絮体、分散胶体迅速地包围粉末活性炭颗粒,形成较大的絮体;随着该絮体中微生物数量的增多,分泌的胞外聚合物也增多,当其他絮体或游离细菌接近时,各自的胞外多聚物不规则地缠绕在一起,从而使絮体进一步连接形成一个以粉末活性炭颗粒为骨架的大絮体,见图4.57。与不投加粉末活性炭的污泥絮体(平均粒径48.8 μm)相比,投加粉末活性炭(平均粒径38.98 μm)500 mg/L、2000 mg/L后,絮体颗粒平均粒径增加为57.43 μm和57.62 μm。投加粉末活性炭后絮体颗粒变大,有利于提高临界膜通量。同时由于粉末活性炭在污泥絮体中所起的骨架作用,使得絮体的抗压性增强,从而降低了过滤阻力,提高了过滤性能。

表 4.9　粉末活性炭投加量对污泥混合液组成的影响(mg/L)

粉末活性炭投加量	膨胀污泥			非膨胀污泥		
	EPS	COC	DOC	EPS	COC	DOC
0	1912	23.78	17.80	1441	6.7	42.9
50	1885	24.58	16.89	—	—	—
100	1483	18.60	19.71	—	—	—
300	—	—	—	1578	12.7	37.3
500	890	20.50	7.69	1459	7.5	16.0
1000	—	—	—	1728	11.7	31.1
2000	753	20.39	5.90	1386	19.9	12.6
3000	1160	18.16	7.22	—	—	—

注：EPS,胞外多聚物;COC,胶体有机物浓度;DOC,溶解性有机物浓度

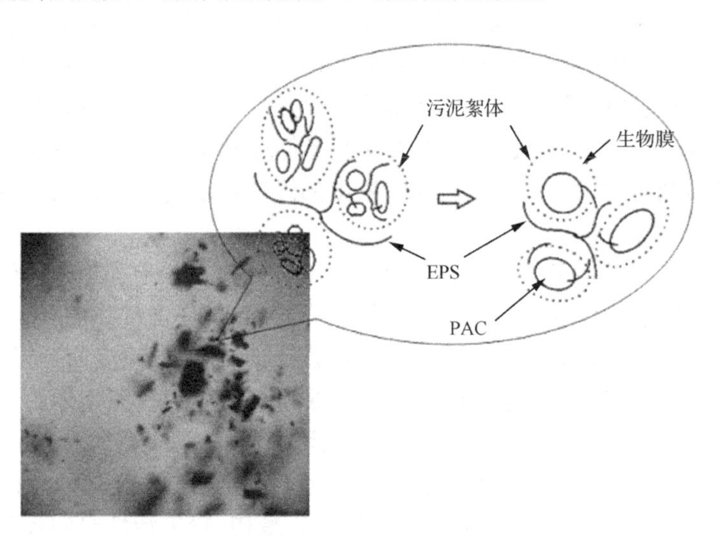

图 4.57　粉末活性炭投加前后形成絮体的差异(放大 3000 倍)

(2) 粉末活性炭本身是一种颗粒物质,同污泥颗粒类似,对膜存在一定程度的污染。

粉末活性炭密度 1.34 g/cm^3,粒径 1～80 μm、平均粒径约 39 μm,与污泥絮体相当,在投加到混合液中后会和混合液组分一道黏附到膜表面形成污染。同时粉末活性炭投加量过高时,MLSS 浓度也显著增加,如表 4.10 所示。此时,混合液比重增大,原有的气水比造成的紊流曝气不能使混合液得到充分搅拌,膜上滤饼层的形成速度加快,综合导致临界通量下降。

表 4.10　不同粉末活性炭投加量对反应器 MLSS 的影响(mg/L)

粉末活性炭投加量	膨胀污泥 MLSS	非膨胀污泥 MLSS
0	3762	5708
50	3883	—
100	3598	—
300	—	5689
500	3947	6112
1000	—	6318
2000	5132	7392
3000	5737	—

4.3.5　污泥比阻与混合液膜过滤性能的相关性

由上述机理分析可知,投加粉末活性炭对于污泥混合液过滤性能的影响是一个综合效应,单一的指标(如污泥浓度、黏度以及粒径分布变化等)不足以预测其效应。而如果利用临界通量的高低和连续运行试验中膜污染发展的快慢来评价污泥混合液膜过滤性能的好坏,又费时费力。建立一套快速评价膜污染的方法十分必要。

污泥比阻(specific resistance to filtration,SRF)是表示污泥过滤特性的综合性指标,其物理意义是:单位重量的污泥在一定压力下过滤时在单位过滤面积上的阻力。污泥比阻的高低可以反映污泥混合液过滤性能的好坏。膜过滤与在测定污泥比阻时的污泥过滤现象类似,就污泥比阻与膜过滤性之间是否存在一定的相关,进行了以下考察。

图 4.58 总结了不同粉末活性炭投加条件临界通量下膜过滤阻力与污泥比阻

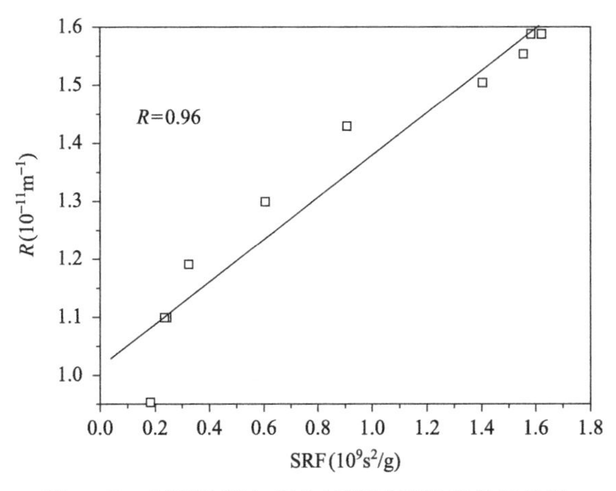

图 4.58　污泥比阻与混合液膜过滤性能的相关性

的关系。纵坐标为污染产生的膜阻力 R,横坐标为污泥比阻 SRF。可见,污泥比阻与投加粉末活性炭后混合液膜过滤性能有较好的相关性,污泥比阻越小,膜过滤阻力越小,即膜过滤性能越好。

上述研究结果表明,污泥比阻与混合液膜过滤性之间存在较好的相关性,可以用于投加粉末活性炭后混合液膜过滤性能的快速评价。

4.4 水动力学措施对泥饼层膜污染的控制

如前所述,按污染物的形态膜污染分为膜孔堵塞、膜表面凝胶层、泥饼层等,而污泥在膜表面的沉积是引起膜快速污染和膜过滤阻力迅速上升的重要原因。因此,从工程应用的层面,首先需要着力控制泥饼层膜污染发生,而采用水动力学的手段可以对泥饼层膜污染进行控制。

本节首先介绍泥饼层膜污染的水动力学控制原理——悬浮颗粒在膜表面的沉积条件。在此基础上,以浸没式 MBR 装置为依托,研究反应器水动力学特性,建立膜间液体上升流速模型;考察反应器结构参数对膜间液体上升流速的影响;研究运行条件对膜污染发展速率的影响,建立膜污染发展速率预测模型,以期为 MBR 结构和运行条件的优化提供参考(刘锐,2000;Gui et al.,2003; Liu et al.,2000,2003)。

4.4.1 悬浮颗粒在膜表面的沉积条件

对沿膜表面运动的悬浮颗粒进行受力分析,发现颗粒物质同时受到两个方向力的作用:一个是被滤过的流体流经膜孔道时对颗粒物质产生的指向膜面方向的裹挟力;另一个是由膜面液体错流流速梯度形成的对颗粒物质脱离膜面方向的冲脱力。在这两个力的作用下,颗粒物质在垂直于膜表面的方向上,具有两个方向相反的分运动速度 V_D 和 V_L。分运动速度 V_D 与膜通量的大小有关;分运动速度 V_L 与膜面剪切力(即速度梯度)和污泥浓度的大小有关。悬浮固体颗粒在膜表面沉积与否取决于这两个分运动速度产生的合运动速度的方向和大小。如图 4.59 所示,如果膜面液体错流流速梯度足够大,使膜面带离速度 V_L 大于裹胁速度 V_D,则粒子向远离膜面的方向运动,不会沉积在膜表面。反之,若 $V_L < V_D$,粒子将向膜面运动,最终沉积于膜表面形成污泥层。

因此,膜面液体错流流速、膜通量和污泥浓度便成为影响膜面污泥沉积的最重要因素。要想减少悬浮粒子在膜面的沉积,控制污泥层污染,必须对这三个运行条件进行合理选择。从理论上讲,污泥浓度越低,膜通量越小,膜面液体错流流速越大,对减缓污泥层污染越有利。但这种膜污染的控制方式是以处理费用的升高为代价的。污泥浓度的降低、错流流速的提高必然导致污泥处置费用和运行所耗电费的增加;膜通量的降低也必然引起膜组件基建投资的增大。因此如何选择运行

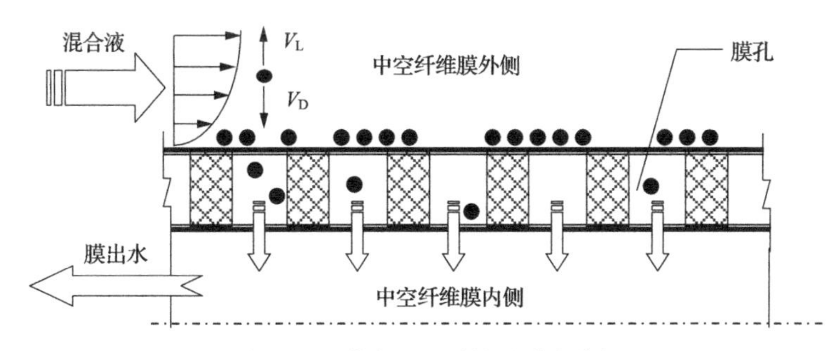

图 4.59 膜表面悬浮粒子受力分析

条件,使膜污染得到经济有效的控制成为 MBR 设计过程中需要解决的一个重要问题。

本节将在系统考察运行条件对浸没式 MBR 中水动力学特性的影响的基础上,建立运行条件对膜污染发展速度影响的计算模型,为优化浸没式 MBR 的运行条件提供参考。

4.4.2 工艺特征与试验方法

4.4.2.1 工艺特征

研究所用的试验装置及流程如图 4.60 所示。生物反应器由 PVC 板材制成,内部被隔板分隔成 1 个升流区和 2 个降流区,结构尺寸列于表 4.11。膜组件为日本三菱公司生产的聚乙烯中空纤维微滤膜,膜孔径 0.4 μm,膜面积为 3 m^2。膜组件置于升流区,膜下设有穿孔管鼓风曝气以提供微生物降解有机物所需要的氧气并形成膜面错流流动以减缓污泥层在膜面的沉积。混合液经过膜过滤后由出水泵间歇抽吸出水,抽吸频率为 15 min 开,5 min 关。膜过滤出水返回生物反应器以保持反应器内混合液性质及液位恒定。为了防止污泥浓度因内源呼吸而降低,每天用隔膜泵向生物反应器内输入一定数量的葡萄糖配水,同时弃去相应体积的膜过滤出水。

表 4.11 反应器主要结构参数

结构参数	详细尺寸(m)	数值
L×B×H	0.5×0.3×1.6	0.24 m^3
升流区过水总断面积 A_r	0.14×0.50	0.07 m^2
降流区过水总断面积 A_d	0.16×0.50	0.08 m^2
底部通道过水总断面积 A_b	0.48×0.18	0.09 m^2
顶部通道过水总断面积 A_u	0.25×0.50	0.13 m^2
静止液面高度 h_L		1.29 m

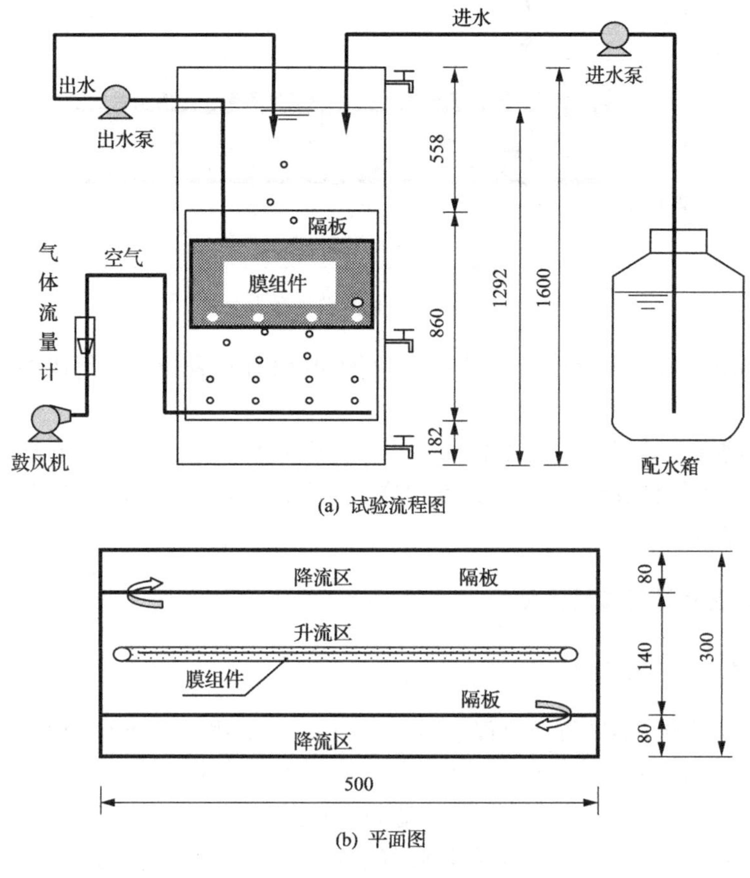

图 4.60　试验装置图

4.4.2.2　试验方案

为建立膜间液体上升流速及膜污染发展速度的数学计算模型，本试验采用均匀设计的方法安排试验，对影响因素进行多水平取值，并维持合适的试验规模。

由于膜丝表面真正的液体上升流速很难通过试验测得，但膜间表观液体上升流速却可以用流速仪直接测出，而二者有一定的相关性。因此，本试验中以膜间表观液体上升流速（以下简称为膜间液体上升流速）作为膜面液体上升流速的可观测量。

在考察曝气强度（U_{Gr}）和污泥浓度（X）对膜间液体上升流速的影响时，以膜间液体上升流速为试验指标，U_{Gr}和 X 为试验因素，忽略 U_{Gr}和 X 的交互效应。

在考察各试验因素对膜污染发展速度的影响时，以膜过滤阻力的上升速率（K）为试验指标，X、J、U_{Gr}为试验因素，同样忽略其交互效应。

各试验因素的试验水平设计范围如表 4.12 所示。

表 4.12　试验因素水平设计范围

试验因素	试验水平									
	1	2	3	4	5	6	7	8	9	10
X(g-MLSS/L)	2	4	6	8	10	12	14	16	18	20
J [L/(m^2 · h)]	4.5	7	9.5	12	14.5	17	19.5	22	24.5	27
U_{Gr}[m^3/(m^2 · h)]	10	20	30	40	50	60	70	80	90	100

本试验有两个试验任务和两个试验指标，但可共用一个均匀设计表，即 $U_{11}(11^{10})$表。依据均匀设计 U_{11}表安排试验如表 4.13 所示。

表 4.13　均匀设计的试验安排

试验号	1	2	3	4	5	6	7	8	9	10
X(g-MLSS/L)	2	4	6	8	10	12	14	16	18	20
J[L/(m^2 · h)]	14.5	27	12	24.5	9.5	22	7	19.5	4.5	17
U_{Gr}[m^3/(m^2 · h)]	70	30	100	60	20	90	50	10	80	40

4.4.2.3　膜间液体上升流速的测定

使用 LS45 型旋杯式流速仪(水利部重庆水文仪器厂)进行流速测定。测试点的分布如图 4.61 所示，在反应器升流区膜面与隔板之间沿高程方向选择了均匀分布的 3 个断面上的共 15 个测定点。每个测试点处的流速至少测量 5 次，取 3 个接近的测量值的平均值作为该点的膜间液体上升流速，将各个测试点测定流速的平均值作为该条件下的平均膜间液体上升流速。

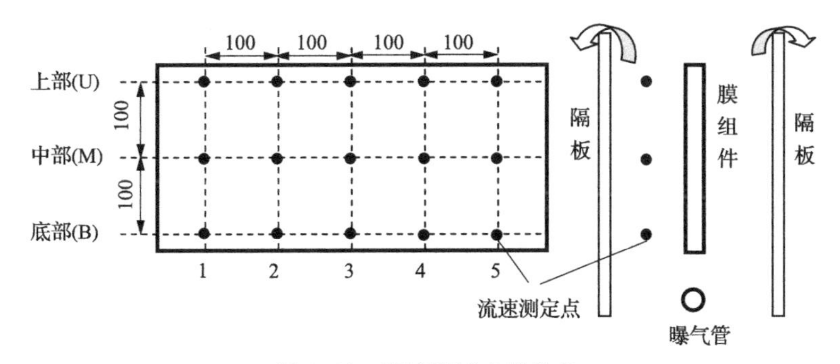

图 4.61　流速测试点的分布

4.4.3　膜间液体上升流速模型

在浸没式 MBR 中，膜间液体上升流速主要是通过膜下鼓风曝气来提供。生物反应器通常用隔板分成相通的两个区：升流区和降流区，膜组件放在升流区内。在升流区膜组件的下方设有曝气装置，降流区则没有，且同前者相比，其含气率较低。升流区和降流区液体含气率的差异导致两个区域内流体密度的差异，从而形成了流体在升流区和降流区之间的循环流动，膜面也就有了液体错流流动。在浸没式 MBR 中，由气体驱动的液体上升流速是一个重要的设计参数。它不仅控制着气液传质速率、混合性能等一系列反应器的重要表现参数，还与膜污染状况密切相关。

但是，膜间液体上升流速测定繁琐，在工程设计和操作中很难随时监测。而曝气量对膜间液体上升流速有重要影响。因此，如果能得到二者之间的定量计算关系，就可以通过容易观测的指标——曝气量来判断膜间液体上升流速的大小，从而增加膜污染控制的可操作性。

本节以建立曝气量与膜间液体上升流速之间的定量关系为目的，首先考察了清水介质中二者的定量关系，然后考察了污泥浓度（或黏度）对二者之间关系的影响。最后应用推导出关系模型，预测了反应器合理的结构模式。

4.4.3.1 清水条件下的膜间液体上升流速模型

1. 模型的建立

将浸没式 MBR 从中分成两半，则每半可看成是一个如图 4.62 所示的内循环式气提反应器。

对于清水类低黏度流体，Yusuf 和 Murray(1993) 利用反应器内能量守衡，在忽略流体与反应器壁摩擦阻力的情况下给出了气提式反应器中液体上升流速的计算公式。该公式经过简单改变后应该也可以应用于浸没式 MBR 中膜间液体上升流速的计算[式(4.1)]。

$$U_{Lr}=\left[\frac{2gh_D\cdot(\varepsilon_r-\varepsilon_d)}{K_B\cdot\left(\dfrac{A_r}{A_d}\right)^2\cdot\dfrac{1}{(1-\varepsilon_d)^2}}\right]^{0.5} \tag{4.1}$$

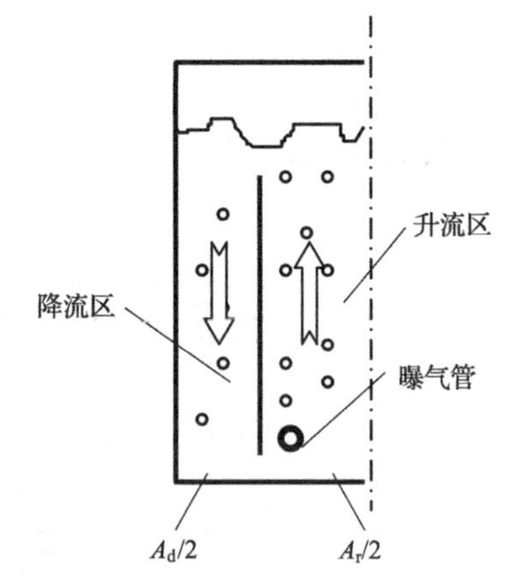

图 4.62 内循环式气提反应器示意图

式中，U_{Lr}为清水时的膜间液体上升液速，m/s；g 为重力加速度，m^2/s；h_D为曝气后的液面高度，m；A_r为 MBR 升流区过水总断面积，m^2；A_d为 MBR 降流区过水总断面积，m^2；ε_r和 ε_d为升流区和降流区的含气率；K_B为反应器底部区域的阻力损失系数。

其中曝气后的液面高度h_D可用式(4.2)计算：

$$h_D = \frac{h_L}{1-\varepsilon} \tag{4.2}$$

式中，h_L为反应器有效高度，m；ε为总含气率。

升流区的含气率ε_r可用式(4.3)计算：

$$\varepsilon_r = \frac{U_{Gr}}{0.24+1.35(U_{Gr}+U_{Lr})^{0.93}} \tag{4.3}$$

式中，U_{Gr}为曝气强度，$m^3/(m^2 \cdot s)$，由式(4.4)计算：

$$U_{Gr} = \frac{Q_g}{3600A_r} \tag{4.4}$$

式中，Q_g为曝气量，m^3/h。

由于降流区的含气率通常很小，可近似认为：

$$\varepsilon_d = 0 \tag{4.5}$$

总含气率ε由式(4.6)计算：

$$\varepsilon = \frac{\varepsilon_r \cdot A_r + \varepsilon_d \cdot A_d}{A_r + A_d} \tag{4.6}$$

反应器底部区域的摩擦阻力系数K_B可用式(4.7)计算：

$$K_B = 11.402\left(\frac{A_d}{2A_b}\right)^{0.789} \tag{4.7}$$

式中，A_b为底部通道过水总断面积，m^2。

则清水时的液体上升流速U_{Lr}可以按照图4.63所示步骤采用试算法得出。

2. 模型的验证

为检验Yusuf和Murray(1993)提出的液体上升流速模型对浸没式MBR的适用程度，在图4.60所示的生物反应器未投加污泥之前先向其中注满清水，开展了清水试验。测得曝气强度分别为28.57 $m^3/(m^2 \cdot h)$、57.14 $m^3/(m^2 \cdot h)$、82.86 $m^3/(m^2 \cdot h)$和114.29 $m^3/(m^2 \cdot h)$时反应器升流区的平均膜间液体上升流速U_{Lr}，如图4.64中的圆点所示。同时，把表4.11所列的结构尺寸参数带入Yusuf和Murray(1993)模型，按照图4.63所示的计算步骤得到各曝气强度下U_{Lr}的计算值，在图4.64中用虚线表示。在试验范围内，U_{Lr}随曝气强度的增加而增大；模型计算值与实测值吻合良好，说明该模型可用于较准确地计算清水时浸没式MBR中的膜间液体上升流速。

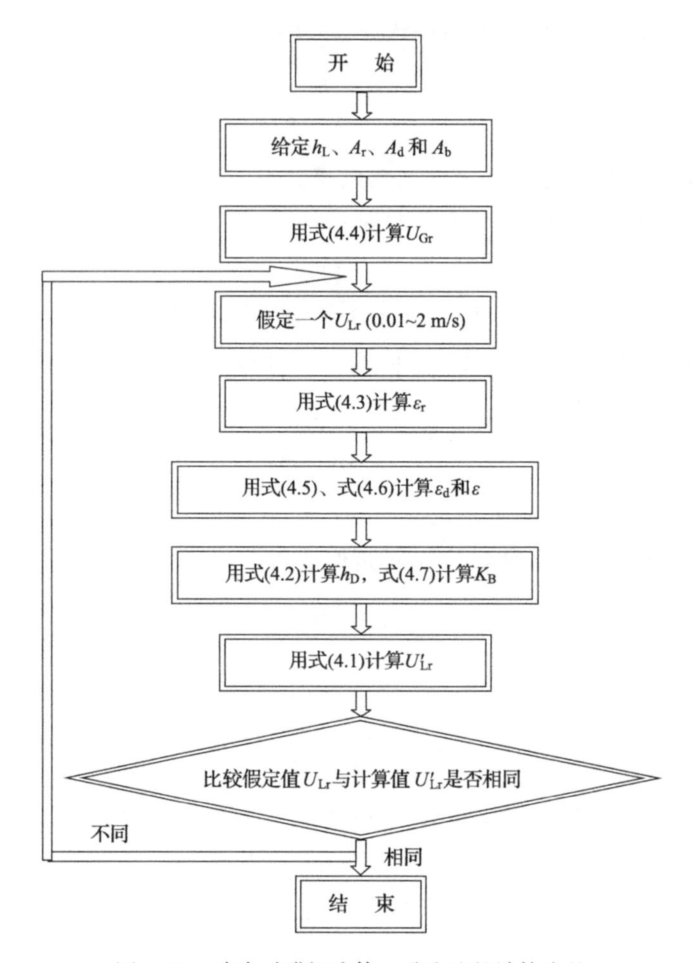

图 4.63　清水时膜间液体上升流速的计算步骤

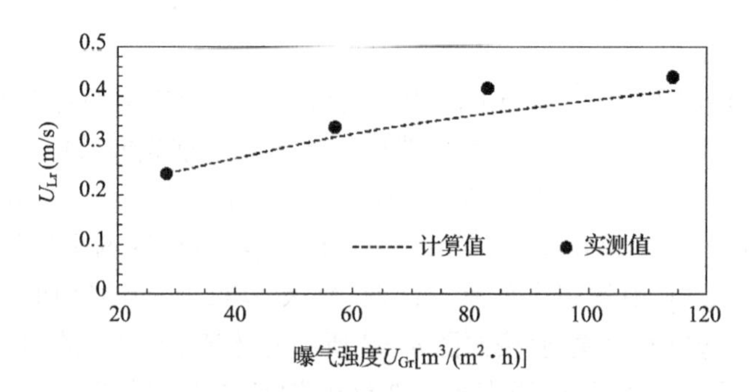

图 4.64　清水条件下膜间液体上升流速的模型检验

4.4.3.2 活性污泥条件下的膜间液体上升流速模型

上节在黏度较小的清水条件下给出了一体式 MBR 中膜间液体上升流速的计算模型。但在实际操作中，由于一体式 MBR 中的污泥浓度可以达到较高的数值，其黏度也将随之增大。因此，需要在 4.4.3.1 节的基础上用污泥浓度（黏度）项进行修正。

1. 修正方法

首先按照 4.4.2.2 节所述的方法安排 10 个水平的均匀设计试验，测定不同污泥浓度（X）（同时测定对应 X 值下的混合液黏度 μ）和曝气强度（U_{Gr}）下的膜间液体上升流速（U_{Sr}）；同时用 Yusuf 和 Murray（1993）模型计算出相应曝气强度下清水时的膜间液体上升流速（U_{Lr}）。用多元因素和回归分析法建立 U_{Sr} 与 U_{Lr} 和 μ 的关系模型 $U_{Sr}=f(U_{Lr},\mu)$。此模型作为修正后的膜间液体上升流速模型用于实际活性污泥流体时膜间液体上升流速的计算，其中的 U_{Lr} 项代表了曝气强度和反应器结构参数的影响，而污泥浓度项（黏度项）代表了混合液性质的影响。

2. 流速测定结果

以活性污泥条件下膜间液体上升流速 U_{Sr} 为试验指标的均匀设计试验测定结果如表 4.14 所示。污泥浓度 X 和污泥黏度 μ 取各试验点运行期间的平均值，其中污泥浓度 X 在试验点内的波动幅度不超过 10%。

表 4.14 不同污泥浓度（黏度）下的平均膜间液体上升流速

试验点	X(g/L)	μ(mPa · s)	U_{Gr} [m³/(m² · h)]	U_{Sr}(m/s)	U_{Lr}(m/s)
1	2.27	2.21	67.67	0.345	0.343
2	4.68	2.34	30.90	0.258	0.249
3	6.80	2.58	101.74	0.384	0.392
4	8.04	2.55	60.00	0.307	0.324
5	9.24	2.85	20.51	0.168	0.212
6	11.71	3.40	92.00	0.325	0.377
7	13.81	4.06	46.17	0.260	0.302
8	15.84	4.75	9.72	0.113	0.161
9	17.56	6.31	80.45	0.300	0.361
10	20.13	7.36	40.11	0.242	0.278

3. 数据整理及回归

为考察 U_{Sr} 与 U_{Lr} 之间的相关性，用上节中所述方法计算出表 4.14 各试验点

对应 U_{Gr} 下的清水膜间液体上升流速 U_{Lr}，也列在表 4.14 中，然后根据多元相关和回归因素分析法分析两者之间的相关性。首先，假设 U_{sr} 与 U_{Lr} 和黏度 μ 之间呈现式(4.8)所述的指数关系：

$$U_{Sr} = f \cdot U_{Lr}^{a} \cdot \mu^{b} \tag{4.8}$$

其中，a 和 b 为 U_{Lr} 和 μ 对 U_{Sr} 产生影响的指数系数，f 为常数。

两边取对数，则得到线性方程：

$$\log U_{Sr} = \log f + a\log U_{Lr} + b\log\mu \tag{4.9}$$

通过多元回归分析，求得：

$$\log U_{Sr} = 0.148 + 1.226\ \log U_{Lr} - 0.147\log\mu \tag{4.10}$$

则 U_{Sr}(m/s)与 U_{Lr}(m/s)及 μ(mPa · s)的关系可表示为：

$$U_{Sr} = 1.406 \cdot U_{Lr}^{1.226} \cdot \mu^{-0.147} \tag{4.11}$$

如表 4.14 所示，污泥浓度 X 和污泥黏度 μ 之间存在很好的指数对应关系，因此也可以把 U_{Sr} 表示成 U_{Lr} 和 X(g-MLSS/L)的函数：

$$U_{Sr} = 1.311 \cdot U_{Lr}^{1.226} \cdot e^{-0.0105X} \tag{4.12}$$

4. 回归方程效果检验

图 4.65 为 U_{Sr} 的模型计算值与实测值的比较，可以看出，修正后的模型计算值与实测值非常接近。复相关系数的计算也表明，在试验范围内，式(4.12)可以较准确地描述实测结果。

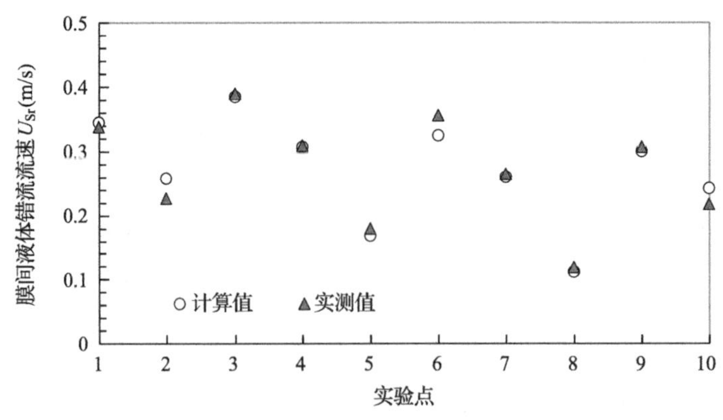

图 4.65 活性污泥条件下膜间液体上升流速的模型检验

4.4.3.3 反应器结构对膜间液体上升流速的影响预测

从式(4.1)至式(4.7)可以看出，膜间液体上升流速 U_{Lr} 不仅与升流区和降流区的含气率即曝气量相关，还与反应器设计尺寸如有效高度 h_L、升流区过水总断面积 A_r 以及降流区总断面积 A_d 有关。运用膜间液体上升流速模型，可以预测不同反应器结构时的膜间液体上升流速，从而有助于对浸没式MBR进行合理设计。

图4.66显示了反应器结构参数对 U_{Lr} 的影响。不难看出，反应器有效高度 h_L、升流区与降流区的过水总断面积比 A_r/A_d 以及底部通道与降流区的过水总断面积比 A_b/A_d 是影响膜间液体上升流速的三个重要的结构参数。在曝气强度一定的条件下，h_L 越高、A_r/A_d 越小，A_b/A_d 越大，U_{Lr} 就越大。因此，在反应器设计中应尽量减小升流区的过水总断面积 A_r，提高反应器的有效高度 h_L，同时适当扩大降流区和底部连接通道的过水断面积 A_b 和 A_d，以达到在同样曝气量下获得较高上升流速之目的。

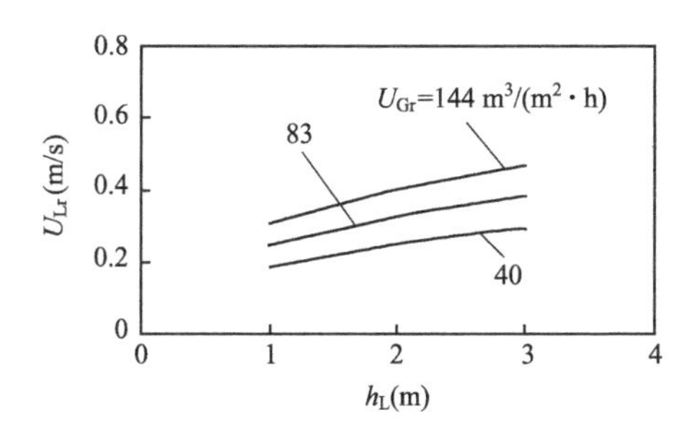

(a) 有效高度 h_L 对 U_{Lr} 的影响 (A_r/A_d=1, A_b/A_d=0.5)

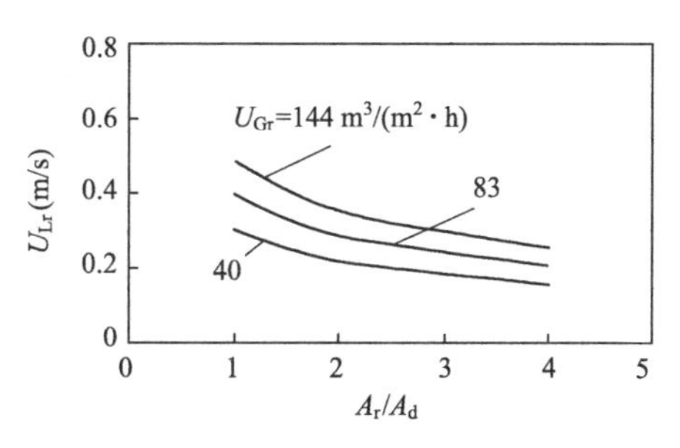

(b) 断面比 A_r/A_d 对 U_{Lr} 的影响 (h_L=1.43 m, A_b/A_d=0.5)

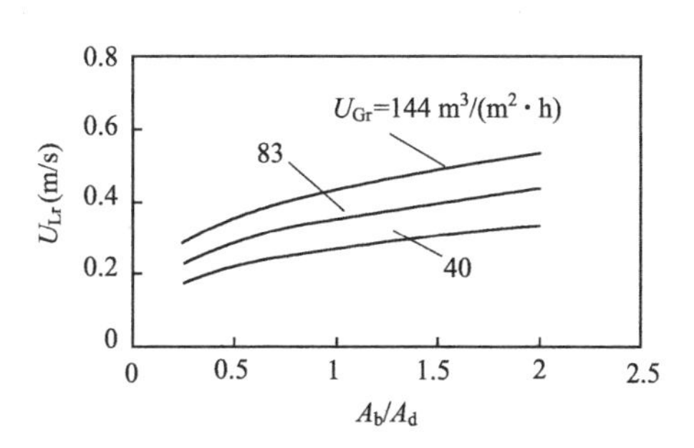

(c) 断面比 A_b/A_d 对 U_{Lr} 的影响 (h_L=1.43 m, A_r/A_d=1)

图4.66　反应器结构参数对 U_{Lr} 的影响

4.4.4　运行条件对膜污染发展速度的影响

在上节的基础上，本节开展了运行条件对膜污染发展速度影响的研究。通过均匀设计试验，考察了膜间液体上升流速、膜通量、污泥浓度这三个运行参数对膜污染发展速度的影响，并建立了四者之间的定量关系。

4.4.4.1 不同运行条件下的膜污染发展速度

在不同试验条件下,测定了膜组件的跨膜压差(TMP)随时间的变化,并计算膜过滤阻力上升速率 K,以此作为膜污染发展速率的表征指标。通过试验测得的各运行条件下的膜过滤阻力上升速率见表 4.15。

表 4.15　不同运行条件下的膜过滤阻力上升速率 K

试验点	X (g/L)	J [L/(m² · h)]	U_{Gr} [m³/(m² · h)]	K [1/(m · h)]	$R \sim t$ 拟合的 R^2
1	2.39	14.20	67.67	3.22E+10	0.93
2	4.73	25.24	30.90	8.70E+09	0.62
3	5.50	11.94	101.74	3.17E+10	0.83
4	8.02	22.17	60.00	1.53E+10	0.67
5	11.01	9.74	20.51	1.87E+10	0.94
6	11.20	21.49	92.00	1.51E+10	0.84
7	13.97	5.47	46.17	1.15E+10	0.67
8	14.54	17.06	5.00	2.38E+12	0.99
9	19.08	5.03	80.45	2.35E+10	0.81
10	21.36	16.70	40.11	1.79E+11	0.92

4.4.4.2 膜污染发展速度模型的建立

由 4.4.4.1 节可知,膜间液体上升流速(U_{Sr})、膜通量(J)和污泥浓度(X)是影响膜面污泥沉积情况的主要因素,因此 K 可表示成:$K = f(U_{Sr}, J, X)$。但是,由于 U_{Sr} 和 X 之间互相关联不是独立变量(见 4.4.3.2 节),而 U_{Lr} 与 X 无关,所以在进行回归分析时用 U_{Lr} 代替 U_{Sr} 来反映膜面紊动的影响。对应曝气强度(U_{Gr})下的 U_{Lr} 可以用 4.4.3.1 节的试算方法得出。

根据多元相关和回归因素分析法,假设 K 与 U_{Lr}、J、X 之间呈现如式(4.13)所述的指数关系:

$$K = f \cdot U_{Lr}^{a} \cdot J^{b} \cdot X^{c} \tag{4.13}$$

其中,f 为常数,a、b、c 分别为 U_{Lr}、J、X 对 K 产生影响的指数系数。

两边取对数,则得到线性方程:

$$\log K = \log f + a\log U_{Lr} + b\log J + c\log X \tag{4.14}$$

通过多元回归分析,求得:

$$K = (8.933 \times 10^7) \cdot U_{Lr}^{-3.047} \cdot J^{0.376} \cdot X^{0.532} \tag{4.15}$$

由上式可知，J[L/(m^2·h)]和 X(g-MLSS/L)对 K[1/(m·h)]有正影响，而 U_{Lr}(m/s)对 K 有负影响。

图 4.67 为 K 的模型计算值与实测值的比较，可见，模型计算值大致与实测值接近。

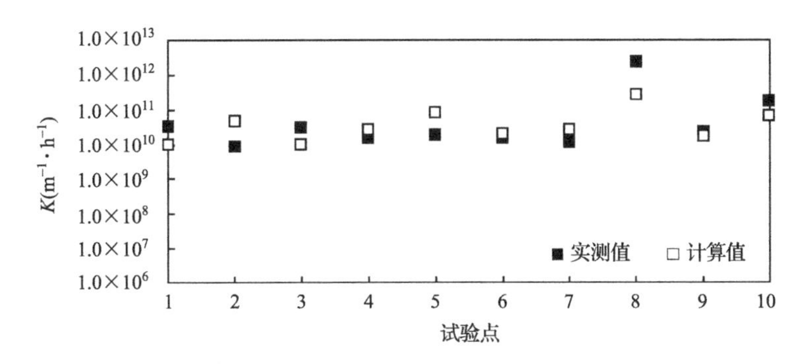

图 4.67　膜污染发展速度的模型计算值与实测值的比较

4.4.4.3　运行条件对膜污染发展速度的影响预测

运用膜污染发展速度模型可以预测不同运行条件下的膜过滤阻力上升速率，从而为浸没式 MBR 的设计提供指导。

图 4.68 为污泥浓度 X 分别为 2 g/L、10 g/L、20 g/L 和 30 g/L 时膜过滤阻力上升速率 K 随膜通量 J 和膜间液体上升流速 U_{Lr} 的变化情况。从该图可以看出，K 随 J 的增大而增加，随 U_{Lr} 的增大而减小。各污泥浓度下，K 随 J 和 U_{Lr} 的变化曲面形状非常相似：都存在一条 $J \sim U_{Lr}$ 临界曲线，当实际采用的 J、U_{Lr} 组合值在该临界曲线以左时，K 值缓慢增长且随 J、U_{Lr} 的变化不大；反之，K 值迅速增长且受 J、U_{Lr} 的影响极大。

$J \sim U_{Lr}$ 临界曲线的出现可以用本章第 4.4.1 节对沿膜面运动的悬浮颗粒的受力分析进行解释。膜面带离速度 V_L 主要由膜间液体上升流速 U_{Lr} 所决定，而裹胁速度 V_D 主要由膜通量 J 决定。当 J 和 U_{Lr} 的实际取值组合在 $J \sim U_{Lr}$ 临界曲线以左时，$V_L > V_D$，悬浮颗粒被带离膜面，不发生沉积，K 随二者的变化不大；而当 J 和 U_L 的实际取值组合在 $J \sim U_{Lr}$ 临界曲线以右时，$V_L < V_D$，悬浮颗粒向膜面方向运动，发生沉积，U_{Lr} 越小或 J 越大，沉积速率越大。$J \sim U_{Lr}$ 临界曲线是使悬浮颗粒受力平衡，$V_L = V_D$ 的所有 J 和 U_L 组合的集合。

$J \sim U_{Lr}$ 临界曲线可通过下述方法求得：①对于固定的污泥浓度 X 和膜通量 J，$K \sim U_{Lr}$ 曲线呈现如图 4.69 所示的变化趋势：在 U_{Lr} 较大处 K 随 U_{Lr} 的减小缓慢增长；当 U_{Lr} 小于某临界值后 K 迅速增加；②在 $K \sim U_{Lr}$ 曲线上对 K 迅速增长段

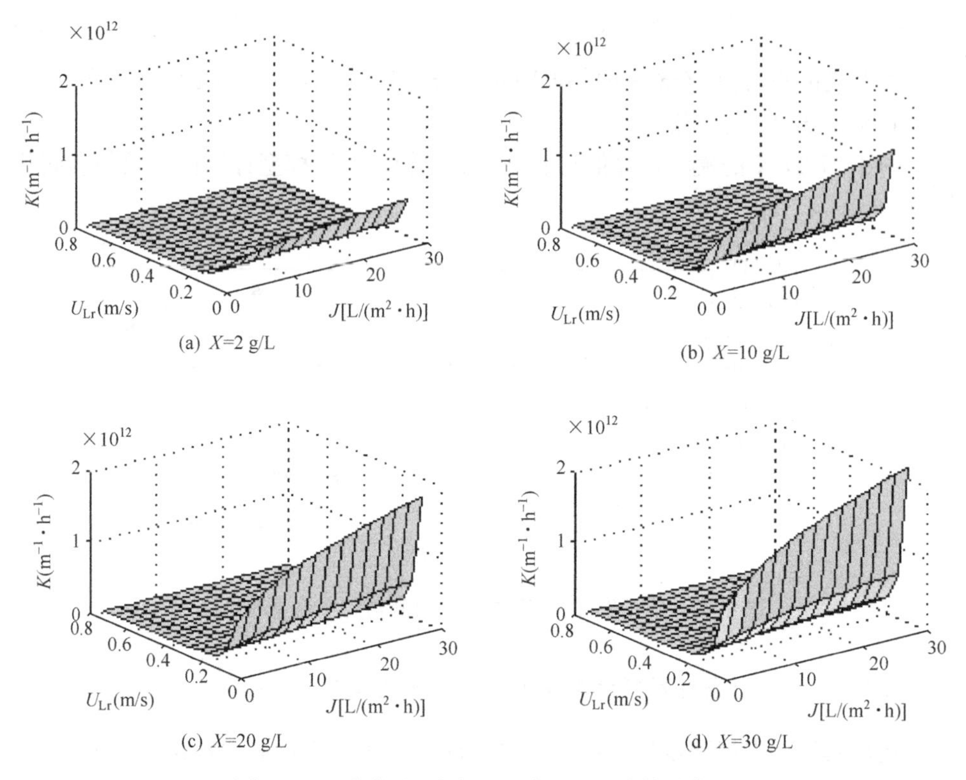

图 4.68　不同污泥浓度下 K 与 J、U_{Lr}的关系曲面

(A)和平缓发展段(B)分别作切线，两条切线交于点 C；③过点 C 作两条切线的角分线，角分线与 $K\sim U_{Lr}$曲线的交点 D 所对应的 U_{Lr}值即为该运行条件下的临界 U_{Lr}，记作 U_{LrC}。膜通量 J 与相应 U_{LrC}的集合就形成了 $J\sim U_{Lr}$临界曲线。

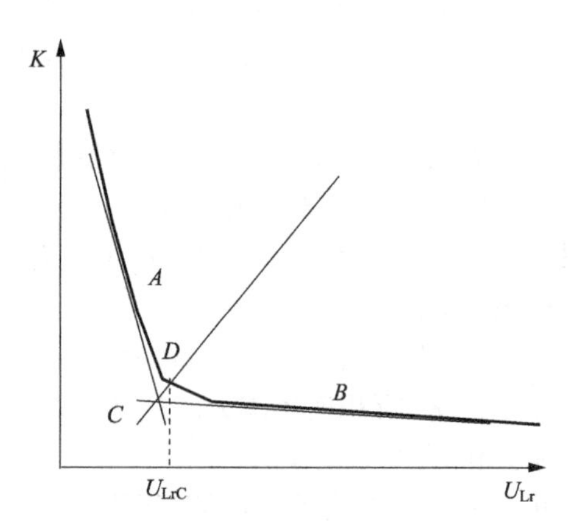

图 4.69　临界 U_{Lr}的图形求解

4.5　投加悬浮载体对泥饼层膜污染的控制

本节从利用悬浮载体对膜面的机械冲刷、摩擦作用来控制膜污染的角度出发，考察了一种柱状悬浮载体对浸没式 MBR 中膜污染的影响。首先通过对比试验研究了 MBR 中 TMP 和混合液特性的变化，分析了悬浮载体对膜污染的作用机理。然后对悬浮载体的适用条件进行了考察(Huang H et al.，2008；Wei et al.，2006)。

4.5.1　评价方法

采用两套完全相同的小试 MBR(详见 4.1.1.3 节)装置，同步进行投加载体与不投加载体的对比试验，以考察载体对膜污染的影响。

试验所用悬浮载体照片见图 4.70。外形尺寸：长 3 mm，直径 3 mm，真密度为 987 kg/m^3。由于载体的真密度略小于水，因此能悬浮于反应器中，随曝气在 MBR 反应器的升降流区间形成循环流动，进而对膜面提供持续的冲刷和摩擦效应。悬浮载体投加量以体积比(载体的真实体积/反应器有效容积，v_c/v_t)计。

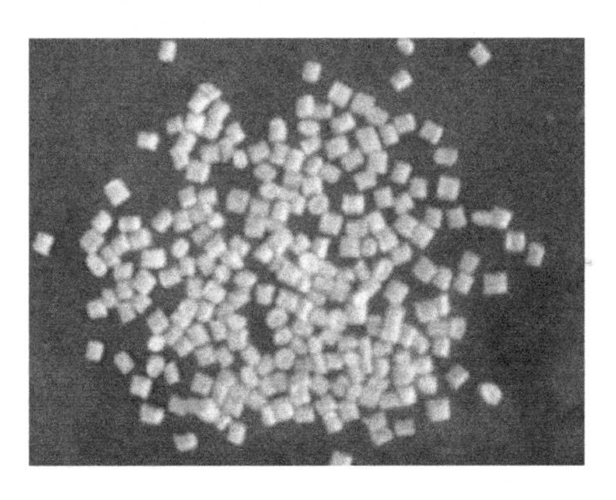

图 4.70　悬浮载体照片

试验用水采用模拟生活污水的自配水。整个试验共运行了不同污泥浓度、不同载体投加量条件下的 8 个工况(表 4.16)，各工况中曝气量均保持一致(0.55 m^3/h)。每个工况中均由临界通量短期试验和紧接其后的连续运行试验组成，除投加载体外，两个反应器的运行参数(主要是污泥浓度和膜通量)保持一致，运行期间除取样分析外未进行排泥。每个工况结束后，采用先清水冲洗再化学清洗(有效氯浓度 50～200 mg/L 的次氯酸钠溶液浸泡 6～24 h)的方式恢复膜过滤能力，保证两个膜组件的初始状态(清水通量)相同。同时借助扫描电镜照片来观察膜污染微观形态。

表 4.16 投加悬浮载体的试验条件

No.	MLSS (g/L)	载体投加量 v_c/v_t(%)	临界通量区域 [L/(m² · h)]	初始通量 [L/(m² · h)]
1	5	0	12.6～15.9	12
		5	11.7～14.7	
2	5	0	15.0～16.5	12
		1	15.0～16.5	
3	8	0	12.0～13.5	12
		1	12.0～13.5	
4	8	0	15.0～18.3	15
		5	15.0～18.3	
5	8	0	10.5～13.5	9
		10	9.0～12.0	
6	11	0	9.0～10.5	9
		1	9.0～10.5	
7	11	0	6.0～7.5	7.5
		5	7.5～9.0	
8	11	0	6.0～7.5	5
		10	4.5～6.0	

4.5.2 悬浮载体对膜污染控制效果的初步考察

为考察悬浮载体对膜污染的控制效果，开展了工况 1 的初步研究。在工况 1 中，污泥浓度控制在 5 g/L，悬浮载体投加量为 5%。为考察悬浮载体对膜污染的短期影响效果，同时也为连续运行试验提供膜通量选择依据，首先利用“通量阶式递增法”进行了临界通量的测定对比试验，然后进行连续运行对比试验。图 4.71 给出了临界通量的测定结果。

从图中可看出，未投加载体和投加 5%载体的临界通量区分别为 12.6～15.9 L/(m^2 · h)和 11.7～14.7 L/(m^2 · h)。5%载体投加量条件下的临界通量区要低于未投加载体的背景值，表明 5%的载体投加量非但没有减缓膜污染，反而加剧了膜污染，这可能与载体对污泥絮体的破碎作用有关，详见后面的讨论。

根据临界通量的测定结果，选择 12 L/(m^2 · h)作为连续运行的初始膜通量，图 4.72 给出了连续运行对比试验的结果。

从 TMP 随时间的变化曲线可看出，未投加载体的对照组呈现明显的两阶段特征（先平缓上升后剧烈直线上升），这是典型的次临界通量运行条件下的膜污染

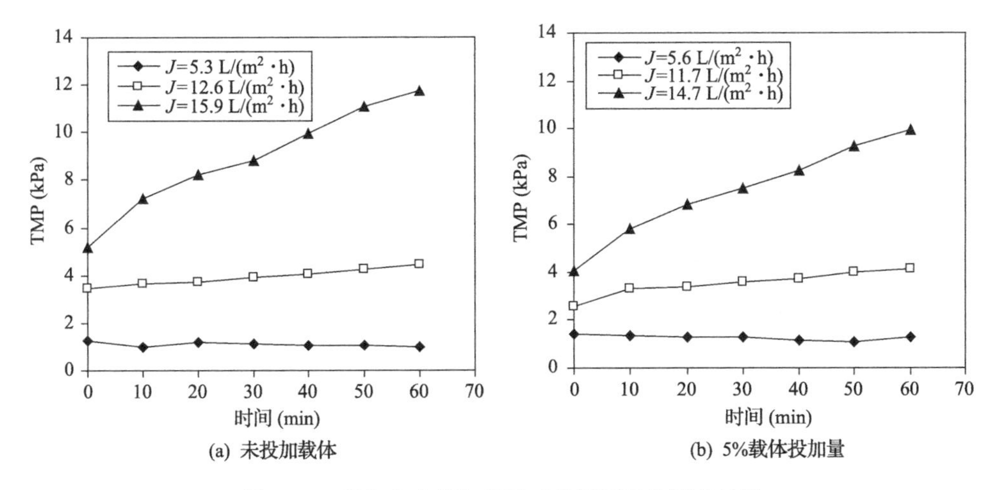

图 4.71 投加与未投加载体时临界通量的测定结果

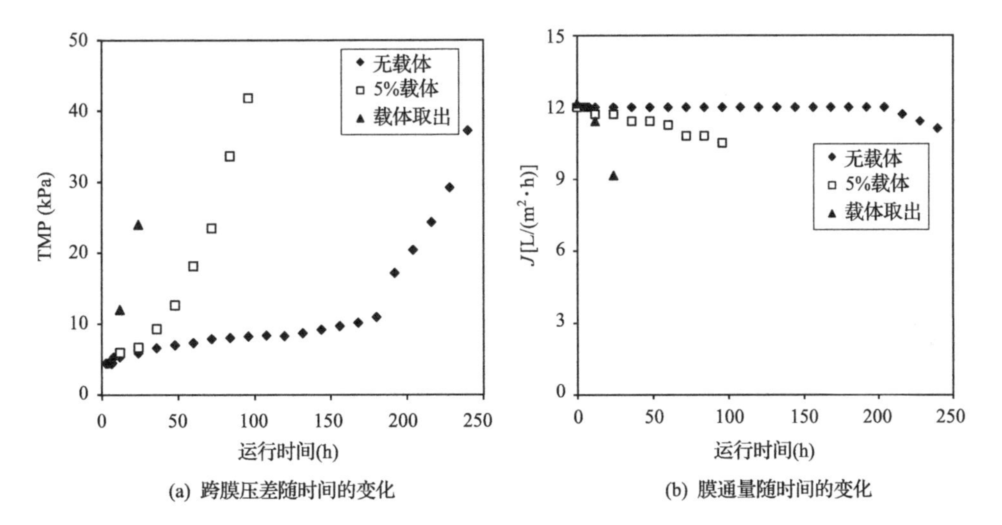

图 4.72 投加与未投加载体的 MBR 连续运行中 TMP 和膜通量的变化

发展特征;而投加 5%载体条件下 TMP 呈现快速的直线上升,属于典型的临界通量运行条件下的膜污染特征。该试验结果与临界通量的测定结果是一致的:对于未投加载体的对照组,其临界通量区为 12.6～15.9 L/(m^2 · h),初始工作通量 12 L/(m^2 · h)处于次临界通量区内;对于投加 5%载体试验组,其临界通量区为 11.7～14.7 L/(m^2 · h),初始工作通量 12 L/(m^2 · h)处于临界通量区内。

另外,从膜通量随时间的变化曲线来看,试验期间膜通量随着膜污染的发展呈缓慢下降趋势。对照 TMP 的变化曲线,可以看到当 TMP 超过 20 kPa 以后,膜通量不能保持恒定而开始下降。这是由于受到试验中所用的抽吸泵性能限制,当膜阻力超过一定值后，抽吸泵为克服吸水管路阻力而导致流量下降的结果。

临界通量的短期试验和随后的连续运行试验都表明，在污泥浓度为 5 g/L 的条件下，5%载体投加量加速了膜污染的发展，这与试验预期相反，因此需要对悬浮载体的作用机理进行分析。

4.5.3　悬浮载体在 MBR 中的作用机理分析

本试验所用的悬浮载体具有一定的形状和强度，且表面光滑无吸附性能，在反应器中随水流循环流动过程中，一方面会对膜表面产生机械冲刷摩擦，起到阻止污泥颗粒沉积或者去除膜表面沉积的污泥层等的作用；另一方面也会对混合液的性质产生一定影响，比如引起絮体破碎等。

4.5.3.1　悬浮载体对膜表面的机械冲刷作用

在工况 1 连续运行试验结束后，立刻把投加载体组反应器内的悬浮载体全部取出，然后又重复进行了临界通量的测定和连续运行试验，目的是从侧面考察悬浮载体对混合液和膜污染造成的影响。载体取出后的临界通量区为 9～11 L/(m^2 · h)，相比投加载体时[11.7～14.7 L/(m^2 · h)]明显降低。为保持试验条件的一致，仍选取 12 L/(m^2 · h)为初始膜通量继续连续试验，其 TMP 的变化也列入图 4.72。可以明显看出，相比投加载体时，载体取出后 TMP 上升更为剧烈，这与临界通量的测定结果也是一致的。对比载体取出后与投加载体时的试验结果，可以从反面证实载体的存在对于膜污染有一定的抑制作用，这也同时说明载体对于膜面有一定的机械冲刷作用。

4.5.3.2　悬浮载体对污泥絮体的破碎作用

工况 1 试验期间，也进行了活性污泥混合液性质常规指标的测定。在未投加载体的对照组和投加 5%载体组之间，除混合液粒径分布有明显变化外，其余指标均无明显差异。图 4.73 给出了粒径分布的测定结果。

从图中可以看出，载体加入后确实对污泥絮体产生了破碎作用。在载体加入后很短的时间内，混合液中位径 $D(v,0.5)$明显降低，而且随着时间的延长，中位径持续降低，到载体取出时达到最低值。这表明在试验条件下（MLSS＝5 g/L，载体投加量 5%），悬浮载体对污泥絮体产生了持续的明显的破碎作用，使得混合液中小颗粒物质增多，这对于膜污染的控制来说是非常不利的。结合前述临界通量的测定结果，发现临界通量与粒径分布呈现很好的相关性：即中位径越小，临界通量也越低。这可以从临界通量和惯性提升理论得到很好的解释（Vigneswaran et al.，2000）：颗粒直径越大，由错流流速带来的惯性提升速度也越大，因而使得颗粒能够沉积到膜表面的渗透水流速度增大，即临界通量也增大。因此，在其他条件相

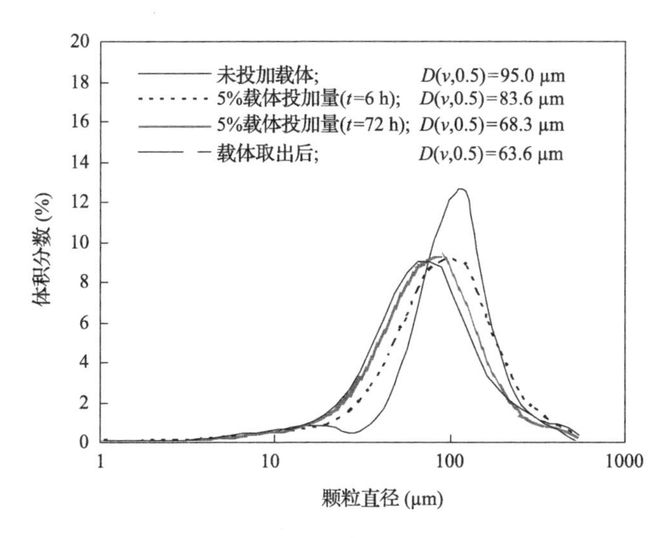

图 4.73　工况 1 期间混合液粒径分布测定结果

同时,颗粒粒径分布是影响临界通量的重要因素。

工况 1 试验期间,同时进行了活性污泥混合液性质微观指标(胞外聚合物 EPS 和上清液 TOC)的测定,如表 4.17 所示。

表 4.17　投加和未投加载体的 MBR 混合液性质变化(工况 1,MLSS=5 g/L)

项目	EPS (mg/L)		上清液 TOC (mg/L)	
	蛋白	多糖	DOC	COC
未投加载体	121.2	83.0	6.0	4.6
投加 5%载体	70.2	61.7	11.8	33.1

注：EPS,胞外多聚物;COC,胶体有机物浓度;DOC,溶解性有机物浓度

从表 4.17 中可以看出,加入载体后,EPS 浓度降低,而上清液 TOC 升高,这是由于絮体破碎以后部分 EPS 释放到上清液中所致。第 3 章的研究结果和其他研究者的结果都显示,上清液 TOC 是造成膜孔堵塞和凝胶层污染的主要物质来源,因此由于悬浮载体对絮体破碎作用带来的上清液 TOC 的升高也会对膜污染控制造成负面效应。

除了上述的对膜面机械冲刷和对污泥絮体的破碎作用外,悬浮载体的投加也可能会对错流过滤的水动力学条件(主要是错流流速)产生影响。由于本试验所用的悬浮载体密度与水非常接近,且 5%的投加量相对较小,因此对于这种效应可以忽略。

综合上述的试验结果,可以得到悬浮载体的作用机理主要有两方面:一是对膜面机械冲刷摩擦的正面效应;二是对污泥絮体的破碎负面效应。悬浮载体对于膜污染的控制效果,取决于两种效应的综合作用。在上述试验条件(MLSS=5 g/L,

载体投加量5%)下,污泥絮体破碎的负效应强于对膜面机械冲刷的正效应,因此载体的投加整体上表现为负效应。但有关投加载体的正面效应,上述仅是推测,需要进一步验证。

4.5.3.3 悬浮载体影响膜污染的机理验证

从上述机理的分析可以知道,降低悬浮载体对絮体的破碎负效应,是使得悬浮载体整体表现为正效应的一个途径。为此,进行了工况2的试验研究,相比工况1,除了载体投加量降低为1%外,其他参数均保持不变。

临界通量的测定结果表明,未投加载体的对照组与投加1%载体的MBR的临界通量区均为15~16.5 L/(m^2·h),这说明投加量低时,悬浮载体不会对临界通量产生负效应。进一步开展的连续运行试验结果显示,相对未投加载体的对照组,投加1%载体的MBR的TMP上升速率明显减慢,有效抑制了膜污染的发展(图4.74)。这正面证实了悬浮载体对膜表面的机械冲刷的正效应。

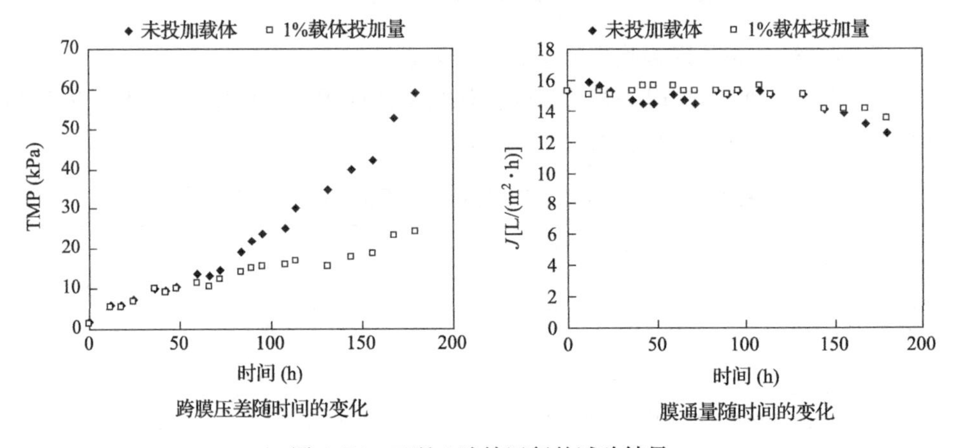

图4.74 工况2连续运行的试验结果

相应地,工况2期间也进行了污泥混合液性质的测定,如表4.18所示。可以看出,加入1%悬浮载体后,混合液粒径分布没有明显变化,相应地,EPS下降及上清液TOC上升的幅度也很小。这表明1%载体投加量并没有对污泥絮体造成明显的破碎。

表4.18 投加和未投加载体的MBR混合液性质变化(工况2,MLSS=5 g/L)

项目	EPS (mg/L)		上清液TOC (mg/L)		絮体粒径分布中位径(μm)
	蛋白	多糖	DOC	COC	
未投加载体	148.8	38.5	4.9	8.6	55.7
投加1%载体	134.7	10.5	9.5	8.1	54.3

注:EPS,胞外多聚物;COC,胶体有机物浓度;DOC,溶解性有机物浓度

此外，测定了膜表面污染层阻力的构成，如表 4.19 所示。在工况 2 条件下，污泥层在膜污染中起主导作用，投加 1%悬浮载体后可以降低污泥层阻力的贡献。说明悬浮载体的投加通过对膜表面的机械冲刷，可以减少污泥在膜表面的沉积。

表 4.19　膜表面污染层阻力构成（工况 2）

项目	未投加载体[a]		投加 1%载体[b]	
	10^{12}/m	%	10^{12}/m	%
R_m	0.22	1.82	0.22	3.11
R_c	11.14	92.29	4.72	66.20
R_f	0.71	5.88	2.19	30.69
R_t	12.07	100	7.13	100

注：R_t，总阻力；R_m，膜材料阻力；R_c，污泥层阻力；R_f，凝胶层和膜孔堵塞阻力；

a. 运行 156 h R_t达 12.07×10^{12}/m；

b. 运行 180 h R_t达 7.13×10^{12}/m。

4.5.4　悬浮载体适用条件的优化

在上述机理分析的基础上，可知高污泥浓度和合适的载体投加量，是悬浮载体适用条件优化的方向。为研究悬浮载体的适用条件，在污泥浓度分别为 8 g/L 和 11 g/L 的条件下，进行了不同载体投加量的 6 个工况的对比试验，同样每个工况先进行临界通量的短期试验，然后进行连续运行。

临界通量的测定结果汇总于表 4.16。可见，在 8 g/L 和 11 g/L 的污泥浓度条件下，悬浮载体投加量低时，投加载体的 MBR 的临界通量区域和不投加载体时相同或略高（工况 3、4、6、7）。但在较高的载体投加量时，投加载体的 MBR 的临界通量区域明显低于不投加载体的情况（工况 5，8）。

污泥浓度为 8 g/L 时，连续运行试验结果见图 4.75 至图 4.77。

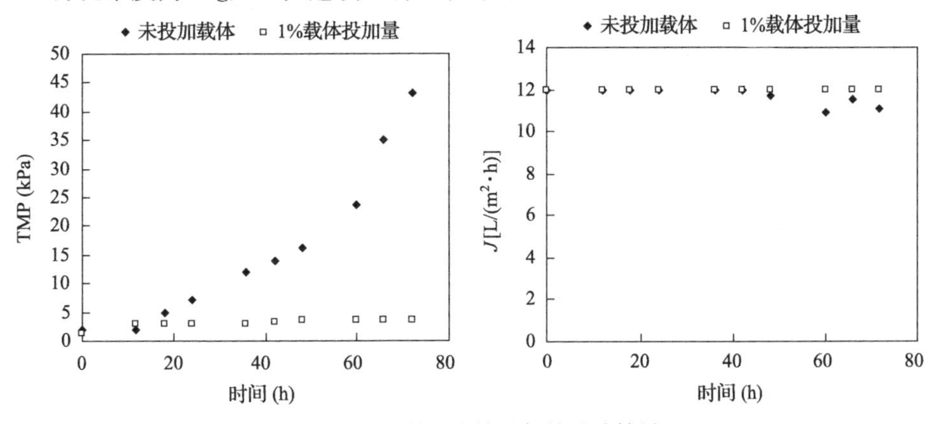

图 4.75　工况 3 连续运行的试验结果

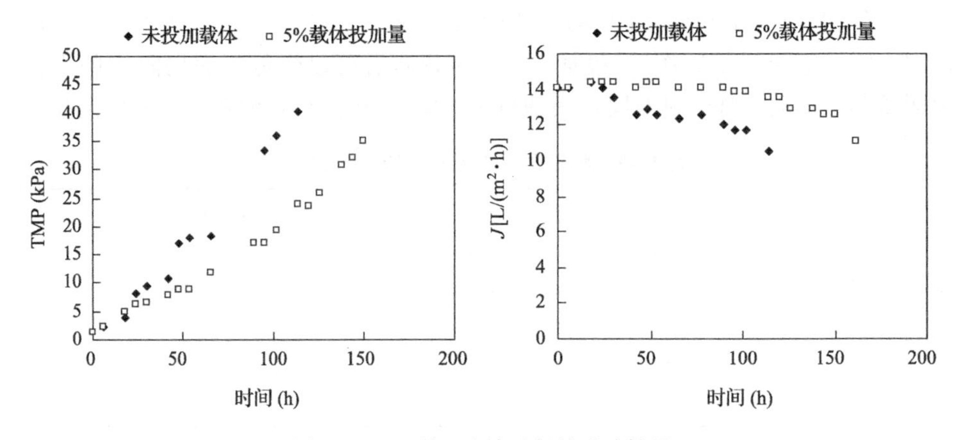

图 4.76　工况 4 连续运行的试验结果

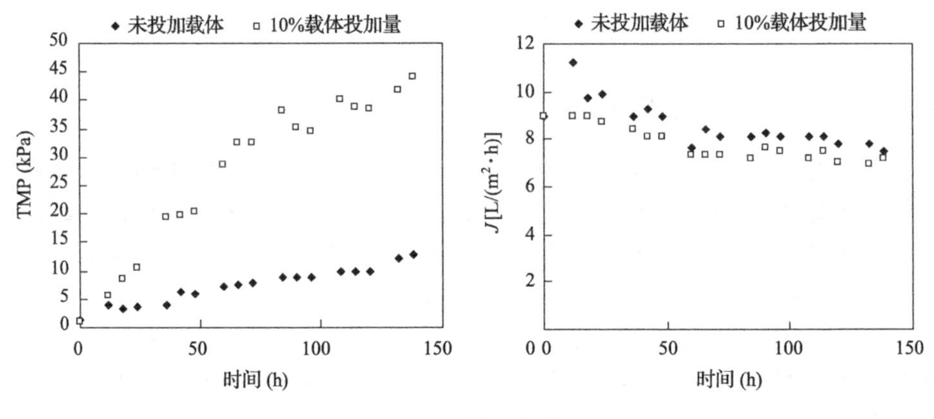

图 4.77　工况 5 连续运行的试验结果

从上述 3 个图可以看出，在污泥浓度为 8 g/L 时，1%与 5%载体投加量条件下，悬浮载体整体上表现为对膜污染控制的正效应；而 10%载体投加量条件下，悬浮载体整体上表现为对膜污染控制的负效应。

同样，进行了污泥浓度为 11 g/L 时的连续对比试验。在污泥浓度为 11 g/L 时，1%与 5%载体投加量条件下，悬浮载体整体上表现为对膜污染控制的正效应；而 10%载体投加量条件下，悬浮载体整体上表现为对膜污染控制的负效应。

为进一步定量评价悬浮载体对膜污染控制的效应，这里提出一个新的参数 k_0/k_c。k_0和 k_c分别表示未投加和投加悬浮载体的 MBR 在连续运行过程中 TMP 的上升速率。当发生污泥层膜污染，在恒通量运行时，TMP 表现为线性增加(Yu et al.，2003)。因此，可以用 k_0/k_c来定量评价悬浮载体对膜污染的影响。如果 k_0/k_c大于 1，悬浮载体表现出对膜污染控制的正效应；如果 k_0/k_c小于 1，悬浮载体表现出对膜污染控制的负效应。

根据试验结果,计算出的 k_0/k_c 与悬浮载体投加量的关系如图 4.78 所示。在一定的污泥浓度条件下,存在一个可以改善膜污染的悬浮载体的投加量范围和最佳投加量。当污泥浓度分别为 5 g/L、8 g/L 和 11 g/L 时,悬浮载体的投加量应低于 4.4%、7.3%和 9.5%,最佳投加量分别为 1%、1.3%和 2.3%,k_0/k_c 最大值为 2.4、3.5 和 6.9。同样,在一定载体投加量条件下,也应存在一个最低的 MLSS 浓度,如果反应器内的污泥浓度高于这个值,投加的悬浮载体整体上表现出对膜污染控制的正效应。

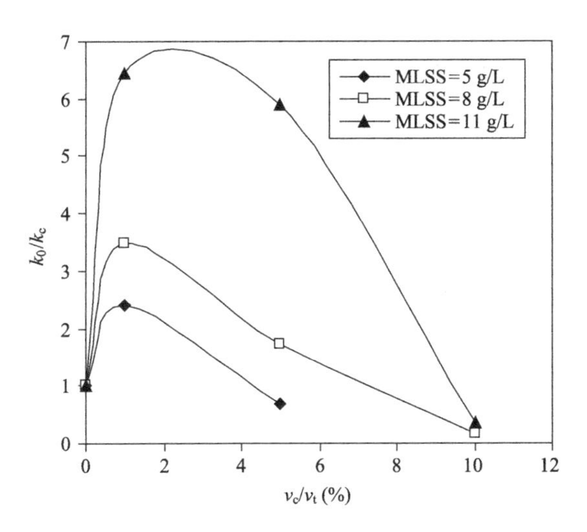

图 4.78 k_0/k_c 与载体投加量和污泥浓度的关系

4.5.5 悬浮载体对膜污染过程的理论分析

如上所述,投加的悬浮载体主要影响污泥层在膜表面的沉积。根据图 4.73 的结果,大部分的污泥絮体粒径范围在 10～200 μm。因此,可以用惯性提升模型来解释悬浮载体对膜污染过程的影响。根据该模型,在错流过滤模式下膜表面附近的颗粒受到两个力的作用:一是膜渗透水流拖曳力;另一是惯性提升力。前者使颗粒向膜表面移动,而后者使颗粒远离膜表面。当切向的惯性提升力等于膜渗透水流拖曳力,即惯性提升速度(V_1)等于渗透通量(J)时,颗粒就会处在一个相对平衡的状态而不会沉向膜表面。

对于某一粒径为 d_p 的颗粒,惯性提升力可以由下式计算:

$$V_1 = \frac{0.036\rho\gamma^2 r_p^3}{\mu} = k_1\gamma^2 d_p^3 \tag{4.16}$$

其中,ρ 为活性污泥混合液密度;μ 为混合液黏度;γ 为膜表面的剪切力;r_p 为颗粒半径;d_p 为颗粒直径;k_1 为系数($=0.036\rho/8\mu$)。

根据惯性提升模型和前述试验结果，可以对投加和未投加悬浮载体时的膜污染过程进行初步的理论分析。假设污泥絮体的总质量 M、膜通量 J、ρ 和 μ 在两种情况下都一样，在未投加悬浮载体时，当达到惯性提升速度(V_{l0})等于渗透通量(J)的稳态时，处于平衡状态的颗粒粒径 d_0 可以根据下式计算：

$$\begin{aligned} V_{l0} &= K_1\gamma_0^2 d_0^3 = J \\ d_0 &= (J/k_1)^{1/3}\gamma_0^{-2/3} \end{aligned} \tag{4.17}$$

小于 d_0 的颗粒将沉积在膜表面，形成污泥层。根据颗粒粒径分布函数[$\eta_0(d_p)$]，沉积在膜表面的污泥絮体质量 M_0 可根据下面的公式计算：

$$M_0 = M\eta_0(d_0) \tag{4.18}$$

其中，$\eta_0(d_0)$为粒径小于 d_0 的颗粒体积分数。

同样地，在投加悬浮载体时，当达到惯性提升速度(V_{lc})等于渗透通量(J)的稳态时，处于平衡状态的颗粒粒径 d_c 可以根据下式计算：

$$V_{lc} = k_1\gamma_c^2 d_c^3 = J,\quad d_c = (J/k_1)^{1/3}\gamma_c^{-2/3} \tag{4.19}$$

小于 d_c 的颗粒将沉积在膜表面，形成污泥层。如果颗粒粒径分布函数为 $\eta_c(d_p)$，则沉积在膜表面的污泥絮体质量 M_c 可根据下面的公式计算：

$$M_c = M\eta_c(d_c) \tag{4.20}$$

其中 $\eta_c(d_c)$为粒径小于 d_c 的颗粒体积分数。

由于悬浮载体机械冲刷作用可以提高膜表面的剪切力，γ_c 比 γ_0 大，即 $d_c < d_0$。假设 γ_c 与悬浮载体的投加量 v_c/v_t 成正比，则 d_c 可以按下式计算：

$$d_c = (J/k_1)^{1/3}\gamma_c^{-2/3} = K(\gamma_0 + kv_c/v_t)^{-2/3} = f(v_c/v_t) \tag{4.21}$$

由上式可知，随载体投加量 v_c/v_t 的增加，d_c 以幂指数的形式减少。

进一步可推导出下面的式子：

$$\begin{aligned} \Delta M &= M_0 - M_c = M\eta_0(d_0) - M\eta_c(d_c) \\ &= M\eta_0(d_0) - M\eta_0(d_c) + M\eta_0(d_c) - M\eta_c(d_c) \\ &= \Delta M_1 + \Delta M_2 \end{aligned} \tag{4.22}$$

$$\Delta M_1 = M\eta_0(d_0) - M\eta_0(d_c) = M\eta_0(d_0) - M\eta_0[f(v_c/v_t)] \tag{4.23}$$

$$\Delta M_2 = M\eta_0(d_c) - M\eta_c(d_c) = M\eta_0[f(v_c/v_t)] - M\eta_c[f(v_c/v_t)] \tag{4.24}$$

其中，ΔM 为由于投加悬浮载体减少的总的污泥层质量；ΔM_1 为在颗粒粒径分布不变时由于机械冲刷导致剪切力增加而减少的污泥层质量(为正值)；ΔM_2 为由于污泥絮体破碎导致颗粒粒径分布降低而减少的污泥层质量(负值)。

在一定条件下，ΔM_1只随v_c/v_t而发生变化。根据式(4.23)，如果$v_c/v_t=0$，$d_c=d_0$，则$\Delta M_1=0$；如果$v_c/v_t>0$，$d_c<d_0$，$\eta_0(d_c)<\eta_0(d_0)$，则$\Delta M_1>0$。由于d_c正比于$(\gamma_0+kv_c/v_t)^{-2/3}$和$\eta_0(d_c)$，并和Boltzmann模型一致[$\eta_0(d_c)=\mathrm{A2}+(\mathrm{A1}-\mathrm{A2})/(1+\exp((d_c-\mathrm{B})/\mathrm{C}))$，A1，A2，B，C为常数]，则$\Delta M_1$以幂指数的形式随$\Delta M_1$而增加。

类似地，在一定条件下，ΔM_2只随v_c/v_t而发生变化。根据式(4.24)，如果$v_c/v_t=0$，$\eta_c=\eta_0$，则$\Delta M_2=0$；如果$v_c/v_t>0$，$\eta_0(d_c)<\eta_c(d_c)$，则$\Delta M_2<0$。然而，由于η_c的不确定性，ΔM_2和v_c/v_t之间的关系难以预测，导致ΔM之间的v_c/v_t关系也难以预测。因此，依据在同样污泥浓度(8 g/L)条件下(工况3～5)的试验结果对ΔM之间的v_c/v_t关系进行分析。

图4.79显示工况3和工况5条件下的絮体颗粒粒径分布。可见，污泥絮体的破碎效果取决于v_c/v_t。在低v_c/v_t(1%)下，η_c和η_0曲线很接近，$\eta_c(d_c)$接近于$\eta_0(d_c)$，表明污泥絮体的破碎现象不显著，因此，ΔM_2接近于0。而$\eta_0(d_0)$比$\eta_0(d_c)$大，因此，ΔM_1大于0，则$\Delta M=\Delta M_1+\Delta M_2>0$，表明悬浮载体减少了污泥层的质量从而有效地控制了膜污染。

在高v_c/v_t(10%)下，η_c和η_0曲线明显不同，$\eta_c(d_c)$明显大于$\eta_0(d_c)$，表明污泥絮体的破碎现象很显著，因此，ΔM_2远小于0。虽然ΔM_1是一个比较大的正值，但$\Delta M=\Delta M_1+\Delta M_2<0$，表明悬浮载体增加了污泥层质量从而加快了膜污染。上述分析结果与膜污染的试验结果(见图4.75至图4.77)相一致。

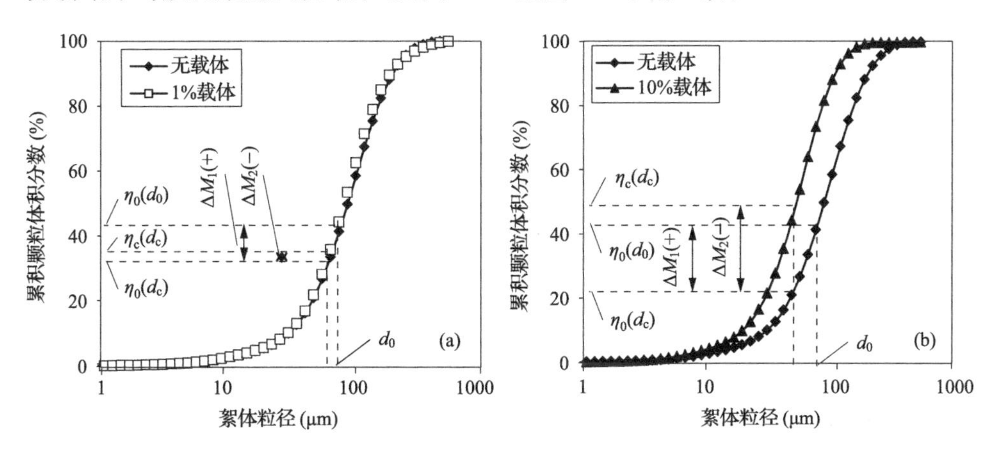

图4.79　在同样污泥浓度(MLSS=9 g/L)条件下污泥絮体粒径分布

(a) 工况3；(b) 工况5

根据前面的分析，在一定污泥浓度下，由于投加悬浮载体减少的污泥层质量和悬浮载体的投加量之间的关系图示见图4.80。可见，ΔM_1以幂指数的形式随v_c/v_t，而增加，ΔM_2以幂指数的形式随v_c/v_t而减少。因此，ΔM随v_c/v_t首先增加然后减少，由此可以定义两个特征参数 P_b 和 P_{max}。当 $v_c/v_t = P_b$，ΔM 值达最大，表明投加悬浮载体的膜污染控制效果最好；当 $v_c/v_t = P_{max}$，ΔM 等于 0，表明投加悬浮载体对膜污染控制产生的正效应与负效应抵消。因此，应控制 v_c/v_t 小于 P_{max}，该结果与前述悬浮载体有效投加量范围的试验结果相一致。

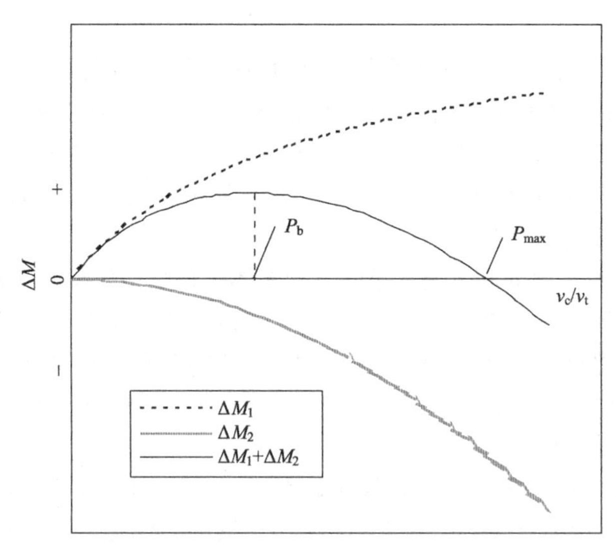

图 4.80　一定污泥浓度下由于投加载体减少的污泥层质量和载体投加量之间的关系图示

4.6　膜污染在线清洗

MBR 中的膜污染构成一般包括污泥层污染、凝胶层污染以及膜孔堵塞。针对污泥层污染，一方面可以通过强化曝气形成的错流冲刷和采用次临界通量的运行策略来避免形成明显的泥饼层污染，另一方面可以采用空曝气、水力反冲洗等在线物理清洗措施强化泥饼层污染的去除；针对凝胶层和膜孔堵塞污染，一般需要通过化学清洗才能有效去除。

本节开展了浸没式中试 MBR 装置处理实际城市污水的长期试验，在中试 MBR 装置长期运行的基础上，实施了在线物理清洗（空曝气、水力反冲洗）以及氧化剂、酸碱和氧化剂与酸碱联合等在线化学清洗措施。通过对这些在线清洗措施的效果及作用机理的考察，以期为 MBR 工艺在实际应用中的长期稳定运行提供技术支持（魏春海，2006；魏春海等，2004；Wei et al.，2011）。

4.6.1　评价方法

以设置在清河污水处理厂的浸没式中试 MBR 装置为依托开展研究。中试装置的工艺特征详见3.2.1节。该中试装置运行近三年(2003年10月至2006年9月),安装有两种膜组件,本节主要讨论日本三菱公司生产的PVDF膜组件的清洗情况。

为有效控制膜污染的发展,维持膜组件的长期稳定运行,实施了在线物理清洗和在线化学清洗两大类多种膜污染在线清洗措施。

4.6.1.1 在线物理清洗

在线物理清洗包括空曝气、水力反冲洗等。

空曝气是指止膜组件过滤后以正常运行时的曝气量或者更高的曝气量对膜组件进行曝气冲刷,通过气液两相流对膜表面的强化冲刷作用去除膜表面沉积污染物。具体操作方法为:首先关闭抽吸泵和出水管路阀门以停止膜过滤,然后以正常运行时的曝气量或者更高的曝气量进行空曝气,一般持续几小时到几天的时间。空曝气完成后,再开启抽吸泵进行正常运行。

水力反冲洗是指止膜组件过滤后,以与正常过滤方向相反的方向将自来水泵入膜组件内部,通过压力水流穿透膜孔的过程将膜表面沉积污染物冲刷去除。具体操作方法为:首先关闭抽吸泵和出水管路阀门以停止膜过滤,然后调整出水管路阀门使得抽吸泵可以把自来水泵入膜组件内部,开启抽吸泵,以一定的流量和压力进行水力反冲洗,一般持续几分钟的时间。水力反冲洗完成后,关闭抽吸泵,把管路阀门切换回来,最后开启抽吸泵进行正常运行。

试验期间,空曝气和水力反冲洗一般在在线化学清洗前后采用。

4.6.1.2 在线化学清洗

在线化学清洗是指止膜组件过滤后,以与正常过滤方向相反的方向将清洗药液泵入膜组件内部,清洗药液从膜孔渗透的过程中与膜孔内及膜表面的污染物发生化学作用从而将其分解去除。具体操作方法为:首先关闭抽吸泵和出水管路阀门以停止膜过滤,再关闭鼓风机以避免清洗时清洗药液由于膜丝抖动而渗透过快导致接触时间不足,然后调整出水管路阀门使得抽吸泵可以把清洗药液泵入膜组件内部,再开启抽吸泵以一定的流量和压力进行化学清洗,一般在30 min内将全部药液注入完毕,然后静置30～90 min,使得清洗药液能够与污染物充分接触反应。在线化学清洗完成后,首先开启鼓风机空曝气一段时间(一般为15～30 min),再把出水管路阀门切换回来,最后开启抽吸泵进行正常运行。

清洗药剂主要为氧化剂(次氯酸钠,高浓度清洗时有效氯3000 mg/L、低浓度清洗时有效氯500～1000 mg/L)。作为辅助清洗药剂,普通的酸(盐酸,pH=1～2)和碱(氢氧化钠,pH=12～13)也有应用。药液用量一般为2 L/m^2-膜面积。

试验期间主要考察了两种在线化学清洗模式:一种为TMP控制清洗周期模

式,即每当 TMP 达到或超过某一设定值(一般为 15～20 kPa)时就进行高浓度氧化剂在线清洗;另一种为固定清洗周期模式,即每周一次低浓度氧化剂清洗、每月一次高浓度氧化剂清洗。作为辅助清洗措施,酸洗和碱洗不定期单独或与氧化剂联合使用。另外,试验期间中试装置均出现过多次由于设备故障导致的比较严重的膜污染问题,因此进行了多次相应的事故清洗(主要以高浓度氧化剂清洗为主)以恢复膜组件过滤性能。

试验期间中试装置的运行条件如表 4.20 所示。在开始长期运行之前,对膜组件的临界通量进行了测定,结果为 30～35 L/(m^2 · h)。

表 4.20 中试 MBR 装置各工况的运行条件

工况	运行时段	工作/平均通量 [L/(m^2 · h)]	通量区间	在线化学清洗模式
1	2003-10-11～2003-12-2	30/26	次临界通量区	不定期高浓度氧化剂清洗
2	2004-5-1～2004-9-15	27～30/23～26	次临界通量区	TMP 控制清洗周期氧化剂清洗
3	2004-9-27～2004-11-26	30/26	次临界通量区	固定清洗周期氧化剂清洗
4	2004-11-27～2005-1-25	32～35/28～30	过渡通量区	固定+TMP 控制清洗周期氧化剂清洗
5	2005-4-30～2005-7-14	30～35/26～30	过渡通量区	固定清洗周期氧化剂清洗
6	2005-7-15～2005-9-24	35～42/30～35	临界通量区	固定清洗周期氧化剂清洗
7	2005-9-26～2006-1-18	24～36/21～30	次/过渡/临界通量区	不定期高浓度氧化剂+酸强化清洗
8	2006-2-24～2006-7-16	30～36/26～30	过渡通量区	固定清洗周期氧化剂+酸碱强化清洗

注:由于抽吸泵以开启 13 min 停止 2 min 的模式运转,因此工作通量是指抽吸泵开启时的膜通量,而平均通量是指包含了抽吸泵停止时间在内的平均膜通量

4.6.2 长期运行中的膜污染特征

PVDF 膜组件长期运行中的膜污染特性见图 4.81。

工况 1(2003-10-11～2003-12-2)为次临界通量区运行试验,用以考察临界通量测定结果的准确性。平均通量为 26 L/(m^2 · h),工作通量为 30 L/(m^2 · h),处于新膜的次临界通量区。运行结果表明,尽管前 20 天左右由于未排泥造成污泥浓度一度明显高于 13 g/L(最高值达到了 24.9 g/L),膜污染发展仍非常缓慢,近 50 天的运行时间内,TMP 从 5 kPa 缓慢上升到 13 kPa,TMP 平均上升速率小于 0.2 kPa/d,属于典型的次临界通量运行的膜污染特点。

工况 2(2004-5-1～2004-9-15)为采用 TMP 控制清洗周期在线化学清洗模式的次临界通量运行期。平均通量为 23～26 L/(m^2 · h),工作通量为 27～30 L/(m^2 · h),处于新膜的次临界通量区。在前半段时间内(2004-5-1～2004-7-3),由于 TMP 上升速率较快(超过 1 kPa/d),在线化学清洗的周期较短,一般 1～2 周需

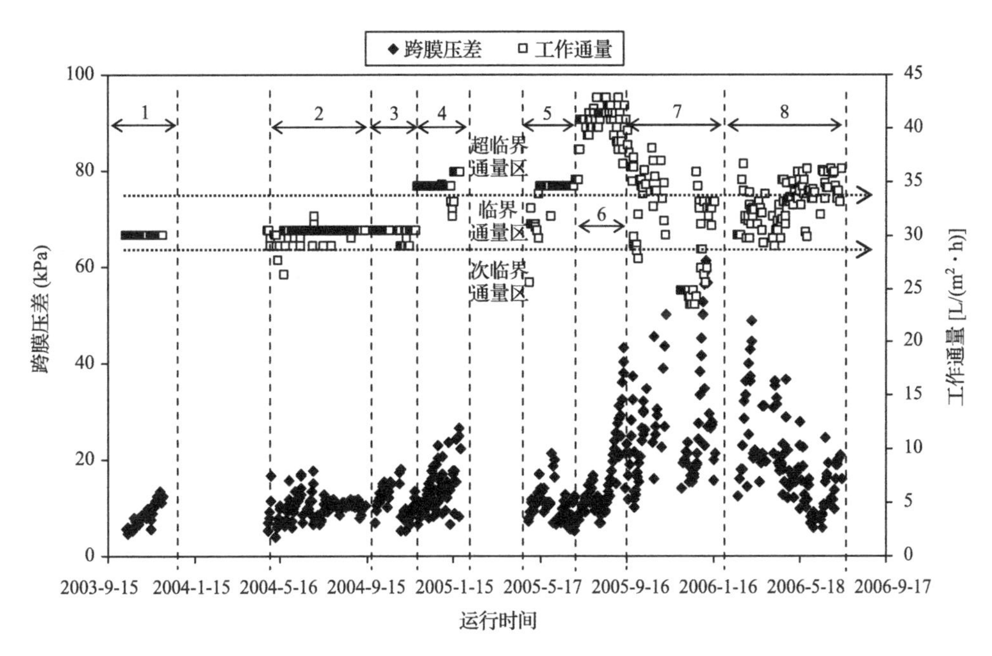

图 4.81 处理实际城市污水 MBR 中试装置 PVDF 膜组件的运行状态

清洗一次。每次清洗后 TMP 均能降至与新膜相同的水平(5 kPa 左右),表明高浓度的氧化剂在线清洗能够有效去除膜污染,并没有形成明显的膜污染累积现象。在后半段时间(2004-7-4～2004-9-15)内,TMP 一直在 7～13 kPa 波动,并没有超过 15 kPa,因此没有进行在线化学清洗。上述两个阶段膜污染特性的差异主要与污泥特性的变化有关:工况 2 开始前,由于初沉池和原水泵故障问题,反应器停运了较长的一段时间。前半段正好处于反应器重新启动的阶段,污泥浓度和其他特性均处于波动较大的不稳定状态;而后半段由于经过了 2 个月的运行后,污泥特性达到了较稳定的状态。总的来看,膜组件仍属于次临界通量运行状态。

综合分析工况 1、2 的运行结果,可以看出,在半年多的运行时间内,膜污染整体上发展比较缓慢,TMP 维持在 5～20 kPa 之内,处于次临界通量运行状态。也就是说,虽然由于膜孔堵塞和凝胶层污染的发生和发展使得膜组件的过滤性能与新膜相比有一定程度地降低(表现为相同通量条件下的 TMP 一定程度地升高),但在氧化剂在线化学清洗的调控下膜组件过滤性能(即有效过滤面积)的降低程度较小,使得颗粒沉积层污染没有发生或者即使发生也不是膜污染的主要组分。同时也说明在此条件下,TMP 控制清洗周期在线化学清洗模式能够有效控制膜孔堵塞和凝胶层污染的发展。

工况 3(2004-9-27～2004-11-26)为采用固定清洗周期在线化学清洗模式的次临界通量运行期。平均通量为 26 L/(m^2 · h),工作通量为 30 L/(m^2 · h),处于新膜的次临界通量区。在开始运行之前，对膜组件进行了体外高浓度氧化剂和酸联合清洗以去除前期运行积累的膜污染，因此可以认为此时的膜组件性质与新膜基本相同。运行结果显示，在两次低浓度氧化剂在线清洗之间，TMP 有小幅上升，表明膜污染有一定的发展，而每次低浓度氧化剂在线清洗之后，TMP 都有相当程度的降低，表明低浓度氧化剂在线清洗对于膜污染有一定的控制作用，但不能完全恢复到上次清洗前的初始值，说明膜污染有一定程度的累积；而采用了高浓度氧化剂在线清洗后，TMP 能够降至接近新膜的水平，表明低浓度氧化剂在线清洗未能清除而持续累积的膜污染能够被高浓度氧化剂在线清洗有效去除。与工况 2 相似，工况 3 两个月的运行时间内前一个月的 TMP 上升速率较快而且整体水平相对较高，同样反映了混合液特性的影响。综合来看，工况 3 内 TMP 始终低于 20 kPa，属于次临界通量运行状态。同时也说明在次临界通量运行条件下，固定清洗周期在线化学清洗模式同样能有效控制膜孔堵塞和凝胶层膜污染的发展。

工况 4(2004-11-27～2005-1-25)为采用固定清洗周期与 TMP 控制清洗周期联合在线化学清洗模式(TMP 低于 20 kPa 时，一周一次低浓度氧化剂在线清洗，一月一次高浓度氧化剂在线清洗；当 TMP 超过 20 kPa 后进行高浓度氧化剂在线清洗)的过渡通量运行期。平均通量为 28～30 L/(m^2 · h)，处于新膜的次临界通量区；而工作通量为 32～35 L/(m^2 · h)，已经处于新膜的临界通量区。由于该通量既不是典型的次临界通量，也不是典型的临界通量，因此将其称为过渡通量。运行结果显示：两次在线清洗之间的 TMP 上升速率明显较高(一般大于 2 kPa/d)，表现出类似临界通量运行的特点；低浓度氧化剂在线清洗的效果与工况 3 类似，对于膜污染有一定的控制作用，但不能完全恢复到上次清洗前的初始值；而高浓度氧化剂在线清洗的效果不如工况 3，清洗后 TMP 虽然有大幅度降低，但仍不能降至接近新膜的水平，表明累积的膜污染并不能被高浓度在线化学清洗完全去除。与工况 1～3 相比，工况 4 内 TMP 上升速率较快，绝对数值已突破 20 kPa，且随运行时间延长呈现累积升高的趋势，说明膜组件已不处于典型的次临界通量运行状态(TMP 平均上升速率<1 kPa/d)。

进一步分析发现，在过渡通量运行状态下，在线化学清洗并不能完全将膜污染去除，而是有一定的残留，这主要与膜污染特性的不同有关。在典型的次临界通量运行状态下，没有或很少有泥饼层污染发生，膜污染组分主要是由高分子有机物和胶体等形成的膜孔堵塞和凝胶层，而在线化学清洗正是对这些污染物具有较好的去除作用，因此获得了较好的膜污染控制效果。而在过渡通量运行状态下，泥饼层污染至少是存在的，而且还可能是膜污染的主要组分，一方面在线化学清洗对泥饼层污染并没有很好的控制效果，另一方面泥饼层的形成某种程度上会加速膜孔堵塞和凝胶层污染的发展：因为泥饼层中含有大量的胞外聚合物，而胞外聚合物是形成膜孔堵塞和凝胶层污染的重要物质来源，泥饼层的形成为胞外聚合物接近膜表面从而转化成为凝胶层提供了条件。这两方面的影响均不利于在线化学清洗对膜污染的控制，因此过渡通量运行状态下的在线化学清洗效果不如典型的次临界通量运行状态。

工况5(2005-4-30～2005-7-14)为采用固定清洗周期在线化学清洗模式的过渡通量运行期。平均通量为26～30 L/(m^2·h)，处于新膜的次临界通量区；而工作通量为30～35 L/(m^2·h)，已经处于新膜的临界通量区。运行条件与工况4基本相同，其TMP变化趋势也与工况4相似，但相应的TMP数值及两次清洗之间的TMP上升速率均比工况4低，显示在线化学清洗的膜污染控制效果较好。分析原因可能与夏季水温高导致混合液过滤性能较好有关。

工况6(2005-7-15～2005-9-24)为采用固定清洗周期在线化学清洗模式的临界通量运行期。平均通量为35 L/(m^2·h)，工作通量为40 L/(m^2·h)，处于新膜的临界通量区。工况6开始之前进行了高浓度氧化剂在线清洗，结果显示，在运行条件基本相同的情况下，清洗后TMP与新膜差距不大。这表明，尽管经过了此前5个工况近两年的长时间运行，但在采用合适的工作通量和以氧化剂在线清洗为主的各种在线清洗措施的联合作用下，膜污染没有显著的累积，膜组件宏观状态与新膜差距不大，因而工况6的膜污染特性可近似认为与新膜相同。两个多月的运行结果表明，TMP上升速率明显变快，低浓度氧化剂在线清洗后TMP无明显降低，只有在高浓度氧化剂在线清洗后，TMP才有明显的降低，但已经不能恢复到上次清洗后的初始值，膜污染累积现象比较明显。特别是在后一个月(即2005-8-25～2005-9-24)，两次清洗间的TMP上升速率多大于3 kPa/d，且绝对数值大都在20 kPa以上，最高值已经超过40 kPa，由于抽吸泵性能所限膜通量不能保持恒定而开始下降。综合来看，工况6属于典型的临界通量运行状态，泥饼层是膜污染的主要组分，从工况4的分析可知，这也是造成在线化学清洗膜污染控制效果不佳的主要原因。由于膜污染出现了比较明显的累积现象，工况6结束时的膜组件宏观状态(高浓度氧化剂清洗后的TMP只能降至10 kPa左右)与新膜(相同运行条件的TMP为5 kPa)相比出现了明显的差距。根据局部通量的观点，这表明膜组件的有效过滤面积与新膜相比有一定程度地减少，因此在假定过滤面积不变的条件下，膜组件的临界通量也有相应程度地降低。

工况7(2005-9-26～2006-1-18)为膜组件性能的恢复调整期。由于在工况6的临界通量运行期内膜污染累积严重，因此在工况7内通过工作通量的调整和采取强化的在线化学清洗措施考察了膜组件性能的恢复情况。

第1阶段(2005-9-26～2005-10-3)调整通量至与工况1～3相同的次临界通量[平均通量26 L/(m^2·h)，工作通量30 L/(m^2·h)]水平。运行结果显示，TMP在11.8～20.8 kPa，平均上升速率约1.5 kPa/d，基本上处于过渡通量运行状态，这说明膜组件状态与新膜相比已经变差，临界通量区已经下降。根据新膜次临界通量与过渡通量的数值差别，可以推测此时膜组件的次临界通量最大值约为 25 L/(m^2 · h)。

第 2 阶段(2005-9-27～2005-11-10)调整通量至与工况 4～5 相同的过渡通量[平均通量 30 L/(m^2 · h)，工作通量 35 L/(m^2 · h)]水平，运行结果表明，TMP 居高不下(25～50 kPa)，且上升非常迅速(平均上升速率约 3 kPa/d)，通量无法保持稳定，基本上处于临界通量运行状态，显示此时膜组件的临界通量只相当于新膜的过渡通量。在此期间，采用了两倍高浓度氧化剂清洗药液量(4L/m^2)的强化清洗，但 TMP 的恢复效果仍不明显。

第 3 阶段(2005-11-22～2004-12-23)先采用两倍高浓度氧化剂清洗药液浓度(6000 mg/L)的强化清洗，逐渐提高工作通量至 30 L/(m^2 · h)，污染仍旧十分迅速，于是降低工作通量至 25 L/(m^2 · h)，TMP 上升较平缓(平均上升速率约 0.5 kPa/d)，显示通量 25 L/(m^2 · h)可以作为膜组件的次临界通量，与新膜 30 L/(m^2 · h)的次临界通量相比，已经明显降低。这说明由于污染的累积，膜组件有效过滤面积确实已经减少。

第 4 阶段(2005-12-24～2006-1-8)再次调整通量至与工况 4～5 相同的过渡通量[平均通量 30 L/(m^2 · h)，工作通量 35 L/(m^2 · h)]水平，结果发现 TMP 仍旧居高不下(25～60 kPa)，且上升非常迅速(平均上升速率约 3 kPa/d)，通量不能维持稳定。

第 5 阶段(2006-1-9～2006-1-18)经过多次强化清洗后再次调整通量至与工况 1～3 相近的次临界通量[平均通量 28 L/(m^2 · h)，工作通量 33 L/(m^2 · h)]水平，结果发现与第 1 阶段类似，基本上处于过渡通量运行状态。

综合来看，由于在工况 6 的临界通量运行期内造成了比较明显的膜污染累积现象，而工况 7 又处于混合液过滤性能较差的秋冬季，因此即使采用强化的在线化学清洗措施，膜组件过滤状态始终恢复不到工况 6 以前的水平。

工况 8(2006-2-24～2006-7-16)为采用固定清洗周期在线化学清洗模式的过渡通量运行期。平均通量为 26～30 L/(m^2 · h)，工作通量为 30～36 L/(m^2 · h)，属于新膜的过渡通量。在前半段时间(2006-2-24～2006-5-17)内，TMP 相对较高(20～50 kPa)，且上升速率较快，体现出类似临界通量运行的特点。但在该时段内连续采用几次高浓度氧化剂与酸碱联合清洗的作用下，TMP 呈现比较明显的下降趋势。因此在后半段时间(2006-5-18～2006-7-16)内，TMP 处于较低的水平(6～20 kPa)，而且上升速率较慢，与工况 4、5 类似，体现出过渡通量运行的特点，表明经过强化在线化学清洗后膜组件的过滤性能得到了一定程度的恢复。

综合各工况的运行特性，可以发现，工作通量是影响 PVDF 膜组件长期运行稳定性的最重要因素。在次临界通量和过渡通量运行条件下，结合以氧化剂在线清洗为主的膜污染控制措施，PVDF 膜组件实现了长期稳定运行。

另外，从 PVDF 膜组件整体运行特性来看，在运行条件（污泥浓度、曝气量、膜通量、在线化学清洗措施）基本相同的情况下，膜污染总体上随季节呈现有规律的变化趋势：夏秋季膜污染相对较轻，TMP 的绝对值和增长速率较低；冬春季膜污染相对较重，TMP 的绝对值和增长速率较高。这也就说明，在线化学清洗效果同样存在夏秋季较好、冬春季较差的季节性变化规律。分析其原因主要与污泥混合液膜过滤性能随温度的变化有关。

在试验期间测定了污泥混合液的温度，发现呈现明显的季节性变化，在 10～30℃之间波动。冬春季（11 月至次年 4 月）一般低于 20℃，特别是在 12 月至次年 3 月水温多低于 15℃，最低温度 10℃一般出现在 1～2 月。夏秋季（5～10 月）一般高于 20℃，特别是在 6～9 月水温多高于 25℃，最高温度 30℃一般出现在 7～8 月。这与北京市的气候规律是完全一致的。

试验中采用了一种简易的滤纸过滤性指标（V_f）来表征污泥混合液膜过滤性能：取 100 mL 污泥混合液在直径 8 cm 漏斗上用直径为 15 cm 的中速定量滤纸进行过滤，记录开始过滤后 3 min 时的滤过液体积为 V_f。由于滤纸过滤性测定方法与膜过滤存在一定的相似性，特别是一定程度上可以反映混合液中能够形成膜孔堵塞和凝胶层污染的物质含量的多少，所以在一定程度上可以作为污泥混合液形成膜污染潜力的表征指标。图 4.82 为中试 MBR 装置长期运行过程中一个年度内污泥混合液滤纸过滤性的测定结果。

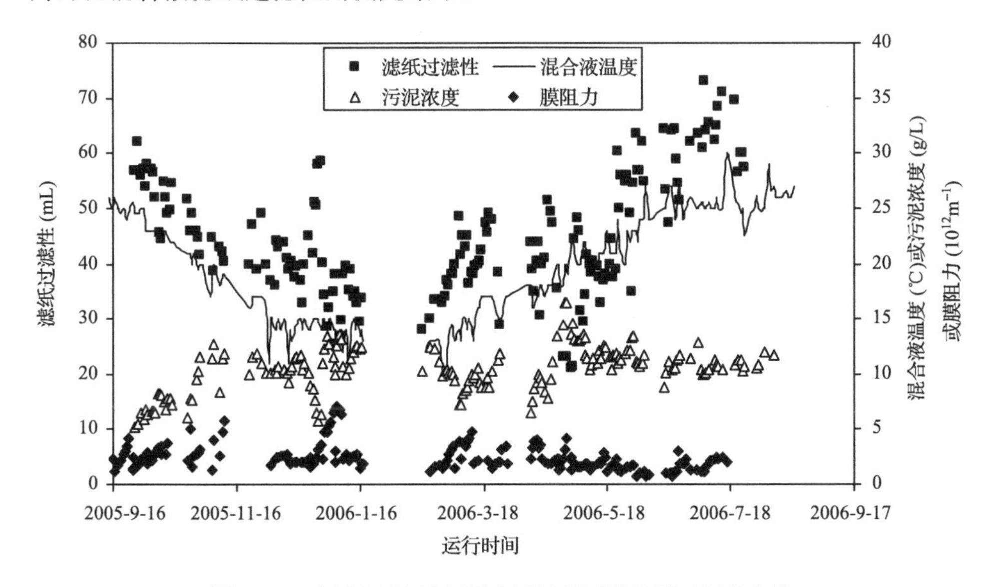

图 4.82　中试 MBR 装置混合液滤纸过滤性随时间的变化

对比同期的污泥浓度和混合液温度，可以发现滤纸过滤性与之呈现明显的相关关系：污泥浓度越高，混合液温度越低，滤纸过滤性就越差。进一步对比同期的膜污染发展特性,可以发现膜阻力与滤纸过滤性总体上呈现一定的相关关系:滤纸过滤性越差,膜阻力越高。

4.6.3 在线膜污染清洗措施的综合评价

4.6.3.1 在线物理清洗的膜污染控制效果

1. 空曝气

表 4.21 给出了膜组件进行空曝气的清洗效果。

表 4.21　空曝气对膜组件膜污染的控制效果

时间	曝气量 (m^3/h)	清洗时间 (h)	TMP_b (kPa)	TMP_0 (kPa)	ΔTMP (kPa)	TMP_1 (kPa)	工作膜通量 [L/(m^2·h)]
2003-11-11	15.5	48	9.7	6.5	3.2	7.4	30.0
2003-11-28	14.0	48	13.3	11.0	2.3	12.4	30.0
2004-7-18	15.1	20	12.6	11.7	0.9	10.5	30.3
2004-7-20	20.1	15	10.5	9.3	1.2	10.6	30.3
2004-8-27	26.8	15	11.6	10.0	1.6	11.4	30.3
2005-1-3	27.7	24	13.3	9.6	3.7	12.2	34.5
2005-8-4	14.5	12	11.5	10.2	1.3	12.4	40.7
2005-11-8	14.3	72	39.1	26.9	12.2	43.7	33.4
2006-1-7	15.4	24	56.8	26.8	30.0	29.6	31.7
2006-5-2	18.3	24	17.7	14.4	3.4	15.2	33.1
2006-6-5	18.0	10	9.3	5.8	3.5	7.5	33.9

注:TMP_b、TMP_0、TMP_1分别为清洗前、清洗后初始时刻以及运行一天以后的跨膜压差;ΔTMP 为清洗前后的 TMP 降低值。以下各表均相同

从表中可以看出,空曝气前后膜污染的减轻程度(ΔTMP)与空曝气前膜组件所处的污染状态密切相关:当膜组件处于次临界通量或过渡通量运行状态时,膜污染相对较轻,空曝气的清洗效果不明显;当膜组件处于临界通量运行状态时,膜污染相对较重,空曝气的清洗效果较好,而且空曝气前膜污染越严重,空曝气的清洗效果越明显。这正是空曝气作用机理的体现:空曝气主要是在停止膜过滤条件下通过强化气水两相流对膜表面的冲刷而去除泥饼层污染,因此只有存在泥饼层污染的条件下,空曝气才会起到膜污染控制的作用,而且泥饼层对膜污染的贡献越大,空曝气的清洗效果就越明显。当膜组件处于次临界通量或过渡通量运行状态时,主要污染组分为膜孔堵塞和凝胶层,不存在泥饼层或者泥饼层不是膜污染的主要组分,因此空曝气的清洗效果不明显。当膜组件处于临界通量运行状态时,泥饼

层成为膜污染的主要组分，因此空曝气的清洗效果较好。

2. 清水反冲洗

在线清水反冲洗的清洗效果与空曝气的结果类似，清水反冲洗也只在膜污染较重的状态下清洗效果较好，但重新运行后膜污染发展较快，表明其作用机理与空曝气类似。综合来看，低频率清水反冲洗的作用主要体现在与在线化学清洗联合使用以辅助去除泥饼层和部分与膜材料结合不紧密的膜孔堵塞和凝胶层物质。

4.6.3.2　在线化学清洗的膜污染控制效果

1. 氧化剂清洗

表4.22给出了膜组件进行氧化剂在线清洗时的清洗效果。通过综合分析可以看出，在膜组件运行状态基本相同的条件下，氧化剂浓度越高，清洗效果越好，特别是处于次临界通量运行条件时，高浓度氧化剂清洗后膜组件宏观过滤状态能够基本恢复到新膜的水平，而且重新运行后膜污染发展速率较缓慢。在相同的氧化剂浓度条件下，清洗效果主要受膜组件运行状态和污泥特性的影响，一般地，在膜组件处于次临界通量运行条件和水温较高从而导致污泥混合液过滤性能较好的夏秋季，清洗效果较好且重新运行后膜污染发展速率较缓慢。

表4.22　氧化剂在线清洗对PVDF膜组件膜污染的控制效果

时间	有效氯浓度 (mg/L)	TMP_b (kPa)	TMP_0 (kPa)	ΔTMP (kPa)	TMP_1 (kPa)	工作膜通量 [L/(m² · h)]
2003-11-14	3000	7.4	5.6	1.8	8.8	30.0
2004-6-17	3000	16.7	7.0	9.7	8.6	30.3
2004-7-3	2000	17.6	6.7	10.9	7.2	30.3
2004-9-6	2000	10.6	8.0	2.5	8.6	30.3
2004-10-4	500	13.0	11.2	1.7	13.0	30.3
2004-10-9	1500	15.3	12.4	2.9	13.2	30.3
2004-11-2	3000	18.2	5.3	12.9	8.2	30.3
2004-11-9	1000	10.0	5.1	4.9	6.7	30.3
2004-11-16	500	9.2	6.6	2.5	9.0	30.3
2004-12-2	500	11.2	9.2	2.0	10.0	34.5
2004-12-17	3000	18.7	8.3	10.5	10.3	34.5
2004-12-24	3000	22.8	9.3	13.5	11.1	34.5
2004-12-31	3000	20.7	8.9	11.8	12.6	34.5
2005-1-10	3000	23.6	6.6	17.0	13.8	34.5
2005-1-16	3000	17.6	8.9	8.6	15.3	35.9

续表

时间	有效氯浓度 (mg/L)	TMP_b (kPa)	TMP_0 (kPa)	ΔTMP (kPa)	TMP_1 (kPa)	工作膜通量 [L/(m² · h)]
2005-1-23	2000	24.9	8.0	16.9	22.4	35.9
2005-5-5	500	11.9	9.0	2.8	9.7	31.0
2005-5-16	500	16.9	13.6	3.3	14.2	34.5
2005-6-2	3000	21.2	6.7	14.5	18.8	34.5
2005-6-6	500	16.5	6.6	9.9	7.1	34.5
2005-6-13	500	7.8	6.3	1.5	6.9	34.5
2005-6-20	500	12.8	6.5	6.3	6.9	34.5
2005-6-27	3000	11.1	5.5	5.6	5.7	34.5
2005-7-4	500	12.5	5.3	7.2	6.3	34.5
2005-7-11	500	8.9	7.5	1.4	8.9	37.9
2005-7-18	500	12.5	9.0	3.5	10.7	40.7
2005-7-25	500	14.6	11.1	3.5	13.6	40.7
2005-8-1	3000	21.5	9.5	12.0	10.8	40.7
2005-8-8	3000	11.3	6.7	4.6	7.0	41.4
2005-8-15	500	11.0	9.0	2.0	9.7	41.4
2005-8-22	500	16.2	12.6	3.5	15.8	42.1
2005-9-5	500	31.0	20.7	10.3	24.9	41.4
2005-9-13	6000	43.2	13.9	29.3	23.3	40.7
2005-10-3	500	20.8	15.5	5.2	20.5	31.9
2005-10-25	3000	45.6	16.1	29.5	25.2	35.4
2005-11-3	3000	30.4	20.8	9.6	39.1	34.1
2005-12-12	1000	23.7	18.8	4.9	15.4	24.8
2005-12-28	3000	38.3	23.8	14.5	41.7	31.0
2006-1-15	3000	28.0	15.7	12.3	20.2	33.1
2006-5-22	1500	22.7	11.6	11.1	12.9	34.5
2006-5-31	3000	16.0	6.8	9.2	8.1	34.1
2006-6-18	3000	9.0	6.0	3.0	8.5	36.0
2006-7-3	3000	42.2	10.3	31.9	11.7	35.7

2. 酸洗和碱洗

表 4.23 给出了膜组件进行酸碱在线清洗的清洗效果。综合分析试验结果发现，在其他条件基本相同的情况下，单独使用酸或碱在线清洗，其清洗效果与氧化

剂清洗相比较差。而且进一步比较发现,酸洗效果略好于碱洗。因此,在线化学清洗应以氧化剂为核心,必要时辅助使用酸洗或碱洗,而且应首选酸洗作为辅助清洗措施。上述清洗效果的差异主要与清洗药剂的作用机理以及清洗时的膜污染状态不同有关。

表 4.23　酸碱在线清洗对膜污染的控制效果

时间	清洗方法	TMP_b (kPa)	TMP_0 (kPa)	ΔTMP (kPa)	TMP_1 (kPa)	工作膜通量 [L/(m^2 · h)]
2005-9-1	盐酸,pH=1	25.6	15.2	10.4	21.5	41.4
2005-9-17	盐酸,pH=1	23.3	11.7	11.6	16.7	40.0
2006-4-15	盐酸,pH=1	32.7	20.7	12.1	19.3	30.3
2006-5-9	盐酸,pH=1	17.0	12.1	5.0	15.3	34.1
2006-7-14	氢氧化钠,pH=12	20.9	16.2	4.7	18.5	33.1
2006-7-29	氢氧化钠,pH=13	25.0	17.4	7.6	20.5	35.9

3. 联合清洗

表 4.24 给出了膜组件进行氧化剂与酸或碱联合在线清洗的清洗效果。

表 4.24　氧化剂与酸碱联合在线清洗对膜污染的控制效果

时间	清洗方法	TMP_b (kPa)	TMP_0 (kPa)	ΔTMP (kPa)	TMP_1 (kPa)	工作膜通量 [L/(m^2 · h)]
2004-12-10	先 3000 mg/L NaClO 后 pH=1 HCl	15.1	7.8	7.4	10.5	34.5
2006-4-24	先 pH=1HCl 后 3000 mg/L NaClO	23.4	12.8	10.6	15.3	35.2
2006-4-30	先 pH=1 HCl 后 3000 mg/L NaClO	61.3	12.1	49.2	17.7	33.1
2006-3-3	3000 mg/L NaClO 与 pH=12 NaOH 同时	36.5	14.3	22.2	39.9	31.2
2006-3-7	3000 mg/L NaClO 与 pH=12 NaOH 同时	39.9	25.4	14.6	36.3	31.2
2006-3-12	3000 mg/L NaClO 与 pH=12 NaOH 同时	48.7	20.3	28.4	21.3	31.7

试验结果表明,氧化剂与酸联合清洗效果要明显好于氧化剂与碱联合清洗,而氧化剂与碱联合清洗与单独氧化剂清洗效果相差不大,这与清洗药剂的作用机理

不同有关。氧化剂主要氧化破坏与微生物有关的菌体细胞和蛋白质等生物大分子物质，盐酸主要与一些无机沉淀物质发生作用，碱主要与某些有机物发生相互作用。因此，联合在线化学清洗应首选氧化剂和酸联合清洗。

4.6.3.3　在线清洗模式的综合比较

综合上述分析可知，空曝气和清水反冲洗只能起到暂时延缓膜污染的作用，无法实现膜组件的长期稳定运行，但可以作为在线化学清洗的辅助措施以去除泥饼层和部分松散的膜孔堵塞和凝胶层物质；TMP 控制清洗周期和固定清洗周期两种氧化剂在线清洗模式均能有效控制膜孔堵塞和凝胶层污染，在次临界通量运行条件下可以实现膜组件的长期稳定运行；在线酸洗和碱洗可以作为氧化剂清洗的有益补充联合使用。

在次临界通量运行条件下，为更好地实现膜组件的长期稳定运行甚至取代离线清洗，基于上述研究结果可以提出一个以固定清洗周期和 TMP 控制清洗周期二者相结合的、氧化剂在线清洗为核心的综合膜污染在线清洗模式：

(1) 当 TMP 小于某一设定值(比如 30 kPa)时，实施一周一次低浓度氧化剂清洗、一月一次高浓度氧化剂清洗的固定周期在线化学清洗模式；

(2) 当 TMP 超过设定值(比如 30 kPa)时，立即实施高浓度氧化剂与酸或碱联合清洗模式，直至 TMP 降至设定值以下；

(3) 每次化学清洗时均采用空曝气和清水反冲洗等辅助清洗措施。

4.6.4　在线化学清洗去除膜污染的作用机理分析

4.6.4.1　膜材料形貌观察

1. 扫描电镜观察

利用扫描电子显微镜对新膜、污染膜以及清洗后的膜丝样品进行了观察，结果见图 4.83。

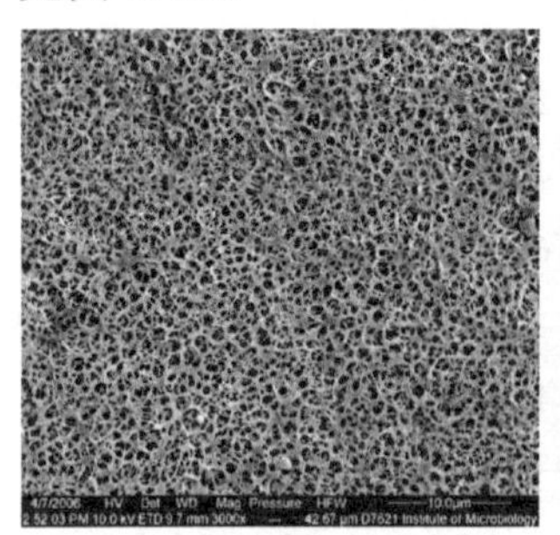

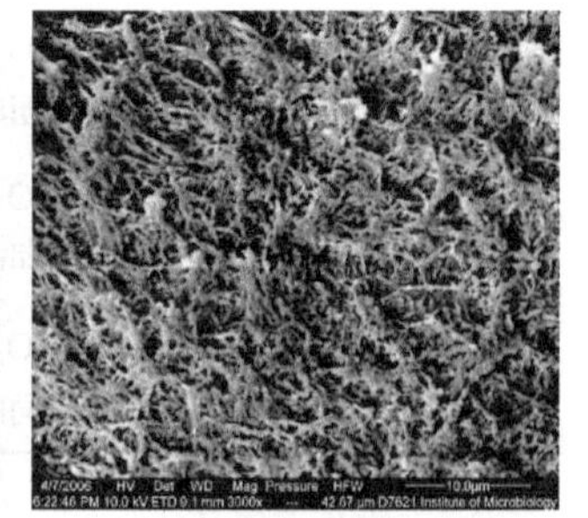

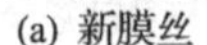

(a) 新膜丝　　(b) 污染膜　　(c) 清洗后膜丝

图 4.83　新膜、污染膜以及清洗后膜丝的电镜照片(放大倍数 3000)

新膜膜孔分布均匀，具有很高的孔隙率。污染后膜丝外表面被一层类似凝胶物质所覆盖，凝胶层中包埋着一些杆菌和球菌，局部有零星颗粒物质存在，而膜孔基本不可见。在线化学清洗后膜丝外表面凝胶层基本消失，大部分膜孔显露出来，显示在线化学清洗能够有效去除凝胶层，但仍残存少量类似凝胶层物质。

2. 原子力显微镜分析

利用原子力显微镜对新膜、污染膜以及清洗后的膜丝样品进行扫描分析。为消除水分的干扰，测定前将膜丝样品放入真空干燥箱中于50℃条件下真空干燥8 h。图4.84为膜丝样品的原子力显微镜扫描图像及相应沿对角线的剖面线。表4.25为图4.84中扫描图像及剖面线的统计特征参数值。

表4.25　膜丝样品原子力显微镜扫描图像的统计特征参数值

特征参数	参数含义	新膜膜丝	污染膜丝	在线化学清洗后膜丝
平均面粗糙度 R_a(nm)	扫描图	37.39	126.4	83.74
均方面粗糙度 RMS (nm)	扫描图	49.69	156.8	113.9
平均面粗糙度 R_a(nm)	剖线图	17.58	34.29	31.81

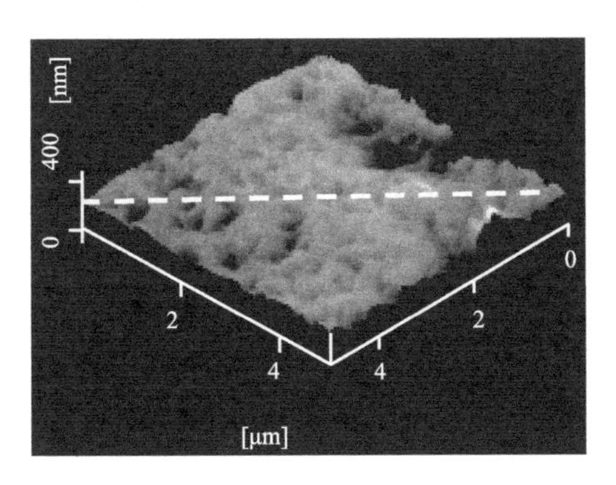

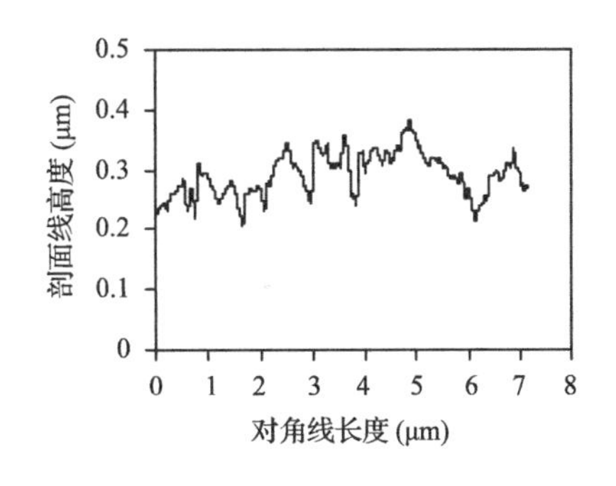

(a) 新膜膜丝

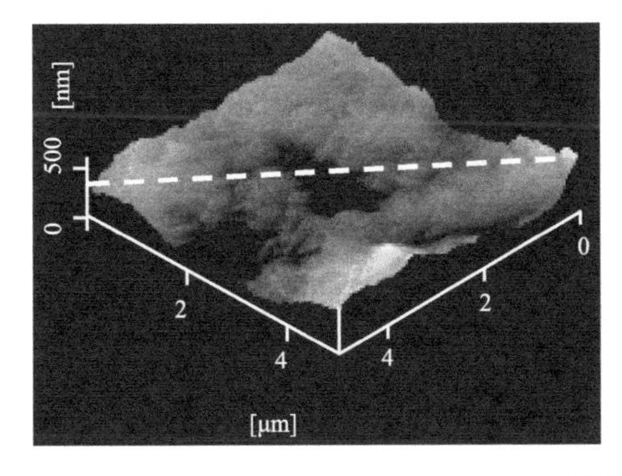

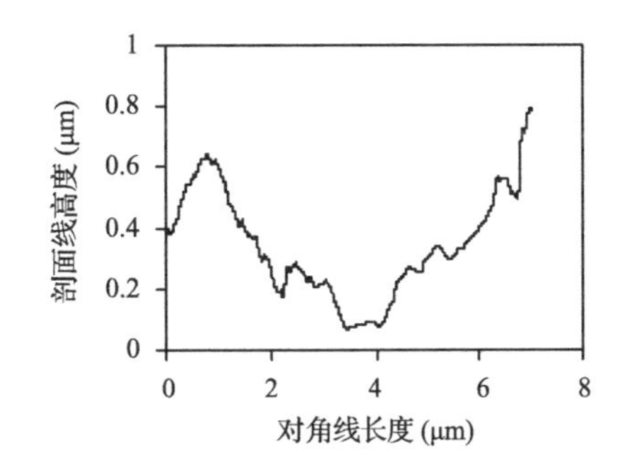

(b) 污染膜丝

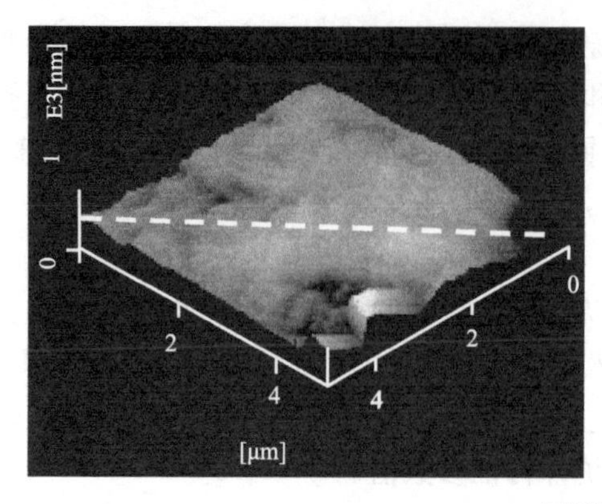

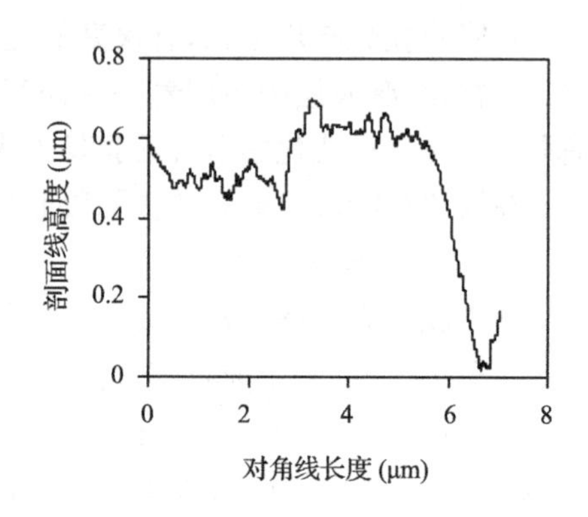

(c) 在线化学清洗后膜丝

图 4.84　膜丝样品的原子力显微镜扫描图像及相应的对角剖线图

另见彩图

上述结果显示，膜表面粗糙度排序为：污染膜＞在线化学清洗后膜＞新膜，这表明清洗后膜表面污染层总量有所降低。这与扫描电镜观察结果是一致的，可以认为是由于在线化学清洗去除了凝胶层从而导致清洗后膜表面粗糙度降低。

4.6.4.2　膜材料物理特性的分析

1. 亲疏水性

利用接触角测量仪对清洗前后及新膜的膜丝样品进行了亲疏水性的测定，见图 4.85。与新膜相比，使用后的膜丝接触角明显降低，表明在进行污泥混合液的长期过滤过程中膜表面的亲水性明显增强。而在线化学清洗前后，接触角无明显变化，显示膜表面亲疏水性不是影响膜污染的主要因素。

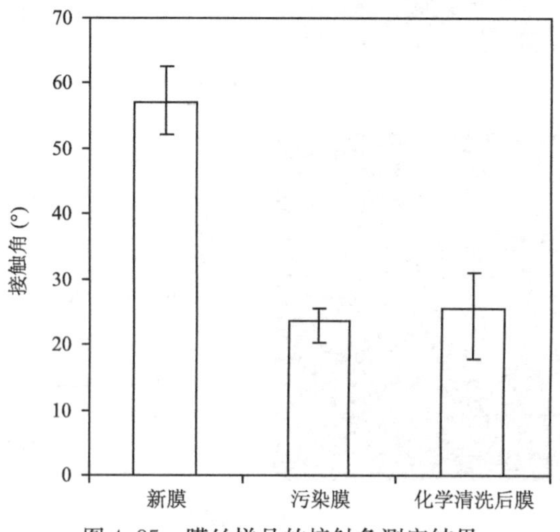

图 4.85　膜丝样品的接触角测定结果

2. 孔隙率

利用压汞仪对清洗前后及新膜的膜丝样品进行了孔隙率的测定，为消除水分的干扰，测定前将膜丝样品放入真空干燥箱中于 50 ℃条件下真空干燥 8 h。图 4.86 为膜丝样品的孔隙率测定结果。与新膜相比，污染膜丝总孔隙率（单位质量膜材料所含有的总孔容积）明显降低，孔径分布也一定程度上向小方向偏移，表明存在明显的膜孔堵塞污染。同时这也说明，随着膜孔堵塞和凝胶层污染的形成和发展，膜组件的有效过滤面积减少、截留精度提高。进一步比较污染膜丝与在线化学清洗后膜丝的孔隙率差异，可以发现化学清洗后膜丝总孔隙率略有提高，显示在线化学清洗对于膜孔堵塞污染具有一定的去除效果。这与前面电镜照片的观察结果是一致的。

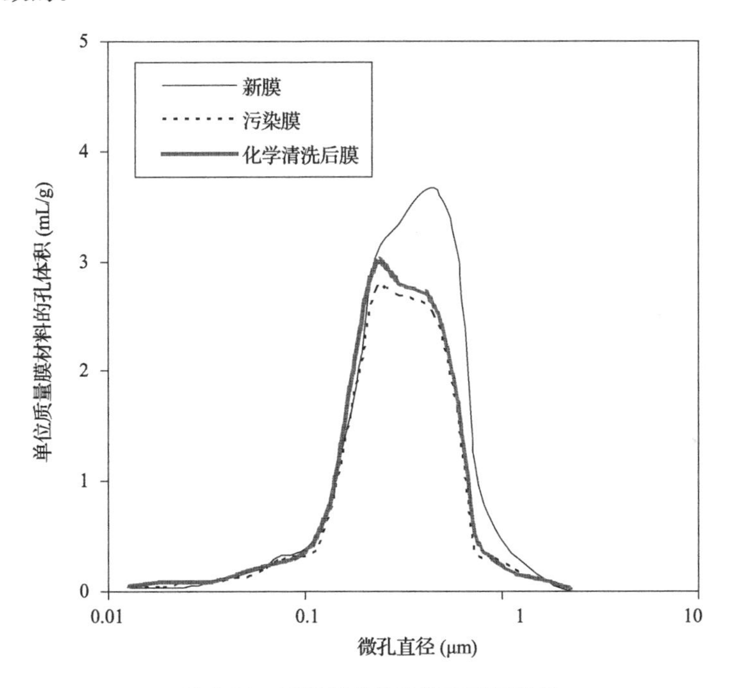

图 4.86　膜丝样品的孔隙率测定结果

4.6.4.3　膜表面污染物的成分分析

1. 傅里叶红外光谱

利用傅里叶红外光谱仪的衰减全反射附件，对清洗前后及新膜的膜丝样品进行了红外光谱的测定。图 4.87 为膜丝样品的红外光谱分析结果。

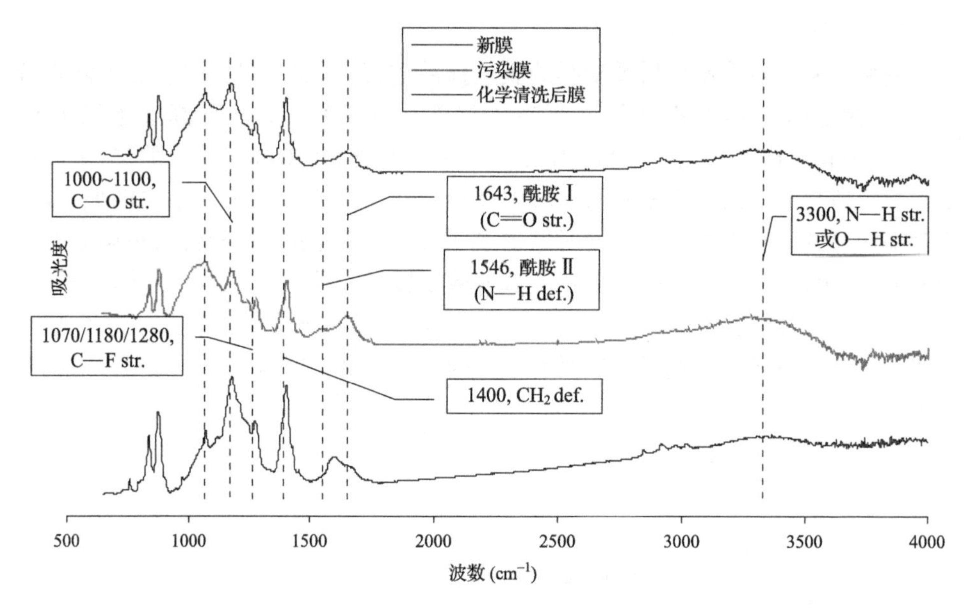

图 4.87　膜丝样品的傅里叶红外光谱图

str. 表示伸缩振动；def 表示弯曲振动

膜本体材料为聚偏氟乙烯（$\left[CH_2—CF_2\right]_n$），其红外特征峰有两个：一个为波数 1400 cm^{-1}处的CH_2伸缩振动峰，另一个为波数 1000～1280 cm^{-1}间的 C—F 伸缩振动峰。从各膜丝样品的红外光谱图上可以清晰看到这两个特征峰的存在。

与新膜相比，污染膜及清洗后膜均出现了酰胺Ⅰ和酰胺Ⅱ谱带（波数分别为 1643 cm^{-1}和 1546 cm^{-1}）以及波数 3300 cm^{-1}处的 N—H 伸缩振动峰，这表明膜表面污染物中存在蛋白质类物质。另外，与新膜相比，污染膜及清洗后膜在波数 1000～1100 cm^{-1}之间的峰形明显变宽变强，显示有污染物质与膜材料 C—F 伸缩振动峰叠合，该类物质可能为糖类物质的 C—O 伸缩振动峰，也可能是某些无机阴离子物质。Kimura 等（2005）对处理城市污水的 MBR 膜面污染物的碱浸泡洗脱液进行了红外分析，结果也发现蛋白质和多糖是主要的污染物质。

与污染膜相比，清洗后膜在波数 1000～1100 cm^{-1}之间的峰强度明显下降，而酰胺谱带强度也有较弱的下降，一定程度上显示在线化学清洗后污染物质数量减少。

2. 场发射扫描电镜

利用场发射扫描电镜对清洗前后的膜丝样品进行了膜外表面的扫描观察和物质元素成分的能谱分析。从扫描图像来看，清洗后膜丝表面观察到了类似无机物质的颗粒存在，而污染膜丝表面则未观察到。这主要是由于污染膜丝外表面被凝胶层完全覆盖造成的。从能谱的分析结果来看，膜表面污染物质中金属元素以

Ca、Mg为主，非金属元素以C、H、O、N为主。结合实际进出水及污泥混合液的情况，考虑可能的无机物质主要为Ca、Mg的碳酸盐沉淀。膜表面无机物质的存在也在一定程度上说明了适当使用酸洗的必要性。

4.6.5　在线化学清洗对出水水质的短期影响

一次完整的在线化学清洗大约1～2 h即可完成，从中试反应器处理城市污水长期运行试验中的污染物去除效果来看，在线化学清洗对以天为单位的长时间尺度的长期运行无明显影响。因此，进一步考察了在线化学清洗对出水水质的短期影响。表4.26为在线化学清洗前和清洗后重新运行初始时刻的出水水质情况。

表4.26　高浓度氧化剂在线化学清洗前后的出水水质比较

出水水质指标	清洗前背景值	清洗后初始时刻
COD_{Cr}(mg/L)	40.2	42.3
BOD_5(mg/L)	1	1.4
NH_4^+-N (mg/L)	3.41	3.52
TN (mg/L)	13.5	7.5
TP (mg/L)	1.46	4.13
总大肠菌群 (CFU)	未检出	未检出

从表中可以看到，与清洗前的出水背景值相比，清洗后初始时刻的BOD_5、COD和NH_4^+-N无明显变化，而TN明显下降、TP明显上升，这主要是清洗期间反应器停止曝气造成的：由于停止曝气，反应器内污泥混合液处于缺氧或者厌氧状态，从而为反硝化菌脱氮和聚磷菌的磷释放提供了较适宜的环境条件，因此出水TN由于反硝化作用而降低，而出水TP由于聚磷菌的磷释放而升高。但随后的监测结果显示，大约在1 h内TN、TP就恢复到清洗前的背景值水平，表明这种短暂的停止曝气对生物反应器的影响不大。由于在线化学清洗的同时也对出水管道进行了清洗，因此清洗后出水均检测不出大肠杆菌，体现了次氯酸钠作为消毒剂的作用。

4.7　在线超声对膜污染的控制

与传统的膜污染控制方法相比，超声波具有不使用化学药剂、不中断系统的连续运行和不产生二次污染等优点。已有的研究表明超声波对有机膜和陶瓷膜均能有效地控制膜污染，提高膜过滤性。但将超声波和MBR结合，利用超声辐照在线控制MBR中膜污染的报道尚不多见。

本节提出一种新型的在线超声-膜生物反应器(US-MBR)，旨在探讨在线超声辐照控制 MBR 膜污染的可行性和适宜的超声辐照条件;分析了膜污染的阻力构成、表面形貌特征以及混合液性质的变化,并与长期运行的普通膜生物反应器(control-MBR)进行了对比(陈福泰,2005;刘昕等,2008a,2008b)。

4.7.1　工艺特征

构建了两套浸没式 MBR 小试装置,其中一套为配置有在线超声清洗的 MBR(US-MBR),另一套为 control-MBR。工艺流程如图 4.88 所示。US-MBR 主要由超声波发生器、生物反应池和膜组件三部分组成。超声波发生器采用不锈钢材料制造,平行放置于曝气池内膜组件的侧面,并通过侧壁的导槽固定。超声采用间歇施加的方式运行,由预备试验得到每次超声时间 2 min,超声声强 0.44 W/cm^2(相对于超声发射板)。control-MBR 主要由生物反应池和膜组件两部分组成。两套 MBR 装置均采用聚乙烯中空纤维微滤膜组件(膜孔径 0.4 μm,膜面积 0.2 m^2,日本三菱丽阳公司生产)。膜组件放置于生物反应池内,膜组件下设有穿孔管进行曝气。反应器采用间歇出水方式运行(运行 13 min,停抽 2 min),膜通量为 12.0 $L/(m^2 \cdot h)$。为保证进水水质相同,两反应器采用同一贮水箱里的人工配水作为进水。

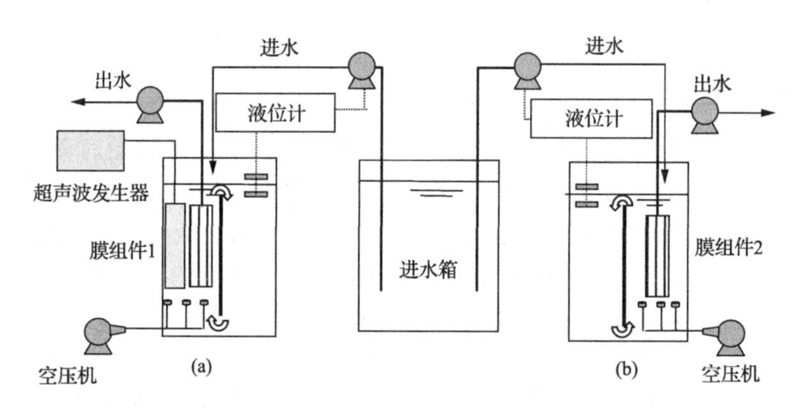

图 4.88　在线超声清洗的 MBR(a)和对照 MBR(b)的工艺流程图

运行过程中,连续监测膜组件的 TMP 作为膜污染发展情况的表征。当 TMP 增加到 40 kPa 以上时,将膜组件从反应池中取出进行清洗:先用自来水冲刷膜表面;然后将膜组件浸泡在 0.02%次氯酸钠溶液中 24 h;再用 pH 为 4 的柠檬酸浸泡 2 h 后放入清水中以备下次使用。清洗好后的膜从投入运行到取出进行膜污染清洗为一个运行周期。

4.7.2　在线超声对跨膜压差变化的影响

工况 1、工况 2 和工况 3 表示超声间隔时间分别为 8 h、12 h 和 16 h 时 US-MBR 系统中 TMP 的变化情况,如图 4.89 所示。无在线超声清洗的对照 MBR 系统(control-MBR)的 TMP 变化情况也列在图 4.89 中。由该图可见,随着超声间隔时间从 8 h 延长至 12 h,US-MBR 系统运行周期由 34 天缩至 30 天,而 control-MBR 运行周期都在 17 天左右;当超声时间间隔从 12 h 延长至 16 h 时,US-MBR 系统运行周期由 30 天缩至 22 天,比 control-MBR 系统延长 5 天左右,超声对膜污染的控制效果体现不明显。说明超声间隔时间过长,将影响超声对膜污染的控制效果。

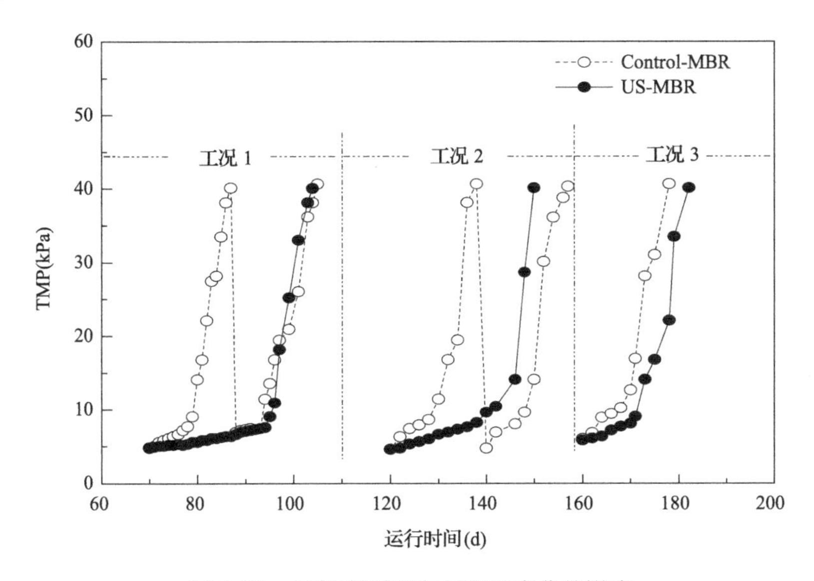

图 4.89　超声时间间隔对 TMP 变化的影响

从图 4.89 还可以看出,每个工况下两个 MBR 系统的 TMP 变化均表现出两阶段特征:在试验运行初始阶段 TMP 上升较慢,但随着运行时间的延长,TMP 上升增快。3 个工况的超声时间间隔虽有所变化,但 TMP 变化都表现出相同的规律。根据已有研究,运行初始阶段 TMP 的缓慢上升主要由上清液有机物导致,而后阶段 TMP 的急剧上升主要由悬浮污泥絮体的沉积所导致。在线超声的施加主要延长了第一阶段的运行时间,即抑制了主要由上清液有机物导致的凝胶层污染,因此使得运行周期得以延长。这可能是由于在 US-MBR 系统中,超声产生的震动、空化微气泡等降低了浓差极化,阻碍了上清液中有机物在膜表面的附着,减轻了凝胶层污染,从而有效地延缓膜污染。

4.7.3　在线超声对膜污染层阻力构成和形貌的影响

4.7.3.1　污染层阻力构成

当工况 1 中 control-MBR 和 US-MBR 系统运行结束后分别对两系统中的膜

组件表面污染层阻力进行了分析，测定了膜组件的总阻力 R、污泥层阻力 R_c、凝胶层阻力 R_g和无机污染阻力 R_i（参见 4.1.4.3 节），结果如表 4.27 所示。

表 4.27 两反应器膜污染阻力组成

阻力构成	$R_c(10^{13}/m)$	$R_c(\%)$	$R_g(10^{12}/m)$	$R_g(\%)$	$R_i(10^{10}/m)$	$R_i(\%)$
US-MBR	2.48	90.06	2.65	9.62	8.67	0.08
control-MBR	1.96	82.48	4.32	17.46	4.33	0.06

从表中可见，在运行结束时两 MBR 系统总阻力差别不大，但阻力组成尤其是凝胶层阻力不同。根据已有研究，泥饼层的形成在凝胶层形成之后，而且其发展速度很快。R_c的大小取决于反应器停止运行的时间，比较 R_c的差异对分析清洗周期的意义并不明显。与 control-MBR 相比，在 US-MBR 系统中在线超声延长了运行周期，有机物质积累时间相对较长，但 R_g仍比 control-MBR 系统中的 R_g低 $1.67\times10^{12}/m$，说明超声能够有效地抑制有机物在膜面形成凝胶层。浓差极化是形成凝胶层阻力的主要原因，即超声能够有效延缓浓差极化的加剧。在线超声后 R_i略微增大，这可能是在线超声使得反应器运行周期相对较长，无机物质在膜表面积累时间长造成的。

4.7.3.2 膜丝表面形貌观察

为了考察在线超声对膜表面微观形貌的影响，在工况 1 两反应器分别运行结束后截取膜丝处理后进行扫描电镜观察，如 4.90 所示。可以看到，control-MBR 中膜丝表面有较多的有机物附着，凝胶层较厚；US-MBR 中膜丝表面凝胶层较薄，

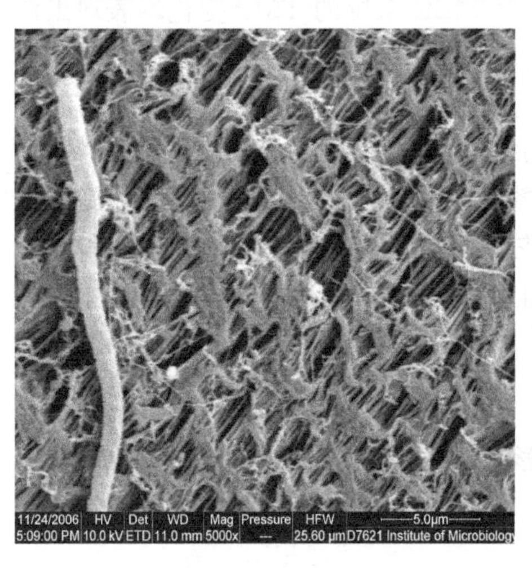

(a) US-MBR

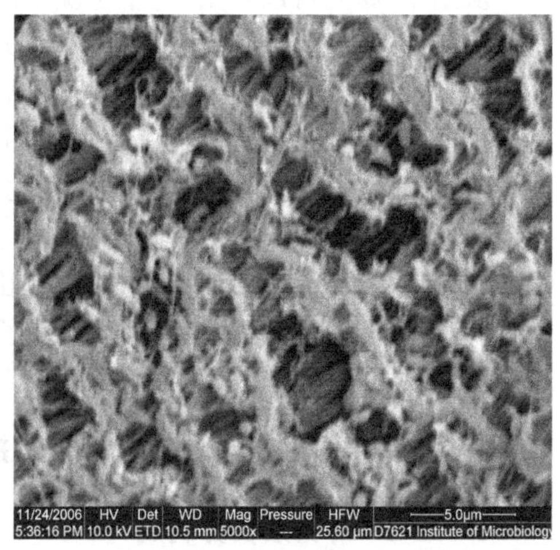

(b) Control-MBR

图 4.90 US-MBR 和 control-MBR 中膜表面电镜照片（5000 倍）

膜孔清晰可见。两反应器的膜污染差异主要在凝胶层污染上,在线超声能够有效去除膜表面凝胶层类的污染物。

4.7.4 在线超声对混合液性质的影响

4.7.4.1 混合液絮体粒径

考察了 US-MBR 和 control-MBR 两系统在运行过程中混合液污泥絮体平均粒径的变化,如图 4.91 所示。US-MBR 系统混合液分别在超声后立即取样(即图中超声后)和再次超声前取样(即图中超声 8 h 后),control-MBR 系统取样和 US-MBR 系统超声后的取样同时进行。从该图可以看出,施加超声波的 US-MBR 系统运行一周后,超声后立即取样测定的平均污泥絮体粒径在 50.3～57.32 μm 之间,而再次施加超声前(即超声 8 h 后)絮体平均粒径略有提高,在 58.32～63.67 μm 之间。虽然超声前后污泥絮体平均粒径之间存在一定的差别,但无论是超声后还是超声前的样品,污泥絮体平均粒径均小于 control-MBR(粒径范围在 78.25～88.45 μm 之间),说明在线超声的施加对 MBR 中的活性污泥絮体有破碎作用。这主要是由于超声空化产生的破碎、振动等作用可能会破坏混合液污泥絮体结构,引起絮体破碎,使得 US-MBR 系统中污泥絮体平均粒径减小。但由于在 US-MBR 中超声波不是连续施加的,在停止施加超声波期间,被破碎的污泥絮体在曝气的作用下又重新集结絮凝,使得污泥絮体粒径有所恢复,表现出来的即是超声 8 h 后取样测定的污泥絮体平均粒径略有增加。

4.7.4.2 污泥活性

图 4.92 所示为两 MBR 系统中活性污泥比耗氧速率(SOUR)随时间的变化。由该图可见,在运行开始一段时间内,US-MBR 和 control-MBR 两系统活性污泥的 SOUR 都在增长,运行 2 周后,SOUR 趋于平缓,US-MBR 的 SOUR 比 control-MBR 的略低,但差别不大。

4.7.4.3 污泥浓度和混合液黏度

试验测定了两个 MBR 系统在不排泥情况下的 MLSS 和混合液黏度的变化,结果如图 4.93 所示。可见,在运行初期两系统的 MLSS 和黏度差别不大,但随着运行时间的增加,两系统中污泥浓度的增加速率出现差异。在污泥负荷 0.052～0.15 kg-BOD_5/(kg-MLSS · d)下,US-MBR 系统运行 30 天左右,MLSS 浓度仅从 7.1 g/L 升至 7.6 g/L,而 control-MBR 系统中 MLSS 浓度则从 7.3 g/L 升至 8.4 g/L,US-MBR 系统的污泥增长速率低于 control-MBR 系统。US-MBR 系统

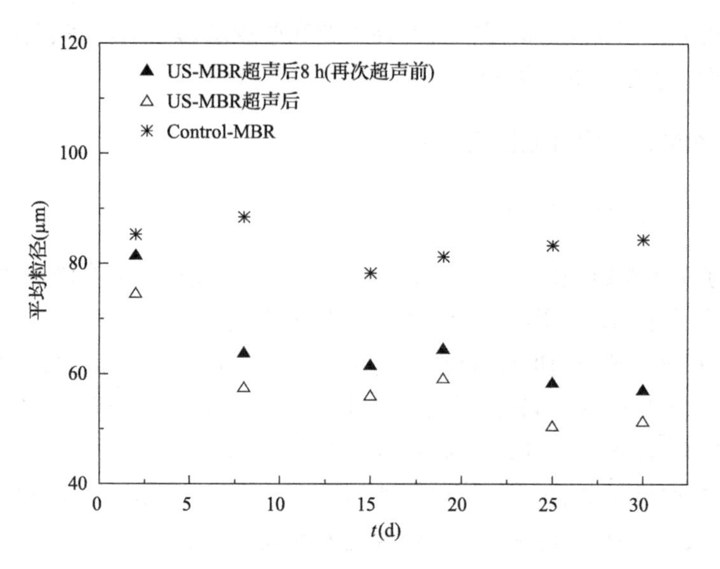

图 4.91　在线超声对混合液絮体平均粒径的影响

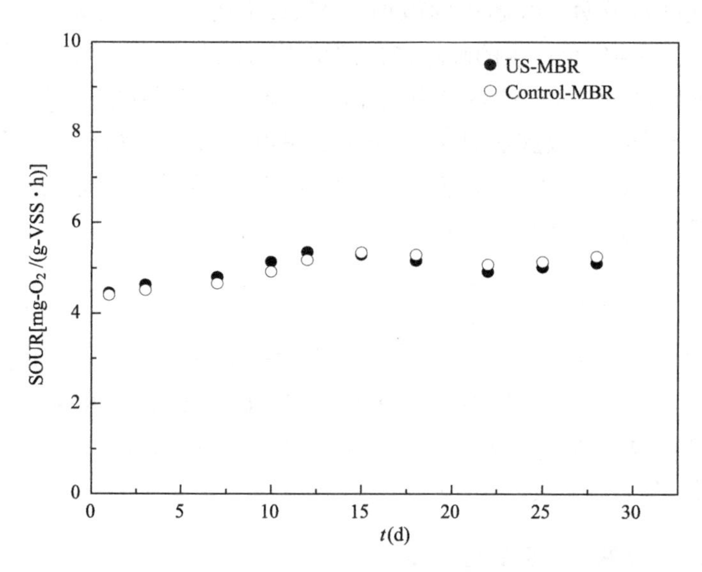

图 4.92　在线超声对 MBR 系统中污泥活性的影响

中较低的污泥浓度增长速率与在超声波作用下微生物细胞的破裂有关。这使得悬浮固体浓度降低，从而抑制了污泥浓度的增长。

另一方面，US-MBR 系统的混合液黏度也增加缓慢。系统运行 30 天左右，US-MBR 系统中混合液黏度从 6.69 mPa · s 增加到 7.56 mPa · s，而 control-MBR 混合液黏度则从 6.72 mPa · s 升高到 9.34 mPa · s。US-MBR 中低的混合液黏度增长速率,一方面与污泥浓度的降低有关,另一方面与污泥EPS含量的部分去除有关,污泥浓度和污泥EPS含量同时对混合液黏度造成影响。

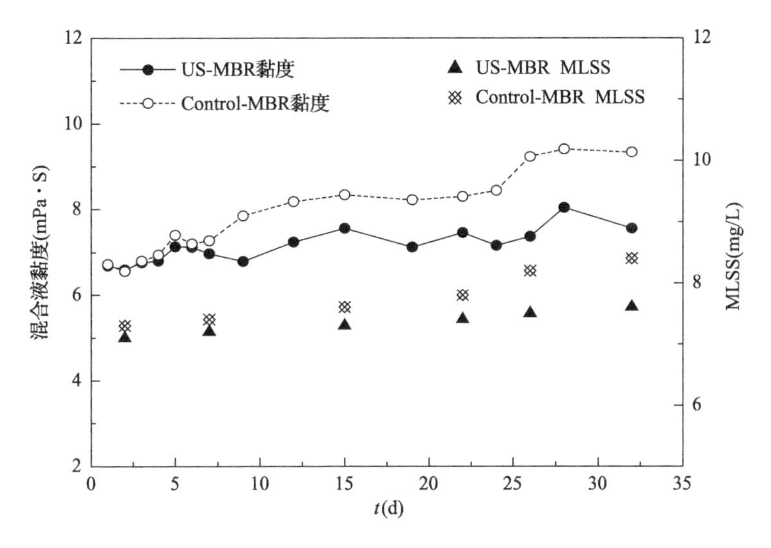

图 4.93　在线超声对污泥浓度及混合液黏度的影响

4.7.4.4　胞外聚合物及上清液有机物

在系统运行过程中,考察了超声对EPS含量的影响,结果如图4.94(a)所示。同时分析了上清液总有机物(TOC)和胶体有机物(COC)浓度随时间的变化情况,结果如图4.94(b)所示。

从图4.94(a)可以看出,由于两系统接种的活性污泥相同,所以启动运行期间,US-MBR和control-MBR系统中EPS含量基本相同,在第4天时分别为221.72 mg-TOC/g-VSS和225.28 mg-TOC/g-VSS。运行一周后,US-MBR中污泥的EPS含量比control-MBR中的约低(28±5)mg-TOC/g-VSS左右。这主要是由于超声产生的机械振动作用增加了胞外聚合物的松散程度,并随着超声次数的增加及振动效果的加强,超声对污泥絮体产生一定的破碎,使EPS有一定减少。

由图4.94(b)可见,与control-MBR相比,US-MBR中上清液TOC浓度升高,运行2周后升高约(10±3) mg/L,而上清液COC浓度略有降低。US-MBR中上清液TOC浓度升高与污泥EPS的降低有关。这是由于超声作用破碎的污泥絮体进入上清液,使上清液TOC浓度升高。但在曝气作用下,部分上清液胶体有机物黏附到破碎污泥絮体表面,因此上清液胶体有机物(COC)浓度有所降低。而上清液胶体有机物浓度的降低对控制膜表面凝胶层的形成,减少膜孔堵塞具有积极作用。

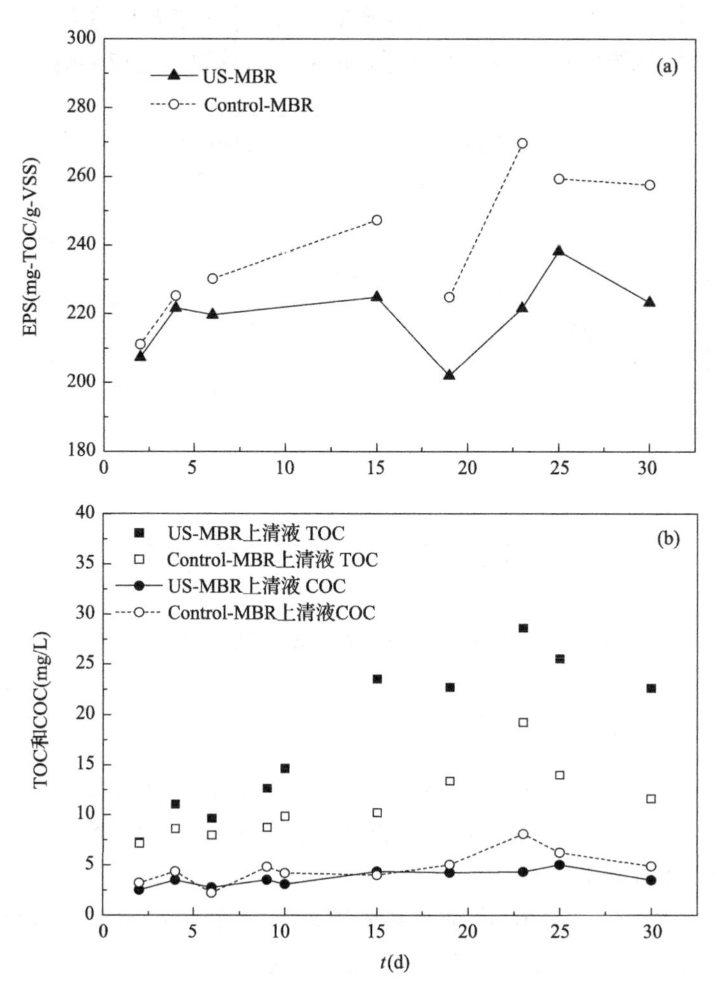

图 4.94 在线超声对 EPS 及上清液有机物的影响

(a) EPS 含量；(b)上清液 TOC 和 COC

4.7.4.5 混合液膜过滤性

在两系统连续运行过程中，测定了混合液膜过滤阻力随时间的上升速率 k(测定方法参见 3.1.3 节)。根据速率 k 大小，判断该混合液的膜污染潜势，k 越低，混合液膜过滤性越好。试验过程中 US-MBR 系统超声前后及 control-MBR 系统的 k 变化如图 4.95 所示。US-MBR 混合液取样分别在超声后(即图中超声后)和再次超声前(即图中超声后 8 h)进行。

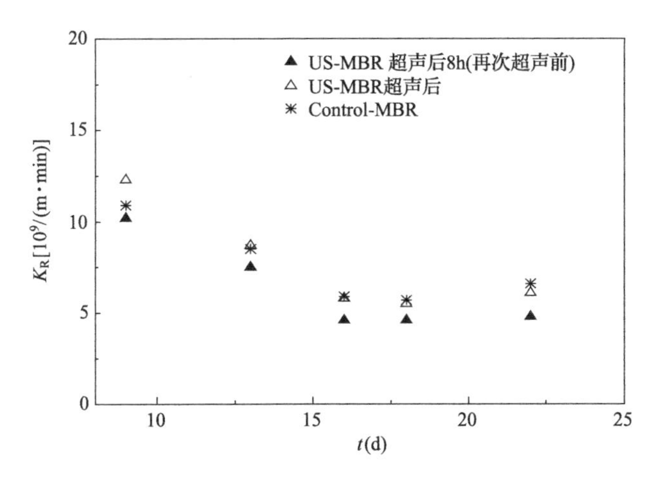

图 4.95 在线超声对混合液膜过滤性的影响

由图 4.95 可以看出，在运行前 2 周，两系统的 k 值都较大，在随后的运行中，k 值逐渐降低，混合液膜过滤性得到改善。和 control-MBR 系统相比，US-MBR 系统中，虽然间歇施加超声后 k 值比超声施加后运行 8 h 以后升高约 1.1×10^9/(m · min)，但仍然低于 control-MBR 系统中的 k 值。说明超声的施加对混合液膜过滤性有所改善，特别是超声施加一段时间以后。

混合液膜过滤性与许多因素，如污泥浓度、污泥粒径分布、污泥 EPS 含量、上清液有机物浓度等密切相关。有研究报道，过高的 EPS 含量会阻碍细胞之间的相互作用，从而降低污泥絮体的絮凝性；高污泥浓度、小粒径絮体、高上清液有机物浓度会加速膜污染。在 US-MBR 系统中，超声产生的空化微气泡、声流和声振动等作用使污泥絮体破碎，絮体粒径降低，并引起上清液有机物浓度升高，这是对混合液膜过滤性不利于的因素。而另一方面，超声波的施加使污泥 EPS 含量降低，同时使污泥浓度和混合液黏度显著降低，这是对混合液膜过滤性改善有利的因素。综合上述在线超声后混合液性质的变化，超声作用下混合液膜过滤性得到改善的原因主要与 EPS 含量、污泥浓度和混合液黏度的降低有关，并掩盖了由于超声作用导致污泥絮体粒径减小和上清液 TOC 增加等所带来的负面影响，从而改善了混合液的膜过滤性。

4.7.5 在线超声对污染物去除效果的影响

在 US-MBR 和 control-MBR 长期运行过程中考察了系统出水水质，图 4.96 是两系统对 COD 和 NH_4^+-N 的去除情况。从该图可以看出，在进水水质和操作条件相同的情况下，出水水质基本没有差别。进水 COD 为 360～673 mg/L，而 US-MBR 和 control-MBR 出水 COD 分别为 7～24 mg/L 和 6～23 mg/L；在整个运行过程中两系

统出水 NH_4^+-N 均低于 4 mg/L，尤其在正常运行后均低于 1 mg/L；两系统的 COD 和 NH_4^+-N 的去除率均在 95%以上。因此，在 US-MBR 中超声未造成出水水质的恶化。

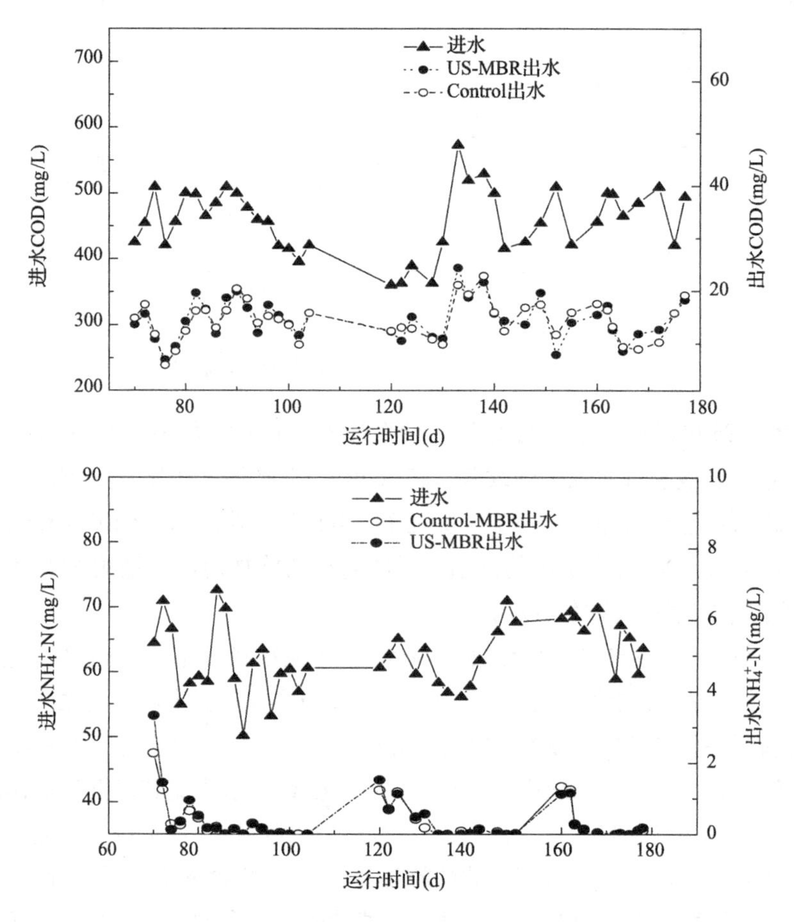

图 4.96　在线超声对膜污染物去除效果的影响

4.8　各种膜污染控制方法的比较

根据上述的研究，本节将各种膜污染控制方法的特点和适用范围总结见表 4.28。

表 4.28　各种膜污染控制方法的特点和适用范围的比较

方法		控制对象	适用范围
水动力学控制		由悬浮污泥产生的泥饼层膜污染	防止污泥在膜表面沉积和跨膜压差的快速增长。膜污染发展速率模型可以用于指导反应器结构参数和运行条件的优化
混合液膜过滤性调控	混凝剂	由混合液胶体和溶解性有机物产生的膜面凝胶层污染和膜孔堵塞污染	减缓凝胶层膜污染的发展，适用于混合液膜过滤性比较差的情况，比如冬季、系统受到冲击负荷等。 此外，可以和化学除磷联合使用
	氧化剂	同上	减缓凝胶层膜污染的发展，适用于混合液膜过滤性比较差的情况，比如冬季、系统受到冲击负荷等。 此外，可以和污泥减量、出水消毒、脱色等联合使用
	粉末活性炭	同上	减缓凝胶层膜污染的发展，适用于混合液膜过滤性比较差的情况，比如冬季、系统受到冲击负荷等。 但应注意粉末活性炭投加过量，在不增加曝气量的条件下反而会加重膜污染
	悬浮载体	由悬浮污泥产生的泥饼层膜污染	适用于反应器中污泥浓度很高，泥饼层污染发生严重的情况。但应注意悬浮载体的适宜投加量范围。悬浮载体投加量过大，对污泥絮体的破碎负面效应增加，絮体粒径减小，溶解性有机物浓度增加，反而导致混合液膜过滤性恶化
在线清洗	在线物理清洗(空曝气或水冲洗)	由悬浮污泥产生的泥饼层膜污染	适用于泥饼层膜污染比较明显的情况
	在线化学清洗	由混合液胶体和溶解性有机物产生的膜面凝胶层污染和膜孔堵塞污染	是实际工程中普遍采用的控制膜污染和维持系统稳定运行的方法
超声波		泥饼层和凝胶层膜污染	可以辅助用于常规水动力学、在线化学清洗等手段对膜污染难以控制的情况

第5章　二级出水臭氧-微滤工艺膜污染及其控制机理

城市污水是重要的非传统水资源，我国目前城市污水处理率已近80%，采用的处理工艺以生物处理工艺为主，工艺出水经深度处理后可回用于多种不同的用水目标，有效缓解水资源紧张形势。臭氧-微滤工艺出水水质好且稳定，占地面积小，易于自动化控制，且预臭氧化单元可有效控制微滤单元的膜污染，在二级出水深度处理中有广阔应用前景，其技术关键是确定适宜的臭氧投加量。本章重点讨论二级出水微滤工艺中的膜污染机理，及预臭氧化对后续膜污染的控制机理。

5.1　二级出水水质特征

在二级处理出水的膜过滤过程中，二级生物处理出水的组分是造成膜污染的物质，因此，认识二级出水的组成对于研究再生水生产过程中的膜污染机理与控制措施非常重要。

5.1.1　二级生物处理工艺及其出水特性概述

进入污水处理厂的污水一般来自市政用途、家庭用途和工业用途，其污染物组成非常复杂，不同的污水处理厂的进水组成根据其收集污废水来源的不同而不同。一般来说，家庭污水的有机成分包括50%蛋白质，40%多糖，10%油脂，以及多种微量优先污染物、表面活性剂和其他新兴污染物；微生物成分包括10^5～10^8 CFU/mL大肠杆菌，10^3～10^4 CFU/mL粪大肠杆菌，10^1～10^3个/mL原生动物孢囊，以及10^1～10^2个/mL病毒(Shon et al.，2006)。在污水处理厂的整个处理流程中，原始污水中的组成与出水的组分组成之间是有关联的，这在一定程度上增加了二级生物处理出水水质的复杂性。

由于污水来源和成分，一级处理工艺和二级处理工艺类型，以及操作参数、外界条件(如温度)等因素均对污染物去除效率有影响，因此二级生物处理出水中仍会有一定浓度的污染物，组成成分仍十分复杂。按照污染物质的尺度大小来分，可以将其分为溶解性物质(包括溶解性有机物和有机、无机离子)和颗粒性物质(包括悬浮性颗粒物和细菌)(图5.1)。按照污染物质本身的性质来分，又可以分为有机物、无机物和微生物(具有生长性质，如细菌和病毒等)。

从膜污染物的角度来看，二级出水中的有机物质，特别是溶解性有机物质

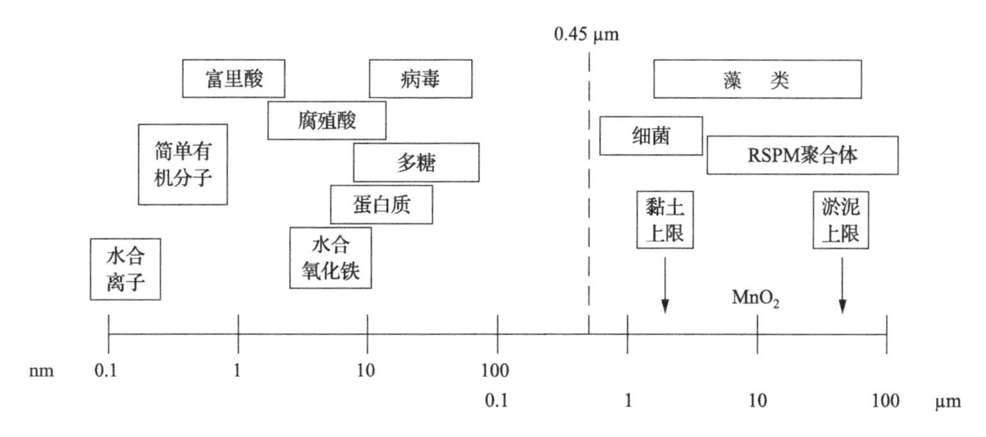

图 5.1　二级出水中化学组分和生物组分及尺寸(Huang,2006)
RSPM 指一般河流中悬浮固体物质

(dissolved effluent organic matter,EfOM)对 MF 工艺具有重要影响。受二级生物处理中沉淀池分离效率的影响,二级出水常含有较多悬浮固体颗粒以及一定浓度的细菌。从膜污染发生的过程上来看,悬浮固体颗粒与细菌易于被 MF 膜通过物理筛分作用截留,在膜表面形成滤饼层(颗粒性)。利用臭氧控制膜污染,与其他方法不同,微生物(主要是细菌)在臭氧作用下会发生裂解等反应,对膜污染产生特殊影响。因此,本章主要研究二级出水中的 EfOM、悬浮颗粒物(可被 0.45 μm 微滤膜截留)以及细菌三种主要组分的特性及其对膜污染的影响。

5.1.2　研究方法

试验用水分别取自北京市四处污水处理厂或者中试污水处理装置,各自的处理工艺类型和试验期间二级出水平均水质分别见表 5.1 和表 5.2。

分别分析了二级出水的 pH、COD、氨氮、色度、SS、浊度、总大肠杆菌数、DOC、金属元素浓度等常规指标。分析了有机物的红外光谱(IR)、紫外光谱(UV)、荧光激发-发射光谱(FEEM)、荷电基团、相对分子质量分级特征等。分析了颗粒物的 ζ 电位、粒径分布(PSD)。

表 5.1　取样污水处理厂及其二级处理工艺

污水处理厂或中试设施	水样所属二级处理工艺类型
B	普通活性污泥法
G	A/O 工艺
P	A^2/O 工艺
Q	倒置 A^2/O 工艺

表 5.2 各二级出水试验期间常规水质指标

水质指标	B	G	P	Q
pH	7.58(7.54～7.60)	7.65(7.5～7.91)	7.77(7.60～7.82)	7.59(7.49～7.65)
色度(度)	25(15～30)	19(10～25)	23.9(15～30)	20.5(15～25)
浊度(NTU)	7.63(3.16～11.20)	2.217(1.2～6.9)	3.84(2.89～7.43)	5.12(2.11～9.46)
COD_{Cr}(mg/L)	37.86(34.5～41.21)	47.80(33.49～68.58)	34.99(9.05～93.2)	40.21(27.84～50.73)
TOC(mg/L)	9.13(6.22～20.93)	14.86(7.67～25.61)	12.41(6.23～28.53)	13.37(8.38～17.75)
UV_{254}(m^{-1})	0.1501 (0.0371～0.2101)	0.1313 (0.1122～0.1779)	0.1387 (0.1333～0.1411)	0.1420 (0.1387～0.1531)
氨氮(mg/L)	33.35(19.06～49.01)	2.816(0.51～9.88)	1.7395(0.212～7.64)	—
总氮(mg/L)	41.27(28.33～66.34)	19.73(16.58～23.44)	12.028(6.66～19.3)	—

注：括号前为平均值，括号内为多次测定值的范围

5.1.3 溶解性有机物

5.1.3.1 紫外光谱特征

紫外吸收光谱的产生是由于分子价电子吸收入射光子的能量后产生能级跃迁。这个过程由于受分子结构、官能团等的影响而具有量子化的特征，所以可以用其所吸收的紫外波长来进行有机化合物的结构判断。不同类型的有机物因为其结构和官能团的不同而具有不同的紫外扫描曲线以及最大吸收峰，比如蛋白质最大吸收峰在 280 nm 处，而核酸的最大吸收峰则在 260 nm 处。在水处理中，UV_{254}被用来作为有机物含量的一个指标。这是因为芳香族化合物(含苯环)和含有多个共轭双键的有机化合物在 254 nm 附近有较强吸收，而在同种类型的水样中含有苯环或者不饱和共轭键的有机化合物的比例接近，所以可以用来作为有机物浓度的指标。

另一个常用的指标是 SUVA，定义为样品 UV_{254}和 DOC 的比值，SUVA 与芳香碳含量成正比(Weishaar et al.，2003)，可以用来作为水中有机物芳香度(腐殖质)的一种指示(Her et al.，2002)。

表 5.3 是几个不同来源二级出水 UV 指标范围。从 UV_{254}指标来看，3 处二级出水有机物含量波动均较大，但均值相差并不大，Q 厂二级出水有机物含量平均水平最高。另外，以 Q 厂二级出水为例，水样中的有机化合物在 230 nm、254 nm、260 nm 和 280 nm 处均有明显的吸收，显示二级出水有机物组分种类、结构和官能团的多样性。

表 5.3　不同来源二级出水 UV 指标范围对比

Abs (cm^{-1})	UV_{230}	UV_{254}	UV_{260}	UV_{280}	SUVA [L/(mg · m)]
B	—	0.0356～0.2101	—	—	0.47～1.65
P	—	0.1333～0.1411	—	—	0.78～0.99
Q	0.651～1.2996	0.1248～0.2127	0.1148～0.2045	0.0971～0.1737	0.83～1.22

5.1.3.2　红外光谱特征

本文中所指红外光谱均为有机物分子的红外吸收光谱 ATR-FTIR，即利用双光束干涉原理并进行干涉图的傅里叶变换数学处理的非色散型红外光谱。红外光谱的产生主要是因为分子或官能团的振动吸收了特征红外波长的能量。

在红外光谱中，某些化学基团虽然处于不同分子中，但它们的吸收频率总是出现在一个较窄的范围内，吸收强度较大，且频率不随分子构型变化而出现较大的改变。这类频率称为基团频率，其所在的位置一般又称为特征吸收峰。一般来说，频率范围 4000～1300 cm^{-1} 称为官能团区，是基团伸缩振动出现的区域，对鉴定基团很有价值；而频率范围 1300～600 cm^{-1} 称为指纹区，是单键振动和因变形振动产生的复杂光谱区，当分子结构稍有不同时，该处的吸收就有细微的差异，可用于区别结构类似的化合物。与二级出水 EfOM 相关的有机化合物是本研究的重点，表 5.4 总结了脂肪族和芳香族功能团、腐殖质的典型 IR 波段，表 5.5 总结了一些已知化合物功能团的 FTIR 特征，包括多糖、蛋白质和腐殖质等。

表 5.4　脂肪族、芳香族功能团和腐殖质的典型 IR 波段

类型和波数(cm^{-1})	描述
脂肪族官能团	
(1) 碳水化合物	
➢ 2950～2750	➢ —CH, $—CH_2$, $—CH_3$
➢ 1460	➢ $—CH_2$, $—CH_3$
➢ 1380	➢ $—CH_3$
(2) 醛	
➢ 2900～2700	➢ 醛基—CH 伸缩
➢ 1740～1730	➢ 脂肪族醛的羰基，C═O
➢ 975～780	➢ 脂肪族醛—CH 的变形
(3) 酮	
➢ 1715	➢ 脂肪族酮或者是羧酸

续表

类型和波数(cm^{-1})	描述
➢ 1250～1050	➢ 脂肪族酮的 C—CO—C 结构
(4) 氨基化合物	
➢ 3600～3200	➢ 伯胺的—NH_2伸缩振动
➢ 1640	➢ 氨基化合物的羰基
➢ 750～700	➢ 脂肪族伯胺和仲胺的—NH_2/—NH 结构
芳香族官能团	
(1) 碳水化合物	
➢ 3050～3000	➢ 芳香环的—CH 伸缩振动
➢ 1600 和/或 1500	➢ 芳香环的—C═C—伸缩
➢ 675 左右	➢ 苯环的弯曲和振动
(2) 氨基化合物	
➢ 3300 左右	➢ 芳香族仲胺的 N—H 伸缩
➢ 1680～1630	➢ 仲胺的羰基
(3) 芳香酸	
➢ 3200～2500	➢ 氢键结合羧酸的—OH 伸缩
➢ 1690	➢ 共轭羧酸的羰基吸收
➢ 1320～1210	➢ 羧酸—C—O—伸缩吸收
(4) 芳香酮	
➢ 1700	➢ 酮羰基
➢ 1600 和 1500	➢ C═C 官能团
➢ 1715～1680 左右	➢ 共轭醛的羰基吸收
腐殖质	
➢ 3400～3300	➢ O—H 伸缩，N—H 伸缩
➢ 2940～2900	➢ 脂肪族 C—H 伸缩
➢ 1725～1720	➢ 羧基和酮的 C═O 伸缩
➢ 1660～1630	➢ 氨基的 C═O 伸缩，醌，氢键结合的共轭酮的 C═O
➢ 1620～1600	➢ 芳香族 C═C
➢ 1590～1517	➢ COO^- 的对称伸缩，N—H 变形，C═N 伸缩
➢ 1460～1450	➢ 脂肪族 C—H
➢ 1400～1390	➢ OH 变形，酚羟基的 C—O 伸缩，CH_2和 CH_3基团的 C—H 变形
➢ 1280～1200	➢ C—H 伸缩，COOH 的 OH 变形，芳香醚的 C—O 伸缩
➢ 1170～950	➢ 多糖和多糖类物质的 C—O 伸缩，不纯氧化硅 Si—O

参考文献：Cho，1998

表 5.5　已知化合物的 FTIR 谱图

已知化合物	组	波数(cm^{-1})	可能的官能团	范围(cm^{-1})
蔗糖	多糖	3400	醇(1,2,3,Ar)	3100～3500
葡聚糖		2940	链烷烃	2800～3000
蓝色葡聚糖		1480	链烷烃	1420～1480
淀粉		1370	链烷烃	1340～1400
		1170	叔醇	1120～1220
		1120	仲醇	1050～1150
		1040	脂肪族醚	1040～1170
		1000	伯醇	1000～1080
		775	醚	750～800
谷氨酸	蛋白质	3300	醇(1,2,3,Ar)	3100～3500
溶解酵素			氨基化合物	3200～3500
BSA			羧酸	2900～3300
牛胰岛素			伯、仲或叔胺	3200～3500
		1640	芳香化合物中的烯	1630～1670
			氨基化合物(单和双取代)	1640～1720
		1540	单取代氨基化合物	1480～1580
			仲胺、叔胺(C—N)	1480～1581
		1100	醚	1040～1170
			酯	1080～1150
			酮	1070～1220
硬脂酸	脂肪酸	2950/2850	链烷	2800～3000
		1700	羧酸	1660～1740
		1470/1430	链烷	1420～1480
		1300	羧酸或醇中的—OH	1260～1350
PEG	醇	2900	链烷	2800～3000
		1470	链烷	1420～1480
		1350	醇	1330～1430
		1280	醇	1250～1350
		1240	醚	1180～1300
		1120	醇	1050～1160

续表

已知化合物	组	波数(cm⁻¹)	可能的官能团	范围(cm⁻¹)
SRHA,SRFA	腐殖质	3400	醇(1,2,3,Ar)	3100～3500
		2960	链烷	2800～3000
		1720	氨基化合物(单和双取代)	1640～1720
			羧酸	1660～1740
		1640	芳香化合物中的烯	1630～1670
			氨基化合物(单和双取代)	1640～1720
		1400	链烷	1340～1400
		1200	叔醇	1120～1220
			醚	1180～1300
			酮	1070～1220

参考文献:Skoog et al. ,1998

图 5.2 是用滤膜过滤 P 厂二级出水 EfOM(确保形成凝胶层)后,测量其表面的红外吸收光谱,并扣除掉原始滤膜表面红外吸收光谱后所得到的谱图。因为过滤操作在凝胶层形成后结束,所以可以认为表面覆盖的有机物即可反映可形成膜表面污染的 EfOM 组成。

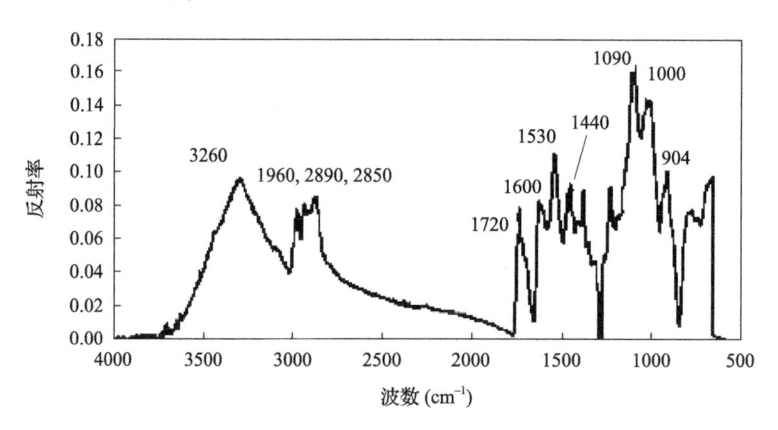

图 5.2　P 厂 EfOM 的 ATR-FTIR 图谱

对图 5.2 进行分析可知:

✧ 3260 cm^{-1}处的强吸收峰表示羟基(伯醇、仲醇、叔醇或酚类),和/或氨基,显示含有多糖或者腐殖质类物质,以及氨基化合物;

✧ 2960 cm^{-1}、2890 cm^{-1}、2850 cm^{-1}、1440 cm^{-1}处的吸收峰显示 EfOM 中含有链烷烃;

✧ 1720 cm^{-1}处的吸收峰显示氨基和/或羧基功能团的存在;

✧ 1600 cm^{-1}显示芳香环的—C ═C—伸缩振动，和/或者 C ═C 双键官能团的存在；

✧ 1530 cm^{-1}处显示单取代氨基化合物的存在。

综上所述，羟基、氨基和羧基为 EfOM 中存在最为广泛的 3 种官能团，链烷类有机物（饱和和不饱和）和芳香族类有机物量均较高。从官能团来看，EfOM 中的物质种类可能包括蛋白质、多糖、腐殖质及其衍生类物质。

5.1.3.3 荧光激发-发射光谱特征

当紫外线照射到某些物质的时候，这些物质会发射出各种颜色和不同强度的可见光，而当紫外线停止照射时，所发射的光线也随之很快地消失，这种光线被称为荧光。荧光的本质是物质在吸收入射光的过程中，光子的能量被传递给了物质分子。物质分子被激发，发生了电子从较低的能级到较高能级的跃迁。处于激发单重态（区别于产生磷光的激发三重态）的分子通过辐射跃迁的衰变过程返回基态，伴随着光子的发射，即产生荧光（许金钩和王尊本，2006）。

由于荧光物质分子对光的选择性吸收，不同波长的入射光便具有不同的激发效率。如果固定荧光的发射波长（即测定波长）而不断改变激发波长的谱图称为荧光的激发光谱。如果使激发光的波长和强度保持不变，而不断改变荧光的测定波长（即发射波长）并记录相应的荧光强度，所得到的荧光强度对发射波长的谱图则为荧光的发射光谱。激发光谱反映了在某一固定的发射波长下所测量的荧光强度对激发波长的依赖关系；发射光谱反映了在某一固定的激发波长下所测量的荧光的波长分布。

由上可见，荧光强度是激发和发射这两个波长变量的函数。描述荧光强度同时随激发波长和发射波长变化的关系图谱，即为三维荧光光谱。

对于单一组分体系来说，发射光谱的相对形状与激发波长无关，激发光谱的相对形状也与发射波长无关。组分在体系内的浓度（EEM）与荧光强度有关系，因此，EEM(M)可以表示为

$$M = \alpha \cdot \boldsymbol{x} \cdot \boldsymbol{y} \tag{5.1}$$

其中，矢量 $\boldsymbol{x}$ 和 $\boldsymbol{y}$ 分别代表荧光发射光谱和激发光谱，α 是与波长无关而与浓度有关的系数。

对于含 n 种组分的荧光体系，其 EEM 形式可表示如下

$$M = \sum_{k=1}^{n} \alpha^k x^k y^k \tag{5.2}$$

这种表示形式意味着，只要吸光度足够低且组分间不发生能量转移，所观测到的体系的荧光是单个组分荧光的线性和。

图 5.3(a)、(b)、(c)分别是 G、P、Q 厂二级出水 EfOM 的荧光激发-发射光谱。图 5.4 是文献中总结的常见水体有机物荧光激发-发射光谱特征(Chen et al., 2003)。3 处二级出水 EfOM 的有机物荧光特征不尽相同,其中以 P 厂二级出水 EfOM 所具有的荧光峰数量和强度最多。表 5.6 总结了 3 处二级出水 EfOM 中所具有的荧光峰及所对应的物质种类,以及相应的荧光强度。从 3 幅图和表 5.6 的结果来看,不同来源二级出水在有机物质具有不同的荧光特征谱图,其中,溶解性微生物产物和富里酸、腐殖酸类、富里酸类有机物质是在所有二级出水 EfOM 中普遍存在的,而芳香族蛋白质和其他腐殖质特征吸收峰也在大部分二级出水中出现。这充分说明了来自于微生物生命活动的溶解性微生物产物以及来源于源水的 NOM(也可能部分来源于一级处理和二级处理过程的反应)在二级出水溶解性有机物中所占的主导地位。

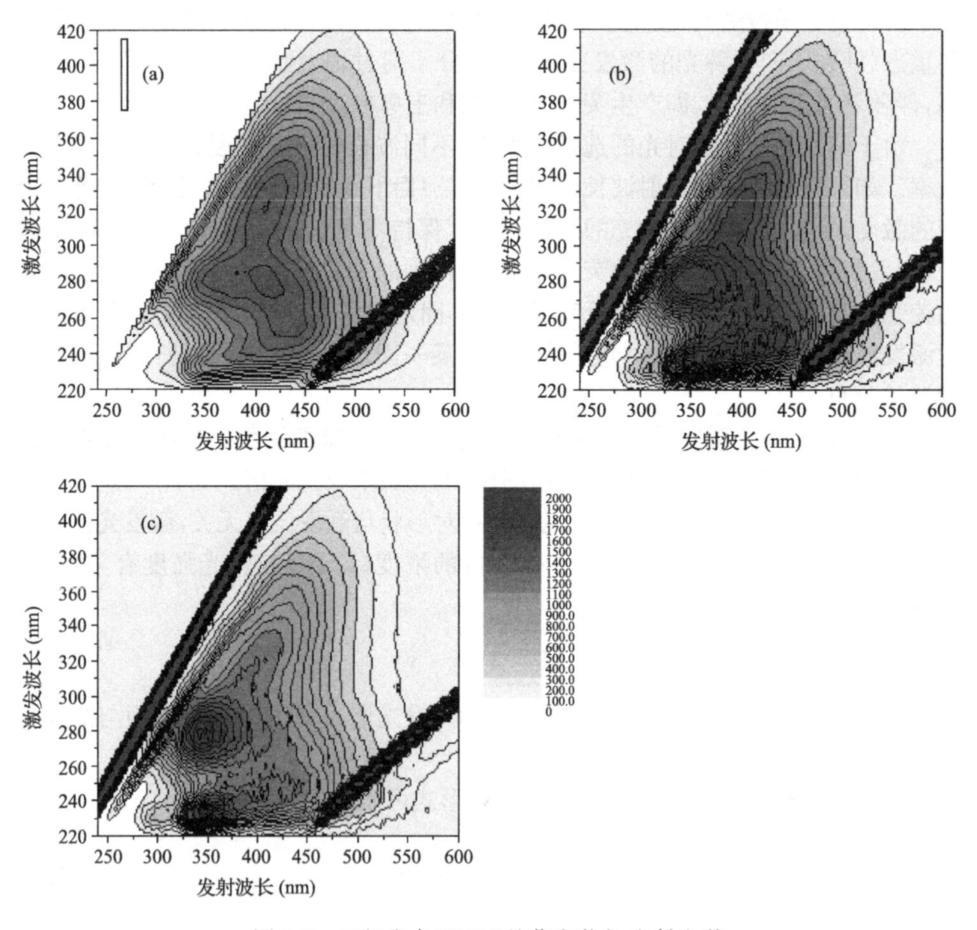

图 5.3 二级出水 EfOM 的荧光激发-发射光谱

(a) G 厂;(b) P 厂;(c) Q 厂

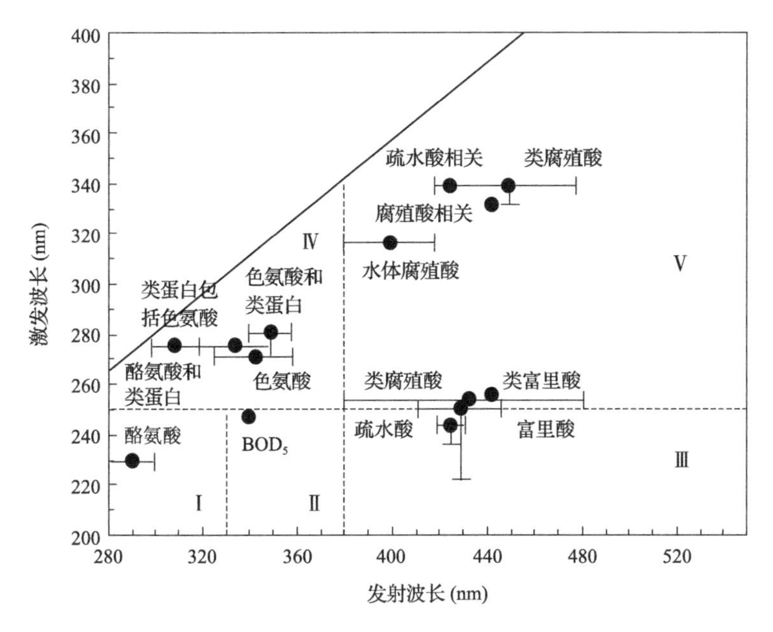

Ⅰ-芳香蛋白；Ⅱ-芳香蛋白Ⅱ；Ⅲ-类富里酸；Ⅳ-类溶解性微生物副产物；Ⅴ-类腐殖酸

图 5.4　已知有机化合物种类的三维荧光光谱范围(Chen et al.，2003)

表 5.6　不同污水处理厂二级出水 EfOM 荧光激发-发射光谱总结

荧光峰(E_x/E_m)	物质类型	G FI(AU)	P FI(AU)	Q FI(AU)
280/350～370	溶解性微生物产物	1500	2200	2100
230/350	色氨酸类芳香族蛋白	1000[a]	1950	1850
320/400～420	水体腐殖酸	1600	1700	1200[a]
240～250/420～430	富里酸、富里酸类、腐殖酸类	1400	1800	1300
280/410	腐殖酸类	1800	1700[a]	1200[a]

a. 峰不明显

5.1.3.4　亲疏水性分级特征

G、P、Q 二级出水 EfOM 以相同的方法，按照亲疏水及荷电性质被分为四部分，分别为：疏水酸性物(hydrophobic acids，HOA)，疏水碱性物(hydrophobic bases，HOB)，疏水中性物(hydrophobic neutral，HON)和亲水性物(hydrophilic substances，HIS)。各组分按照 DOC 或者 UV_{254} 的值来评价各来源 EfOM 的组成。几种不同来源二级出水 EfOM 的测定结果分别见图 5.5 到图 5.7。

由图 5.5 可知，虽然二级出水的来源相同，但在不同取样时间(可能受水温的

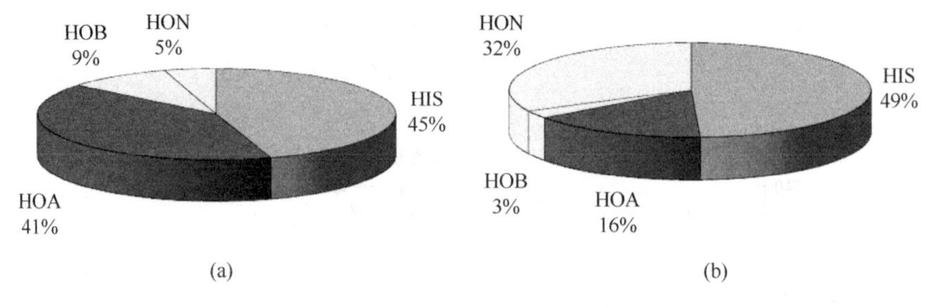

图 5.5　Q 厂 EfOM 的 UV_{254} 组成

(a) 冬季取样；(b) 夏季取样

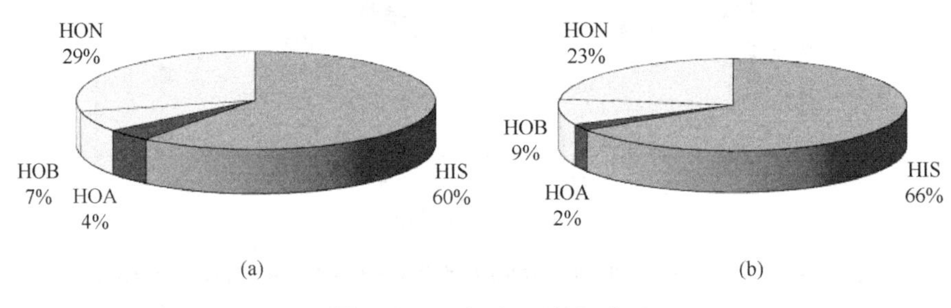

图 5.6　P 厂 EfOM 的组成

(a) DOC；(b) UV_{254}

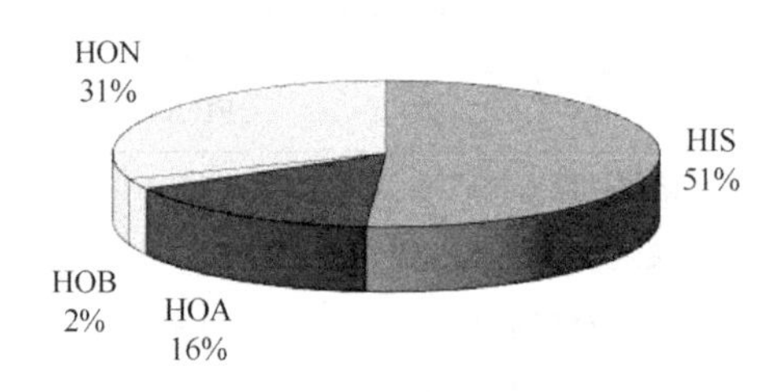

图 5.7　G 厂 EfOM 的 UV_{254} 组成

影响)采集的二级出水，其 EfOM 的组成比例不同。温度较低时 HOA 和 HOB 所占比例更高，而温度较高时，HON 所占比例更高，HIS 所占比例变化幅度不大。由图 5.6 可知，对于相同的水样，用 DOC 和 UV_{254} 作为评价指标所获得的结果相差不大。

综合对比图 5.5 到图 5.7，可以发现影响二级出水 EfOM 亲疏水性组成的因素主要包括污水来源(进水水源和二级工艺)与运行温度等。总体看，HIS 在 EfOM 中所占比例最高，平均约占 54%左右，而在疏水性物质中，绝大多数情况下 HON 要超过 HOA 和 HOB 的总和，一般 HOB 所占比例最小。有的文献报道 HOA 所占比例最高，占 50%以上，这与污水来源有关(Gong et al.，2008)。

5.1.3.5　荷电基团特征

水体中的多种有机物，如腐殖质、多糖、蛋白质和核酸等，均带有能够电离出质子而显负电荷的基团，如羧酸基团、酚羟基、磷酸基团等，使得它们显示出荷负电的性质，这在水处理工艺中具有重要的影响。

图 5.8 是对 Q 厂二级出水 EfOM 进行直接电位滴定的结果，计算所得的结果为：羧酸酸度＝4.6 meq/g-C，酚羟基酸度＝2.2 meq/g-C。从这个结果看，二级出水溶解性有机物中含有一定量的羧酸和(酚)羟基，羧酸酸度更高。

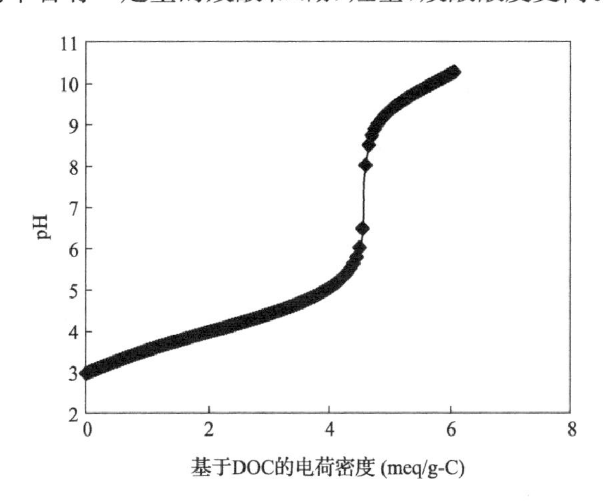

图 5.8　由电位滴定法确定的 Q 厂二级出水 EfOM 的电荷密度

5.1.3.6　有机物相对分子质量分布特征

相对分子质量检测常用的两种方法是滤膜分级法和凝胶色谱体积排阻法，两种方法均不能反映相对分子质量的绝对分布情况。测定过程还受到电荷、溶液条件(如 pH、钙离子、总离子强度等)的影响(Schäfer et al.，2002)，因此结果可能差异很大。图 5.9 是利用滤膜分级法测得的有机物相对分子质量分布结果。从该图上可以明显看出，EfOM 的溶解性(胶体性)有机物主要为相对分子质量小于 4000 的小分子，和大于 10^5 的大分子。

5.1.4　悬浮颗粒物

表征悬浮颗粒物的重要参数除了悬浮颗粒物的总量之外，还有颗粒粒径分布(PSD)。图 5.10 至图 5.12 是 3 个不同污水处理厂二级出水中颗粒物的 PSD 测定结果。可以看出，3 种二级出水差异比较大。从粒径分布的集中程度来看，P>Q>B，其中 P 的悬浮颗粒主要集中在 0.9～5 μm 之间，而 B 的悬浮颗粒分布范围则非常广，在 0.8～70 μm。

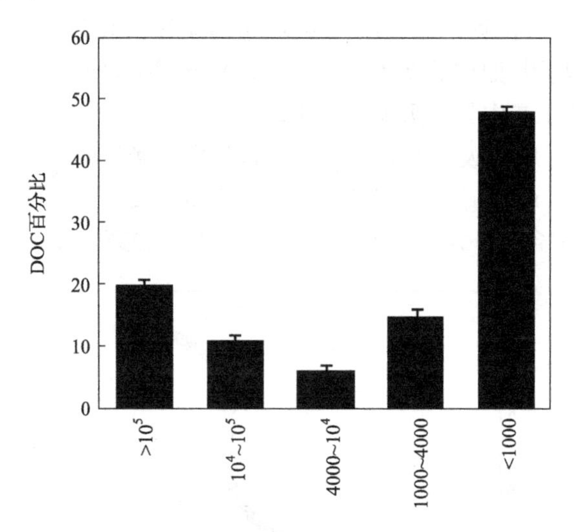

图 5.9　B 厂 EfOM 相对分子质量小于 4000 分布的滤膜法测量结果

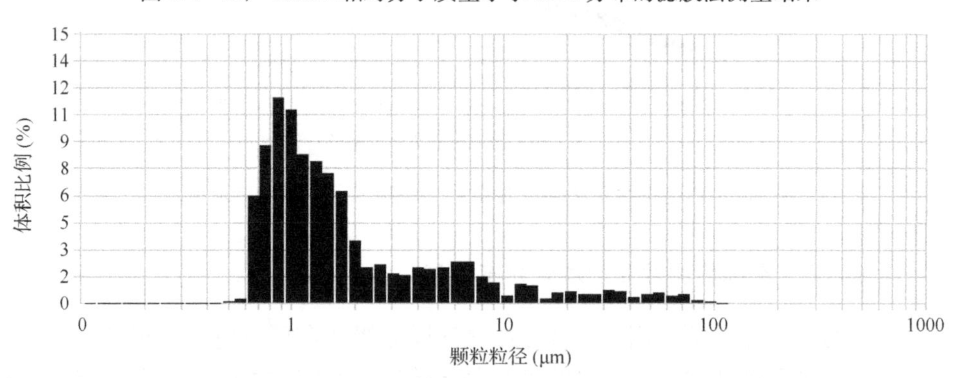

图 5.10　Q 厂二级出水颗粒粒径分布

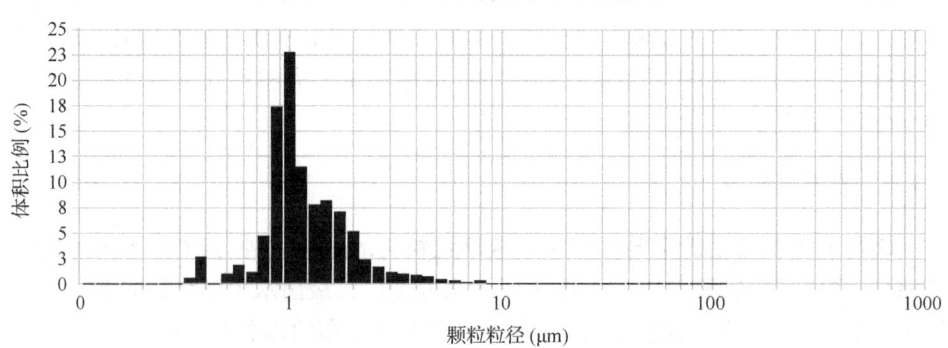

图 5.11　P 厂二级出水颗粒粒径分布

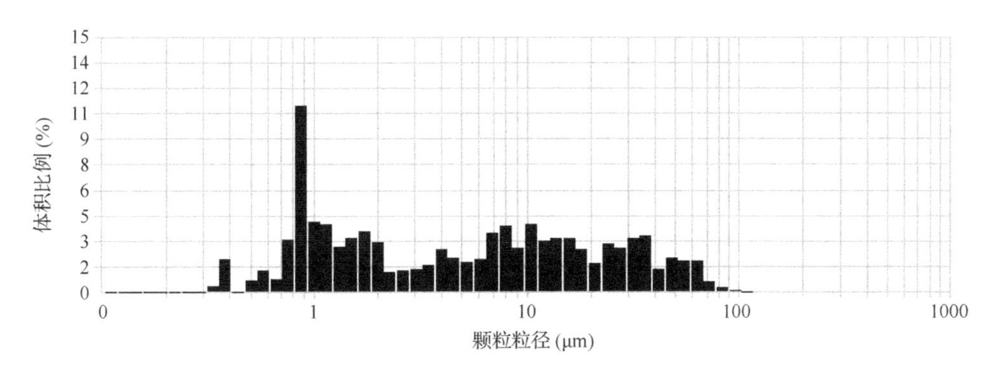

图5.12　B厂二级出水颗粒粒径分布

5.1.5　细菌含量

因为直接来自于生物处理工艺，所以二级出水中含有较多的微生物，但这些微生物可能存在于悬浮颗粒物中，也可能是以单细菌漂浮的方式存在。对不同来源二级出水进行的多次细菌含量和大肠杆菌含量的测量结果均显示，各水样之间差异较小。大肠杆菌含量在 $10^3\sim10^4$ CFU/mL，而总细菌数则比大肠杆菌数高0.5～1个数量级。

本节的研究表明：①不同来源二级出水(不同污水来源、不同二级处理工艺、不同运行参数和温度等)的水质组成具有较大差异，因此，要建立通用性良好的二级出水"臭氧-微滤"深度处理工艺，需要从不同组分的角度出发单独进行试验，研究清楚水质组成与膜污染的关系，从而可以根据水质参数的变化制订合理的操作参数。②根据红外的测定结果，EfOM中存在的主要官能团包括羧基、(酚)羟基和氨基。根据电位滴定的结果，羧酸酸度较高，酚羟基酸度较低。③根据紫外和荧光激发-发射光谱的测定结果，EfOM的主要组分包括溶解性微生物产物和腐殖质，其中芳香族化合物(如芳香族蛋白质)，以及不饱和有机化合物具有一定的含量。④EfOM中亲水性物质平均约占54%。在疏水性物质中，HOA最多，其次为HON和HOB。⑤相对分子质量分布检测结果显示，EfOM中相对分子质量分布大部分集中于 $MW>10^4\sim10^5$(主要是溶解性微生物产物中的蛋白质和多糖等)和 $MW<4000$(主要是一些微生物代谢过程的中间产物或者最终产物等)。⑥不同来源二级出水中悬浮颗粒物的粒径分布差异较大，范围从0.7 nm到70 nm，但有的相对集中，有的则分散度较大。⑦不同来源二级出水中细菌含量相差不大，总大肠杆菌含量在 $10^3\sim10^4$ CFU/mL，而总细菌数则比大肠杆菌数高0.5～1个数量级。

5.2 二级出水直接膜过滤过程中膜污染特性

从上一节对 EfOM 组成的分析可以看出，EfOM 主要组成部分是来自污水二级生物处理工艺中，微生物生命活动过程产生的溶解性代谢产物(主要物质包括多糖、蛋白质、氨基酸、氨基多糖等)和来自源水或产生自其他过程的腐殖质类物质(也称为 NOM，主要成分为 HA 和 FA)。为了更清楚地认识 EfOM 中不同组分在臭氧-微滤工艺中的变化和作用，5.2 节与 5.3 节分别对 EfOM 的不同亲疏水性组分、不同种类的模拟有机物、活性污泥中提取的 EPS 进行了单独的微滤、预臭氧化、预臭氧化-微滤试验，通过分析相对 TMP、接触角、SEM 图像和微观力谱等指标，探讨了这些有机物组分在微滤过程中形成膜污染的潜能以及预臭氧化对其产生的影响。

5.2.1 研究方法

5.2.1.1 恒流过滤装置

恒流过滤系统(系统流程示意见图 5.13，设备外观见图 5.14)采用恒流-死端

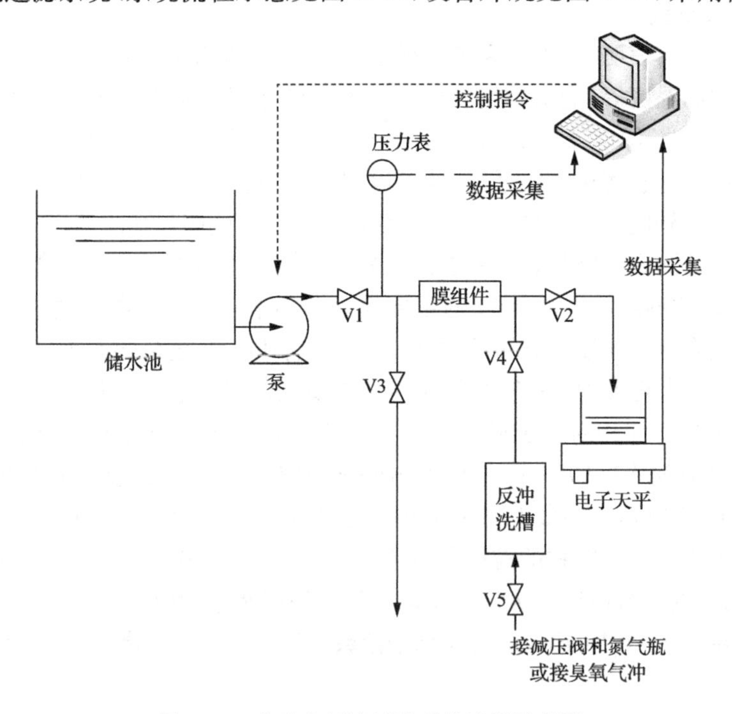

图 5.13 实验室恒流过滤系统流程示意图

过滤的模式。使用一台计量泵将储水容器中水样通过管道压入膜组件。进水在压力下通过微滤膜后进入收集容器。微滤膜为亲水性 PVDF 膜(MILLIPORE,美国),孔径 0.1 μm,厚度 125 μm,孔隙率 70%,重量溶出物<0.5%。电子天平收集容器的瞬时质量数据并将其传输入控制计算机,通过计算机软件计算后转化为瞬时流量值。计算机判断瞬时流量值与设定流量值的关系,并根据判断结果控制计量泵的频率以维持恒通量运行。TMP 变化趋势由电子压力计实时测定,数据由计算机记录。

图 5.14　实验室恒流过滤系统实物照片

5.2.1.2　研究内容与分析方法

除测定样品的 pH、UV、三维荧光光谱、IR、相对分子质量分布等指标外,测定了样品的表面元素(X 射线光电子能谱仪)、接触角(Contact Angle System OCA20, Data Physics Corporation, 美国)、黏度(Brookfield Engineering LABS. INC. ,美国)、样品表面形态表征-扫描电子显微镜观察(scanning electron microscopy,SEM,FEI QUANTA 200,FEI 公司,美国)、AFM 微观力谱(MultiMode ⅢA 和 PicoForce,Veeco-DI 公司,美国)。

分别研究了实际二级出水、分离获得的二级出水中不同有机物组分、模拟 SMP、多糖、蛋白与 HA 在不同 pH 条件下与高与低[Ca^{2+}]条件下的过滤特性。实际二级出水中[Ca^{2+}]浓度约为 30～55 mg/L,即在 1 mmol/L 左右,为了考察[Ca^{2+}]对膜污染的影响,在对比试验中向料液中额外投加 50 mg/L(1.25 mmol/L)的 $Ca(NO_3)_2$。

恒流过滤试验的膜污染变化规律均采用"相对 TMP"随滤过液体积的变化表示。

在含有多种污染物质溶液的微滤过程中，该溶液的污染潜能以单位膜面积上滤过单位体积该溶液时所形成的污染阻力来衡量。污染阻力越大，则溶液的污染潜能越高。在含有单种污染物质溶液的微滤过程中，该污染物质的污染潜能以单位膜面积上滤过单位质量该污染物质时所形成的污染阻力来衡量。污染阻力越大，则该物质的污染潜能越高。污染潜能包括污染物质被微滤膜截留的比率以及被截留后形成过滤阻力的能力。

选取恒流过滤过程中 TMP 达到 100 kPa 时，单位膜面积上滤过液体积的倒数作为污染指标 Ψ，其单位为 m^{-1}。污染指标 Ψ 越大，说明微滤 TMP 达到 100 kPa 时，单位膜面积上滤过液的体积越少。在使用相同膜材料的情况下，也即说明该进水的膜污染潜能较高。

定义与总污染物质量 M' 对应的比阻为 α'，则有

$$R_f = \frac{\alpha' M'}{A} \tag{5.3}$$

令总污染物质浓度为 C，则有

$$V = \frac{M'/C}{A} = \frac{M'}{AC} \tag{5.4}$$

式(5.4)变形后即

$$M' = VAC \tag{5.5}$$

整理后可得

$$V = \frac{R_f}{\alpha' C} = \left(\frac{\text{TMP}}{\mu J} - R_m\right) \Big/ \alpha' C \tag{5.6}$$

所以，污染指标 Ψ 可表示为

$$\Psi = \frac{1}{V} = \alpha' C \Big/ \left(\frac{\text{TMP}}{\mu J} - R_m\right) \tag{5.7}$$

其中，比阻 α' 与污染潜能的关系可表示为

$$\text{污染潜能} = \frac{\alpha'}{A^2} \tag{5.8}$$

由式(5.7)和式(5.8)可以看出，在相同膜组件的恒流过滤过程中，J、A、R_m 均恒定。在污染指标 Ψ 的定义中，TMP 也固定为 100 kPa。所以，污染指标 Ψ 受溶液中污染物质的浓度 C、溶液污染潜能($\propto \alpha'$)和溶液黏度 μ 的影响，而与其他因素无关。

5.2.2　二级出水及 EfOM 的微滤特性

5.2.2.1　二级出水直接微滤特性

二级出水的微滤是一个复杂的过程，图 5.15 是 Q 厂二级出水恒流微滤试验中，相对 TMP 随累积滤过液体积增加而变化的情况。在二级出水的直接微滤过程中，TMP 的增长速率随着累积过滤液体积的增加而逐渐增加。

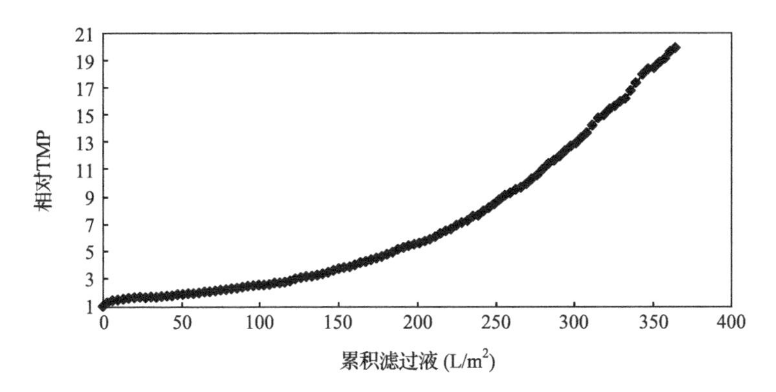

图 5.15　二级出水直接微滤过程中相对 TMP 随累积滤过液体积的变化

图 5.16 至图 5.18 是相对 TMP 与累积滤过液体积的不同函数关系曲线，不同的函数关系代表了不同的理想化膜污染过程。从图中的分析结果看，相对 TMP（记为 P'）和累积滤过液体积（记为 V_s）存在关系：$\ln P'=k\cdot V_s$，说明 Q 厂二级出水的直接微滤过程，在试验所观察的阶段中，表观上表现为"中间堵塞"的膜污染发展形式。

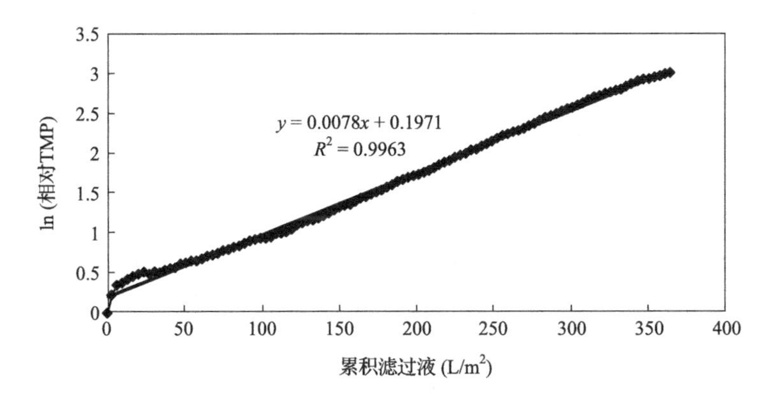

图 5.16　二级出水直接微滤相对 TMP 对数与累积滤过液体积的关系

二级出水是由颗粒性物质、胶体物质和溶解性物质组成的复杂混合体系，而且微滤膜孔径大于绝大多数胶体物质和溶解性物质的大小。从表观上，二级出水直

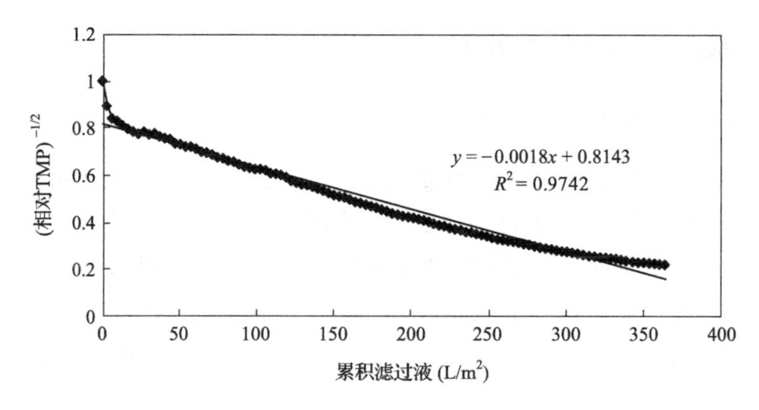

图 5.17 二级出水直接微滤相对 TMP 平方根倒数与累积滤过液体积的关系

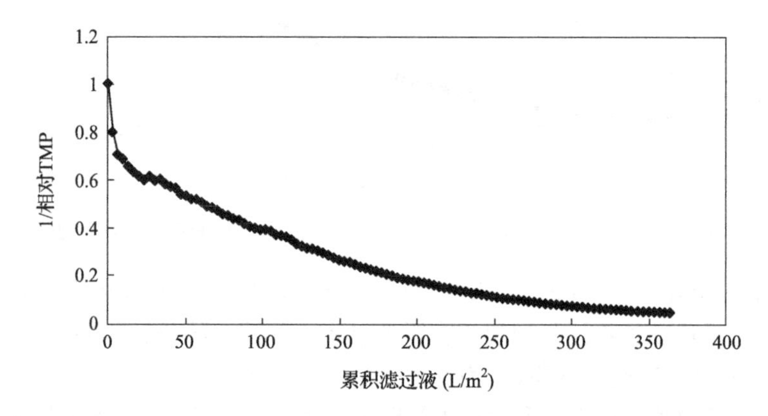

图 5.18 二级出水直接微滤相对 TMP 倒数与累积滤过液体积的关系

接微滤过程中的膜污染更多地表现为颗粒性污染的性质。

5.2.2.2 pH 对二级出水直接微滤的影响

二级出水因为进水水质、处理工艺和运行参数的不同而具有不同的出水 pH。在不同的二级出水之间，虽然 pH 的波动不大(一般在 7～8 之间)，但在实际的后续再生水处理工艺过程中，如应用混凝等工艺可能需要对其进行 pH 微调操作。因此本文研究了 pH 对于二级出水微滤的影响。图 5.19 为分别用强酸和强碱(0.05 mol/L 硫酸和氢氧化钠溶液)将二级出水的 pH 调节为 5 和 9 后过滤，在过滤初期相对 TMP 的变化情况。原水从 pH 约为 7.5 调节为 9 后，膜污染趋势基本保持一致，污染程度也变化很小。但 pH 调节为 5 后，过滤初期的膜污染加重。

pH 值变化对有机物官能团解离状态的影响，可能是 pH 值对二级出水微滤膜污染影响的原因。这里所指的有机物包括溶解性/胶体有机物和吸附于颗粒物表面的有机物。当然，有机物的不同组分受 pH 等溶液化学条件变化的影响也不同。

但也有文献报道，在 NOM 的微滤过程中，pH 5～8 的变化对膜污染的影响不大。因此，pH 对二级出水微滤膜污染的影响还需要做进一步的详细研究。

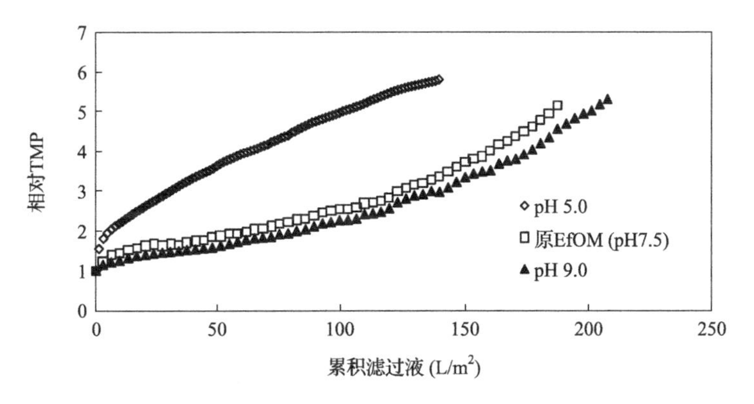

图 5.19　不同 pH 值对二级出水直接过滤的影响

5.2.2.3　EfOM 的直接微滤特性

图 5.20 比较了二级出水和 EfOM(二级出水经 0.45 μm 滤膜过滤去除颗粒性物质后)直接微滤过程中相对 TMP 变化情况。与二级出水相比，EfOM 的微滤膜污染的明显有所减轻。EfOM 微滤过程初期膜污染发展较为缓慢，在累积滤过液体积达到 500～600 L/m^2 后，污染速率明显加快。从膜污染机理(图 5.21)看，EfOM 的过滤表观上更符合标准堵塞模型，也即试验观察阶段的膜污染主要以膜孔内部的吸附污染为主。

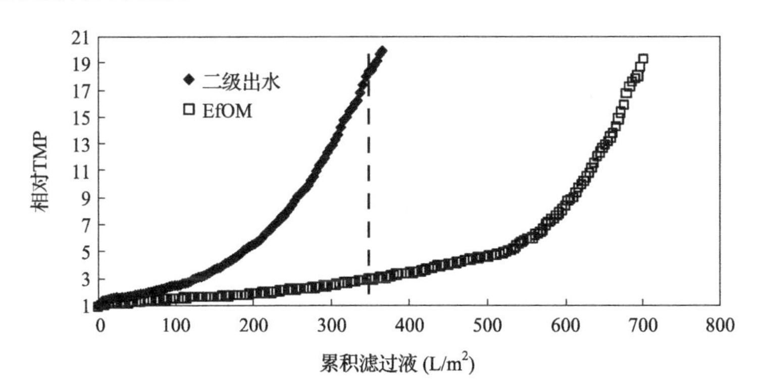

图 5.20　二级出水和 EfOM 直接微滤的比较

根据达西定律可知，在恒通量的情况下，膜阻力 R 与 TMP 变化成正比，因此，从图 5.20 可以得知，在二级出水微滤所造成的膜污染阻力中，EfOM 所占比例值在变化，并且在累积滤过液 350 L/m^2 之内时，该比例值越来越小。这说明在二级出水悬浮颗粒物形成滤饼层后，溶解性有机物对膜污染的贡献比例有明显地减少。推测在微滤初期有较大比例的溶解性有机物在膜孔内部吸附/堵塞造成污染，但在滤饼层形成后，绝大部分溶解性有机物可被滤饼层截留，参与滤饼层的构成，但所造成污染阻力较小。有机物与颗粒物在膜污染方面是否有协同作用将在第 5.4 节讨论。

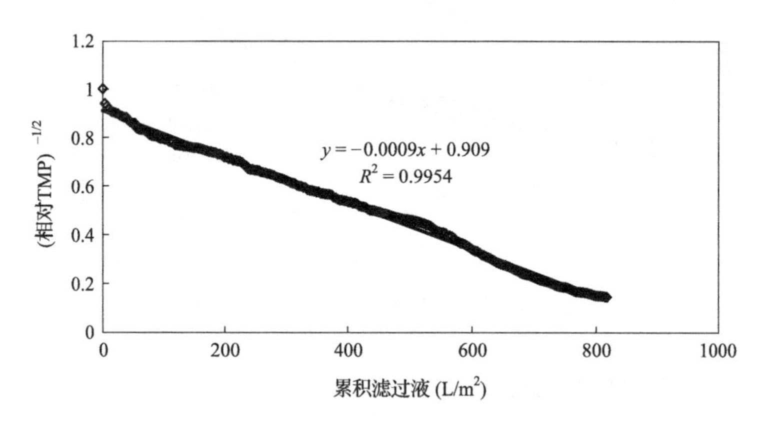

图 5.21　EfOM 直接微滤相对 TMP 与累积滤过液体积的关系

从本节的试验结果分析可以看出：①二级出水直接微滤表观上表现出“中间堵塞”的膜污染规律，即所发生的膜污染在表观上表现为膜孔堵塞和形成滤饼层，显示出颗粒性污染的性质。EfOM 的直接微滤表现出“标准堵塞”的膜污染规律，即所发生的膜污染表观上表现为污染物质在膜孔内部的吸附，污染的性质显示为溶解性/胶体性有机物。②在 pH 减小时，二级出水直接微滤初期膜污染加重；pH 增大时，二级出水直接微滤膜污染变化不明显。

5.2.3　EfOM 不同亲疏水性组分的微滤特性

在多种因素的影响下，不同来源的二级出水中 EfOM 的组成（以亲疏水性分）不同，其过滤性质也会有差别。本节重点研究 EfOM 不同亲疏水性组分的微滤性质。

5.2.3.1　EfOM 亲疏水性组分的微滤特性比较

EfOM 三种不同亲疏水性组分 HOA、HOB 和 HIS 溶液经过一定的预处理后进行直接微滤试验。预处理步骤包括：首先将各溶液的 TOC 调至接近（极差不超过同组样品平均值的 5%）；然后将 pH 均调节至 7。

图 5.22 是 EfOM 三种组分的过滤情况，可以看出，HIS、HOA、HOB 造成膜污染的潜能依次减弱，这与有机物指标的去除率（即截留率，为试验阶段平均去除率，见图 5.23）变化趋势相一致。由 5.1 节可知，EfOM 中不同亲疏水性组分所占

比例为 HIS > HOA > HOB,综合比较可知,在 EfOM 微滤膜污染中,HIS 组分贡献最大,HOA 组分次之,HOB 最小。在试验的条件下,0.1 μm 孔径微滤膜对于 EfOM 及其三种组分的截留率均较低,以 TOC 和 UV_{254} 作为评价指标,在 5%以下。这说明微滤工艺以筛分为主要分离机理,对于胶体性有机物和溶解性有机物的截留效果较差。

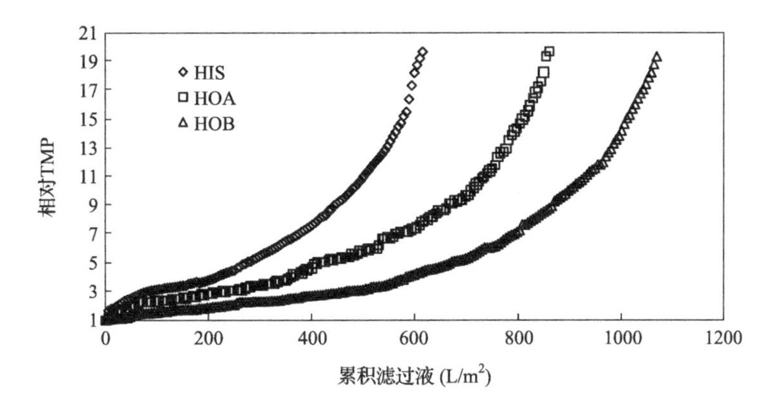

图 5.22 相同浓度 EfOM 组分直接微滤试验

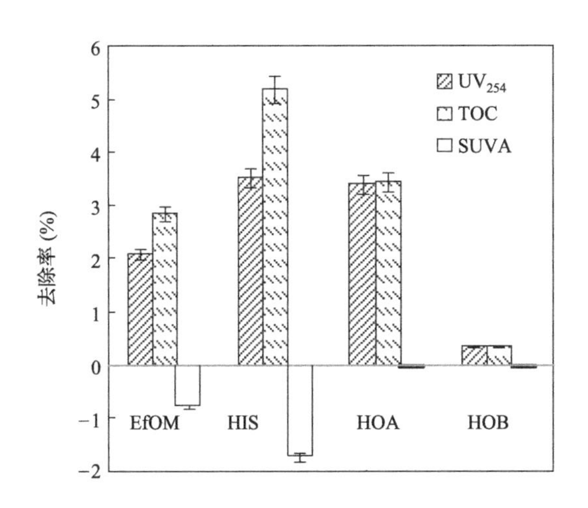

图 5.23 EfOM 及其不同组分在微滤工艺中的去除率

由图 5.23,微滤膜对 HIS 组分截留效果最好。相比于原 EfOM 溶液,EfOM 滤过液 SUVA 值升高(表现为 SUVA 去除率为负值),也就是说,微滤膜对 TOC 指标的去除优于 UV_{254} 指标的去除,而这种现象在 HOA 和 HOB 的微滤过程中并不明显。从组成有机物分子结构的角度来讲,产生这种现象的原因与 HIS 组分中脂肪族有机物(非芳香族)分子含量较多,而 HOA 和 HOB 中芳香族有机物分子较多有关。并且这种分子骨架和官能团构成(脂肪族和芳香族)上的差异,也可能是

HIS、HOA 和 HOB 具有不同过滤性能的原因之一。

5.2.3.2 EfOM 组分的相对分子质量分布

有机物相对分子质量分布是影响水处理过程中其去除率的重要性质。图 5.24 是利用蛋白纯化仪的凝胶过滤层析对 EfOM 三种组分进行分析的结果。根据凝胶排阻原理，先洗脱出来的有机物相对分子质量较大。因此，根据标准相对分子质量蛋白洗脱体积及图 5.24 计算可知，HIS 组分相对分子质量较大(＜约 80 kDa)，HOA 相对分子质量略小，HOB 相对分子质量最小(＜约 40 kDa)。从筛分的分离原理来看，这些有机物分子均很难被 0.1 μm 孔径微滤膜所截留，所以，该类有机物的去除机理可能基于两点：①在通过多孔膜材料的复杂结构时，被膜材料吸附；②在其他作用下，相互凝聚成更大的颗粒物被截留，或被膜表面形成的凝胶层或滤饼层截留。无论是以上哪种途径，更大的有机物分子应该更容易被截留去除。这可能是 HIS 比 HOA 和 HOB 微滤污染更加严重的原因之一。另外，AFM 力谱的结果显示，HIS 与新膜和 EfOM 凝胶层间均具有最大的吸引力(见 5.2.8 节)。

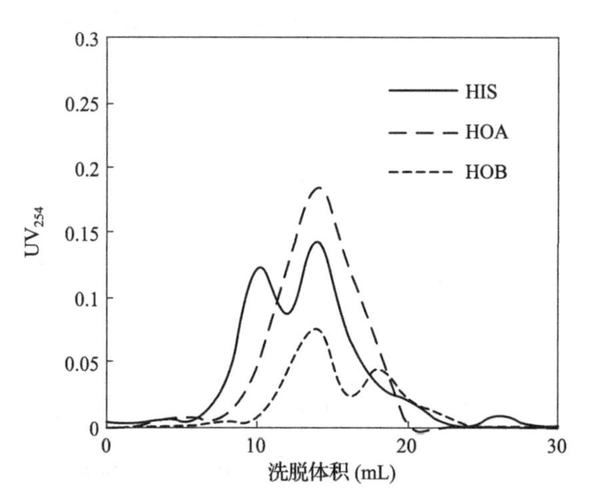

图 5.24 EfOM 各组分凝胶过滤层析结果

5.2.3.3 EfOM 组分羧基含量对微滤的影响

不同性质有机物组分所具有的官能团类型有差异，所以其在微滤过程中对溶液化学条件变化的反应也不同。对于 HIS 来说，pH 为 7 时，向溶液中额外投加 50 mg/L钙离子(一般二级出水中钙离子浓度值)后，膜污染加重(图 5.25)。将 pH 调节为 5 后，初期膜污染的加重更加明显，膜污染过程也有一定变化，但额外投加 50 mg/L 钙离子对膜污染的影响非常小。钙离子投加和 pH 变化对有机物的去除率影响较小，与污染趋势的变化相比不明显(图 5.25)。

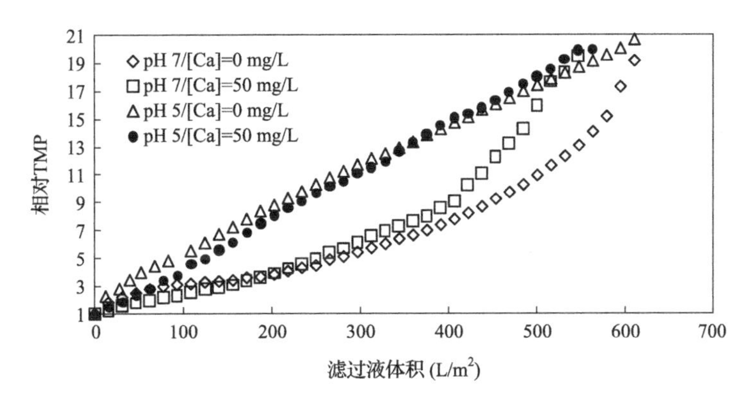

图 5.25　pH 和钙离子对 HIS 溶液微滤特性的影响

对于 HOA，在不同 pH 下投加钙离子均加重了膜污染，但是变化并不大(图 5.26)。不同 pH(5 和 7)和钙离子浓度对于 HOB 的过滤性能影响也非常小(图 5.27 和图 5.28)。

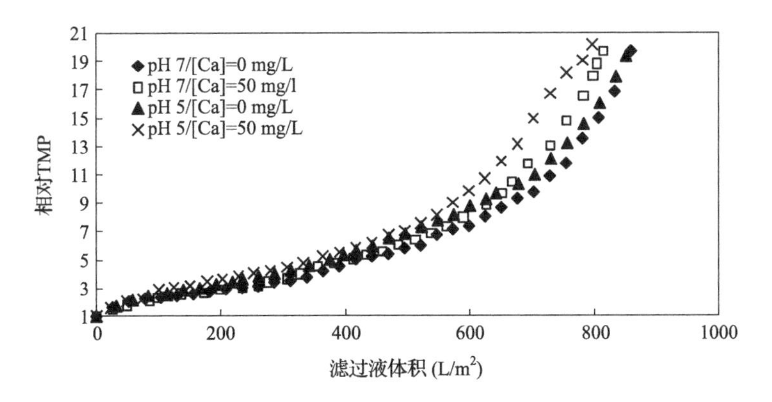

图 5.26　pH 和钙离子对 HOA 溶液微滤特性的影响

有机物的官能团种类决定其对溶液化学条件变化的反应。表 5.7 是利用电位滴定法确定的 EfOM 不同组分的羧酸酸度和酚羟基酸度。从表中数据可以看出，HIS、HOA、HOB 具有不同的羧酸酸度和酚羟基酸度，三者差异较大。HIS 以羧酸酸度为主，其 SUVA 值显示不饱和官能团或芳香族结构较少。而 HOA 的羧酸酸度和酚羟基酸度接近，HOB 以酚羟基酸度为主。较高的酚羟基酸度说明含有较高的芳香族有机化合物，这一点与各组分的 SUVA 值较为吻合。这也与 Aiken 等(1992)的研究结果相符合，他们认为 NOM 中羧基含量可能与有机物分子亲疏水性有较大关系，亲水性物质比疏水性物质可能含有更多的羧酸基、脂肪链碳和更少的芳香分子碳。Fan 等(2001)认为 NOM 的芳香性越高则微滤膜污染越严重，这

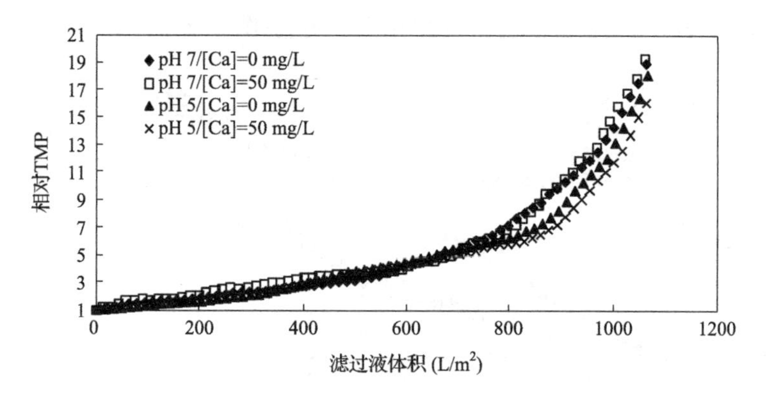

图 5.27　pH 和钙离子对 HOB 溶液微滤特性的影响

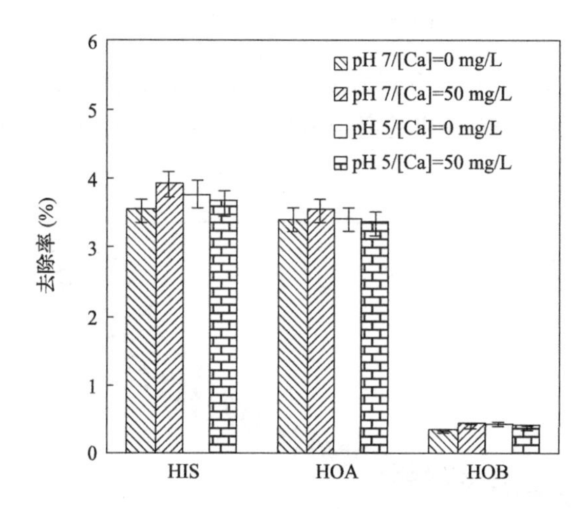

图 5.28　pH 和钙离子对 EfOM 不同组分在微滤工艺中去除率的影响

一点与本研究的结果不同。对照表 5.7 与图 5.22 可以看出，SUVA 和膜污染趋势并无直接关系。

表 5.7　EfOM 不同组分的性质

	SUVA [L/(m·mg)]	羧酸酸度 (meq/mg-C)	酚羟基酸度 (meq/mg-C)
HIS	0.87(0.09)	6.3(0.21)	1.6(0.12)
HOA	1.33(0.13)	3.5(0.27)	2.9(0.19)
HOB	1.02(0.15)	0.5(0.11)	2.4(0.14)

注：括号内为多组平行试验数据标准偏差

据文献报道，羧酸官能团在溶液中电离后产生带负电荷的位点，容易与钙离子结合，又由于钙离子同时可以结合两个负电荷位点，所以钙离子的存在使得含有较多羧酸基团的有机物相互聚集，变得更容易被微滤膜所截留，使得微滤膜污染加重（Nguyen and Chen，2007）。钙离子的这种性质可能在一定程度上代表了多价金属阳离子的共性。由于羧酸为弱酸，其电离程度受到溶液 pH 的影响，因此在较低 pH，羧酸电离受到抑制时，钙离子所起的作用可能会减弱。这在一定程度上解释了本节试验的结果（图 5.2 至图 5.28），即溶液 pH 和 Ca^{2+} 对 EfOM 不同组分的影响。

如前所述，一般二级出水中均含有一定量的钙离子或者铁离子等。因此，具有较高羧基含量是 HIS 组分微滤膜污染较重的主要原因之一。

5.2.3.4　EfOM 不同组分的 FEEM 谱图分析

图 5.29 是 EfOM 不同组分的 FEEM 图谱。从图中反映的具有荧光性质的有

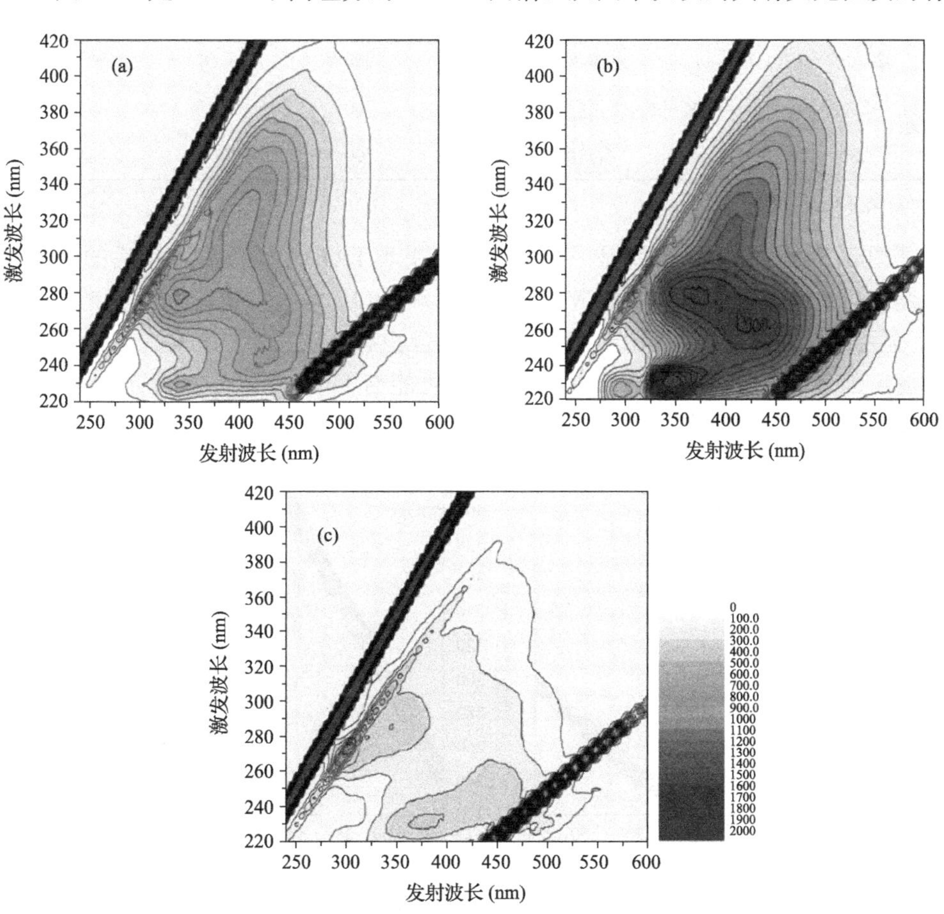

图 5.29　EfOM 不同组分溶液 FEEM 图谱

(a) HIS；(b) HOA；(c) HOB

机物浓度来看，HOA 最高，HIS 和 HOB 较低。各组分所包含的有机物种类总结在表 5.8 中。由表 5.8 可以看出，HIS 含有大量溶解性微生物产物（多糖、蛋白类有机物等），还含有部分腐殖质类有机物，而 HOA 的组成则更加丰富，含有大量的腐殖质、芳香族蛋白，以及溶解性微生物产物（可能为细胞碎片等其他物质）。HOB 在 FEEM 图谱上所包含的信息较少，从表 5.8 可知其含有一定量的芳香族蛋白。

表 5.8　EfOM 不同组分荧光激发-发射光谱总结

荧光峰(E_x/E_m)	物质类型	HIS FI(AU)	HOA FI(AU)	HOB FI(AU)
280/350～370	溶解性微生物产物	1200	1800	300[a]
230/300～350	芳香族蛋白	300[a]	1900	400
320/400～420	水体腐殖酸	800	1300	—
240～260/420～430	富里酸、富里酸类、腐殖酸类	700	1800	—
280/410	腐殖酸类	700	1700[a]	1200[a]

a. 峰不明显

图 5.30 至图 5.32 分别是一组 HIS、HOA 和 HOB 溶液在微滤前后的 FEEM 谱图。对比微滤膜前后的 FEEM 谱图，HIS 和 HOA 均有一定程度的荧光强度降低，显示混合溶液中具有荧光性质的有机化合物有一定程度的去除。但 HOB 在过滤后部分峰值荧光光强反而有所增强，这可能与 HOB 溶液本身荧光性质不强，测量误差影响变得显著有关。

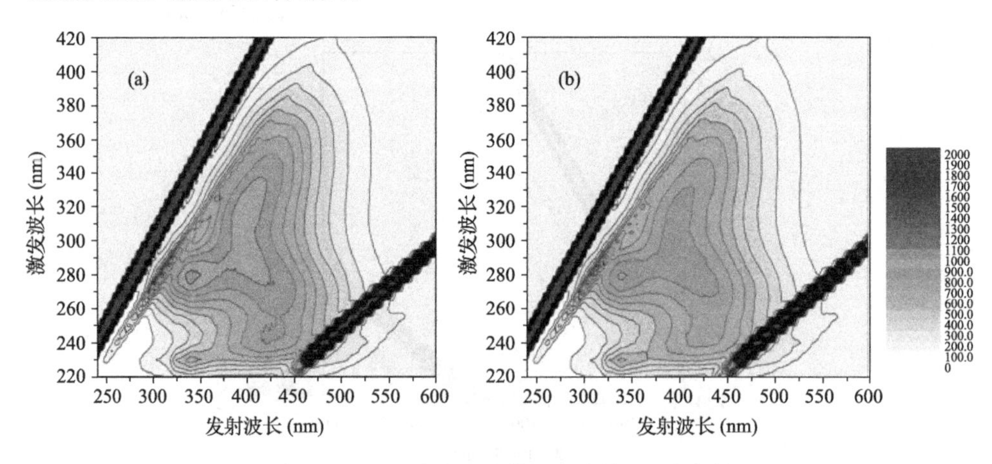

图 5.30　HIS 溶液过滤前后溶液的 EEM 图谱

(a) 过滤前；(b) 过滤后

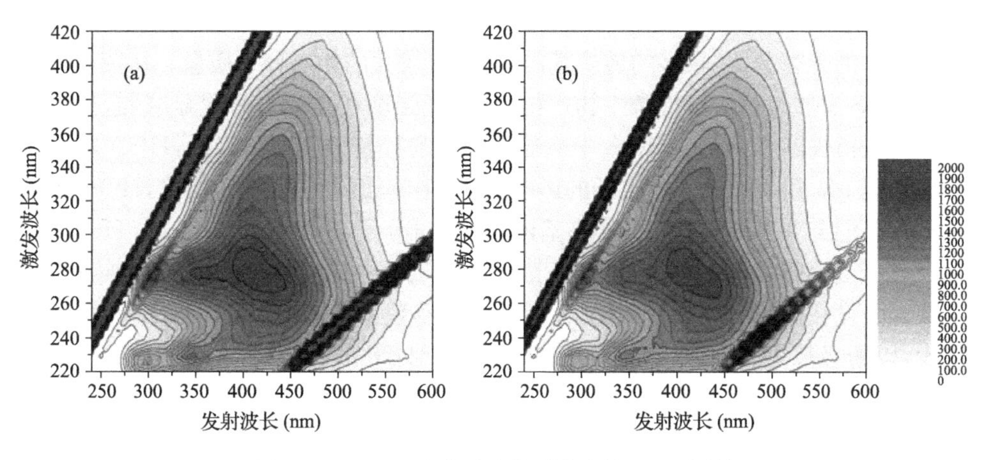

图 5.31 HOA 溶液过滤前后溶液的 EEM 图谱

(a) 过滤前；(b) 过滤后

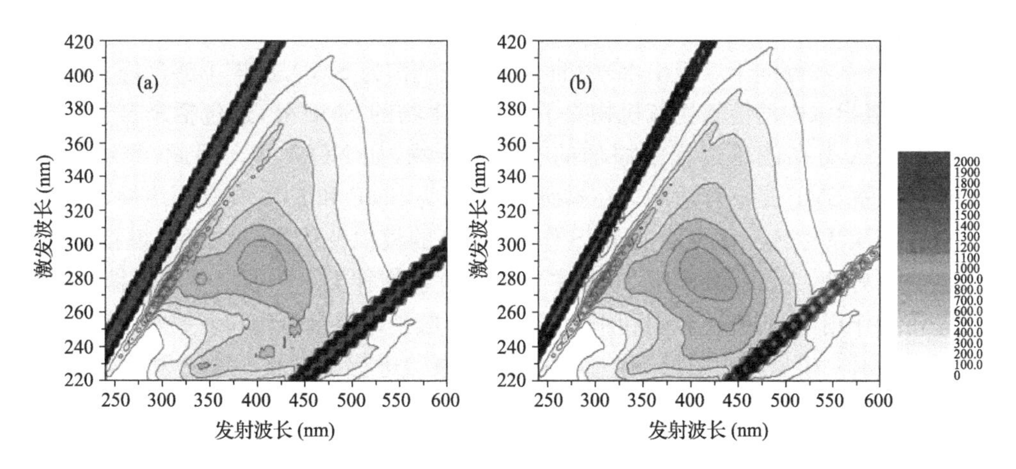

图 5.32 HOB 溶液过滤前后溶液的 EEM 图谱

(a) 过滤前；(b) 过滤后

从本节研究可以总结出一些规律：①从不同亲疏水性组分的膜污染潜能角度来看，亲水性组分 HIS 最强，其次为疏水酸性组分 HOA，疏水碱性组分 HOB 最低。如 5.1 节所述，二级出水中 HIS 所占比例较高，平均约在 54%。在疏水性物质中，HOA 所占比例较高，而 HOB 含量则较低。因此，综合看来，在 EfOM 微滤膜污染中，HIS 贡献最大，占主导地位，HOA 也有较大贡献，而 HOB 则贡献很小。②HIS 组分微滤污染较严重的原因主要包括：具有较大的相对分子质量；与表面亲水改性后的微滤膜之间具有更强的吸附作用；较多的羧基含量。③HIS 以羧酸酸度为主，酚羟基酸度为辅。受基团电离和与金属离子络合能力的影响，HIS 溶液直接微滤在 pH 降低(从 7 到 5)和额外投加钙离子(50 mg/L)的情况下膜污染加重。在 pH5 时,投加额外钙离子的影响减弱。与 HOA 和 HOB 相比,HIS 组分含有较少的芳香基团,较多的链烷基团,并具有较大的相对分子质量。从荧光谱图上看,HIS 主要包括溶解性微生物产物,其荧光强度在微滤后有明显减弱,显示膜对其有截留去除作用。④HOA 中羧酸酸度和酚羟基酸度含量接近,HOA 溶液微滤也受到 pH 和投加额外钙离子的影响,但是影响较弱。与 HIS 相比,HOA 组分含有较多的芳香基团,较少的链烷基团,其相对分子质量比 HIS 小,比 HOB 大。从荧光谱图上看,HOA 主要包括腐殖质、芳香族蛋白及部分溶解性微生物产物,其荧光强度在微滤后有明显减弱,显示膜对其有截留去除作用。⑤HOB 羧酸酸度很少,以酚羟基为主。pH 和投加额外钙离子对 HOB 的影响微乎其微。与 HIS 相比,HOB 组分含有较多的芳香基团,较少的链烷基团,其相对分子质量比 HIS 和 HOA 小。从 FEEM 看,HOB 主要包括芳香族蛋白。

5.2.4 SMP 及其模型组分的微滤特性

二级出水溶解性有机物中 SMP 是极其重要的组成部分。在有些研究中将污泥上清液(基本等同于二级出水)中的有机物笼统作为 SMP,这样不够严谨。前已述及,二级出水中的溶解性有机物除了源自微生物的 SMP 外,还包括来自于天然水、雨水、人类在使用过程中添加的有机化合物,如 NOM 等。因此,笼统的将 EfOM 当做 SMP 是不合适的。在本研究中,因为 SMP 和 EPS 具有同源性,因此,主要采用从活性污泥中提取的 EPS 作为 SMP 的模拟替代物(下文称“模拟 SMP 溶液”)。另外,为了单独考察 SMP 主要组成有机物种类——蛋白质和多糖,在膜污染中的作用,本研究还分别利用 BSA 和海藻酸钠作为蛋白质和多糖的替代物质(下文分别称“模型蛋白溶液”和“模型多糖溶液”)进行了试验。BSA 和海藻酸钠在膜污染试验中被用作模型蛋白和多糖的研究在文献中屡见不鲜(Zator et al.,2007;Sun et al.,2008;Wang et al.,2008),但往往被用作纯物质来研究微滤模型,在本节中主要用来比较不同种类有机组分的膜污染性能。

5.2.4.1 模拟 SMP 及模型多糖、蛋白溶液的微滤特性

活性污泥取自 Q 厂一期回流污泥,表 5.9 是 EPS 提取液的基本组成。从所提取 EPS 主要组成成分来看,蛋白质和多糖含量较为接近。

表 5.9 EPS 提取液的组成

TOC(mg/L)	多糖(mg/L)	蛋白质(mg/L)
2000±123	950±72	1100±60

模拟 SMP 溶液、模型多糖溶液和模型蛋白质溶液的微滤试验采用恒流过滤。考虑 TOC 测定仪器的测量误差,可认为各模拟溶液的 TOC 浓度基本一致,且与

二级出水中溶解性有机物浓度接近。

图 5.33 是模拟 SMP、模型多糖和模型蛋白溶液恒流微滤的试验结果。从图中可以看出，海藻酸钠溶液所造成的膜污染最为严重，BSA 溶液最轻，而主要由蛋白和多糖组成的模拟 SMP 溶液所造成的膜污染适中。从污染形式看，海藻酸钠溶液微滤过程中相对 TMP 以相同的速率快速上升，而 BSA 溶液则在初期较为缓和，经过较明显转折后开始快速上升。从模拟 SMP 溶液微滤前后溶液的有机物指标(表 5.10)来看，以 TOC 为指标，0.1 μm 微滤膜对有机物平均去除率是 49.22%，而以 UV_{254} 为指标则仅仅去除了 14.93%。从这组数据对比上也可以看出，在过滤过程中，模型多糖溶液(主要体现为 TOC 指标)的截留去除率更高，而模型蛋白溶液(主要体现为 TOC 和 UV_{254} 指标)的截留去除率较低。

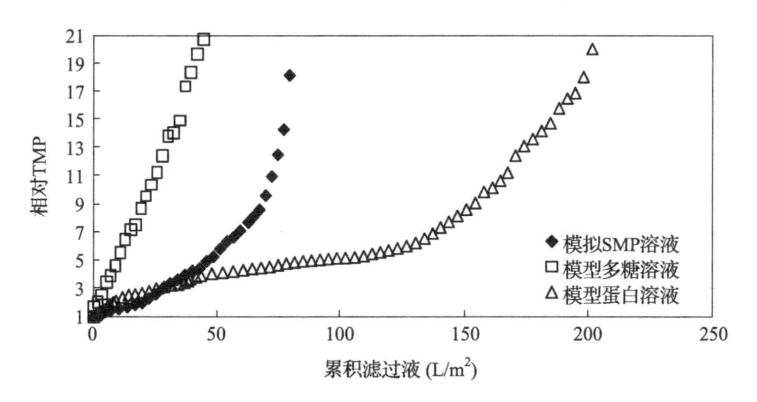

图 5.33 相同浓度的模拟 SMP 溶液与模型蛋白、多糖溶液的微滤试验结果

表 5.10 模拟 SMP 溶液微滤前后水质指标的变化

	UV_{254}(cm^{-1})	TOC(mg/L)	SUVA[L/(m·mg)]
微滤前	0.2298	19.93	1.15
微滤后	0.1955	10.12	1.93
去除率(%)	14.93	49.22	−67.54

5.2.4.2 pH 和钙离子对模型多糖、蛋白溶液微滤特性的影响

有研究认为 SMP 具有一定的金属螯合性(Barker and Stuckey, 1999)。图 5.34 和图 5.35 分别是 pH 和钙离子对模型多糖溶液和模型蛋白溶液微滤中膜污染的影响。模型多糖溶液和模型蛋白溶液对 pH 和钙离子的变化响应差异较大。对模型多糖溶液来说，额外投加 50 mg/L 的钙离子在一定程度上加重了膜污染，并且 pH 为 7 时膜污染加重更明显。pH 的降低也使得膜污染程度略有增加。模型蛋白质溶液则完全不同，其微滤膜污染主要受到 pH 的影响，pH 从 7 降低至

5 的过程所造成的膜污染增加明显，在 pH 为 7 时额外投加 50 mg/L 的钙离子使膜污染加剧的程度不大，而在 pH 为 5 时，钙离子似乎对膜污染没有影响。

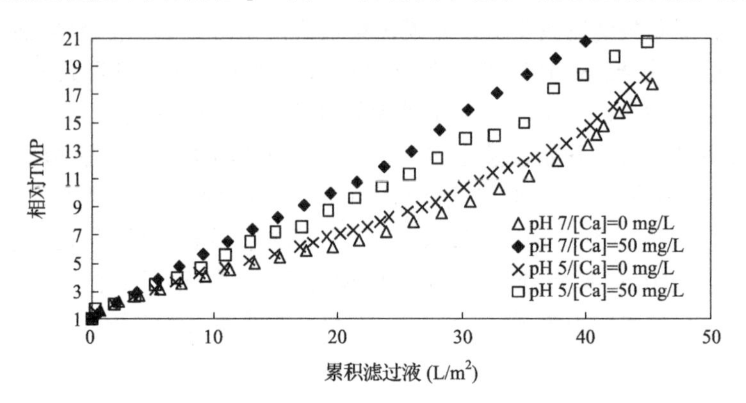

图 5.34　pH 和钙离子对模型多糖溶液微滤污染的影响

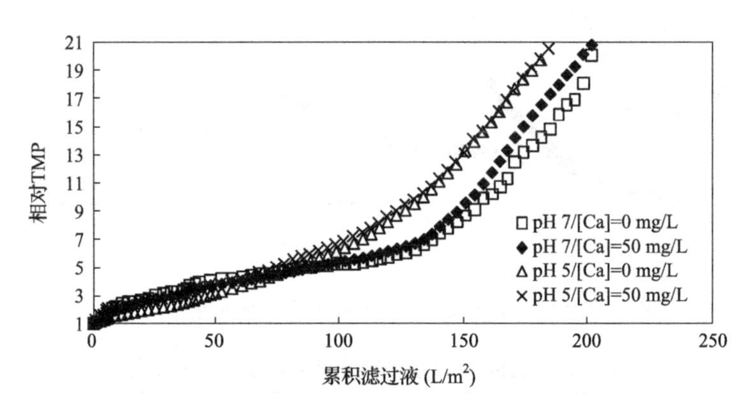

图 5.35　pH 和钙离子对模拟蛋白溶液微滤污染的影响

二者受 pH 和钙离子的影响不同是因为海藻酸钠和 BSA 蛋白分子的结构特征迥异。海藻酸钠属于微生物多糖，含有一定量的羧酸基团和羟基，如前所述，pH 的变化影响其基团的电离状况，电离后带负电荷的基团易于与钙离子发生络合反应。BSA 蛋白分子为两性分子，其等电点在 4.7～4.9 之间(Nakamura and Matsumoto，2006；Sun et al.，2008)，因此 pH 为 5 时，BSA 分子接近中性状态，此时 BSA 基本不受钙离子的影响；而在 pH 为 7 时，BSA 分子羧基基团电离，带有负电荷，此时 BSA 在一定程度上受到钙离子的影响。另外，pH 接近等电点时 BSA 的污染略有加重。

BSA 溶液微滤的相对 TMP 增长趋势与 Sun 等(2008)的报道一致，过滤初期为缓慢污染，而接下来为快速污染阶段。他们认为，在等电点时 BSA 被大量截留，主要污染机理为膜孔堵塞和(可压缩的)滤饼层的形成，具体的污染过程可能是大的BSA聚集体先被膜通过筛分原理截留，在膜表面上形成了可以继续被其他BSA结合的晶核，并最终形成滤饼层。

表5.11和表5.12是溶液化学条件对模型多糖溶液和模型蛋白溶液微滤过程截留率的影响，可以看出，截留率的变化基本反映了膜污染趋势的变化。这说明溶液化学条件虽然可在一定程度上改变膜有机污染的形式和机理，但被截留污染物质总量与膜污染程度仍然呈现明显正相关的关系。

表5.11　pH和钙离子对模型多糖溶液微滤过程截留率的影响

	pH 7		pH 5	
	[Ca]=0 mg/L	[Ca]=50 mg/L	[Ca]=0 mg/L	[Ca]=50 mg/L
TOC去除率(%)	47±3	67±4	51±3	55±6

表5.12　pH和钙离子对模型蛋白溶液微滤过程截留率的影响

	pH 7		pH 5	
	[Ca]=0 mg/L	[Ca]=50 mg/L	[Ca]=0 mg/L	[Ca]=50 mg/L
TOC去除率(%)	27±2	32±3	29±3	31±2

图5.36是BSA溶液(pH 5)过滤一定时间后，滤过液与初始溶液FEEM图谱的比较，可以看出，滤过液中的BSA蛋白荧光峰强度非常低，显示BSA形成凝胶层后对后续过滤料液中BSA蛋白分子具有较好的去除效率。

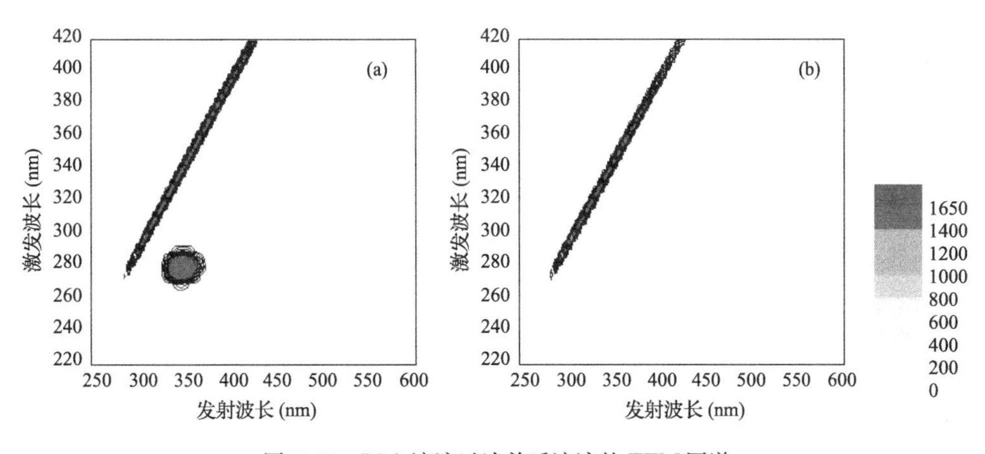

图5.36　BSA溶液过滤前后溶液的EEM图谱

(a) 过滤前；(b) 过滤后

从本节的试验结果分析可以看出：①与EfOM相比，模拟SMP溶液具有较强的膜污染能力。模型多糖溶液的膜污染能力明显大于相近有机物浓度的模型蛋白质溶液的膜污染能力，也强于相近有机物浓度的模拟 SMP 溶液。模型多糖溶液微滤的相对 TMP 发展趋势显示其膜污染发展形式可能为凝胶/滤饼层过滤模式。②以 TOC 为指标，微滤对模拟 SMP 溶液、模型多糖溶液和模型蛋白质溶液具有明显高于 EfOM 及各组分的截留去除率，其中对模型多糖溶液的去除率最高。③由于分子结构和官能团的差异，模型蛋白和模型多糖溶液的微滤性能受 pH 和钙离子的影响不同。模型蛋白溶液受 pH 的影响更大，而受钙离子影响较小，尤其在接近其等电点时，膜污染有较明显加重。模型多糖溶液微滤则主要受到钙离子浓度的影响，投加额外的钙离子使得其膜污染情况有明显加重。

5.2.4.3 腐殖酸(NOM)溶液的微滤特性

在本节中，模拟 NOM 溶液采用国际腐殖质协会(international humic substance society，IHSS)分离制备的 S 河腐殖酸(记为 SRHA)。所配制的腐殖酸模拟溶液 TOC 浓度为 18.12 mg/L，与实际二级出水 TOC 值接近。图 5.37 是 SRHA 微滤过程中相对 TMP 随累积滤过液体积增加而变化的情况，以及 pH 和钙离子浓度的影响。从图中可以看出，pH 在 5～7 之间时，pH 对 SRHA 微滤膜污染的影响非常小，而投加额外的钙离子则在一定程度上使膜污染加重。

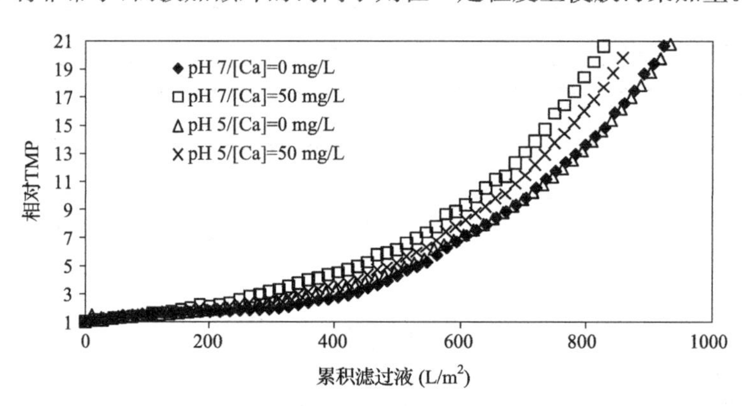

图 5.37 pH 和钙离子对 SRHA 溶液微滤污染的影响

表 5.13 是该组过滤试验中 SRHA 以 TOC 为指标的截留去除率，在未投加额外钙离子的情况下，TOC 去除率约为 10%～11%，而投加额外钙离子 50 mg/L 可以使得去除率提高 3%～5%。

图 5.38 是模拟腐殖酸溶液过滤前后的 EEM 图谱，对比可以发现各峰值荧光光强均有一定程度减少，显示存在一定的有机物去除率。

表 5.13　pH 和钙离子对 SRHA 溶液微滤过程截留率的影响

	pH 7		pH 5	
	[Ca]=0 mg/L	[Ca]=50 mg/L	[Ca]=0 mg/L	[Ca]=50 mg/L
TOC 去除率(%)	10±2	15±2	11±3	14±3

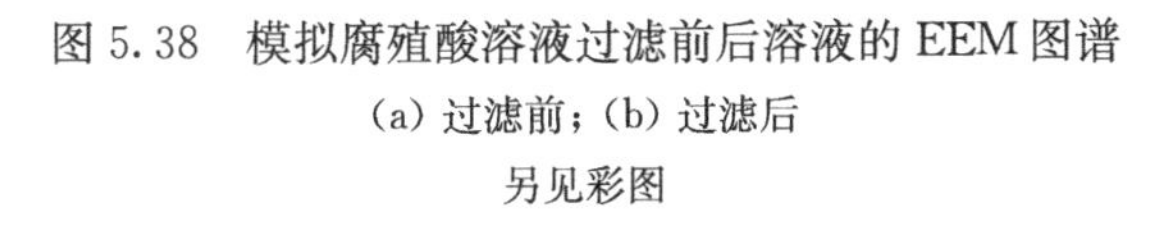

图 5.38　模拟腐殖酸溶液过滤前后溶液的 EEM 图谱

(a) 过滤前；(b) 过滤后

另见彩图

以 TOC 为指标，综合对比 EfOM、EfOM-HIS、EfOM-HOA、EfOM-HOB、模拟 SMP 溶液、模型多糖（海藻酸钠）溶液、模型蛋白（BSA）溶液和模拟 NOM（SRHA）溶液的微滤平均截留去除率，可以发现 EfOM 及其 HIS、HOA、HOB 组分的截留率低于模拟有机物组分（EPS、多糖、蛋白等）的截留去除率。这与 EfOM 组成成分的复杂性有关，这种复杂性不仅体现在组成 EfOM 的有机物性质不同上，还体现在组成 EfOM 的有机物相对分子质量分布范围上。与提取的 EPS 溶液（经过透析去除小分子）以及其他模拟有机物溶液相比，EfOM 含有大量的小分子有机物质（见图 5.9），这类小分子有机物更容易穿透微滤膜孔，从而造成总体平均截留去除率降低。

5.2.5　不同种类有机物在膜表面的污染特性

溶解性有机物在微滤过程中造成膜污染的途径主要有两种，分别是膜孔内部的吸附/堵塞污染和在膜表面形成有机物凝胶层污染。为了衡量几种不同有机物溶液在有机微滤膜表面形成凝胶层污染的性能，对过滤了相同体积，并具有基本相同 TOC 浓度的不同种类有机物溶液的微滤膜表面进行了 ATR-FTIR 和 XPS 测量分析。试验采用恒流过滤的方式。过滤 200 mL 有机物浓度接近[TOC 为(18±0.6) mg/L]的不同溶液，过滤后用去离子水 50 mL 反复冲洗膜表面以去除黏附有机物溶液，最后将膜片在 80 ℃烘干备测。

5.2.5.1　红外谱图分析

图 5.39 至图 5.42 分别是过滤 BSA、HIS、HOA 和 HOB 后膜表面的 ATR-FTIR 谱图(扣除新膜的谱图后)。对比各图可以发现，过滤 BSA 和 HIS 溶液后的微滤膜表面红外谱图显示含有丰富的有机物官能团，而 HOA 和 HOB 所对应的微滤膜表面红外谱图则信息含量较少。4 组红外谱图的峰值信息总结在表 5.14 中。造成这种现象的原因有两点：一是从微滤膜截留率上来说，BSA 和 HIS 溶液的截留率高于或者略高于 HOA 和 HOB 的截留率(见图 5.23 和表 5.12)，所以在其膜

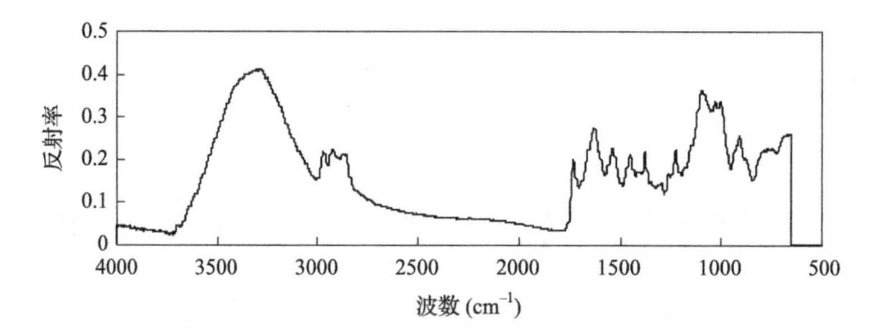

图 5.39　BSA 污染后微滤膜表面 ATR-FTIR 谱图(扣除新膜本底)

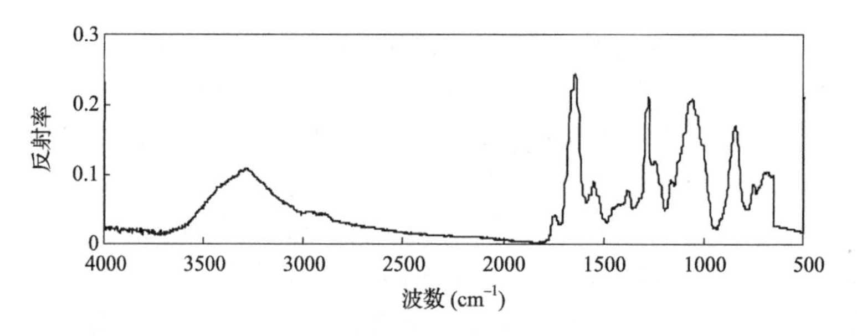

图 5.40　EfOM-HIS 污染后微滤膜表面 ATR-FTIR 谱图(扣除新膜本底)

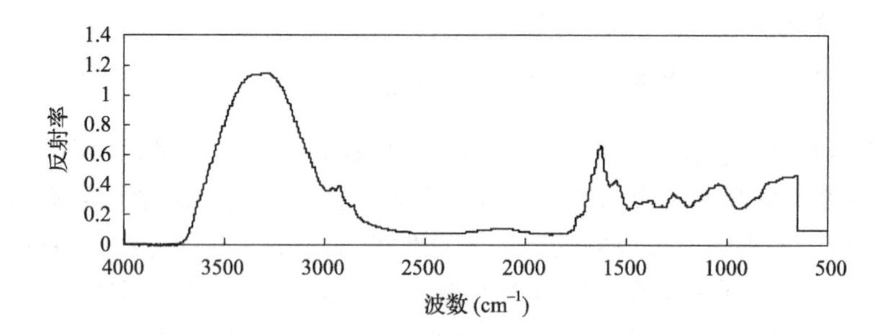

图 5.41　EfOM-HOA 污染后微滤膜表面 ATR-FTIR 谱图(扣除新膜本底)

表面的吸附量与形成凝胶层的物质量也更大；二是从膜污染的机理看，与 BSA 和 HIS 相比，HOA 和 HOB 所包含的有机物相对分子质量较小，因此它们被膜截留去除时，更易于在膜孔内部被吸附或堵塞膜孔，所以在膜表面吸附并形成凝胶层的物质量的比例也会降低。

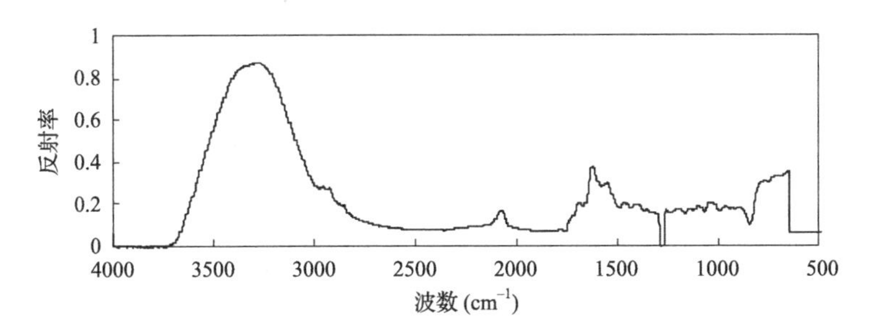

图 5.42　EfOM-HOB 污染后微滤膜表面 ATR-FTIR 谱图(扣除新膜本底)

表 5.14　ATR-FTIR 谱图信息总结

波数(cm^{-1})	可能的官能团	BSA	HIS	HOA	HOB
3260	羟基和/或氨基，显示含有多糖或者腐殖质类物质，以及氨基化合物	强	强	强	强
2960/2890/2850	链烷基	强	弱	弱	弱
1720	氨基和/或羧基基团	较强	弱	—	—
1600	芳香环—C═C—伸缩振动，和/或 C═C 双键	较强	强	较强	较强
1530	单取代氨基化合物	较强	较强	弱	弱

5.2.5.2　XPS 结果分析

从 XPS 的结果来看(图 5.43 和图 5.44)，过滤 EfOM 及其不同亲疏水性组分，以及 BSA 后的微滤膜表面截留物质的元素组成相近，与新膜表面元素组成有明显差别，显示这些有机物在膜表面均有吸附或凝胶层形成。HA 的结果则有较明显差别。主要元素间的比值能表达官能团的信息。一般说来 O/C 比显示了有机物中含氧官能团的多少，而 N/C 比显示了有机物中含氮官能团的多少。基于此，由图 5.44 可知：除 HA 所对应膜表面含氧官能团较多外，其余溶液所对应膜表面的含氧官能团数量接近，相差不大；从膜表面截留的几种物质的含氮官能团含量看，HA＞BSA＞HIS＞HOB＞HOA＞EfOM。

从本节试验数据分析主要可以得出，与 BSA 和 HIS 溶液相比，HOA 和 HOB 在膜表面吸附/形成凝胶层的量相对较少，因为后两者相对分子质量相对较小，其

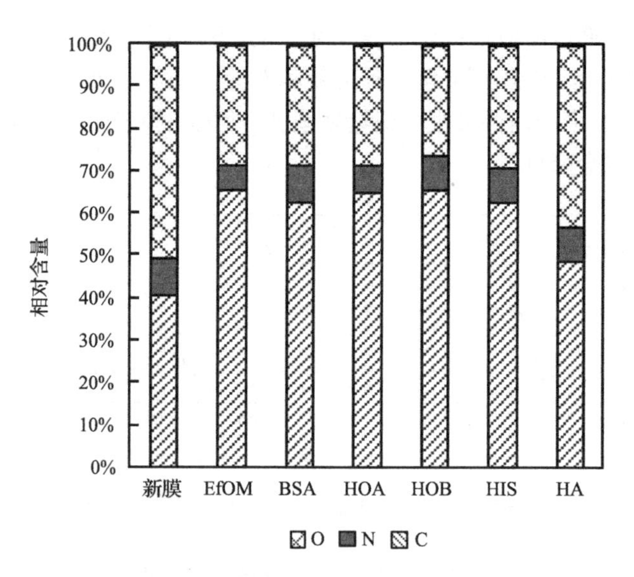

图 5.43　不同溶液污染后膜表面元素相对含量对比

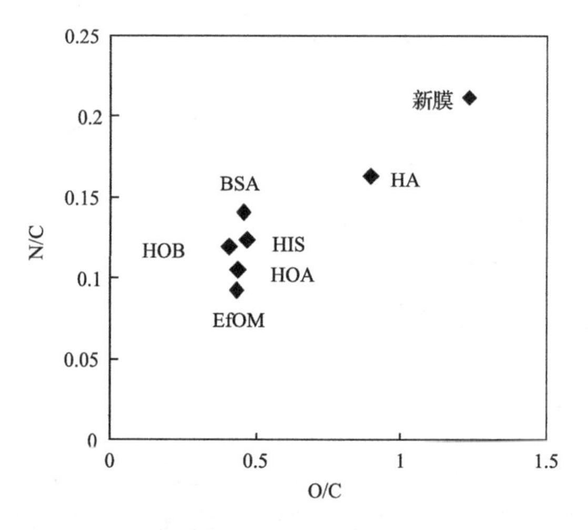

图 5.44　不同溶液污染后膜表面主要元素比值

在膜孔内吸附的膜污染形式起重要作用。

5.2.6　SMP/NOM 混合溶液中 SMP 的含量与其微滤膜污染的关系

因为 EfOM 的主要组成为源自微生物的 SMP 和来自源水(或其他过程)的 NOM,因此需考察 EfOM 组成(SMP/NOM 比例)与微滤膜污染的关系。在本试验中仍然采用由活性污泥提取的 EPS 溶液作为模拟 SMP 溶液,SRHA 作为模拟 NOM。不同 SMP/NOM 比值溶液[TOC 均为(18±0.5)mg/L]的配制方法是混合不同TOC浓度的EPS溶液和SRHA溶液。

对不同SMP/NOM比值溶液的微滤采用恒流过滤的方式进行。膜污染的评价指标采用Ψ。图5.45是对不同SMP/NOM比值的溶液进行微滤试验所得到的污染指数Ψ的变化趋势。利用Excel 2007数据统计功能中的“相关系数”计算工具，对SMP含量比例数据与污染指数Ψ的数据进行分析，得到两者相关系数为0.9858(P=0.002)。这说明在其他条件相同的情况下，微滤膜污染指数Ψ与SMP-NOM溶液的组成具有较高的相关性。

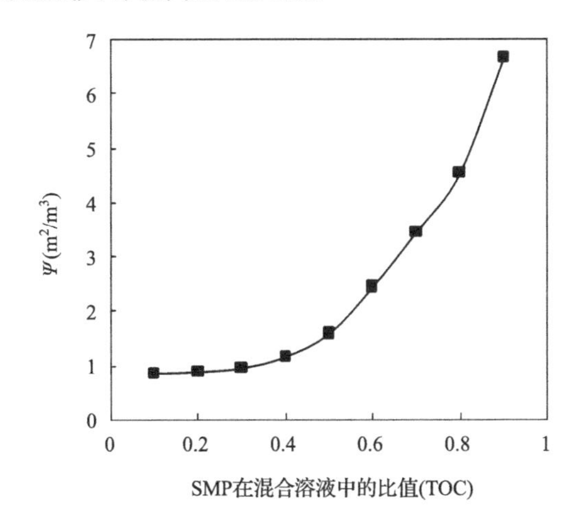

图5.45　不同SMP/NOM(模拟溶液)比值下的污染指标Ψ

5.2.7　有机物在微滤过程中形成膜污染的机理

5.2.7.1　有机物微滤过程中凝胶层的形成

从5.2.6节的污染膜表面分析试验数据可以看出，各种有机物溶液在微滤过程中均会在膜表面有一定量的吸附或者形成凝胶层，这种凝胶层可以肉眼直接观察到。以HA溶液为例，图5.46和图5.47展示了直接观察和利用SEM观察到的膜表面凝胶层。

研究凝胶层的形成规律对认识有机物的膜污染机理具有重要意义，因为在凝胶层的增长过程中，有机污染物之间的相互作用具有重要影响，而在凝胶层形成之前或者形成的初始阶段，有机污染物与膜材料之间的相互作用则占主导地位。

5.2.7.2　微观力谱的测定方法

在本节试验中，通过测定3种不同性质EfOM组分与膜材料之间，以及相互之间的微观力谱，认识和分析有机物微滤过程中的膜污染机理。主要方法是通过

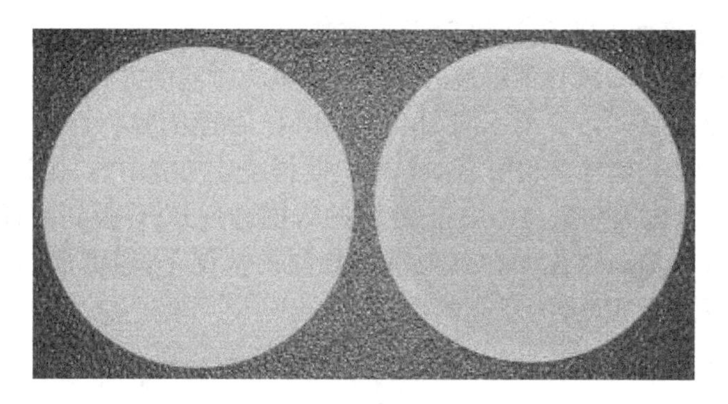

图 5.46　HA 溶液(500 mL)微滤后在膜表面吸附/凝胶层的形成

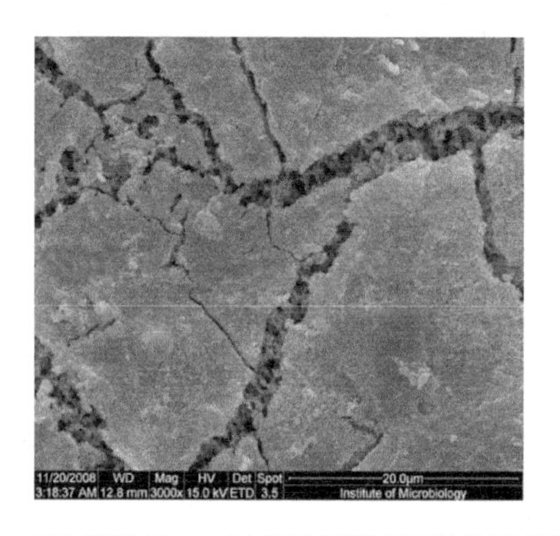

图 5.47　HA 溶液(500 mL)微滤后膜表面污染层 SEM 照片

将目标有机物吸附于胶体颗粒小球之上制备成探针，然后用 AFM 测量该探针与目标材料(如膜材料)之间的力谱。因为有机物较难直接吸附于 SiO_2 表面，因此采用先将氧化铁吸附于 SiO_2 表面，然后再将目标有机物吸附于氧化铁之上。选择氧化铁的原因是因为 Fe 元素本身在二级出水中比较常见。

根据 AFM 的工作原理，当悬臂弯曲程度不随位移的改变而改变时，定义此时所对应的力为力的零点；当力的变化速率与位移的变化速率成正比时，可以认为力与材料之间完全接触，此时的相对距离定义为距离的零点。当然，在距离的零点判定上一般会存在着一定的误差，因为并非所有的材料均为刚体，绝大多数材料都具有不同程度的弹塑性。

同时，为了保证吸附操作的质量，采用对石英玻璃片进行同步吸附操作并利用 XPS 检测表面元素丰度的方法来保证胶体颗粒探针的吸附效果。通过多次测量取平均值以保证力谱测量的质量。

根据 Derjaguin 近似准则，球体和平面之间的相互作用力与单位面积的相互作用能有关：

$$F(d) = 2\pi RW(d) \tag{5.9}$$

其中，$F(d)$是球体和平面之间分开距离为 d 时的相互作用力；R 是球体颗粒的半径；$W(d)$是球体和平面分开距离为 d 时单位面积的相互作用能。由(5.9)式可知，$F(d)/R$ 指示了球体与平面之间单位面积的相互作用能，这个作用能仅与两者相互之间的距离有关，并且这种表示方法消除了球体颗粒大小的影响，便于比较不同的试验结果。因此，在下文的数据分析中均表示为 $F(d)/R$ 随距离 d 的变化情况。

5.2.7.3　力谱曲线的对比分析

本节试验考察的3种有机物溶液，分别为HIS溶液、HOA溶液和HOB溶液。试验分别考察了表面吸附有3种不同有机物组分的胶体颗粒小球与微滤膜表面之间的力谱(图5.48)，以及与形成EfOM有机物凝胶层的微滤膜表面之间的力谱(图5.49)。AFM液体流动池中溶液pH为7，钙离子浓度50 mg/L的去离子水溶液。

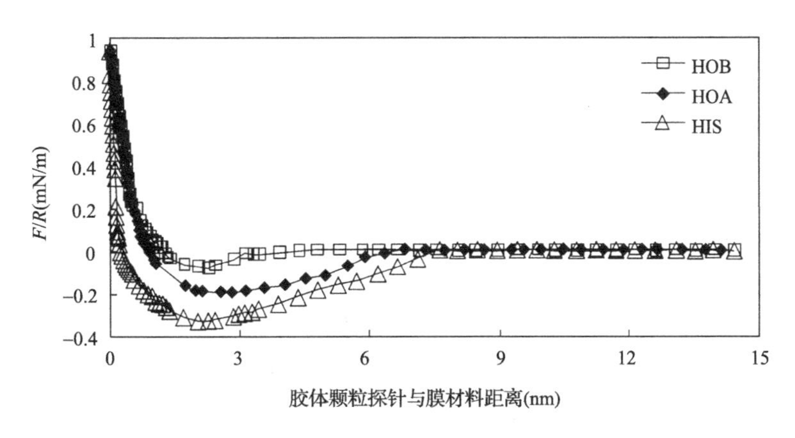

图5.48　吸附有机物的胶体探针与膜材料之间的力谱(离去曲线)

从图5.48可以看出，在给定的溶液条件下，表面吸附HIS、HOA、和HOB有机物的胶体颗粒探针与膜材料之间均存在一定的吸引能，并且HIS与膜材料之间的吸引能最强，作用距离也最长，其次为HOA，HOB最小。以上结果显示HIS类有机物与膜材料之间的吸附相对更紧密，更加难以去除，其次为HOA类有机物，最弱的是HOB类物质。图5.48模拟了微滤最初阶段的膜污染情形，与膜材料之间吸引力较大的有机物在过滤水流拖曳力的推动下，更容易吸附于膜材料表面(进入膜孔的有机物则吸附于孔壁之上)。结合本章5.2.3节的试验结果也可以看出，相同浓度的HIS溶液、HOA溶液和HOB溶液在微滤过程开始阶段，膜污染的发

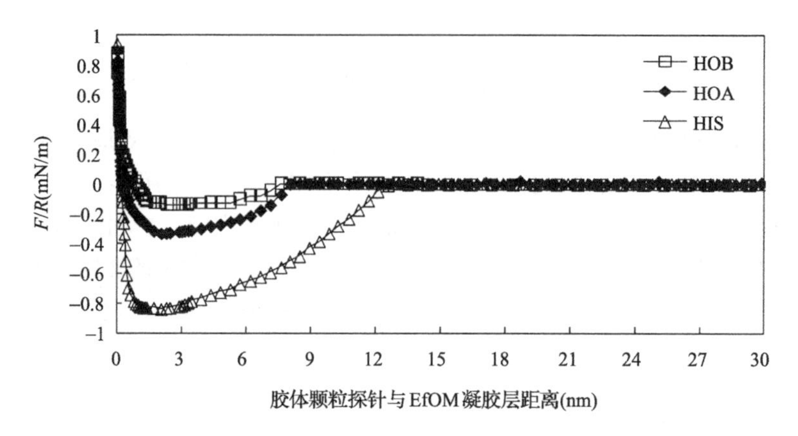

图 5.49 吸附有机物的胶体探针与 EfOM 凝胶层之间的力谱(离去曲线)

展速率大致体现了图 5.48 中吸引能的差异。

图 5.49 给出了当 EfOM 在膜表面形成凝胶层之后，膜材料与 3 种不同有机物组分之间的相互作用能。可以看出，在给定溶液化学条件下，3 种物质与 EfOM 凝胶层之间仍然具有吸引能，且吸引能的大小和作用距离有显著的增加。这说明在 EfOM 微滤过程中，当凝胶层形成后，微滤工艺对有机物的截留去除效率将会有一定的上升。同时，从吸引能的大小和作用距离也可以看出，EfOM 凝胶层与 HIS 之间的作用力最大，其次为与 HOA，与 HOB 之间的作用力最小。此试验结果与 5.2.3 节中各组分微滤膜污染以及微滤过程中的截留率结果一致。利用 AFM 获得的离去力谱曲线从物质之间作用力的角度，解释了上述规律的机理。

有机物分子之间，有机物分子与膜材料之间产生吸引能的原因可能与溶液中存在一定浓度的钙离子有关。如前所述，钙离子具有两个正电荷，可以同时与有机物的两个负电荷位点或者两个有机物的负电荷位点进行配位耦合，而且其分子大小较为合适，一般不会使得与其配位的有机物因为存在空间位阻而难以配位成功。同时，钙离子在二级出水中也是非常常见的无机离子，所以，钙离子在二级出水微滤有机污染中扮演了重要的角色，其作用原理如图 5.50 和图 5.51 所示。对于有机物来说，羧酸基团是较容易与钙离子配位的有机物官能团，因此，在不考虑有机物相对分子质量大小对膜污染影响的情况下，有机物羧酸酸度的大小与其在微滤过程中的污染速率有较大相关性。AFM 试验结果所反映的膜污染势能(图 5.48 和图 5.49)与表 5.8 中不同组分羧酸酸度值有较好的对应关系。

从本节的分析可以得出：①二级出水在直接微滤初期，表现为“中间堵塞”膜污染形式。而 EfOM 溶液的直接微滤表现为“标准堵塞”模型，表明其污染成分以粒径更小的溶解性/胶体性有机物质为主，易于进入膜孔造成微滤膜的吸附/堵塞污染。②EfOM 不同组分在直接微滤中的膜污染潜能从大到小的顺序依次为 HIS>

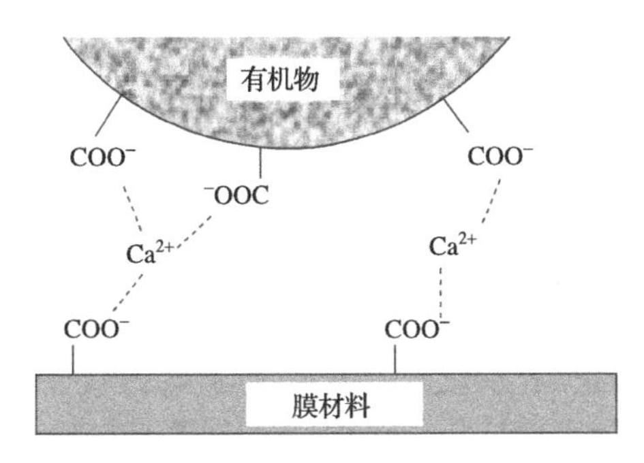

图 5.50　有机物与膜材料之间的相互作用(Li et al.,2007)

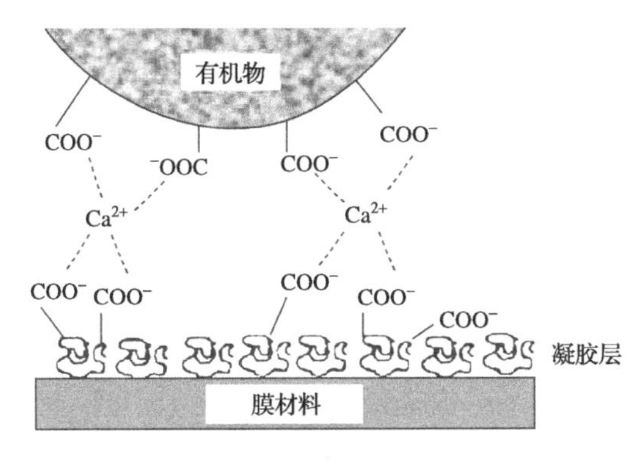

图 5.51　有机物与 EfOM 凝胶层之间的相互作用(Li and Elimelech,2004)

HOA>HOB。HIS 组分微滤污染较严重的原因主要包括:较大的有机物分子;与表面亲水改性后的微滤膜之间具有更强的吸附作用;较多的羧基含量。③与 EfOM 相比,模拟 SMP 溶液和模拟 NOM 溶液具有更强的膜污染势能,具体结果为:模型多糖溶液>模拟 SMP 溶液>模型蛋白溶液>模拟 NOM 溶液。由于优势基团的差异,多糖溶液和蛋白溶液受 pH 和钙离子浓度的影响不同,多糖溶液在投加额外钙离子的情况下,污染明显加重,而蛋白溶液在 pH 接近等电点时污染更为严重。④SMP/NOM 比越高,污染越严重,污染指标 Ψ 越大,二者具有较好的相关性。⑤AFM 力谱结果显示,在给定溶液条件下:过滤初期,EfOM 不同组分与膜材料之间吸引力(能)和作用范围的排序均为 HIS>HOA>HOB;凝胶层形成后,EfOM 不同组分与 EfOM 凝胶层之间吸引力(能)和作用范围均比与膜材料之间的相应数值有增加,排序不变。利用 AFM 获得的离去力谱曲线从物质之间作用力的角度,解释了这些规律的机理。

5.3　二级出水臭氧-微滤过程中有机物污染特性

第 5.2 节的研究表明，二级出水溶解性有机物 EfOM 依据其来源和亲疏水性的不同而具有不同的膜污染潜能和膜污染性质。有机物分子的性质，如相对分子质量分布、羧基基团含量、亲水性等，均影响其膜污染潜能。

作为控制膜污染的措施，预臭氧化主要通过与二级出水中的水质组分发生反应，并在反应中改变不同水质组分的性质，进而影响其在微滤过程中的膜污染。对于 EfOM 也不例外，在预臭氧化单元中，EfOM 的性质会发生改变，进而影响其在后续微滤过程中的行为。本章主要通过预臭氧化试验和恒流微滤试验，研究 EfOM 及其不同组分在预臭氧化过程中的反应和性质变化，并考察预臭氧化反应和有机物性质的改变对其在后续微滤过程中膜污染行为的影响。

5.3.1　研究方法

5.3.1.1　臭氧反应装置及试验参数

实验室臭氧反应装置（示意图和实物照片见图 5.52）为间歇式反应设备。主体反应器为气泡柱，内径 8 cm，内部最大有效高度 105 cm，标准反应体积为 5 L。臭氧反应柱中间位置设置取样口，并由循环泵及管路连接底部和顶部。在正常运行过程中，循环泵将反应溶液从底部循环至顶部，从而使得水样与从反应柱底部通入的臭氧气体实现对流和充分接触。

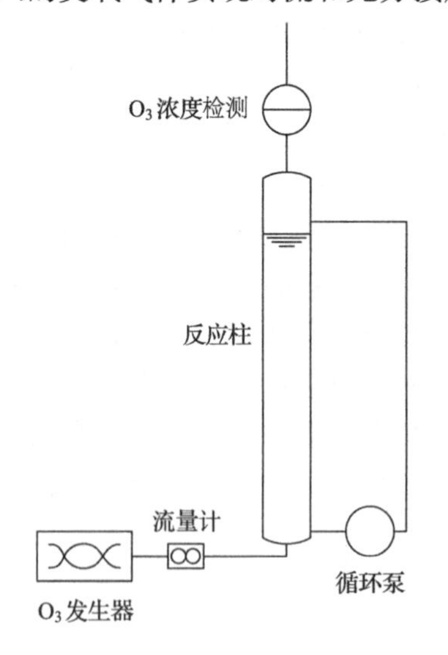

图 5.52　臭氧反应装置示意图和实物图

臭氧发生器利用氧气作为气源，所产生的臭氧通过放置在反应柱底部的球形玻璃砂头进入容器。臭氧反应柱最顶部设置有残余气体出口，残余气体首先经过气体臭氧浓度检测仪进行在线检测后，再进入臭氧分解装置分解处理。该套臭氧反应装置的性能参数见图 5.53 和图 5.54。在预臭氧反应试验中，通过调节臭氧发生器的两个参数，气体流量和放电电压，来控制不同的臭氧生成量。通过改变投加臭氧的浓度以及臭氧接触时间来调节臭氧投加量。

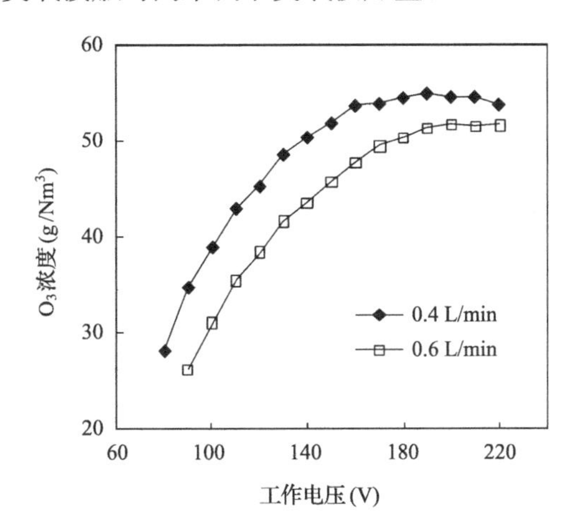

图 5.53　臭氧反应装置性能：气态臭氧浓度与电压、气体流量的关系

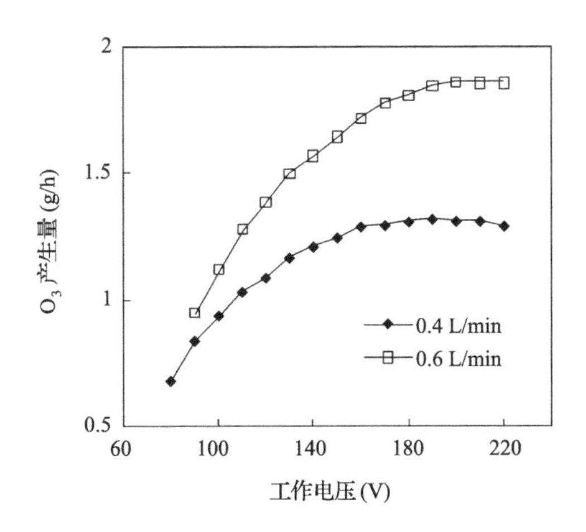

图 5.54　臭氧反应装置性能：臭氧产量与电压、气体流量的关系

在溶解性有机物溶液的臭氧反应试验中，臭氧发生器进气流量固定为 0.4 L/min，放电电压为 100 V，臭氧产生速率为 15.6 mg/min。

该气泡柱式臭氧反应装置的臭氧消耗量可通过下式计算：

$$t\text{时刻的臭氧消耗量} = \int (C_{t1} - C_{t2}) \cdot Q \cdot \mathrm{d}t - DO_3 \cdot V \tag{5.10}$$

其中，C_{t1} 和 C_{t2} 分别为反应柱入口和出口处的气体臭氧浓度；Q 为气体流量；DO_3 为溶液中的溶解臭氧浓度；V 为反应装置内溶液总体积。

5.3.1.2 恒流过滤装置及试验参数

恒流过滤装置及其他检测方法均见 5.1 节与 5.2 节相关内容。恒流过滤试验通量均采用 8(m^3/m^2)/d。

5.3.1.3 试验设计

本节中具体的试验设计和参数等详细信息汇总在表 5.15 中。

表 5.15 试验设计和参数表

节	有机物种类	TOC(mg/L)	臭氧投加量[a] mg-O_3/mg-DOC	恒流过滤	其他
5.3.2	EfOM	17.75±0.74	0	是	$[Ca^{2+}]$=50 mg/L
	EfOM	17.75±0.74	0.36	是	
	EfOM	17.75±0.74	0.72	是	
	EfOM	17.75±0.74	1.08	是	
	EfOM	17.75±0.74	1.44	是	
	EfOM	17.75±0.74	1.8	是	
	EfOM	17.75±0.74	2.16	是	
	EfOM	17.75±0.74	2.16	是	
	EfOM	17.75±0.74	2.52	—[a]	
	HIS	12.15±0.21	0	是	
	HOA	11.76±0.43	0	是	
	HIS	12.15±0.21	0.72	是	
	HOA	11.76±0.43	0.72	是	
5.3.3	EfOM	17.75±0.74	2.52	—[a]	pH=7
	EfOM	17.75±0.74	2.52	—[a]	pH=5
	HIS	12.15±0.21	2.52	—[a]	pH=7
	HOA	11.76±0.43	2.52	—[a]	pH=7
	HOB	11.27±0.57	2.52	—[a]	pH=7

注：“—”表示此组试验仅进行水质分析，对比预臭氧化对料液不同性质的影响，无过滤操作

a. 臭氧投加量范围参考曾开展的中试试验数据确定

5.3.2　预臭氧化对有机物溶液微滤特性的影响

5.3.2.1　预臭氧化对 EfOM 溶液微滤特性的影响

本节分别考察了 EfOM 溶液和预处理中不同臭氧投加量(从 0.36 mg-O_3/mg-DOC 至 2.52 mg-O_3/mg-DOC)作用后的 EfOM 溶液在微滤过程中的膜污染特性。所有试验膜污染均随臭氧投加量的增加而减轻。图 5.55 选取 3 组微滤试验(臭氧投加量分别为 0、0.72 mg-O_3/mg-DOC 和 2.16 mg-O_3/mg-DOC),相对 TMP 随滤过液体积的发展趋势。从图中可以看出,预臭氧化减轻了膜污染,相对 TMP 的增长速率减缓。

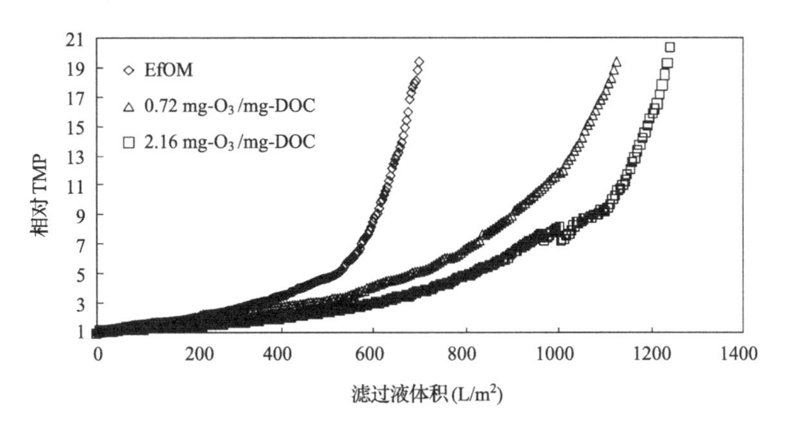

图 5.55　预臭氧化对 EfOM 微滤特性的影响

图 5.56 是 3 组试验污染指标 Ψ 的发展变化情况。由图 5.56 可见,预臭氧化可以有效降低 EfOM 溶液的污染指标 Ψ。预臭氧化投加量较小时(0.72 mg-O_3/mg-DOC),污染指标 Ψ 的下降速率较快。预臭氧化投加量较大时(2.16 mg-O_3/mg-DOC),污染指标 Ψ 的下降速率减缓。在实际工艺中,如果进水中膜污染物质以有机物为主,则需要在膜污染和臭氧投加量之间进行平衡,以获得较好的工艺经济性。

由第 5.2 节内容可知钙离子可略微加重 EfOM 及其组分的微滤污染。为了考察钙离子对预臭氧化后 EfOM 溶液的影响,向预臭氧化(2.16 mg-O_3/mg-DOC)后 EfOM 溶液中投加了一定量钙离子,使其浓度达到 50 mg/L。图 5.57 对比了两组试验中相对 TMP 随滤过液体积的变化。从图 5.58 可知,钙离子加重了膜污染。从有机物截留率(表 5.16)来看,投加额外钙离子也使得有机物的截留率有所升高。另外,从表 5.16 还可以看到,预臭氧化(2.16 mg-O_3/mg-DOC)使得有机物的截留率从 3.63%降低到 2.22%。

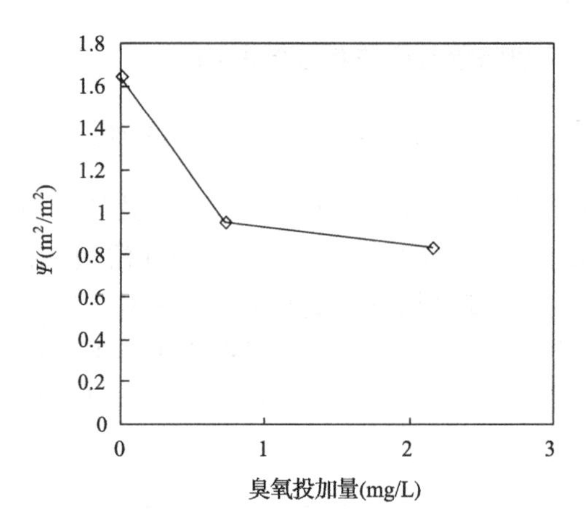

图 5.56　预臭氧化对 EfOM 微滤污染指标 Ψ 的影响

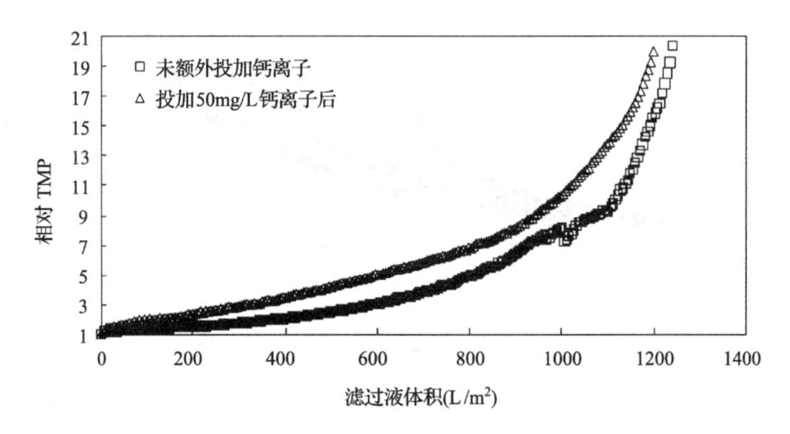

图 5.57　额外投加钙离子对预臭氧化后 EfOM 微滤特性的影响

臭氧投加量：2.16 mg-O_3/mg-DOC

表 5.16　预臭氧化对 EfOM 微滤截留率的影响

溶液	投加臭氧量(mg-O_3/mg-DOC)	投加钙离子浓度(mg/L)	DOC 截留率(%)
EfOM	0	0	3.63±0.60
	0.72	0	2.51±0.50
	2.16	0	2.22±0.40
	2.16	50	2.70±0.50

5.3.2.2　预臭氧化对 HIS 和 HOA 溶液微滤特性的影响

为了考察预臭氧化对 HIS 溶液和 HOA 溶液过滤特性的影响，进行了对比试验。图 5.58 是两组对比试验中相对 TMP 随滤过液体积的变化。从图 5.58 中可以看出，在预臭氧化后（0.72 mg-O_3/mg-DOC），HIS 溶液和 HOA 溶液在后续微滤过程中的膜污染均有所减轻。HIS 在预臭氧前后微滤试验中的污染指标 Ψ 分别为 1.96 m^2/m^3 和 1.08 m^2/m^3。HOA 在预臭氧化前后微滤试验中的污染指标 Ψ 分别为 1.32 m^2/m^3 和 0.93 m^2/m^3。

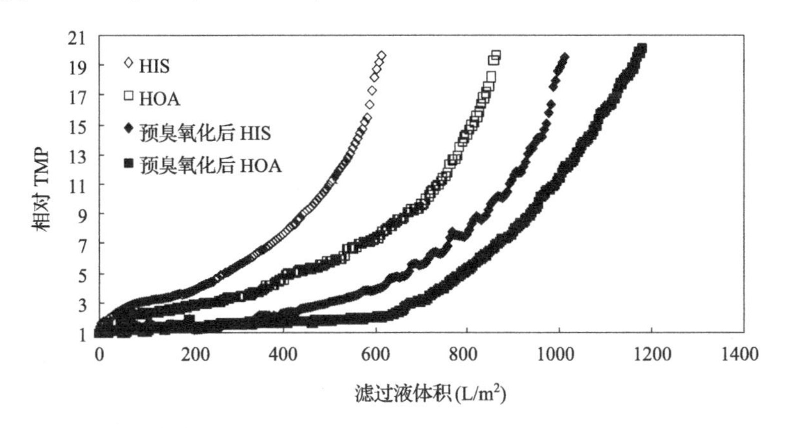

图 5.58　预臭氧化对 HIS 和 HOA 溶液微滤特性的影响
臭氧投加量：0.72 mg-O_3/mg-DOC

5.3.2.3　预臭氧化对有机物凝胶层接触角的影响

在 5.3.2.1 节和 5.3.2.2 节试验结束后，分别将水珠滴到有机物在膜表面形成的凝胶层上，测定了凝胶层与水的接触角。表 5.17 给出了这些接触角的具体数值。预臭氧化后不同有机物溶液微滤所形成的凝胶层，接触角明显更小，显示预臭氧化增强了有机物的极性和亲水性。

表 5.17　预臭氧化对凝胶层接触角的影响

臭氧投加量（mg-O_3/mg-DOC）	EfOM	HIS	HOA
0	91.2°	78.7°	105.9°
0.72	85.3°	71.0°	102.1°
2.16	82.6°	—	—

5.3.3　EfOM 及其组分的预臭氧化

有机物的性质是影响微滤特性的主要因素。本节考察了预臭氧化后 EfOM 及其组分多种性质的变化，并分析了其与膜污染的关系。

5.3.3.1 预臭氧化对 EfOM 色度的影响

二级出水和 EfOM 预臭氧化过程中最快最明显的变化是其色度的变化，显示臭氧对于二级出水/EfOM 中生色基团具有较高的反应活性和较快的反应速率。图 5.59 是臭氧反应前的 EfOM 溶液和投加 1 mg-O_3/mg-DOC 后的 EfOM 溶液色度对比，可以看出两者的明显差异。图 5.60 是以铂钴比色法测定的 EfOM 溶液色度随臭氧浓度的变化，可以得到同样的结论。

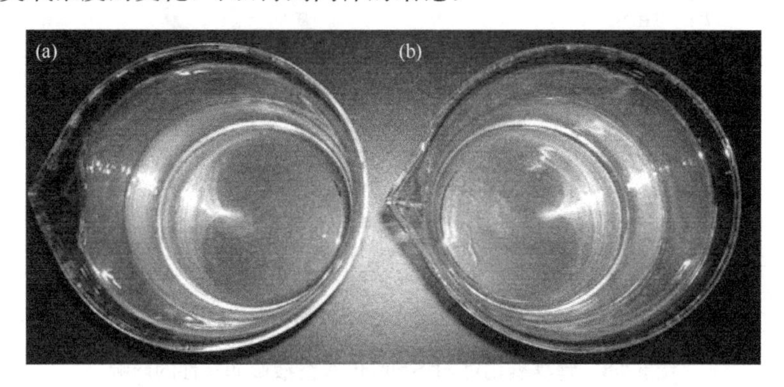

图 5.59 预臭氧化对 EfOM 溶液色度的去除
(a) 臭氧反应前；(b) 臭氧投加量 1 mg-O_3/mg-DOC

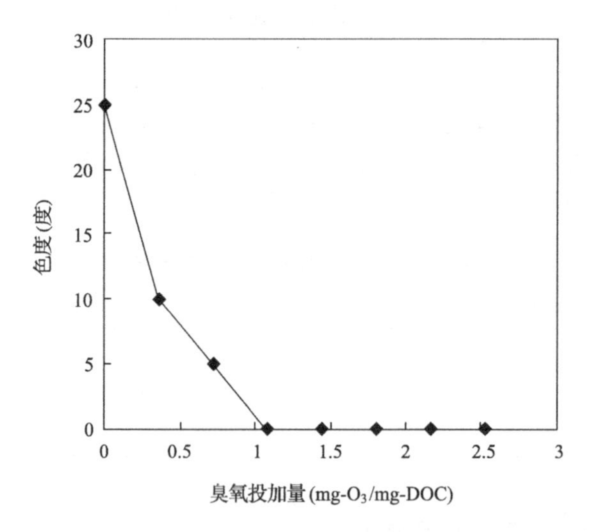

图 5.60 EfOM 溶液色度随臭氧投加量的变化

5.3.3.2 预臭氧化对 DOC 和 UV_{254} 的去除

有研究指出(Schlichter et al.，2003)，预臭氧化对有机物的去除可能是后续膜污染减轻的一个重要原因。在本小节中，检测了以 DOC 和 UV_{254} 为主要指标的溶解性有机物性质随着臭氧投加量的变化情况。图 5.61 是 EfOM 及其组分溶液的 DOC 在预臭氧化过程中，随着臭氧投加量不断增加的变化情况。从图 5.61 可以得知，对于 EfOM 溶液来说，臭氧浓度增加，DOC 的去除也随之增大，随臭氧投加量的不断增加，去除速率的变化减缓。当臭氧投加量约为 2.5 mg-O_3/mg-DOC 时（该臭氧投加量对于实际工艺而言相对较高），EfOM 溶液 DOC 去除率为 17%。

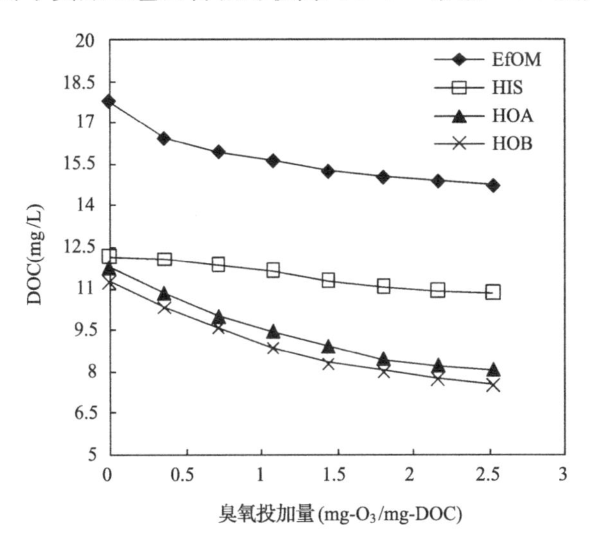

图 5.61　EfOM 及其组分溶液 DOC 随臭氧投加量的变化（起始 pH=7）

EfOM 不同亲疏水性组分在预臭氧化中表现存在差异。图 5.61 显示，HIS 溶液 DOC 在预臭氧化中下降较缓，速率较为均匀。与之相对，疏水性组分与臭氧反应则较快，HOA 和 HOB 溶液的 DOC 均有较大幅度下降。在 Gong 等（2008）针对饮用水中 NOM 的研究中，也得到了类似的结果：在与臭氧的反应中，疏水性物质的去除速率较高。从 5.3.3.1 小节知道，臭氧与生色基团的反应活性较高，反应较为彻底。一般生色基团多为不饱和基团或者不饱和结构。在利用 XAD 树脂对 EfOM 溶液进行分离的过程中，可以发现 HOA 溶液色度最高，HOB 次之，HIS 溶液色度几乎为零。这说明，预臭氧化对 DOC 的去除，主要是由于其与不饱和基团较易反应的特点，将反应过程中形成的小分子有机物部分无机化来实现的。

图 5.62 是 EfOM 溶液及其组分溶液的 UV_{254} 在预臭氧化过程中随臭氧投加量的变化情况。UV_{254} 与 DOC 的去除情况差异明显。当臭氧投加量约为 2.5 mg-O_3/mg-DOC 时，EfOM 溶液 UV_{254} 的去除约为 66%，大大超过 DOC 的去除率。同时，EfOM 各组分溶液 UV_{254} 的去除率也远超过各自 DOC 的去除率。与色度去除情况类似，在预臭氧化初期，UV_{254} 的去除速率较快，但随着臭氧投加量的不断增加而减缓，在臭氧投加量达到 1.5 mg-O_3/mg-DOC 后，UV_{254} 的下降变得非常缓

慢。这显示 EfOM 有机物中仍然存在一些具有紫外吸收能力的不饱和结构是臭氧无法氧化去除的。对比色度的去除情况可知，EfOM 中生色基团(具有可见光吸收能力)含量要少于具有紫外吸收能力的不饱和结构或基团，且更易于与臭氧反应。

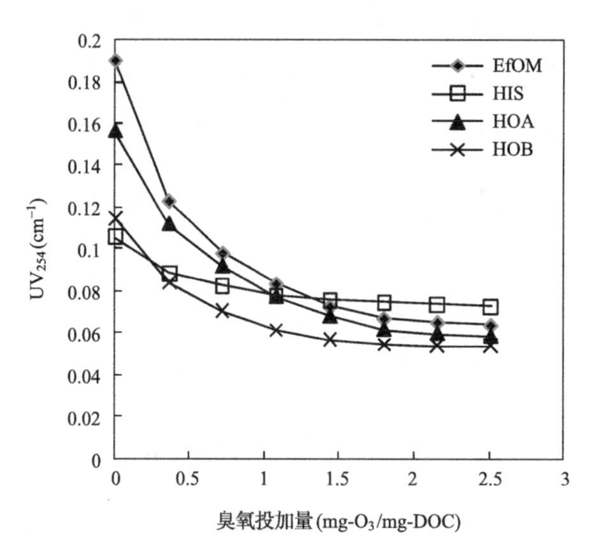

图 5.62　EfOM 及其组分 UV_{254} 随臭氧投加量的变化(起始 pH=7)

图 5.63 反映了 EfOM 及其不同组分溶液 SUVA 在预臭氧化过程中随着臭氧投加量增加的变化情况。SUVA 反映了单位有机物中不饱和结构的含量。HIS

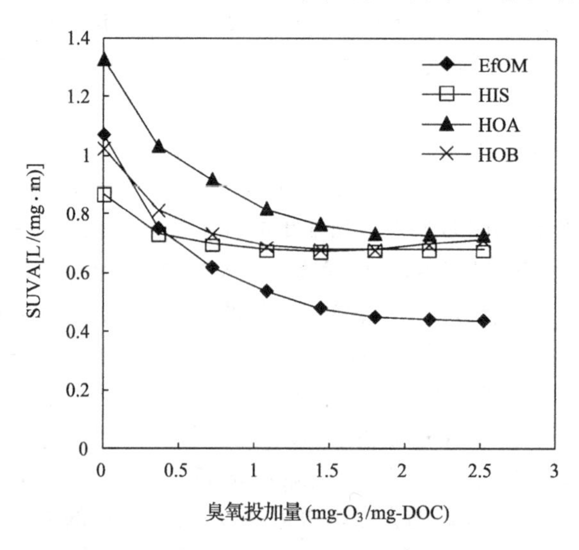

图 5.63　EfOM 及其组分 SUVA 随臭氧投加量的变化(起始 pH=7)

的 SUVA 指标下降幅度较小，且较快达到稳定状态。EfOM 和疏水性组分的SUVA下降幅度较大，初期下降速率较快，随着臭氧投加量的增加下降速率逐渐减慢。

溶液 pH 对具有可电离基团的有机物的电离状态有影响。一般臭氧与处于电离状态的有机物反应活性更高。深度处理中为了提高混凝剂效率可能会调低 pH。为了考察这种影响，调节 pH 至 5 做了对比试验。图 5.64 是 EfOM 溶液 DOC 随臭氧投加量而下降情况的对比试验结果。由图可知，pH 由 7 降低至 5 后，臭氧对 DOC 的去除速率和去除率均有一定的降低。

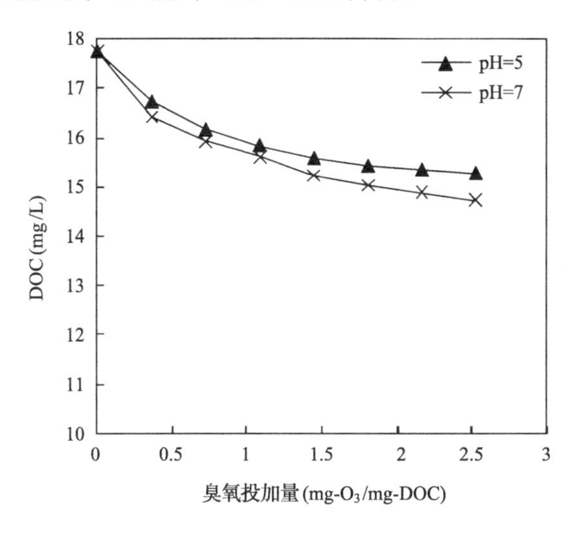

图 5.64　pH 值对 EfOM 预臭氧化 DOC 去除率的影响

5.3.3.3　预臭氧化反应中 EfOM 溶液 pH 和酸度的变化

EfOM 溶液的 pH 在预臭氧化过程中主要呈现下降的趋势(图 5.65)。当臭氧投加量为 2.5 mg-O_3/mg-DOC 时，pH 大约降低了 0.7(从 7.56 到 6.84)。pH 的变化过程可能与臭氧化反应副产物有很大关系。草酸是一种常见的有机物臭氧化副产物，属有机酸，有两个 pK_a 值，分别为 1.23 和 4.23(Chandrakanth and Amy, 1996)。

另外，预臭氧化后，EfOM 的羧酸酸度和酚羟基酸度也均有相应的升高。图 5.66 是这两项指标随着臭氧投加量的变化趋势。相比于酚羟基酸度，羧酸酸度增加较多。从第 5.2 节的研究结果可知，羧基含量的增加可以增强有机物与钙离子等多价金属阳离子的配位能力，从而形成更大的有机物聚合体，或者通过多价金属阳离子与膜材料表面产生相互作用。这也解释了预臭氧化后 EfOM 溶液在投加钙离子后膜污染略有加重的试验现象(图 5.57 和表 5.16)。

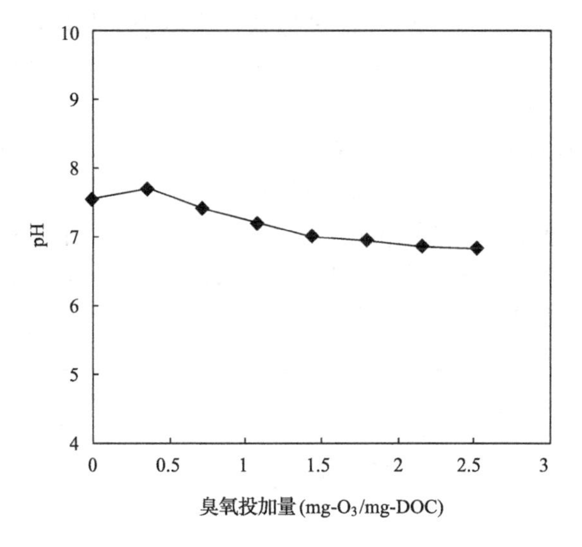

图 5.65　EfOM 溶液 pH 随臭氧投加量的变化

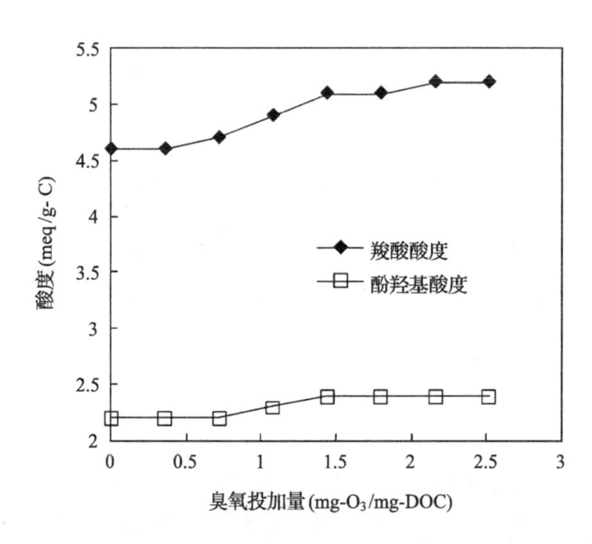

图 5.66　EfOM 溶液羧酸酸度和酚羟基酸度随臭氧投加量的变化

5.3.3.4　预臭氧化对 EfOM 三维荧光谱图的影响

从本章前面几节的研究结果可知，预臭氧化对 EfOM 中的生色基团(色度)、紫外吸收结构/基团(UV_{254})等指标去除较为显著。相比较而言，预臭氧化对 DOC 的去除率则较低，在 2.5 mg-O_3/mg-DOC 的情况下，仅能去除约 17%。EfOM 中具有荧光性质(在特定激发荧光波长下发射特定荧光波长)的有机物结构或基团，在预臭氧化过程中去除效果同样非常显著。

图5.67是EfOM溶液三维荧光谱图随臭氧投加量增加的变化情况。从图5.67可以看出，在预臭氧化过程中，几乎所有检测的荧光光强均有显著的下降。

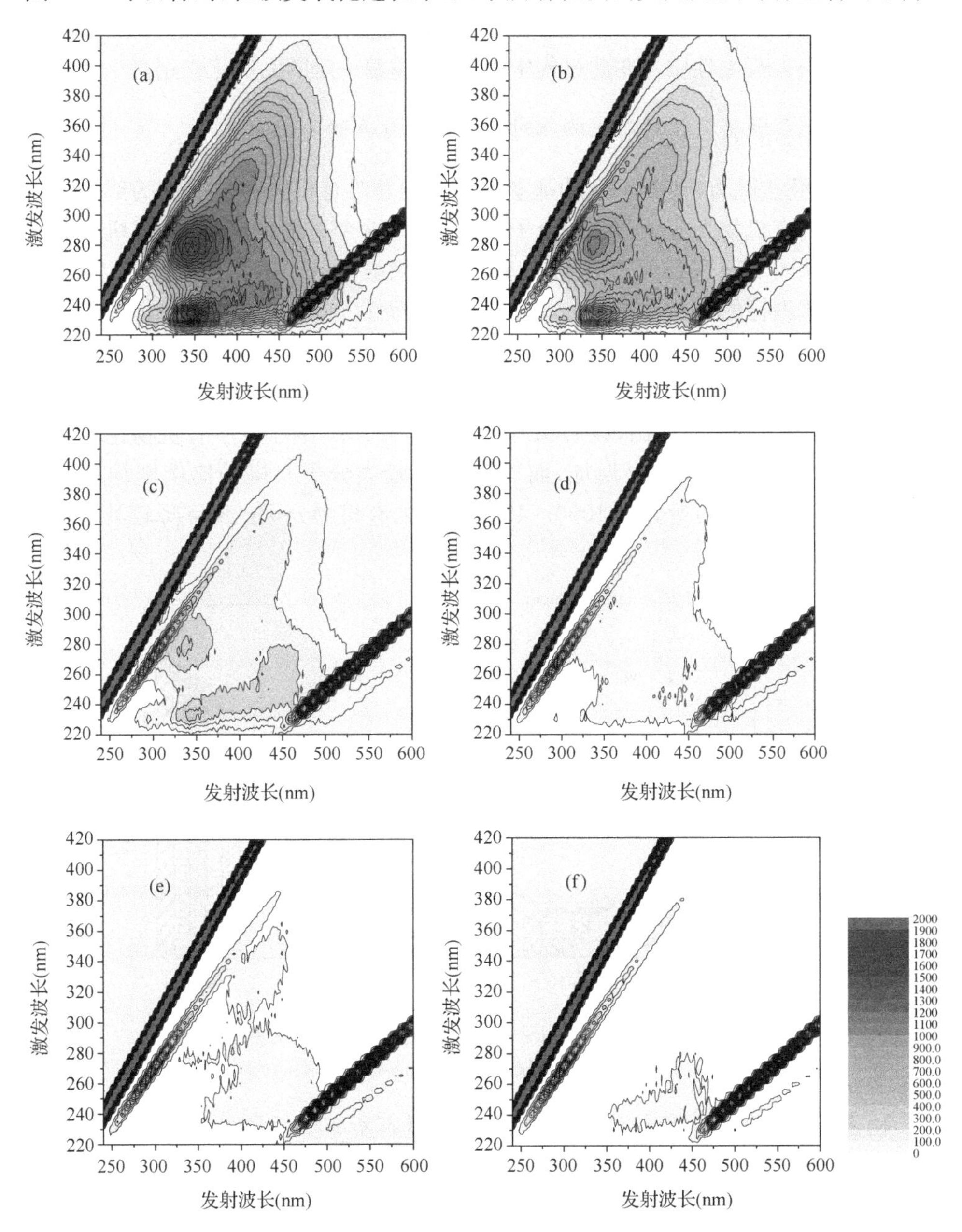

图5.67　EfOM三维荧光谱图随臭氧投加量的变化

(a) 原EfOM溶液；(b) 0.36 mg-O_3/mg-DOC；(c) 0.72 mg-O_3/mg-DOC；(d) 1.08 mg-O_3/mg-DOC；(e) 1.44 mg-O_3/mg-DOC；(f) 1.80 mg-O_3/mg-DOC

当臭氧投加量超过 1 mg-O_3/mg-DOC 时，EfOM 溶液三维荧光光谱的荧光强度已经接近去离子水的情况。根据图 5.61 中 DOC 的变化可知，臭氧并非将 EfOM 中不同类型有机物质无机化，而只是特异性的与这些物质中的特征不饱和结构/基团反应，使其失去荧光性质。在此过程中，可能伴随着一定的无机化作用。

5.3.3.5　预臭氧化对有机物相对分子质量分布的影响

预臭氧化去除有机物 DOC 的基本途径可能是对有机物易于反应的部分作用后，使其脱离有机物大分子形成小分子副产物，在这个过程中，一部分有机碳可能被无机化，从而实现了 DOC 的去除。臭氧对腐殖酸类分子的作用效果是以“外部修剪”的方式进行的(Jansen et al.，2006)。一般而言，直接将有机物整体无机化的可能性不大。因此，预臭氧化对于有机物相对分子质量分布可能具有一定的影响。

图 5.68 是 EfOM 溶液在不同臭氧投加量下有机物相对分子质量分布的变化情况。从图中数据可以看出，以 DOC 比例而言，<1000 的小分子有机物比例随着臭氧投加量的增加而有明显增加，而>1000 的较大分子有机物比例则均有所下降，尤其是相对分子质量介于 1000～4000 之间的有机物分子比例下降较其他部分有机物显著。

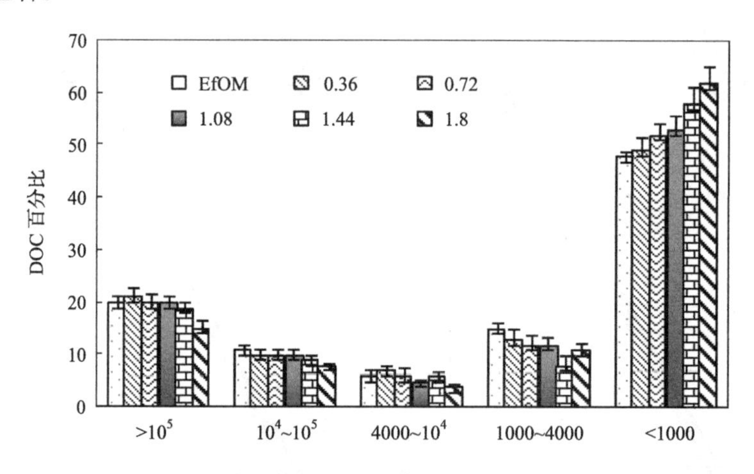

图 5.68　EfOM 有机物相对分子质量组成随臭氧投加量的变化
臭氧投加量单位 mg-O_3/mg-DOC

由图 5.61 可知，预臭氧化过程中 DOC 总量有所减少，因此，从 EfOM 不同相对分子质量组分 DOC 随臭氧投加量的变化情况(图 5.69)来看，<1000 的有机物 DOC 变化不大，其余部分有机物均有所下降。该结果显示，预臭氧化对不同相对分子质量大小的有机物分子均具有一定的作用。小分子有机物总量变化不大，可能是因为大分子有机物在预臭氧化过程中有所减小。

本章 5.3.3.2 节提到预臭氧化对于 EfOM 不同组分的反应活性和反应速率

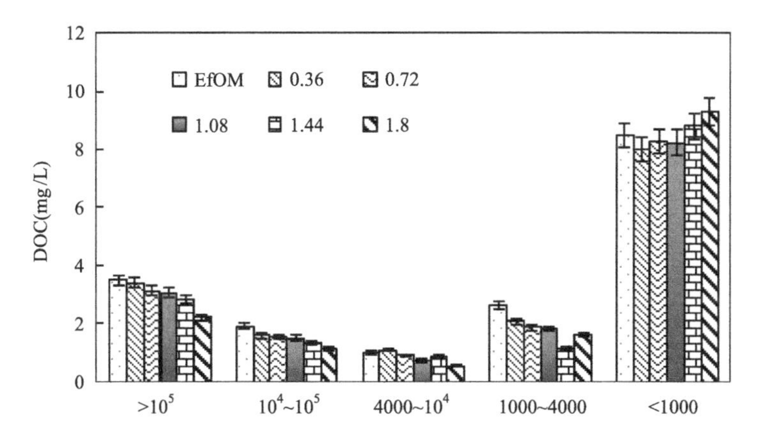

图 5.69　EfOM 不同相对分子质量 DOC 随臭氧投加量的变化

臭氧投加量单位 mg-O_3/mg-DOC

存在差异。造成差异的原因可能是不同有机物种类所含有的不饱和基团和结构等不同。为了考察 EfOM 不同组分预臭氧化过程中有机物相对分子质量的变化情况,分别利用 HIS 组分溶液和疏水性物质中的 HOA 溶液进行了相应的预臭氧化试验。HIS 和 HOA 有机物相对分子质量分布随着臭氧投加量的变化情况分别见图 5.70 和图 5.71。不同臭氧投加量下,HIS 和 HOA 不同相对分子质量部分的 DOC 变化情况分别见图 5.72 和图 5.73。

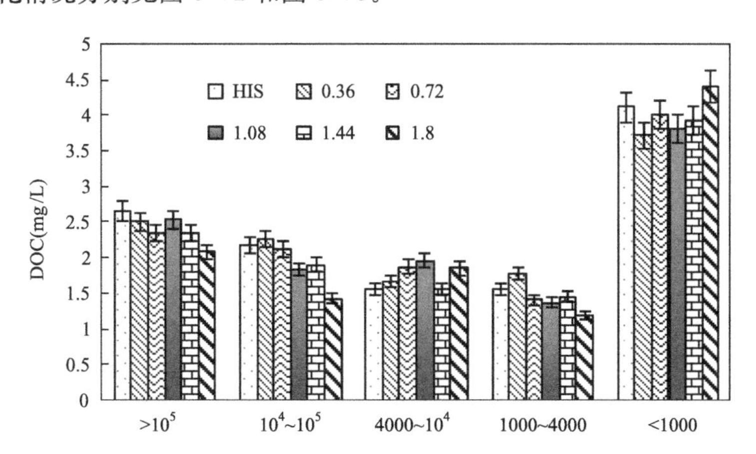

图 5.70　HIS 有机物相对分子质量组成随臭氧投加量的变化

臭氧投加量单位 mg-O_3/mg-DOC

HIS 溶液在预臭氧化过程中,相对分子质量<1000 及相对分子质量在 1000～4000 间的有机物组分所占比例有所增加,其余部分有机物所占比例均有所下降,但各部分比例变化均不显著。因为 HIS 溶液 DOC 值的下降,所以在各组分 DOC

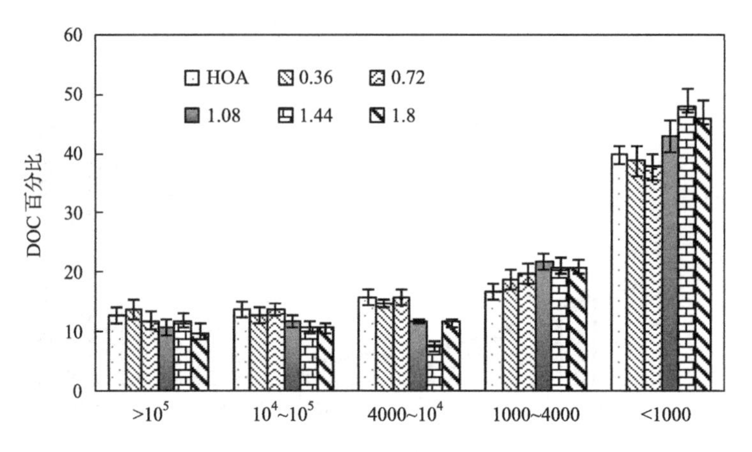

图 5.71　HOA 有机物相对分子质量组成随臭氧投加量的变化

臭氧投加量单位 mg-O_3/mg-DOC

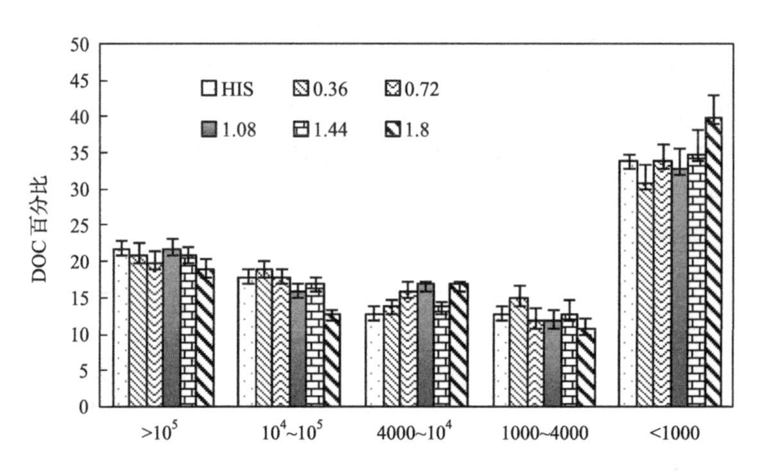

图 5.72　HIS 不同相对分子质量 DOC 随臭氧投加量的变化

臭氧投加量单位 mg-O_3/mg-DOC

绝对值方面，相对分子质量＜1000 及相对分子质量在 4000～10^4 间的有机物在表观上基本不变，而其余部分有机物 DOC 有一定下降，尤其是较大的 HIS 有机物(相对分子质量＞10^4)绝对数量有所下降，可能会减轻后续过滤过程中的有机物膜污染。

HOA 溶液在预臭氧化过程中，相对分子质量＜1000 及相对分子质量＜4000 的有机物组分所占比例有所增加，其余部分有机物所占比例均有所下降，但各部分所占比例的变化也不显著。另一方面，从各组分 DOC 绝对值方面来看，除相对分子质量＞10^5 的大分子有机物基本保持不变之外，其余相对分子质量较小的有机物均出现较明显下降。显示臭氧与 HOA 反应所去除有机物，可能是臭氧与

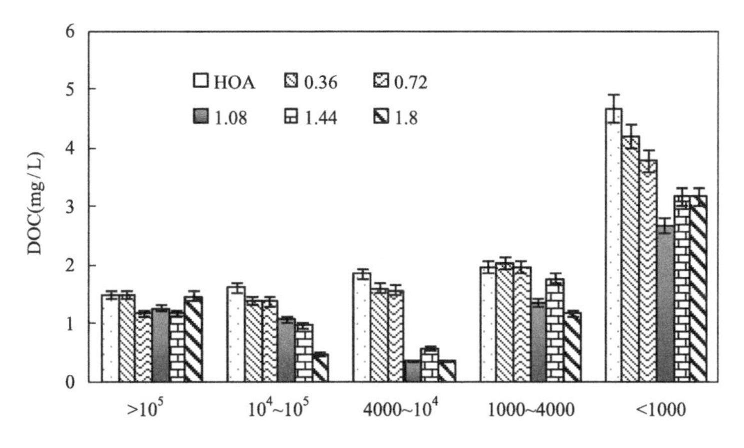

图 5.73　HOA 不同相对分子质量 DOC 随臭氧投加量的变化

臭氧投加量单位 mg-O_3/mg-DOC

EfOM 反应所去除有机物的主要部分。与 HIS 相比，HOA 部分的 DOC 虽然被去除较多，但所去除部分以较小有机物分子为主。

5.3.3.6　预臭氧化对 EfOM 亲疏水性组成的影响

前几节讨论了预臭氧化对 EfOM 不同亲疏水性组分在色度、DOC、UV、荧光光谱和相对分子质量分布等方面性质的影响。除此之外，臭氧与 EfOM 不同亲疏水性组分反应速率和活性的差异，可能会对 EfOM 有机物亲疏水性组成造成影响。本小节通过对不同预臭氧化作用时间后的 EfOM 利用 XAD 树脂进行分级，考察了预臭氧化对 EfOM 亲疏水性组成的影响。

图 5.74 是在不同臭氧投加量后，利用 XAD 树脂对 EfOM 分级后的结果。从图上可以看出，HIS 所占比例随着臭氧投加量的增加而呈增长趋势。而其疏水性组分则随着预臭氧化的进程而呈现下降趋势。图 5.75 是相应各部分 DOC 的数值变化情况，可以看出，随着预臭氧化的进行，亲水性组分和疏水性组分均呈现下降趋势，这与各部分在与臭氧反应过程中均出现一定程度的无机化有关。与图 5.74 结果所示各组分 DOC 变化趋势大致相同，HIS 组分在预臭氧化初期即出现下降，待与臭氧反应潜能耗尽后，DOC 下降趋势变缓。疏水性组分则呈现出持续下降趋势，显示反应潜能较高。

同时，对预臭氧化后(臭氧投加量 2.16 mg-O_3/mg-DOC)EfOM 中的 HIS 组分而言，其相对分子质量分布与原 EfOM 中 HIS 组分的有一定差异(图 5.76)。总体而言，以相对分子质量 4000 为限，大分子有机物所占比例有所减少，小分子有机物所占比例则相应的增加。

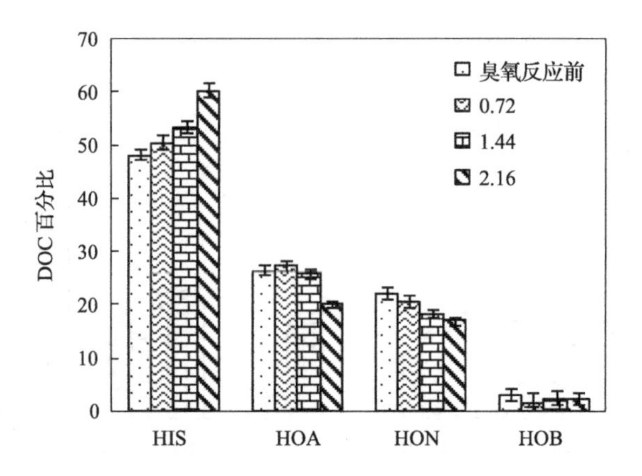

图 5.74 臭氧投加量对 EfOM 亲疏水性组成的影响

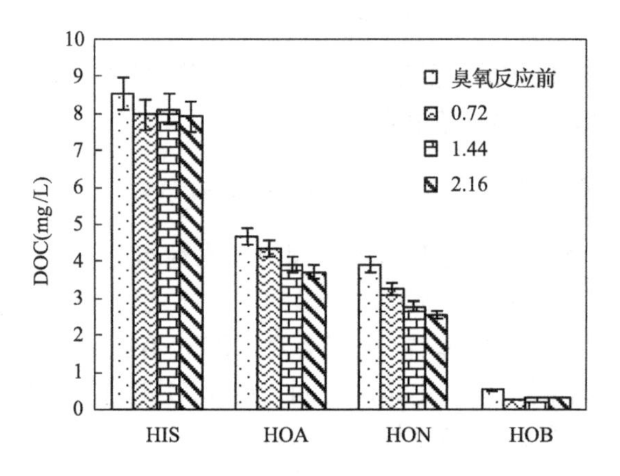

图 5.75 臭氧投加量对 EfOM 亲疏水性组分 DOC 的影响

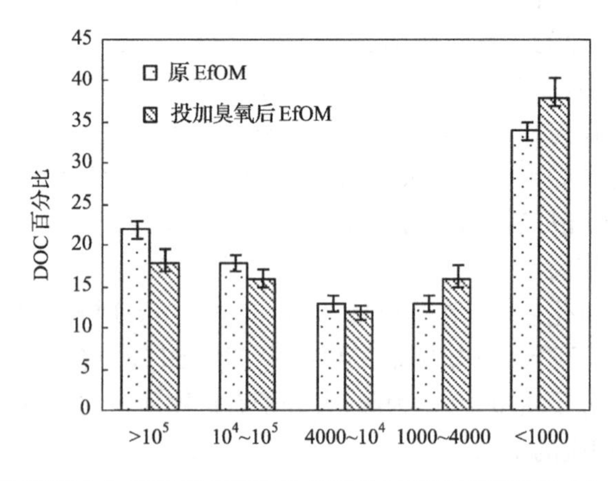

图 5.76 臭氧对 EfOM 中 HIS 组分有机物相对分子质量的影响(2.16 mg-O_3/mg-DOC)

综合分析本节的研究结果，可以将 EfOM 在预臭氧化过程中产生的主要变化总结为：

(1) DOC 降低。

(2) 大分子有机物含量降低。

(3) 亲水性组分所占比例升高，但绝对 DOC 值降低，并且其中的大分子有机物所占比例降低，小分子有机物比例升高。

(4) 具有可见光/紫外/荧光性质的不饱和结构/基团含量下降明显。

(5) 羧基含量升高。

结合 5.2 节的研究结论，第(1)、(2)条的变化趋势有利于后续膜污染的控制。亲水性组分的比例虽然升高，但亲水性组分的总 DOC 值却略有降低，且其中的大分子有机物变得更少，据此推断，预臭氧化对 EfOM 亲疏水性组分的影响减轻了膜污染。

从图 5.58 和图 5.62 所示的试验结果来看，预臭氧化对溶液中有机物不饱和结构/基团的去除并非后续微滤中膜污染减轻的主要原因。因为在预臭氧化中，HOA 组分的 UV_{254} 指标去除率大大超过 HIS 组分的 UV_{254} 指标去除率，但在投加相同量的臭氧后，污染指标 Ψ 的下降幅度却比 HIS 的少。因此，预臭氧化对后续微滤膜污染的控制作用可能主要依赖于对有机物的无机化(DOC 的降低)和有机物相对分子质量的减小，而与第(4)条变化关系不大。

第(5)条的变化可能对后续膜污染产生不利的影响。因为根据 5.2 节的研究结论，羧基含量的升高，增加了有机物分子通过多价阳离子相互配位形成更大有机物分子或者与膜材料表面偶联的可能性，因此会加重后续膜污染。但从实际过滤试验结果来看(图 5.55 和图 5.57)，即使在有较高浓度钙离子存在的情况下(50 mg/L)，预臭氧化后的 EfOM 溶液膜污染潜能也比原 EfOM 溶液的要小得多。

综上所述，预臭氧化能够有效减轻 EfOM 及其亲水性组分和疏水性组分在后续微滤过程中的膜污染，主要原因在于预臭氧化降低了有机物溶液的 DOC，从而在一定程度上有效减轻了微滤单元的总负荷。另外，经过预臭氧化后，大分子有机物减少，小分子有机物相对增加，有利于对膜污染的控制。

预臭氧化对 EfOM 及其组分的其他影响包括：生色基团/具紫外吸收性质基团/具荧光性质基团/结构等的含量明显降低；羧酸酸度和酚羟基酸度升高，溶液 pH 下降；亲水性组分所占比例升高；微滤后形成的凝胶层亲水性增强等。

5.4　二级出水臭氧-微滤过程中颗粒物污染特性

受二级生物处理工艺固体分离单元效率的影响，二级出水中仍然含有一定量的悬浮性固体颗粒(即 SS)。这些 SS 主要来自活性污泥，即由各种细菌、菌胶团、真菌等微生物，各种微型动物，不同来源的有机物和部分无机成分组成的颗粒。在微滤过程中，这些颗粒可以完全被膜所截留，从而在膜表面形成滤饼层。滤饼层厚度随着过滤的进行逐渐增加。在恒流过滤中，总压力的升高会影响滤饼层的孔隙率等性质，并进一步影响滤饼层的阻力。因此，颗粒性物质所造成的污染从形式上看，与有机物所造成的膜污染有较大的差异。

如上所述，由于 SS 中含有有机物，且有机物在颗粒物的形成过程中可能起到关键的连接作用，即将不同的组成部分连接在一起。因此，在二级出水预臭氧化的过程中，臭氧与 SS 也会发生一些反应，从而对其在后续微滤工艺中形成的膜污染造成影响。

研究中将二级生物处理工艺回流污泥机械分散，配制成 SS 模拟溶液，分别进行了 SS 微滤试验和 SS 溶液预臭氧化-微滤试验，以确定悬浮颗粒悬浊液的微滤特性，及预臭氧化对其在后续过滤中形成的膜污染的影响机理。颗粒物污染主要以滤饼层的形式存在，在恒流过滤中，过滤压力随着过滤过程的进行在不断增加，这会影响其所形成滤饼层的性质，因此，在微滤试验部分，利用两套自行搭建的微滤设备分别考察了恒压过滤操作模式和恒流过滤操作模式中颗粒物污染的差异。

5.4.1　研究方法

5.4.1.1　过滤装置

恒流过滤装置见 5.3.1.2 节。恒流过滤试验通量均采用 8 $(m^3/m^2)/d$。

恒压过滤装置主体设备采用 Millipore 公司生产的超滤杯(Amicon 8400)。氮气瓶经过三级减压后输出恒定压力。电子天平采集滤过液的瞬时质量后自动输入计算机，并由软件记录转化为瞬时流量值。系统工艺流程示意图和实物照片分别如图 5.77 和图 5.78。

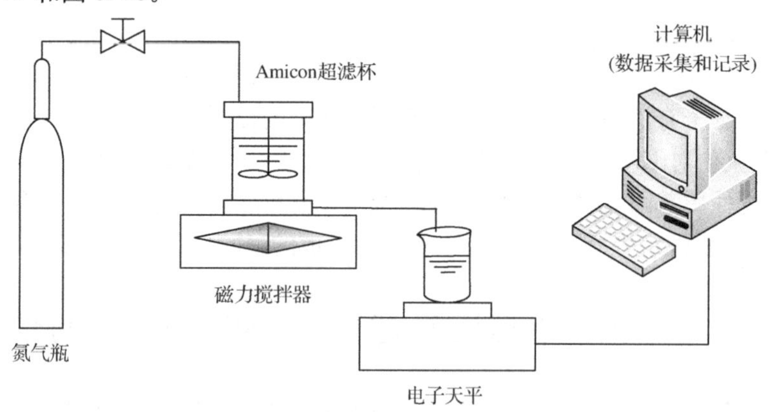

图 5.77　实验室恒压过滤系统流程示意图

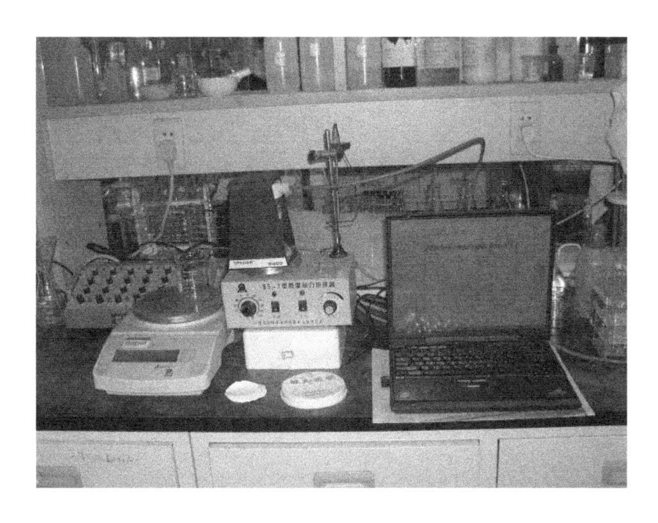

图 5.78 实验室恒压过滤系统实物照片

5.4.1.2 二级出水微滤总阻力构成的评价方法

二级出水微滤过程中，总污染阻力由溶解性有机物造成的污染阻力和颗粒性物质所造成的污染阻力共同组成。与第 5.2 节相同，本节也采用特定时刻(TMP=100 kPa，即污染指标 Ψ 的测定点)的污染阻力来计算各部分物质所造成污染的比例。

具体试验方法和步骤为：

(1) 通过测定清水通量的方法获得新膜的固有阻力 R_m。

(2) 测定二级出水滤过液体积 V(当 TMP 达到 100 kPa 时)，利用 Darcy 定律计算此时的过滤阻力 R_1，R_1 等于总污染阻力 R_T。

(3) 制取同一批次二级出水的 EfOM 溶液，并用新膜对体积为 V 的该溶液进行微滤操作，结束时获得总阻力 R_2。

(4) 颗粒性物质所造成污染阻力占总阻力比例的计算公式为：

$$\text{颗粒性污染比例} = \frac{R_1 - R_2}{R_1 - R_m} \tag{5.11}$$

溶解性有机物所造成污染阻力占总阻力比例的计算公式则为：

$$\text{溶解性有机物污染比例} = \frac{R_2 - R_m}{R_1 - R_m} \tag{5.12}$$

5.4.1.3 试验设计

表 5.18 是本节试验设计，包含试验对象的水质和主要试验参数。

表 5.18 试验设计和主要试验参数

节	SS浓度 (mg/L)	分散溶液	O_3 投加量[b] (mg-O^3/mg-SS)	过滤模式	过滤参数
5.4.2.2	5	去离子水	0	恒流	8 (m^3/m^2)/d
	10	去离子水	0	恒流	8 (m^3/m^2)/d
	15	去离子水	0	恒流	8 (m^3/m^2)/d
	20	去离子水	0	恒流	8 (m^3/m^2)/d
5.4.2.3	5	EfOM 13.42 mg/L[a]	0	恒流	8 (m^3/m^2)/d
	10	EfOM 13.42 mg/L[a]	0	恒流	8 (m^3/m^2)/d
	15	EfOM 13.42 mg/L[a]	0	恒流	8 (m^3/m^2)/d
	20	EfOM 13.42 mg/L[a]	0	恒流	8 (m^3/m^2)/d
	10	EPS 5 mg/L[a]	0	恒流	8 (m^3/m^2)/d
	10	EPS 10 mg/L[a]	0	恒流	8 (m^3/m^2)/d
	10	EPS 15 mg/L[a]	0	恒流	8 (m^3/m^2)/d
5.4.2.4	10	去离子水	0	恒流	8 (m^3/m^2)/d
	10	去离子水	0	恒流	8 (m^3/m^2)/d
5.4.3.1	24	EfOM	0	恒压	50 kPa
	24	EfOM	0.27	恒压	50 kPa
	24	EfOM	0.67	恒压	50 kPa
	24	EfOM	1.15	恒压	50 kPa
	24	EfOM	2.46	恒压	50 kPa
5.4.3.2	20	去离子水	0.32	恒流	8 (m^3/m^2)/d
	20	去离子水	0.64	恒流	8 (m^3/m^2)/d
	20	去离子水	0.96	恒流	8 (m^3/m^2)/d
	20	去离子水	1.28	恒流	8 (m^3/m^2)/d
	20	去离子水	1.6	恒流	8 (m^3/m^2)/d
	20	去离子水	2.54	恒流	8 (m^3/m^2/d)

a. 指 TOC 浓度

b. 臭氧投加量范围参考之前开展的中试试验数据确定

5.4.2 二级出水微滤过程中颗粒物污染

与 MBR 过程相比，二级出水中的颗粒物浓度低很多，但根据本研究开展的多次平行试验的结果，颗粒性物质所造成污染阻力占总阻力的比例为 75%±6%。

5.4.2.1　SS浓度对模拟颗粒悬浊液在微滤中形成的膜污染的影响

以去离子水分散配制的不同SS浓度的模拟悬浊液分别进行微滤试验，考察了颗粒悬浊液的微滤特性和膜污染特性。图5.79是不同浓度去离子水SS悬浊液微滤过程中，相对TMP随滤过液体积增加的发展变化。由图5.79可以看出，虽然进水中全部为颗粒性物质，但相对TMP与滤过液体积并不存在线性关系，也就是说，以去离子水做分散溶液配制的SS悬浊液在微滤过程中并不遵循滤饼层污染模式。

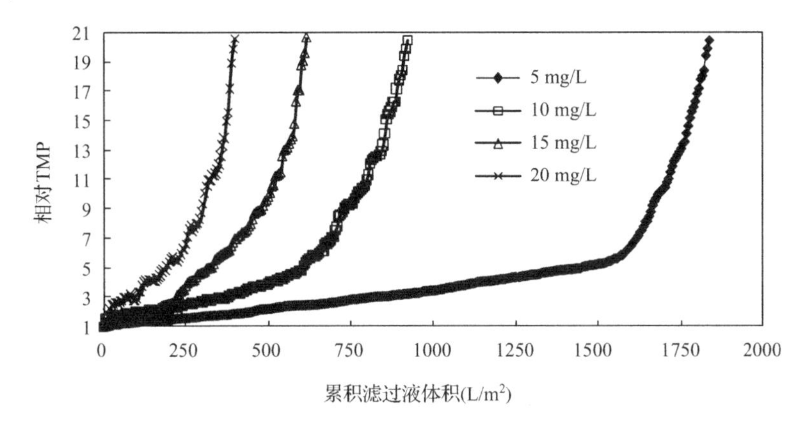

图5.79　不同SS浓度去离子水悬浊液膜污染比较

造成这种现象的原因可能有两点。首先可能是因为在模拟SS悬浊液配制过程中，回流活性污泥本身仍然含有少量的溶解性有机物，因此，以去离子水配制的模拟悬浊液在微滤过程中仍然存在多种膜污染模式。其次，理想滤饼层污染公式推导的前提，是假设颗粒为刚性，其所形成的滤饼层不可被压缩。在恒流过滤过程中，为了克服不断增长的膜污染阻力，TMP也在不断增长，因此，施加于滤饼层的压力就随之增长，这可能带来了与理想化模型预测模式的偏差。

5.4.2.2　溶解性有机物对SS悬浊液微滤过程中膜污染的影响

关于颗粒物污染中溶解性有机物的作用，Wisniewski和Grasmick(1998)认为，在MBR的膜污染中，不同溶解性有机物与膜材料之间的相互作用在膜污染机理中起了重要的作用。为了与5.4.2.1节以去离子水做悬浊液分散剂做对比，并考察不同溶解性有机物的影响，本节试验分别用EfOM溶液和相近浓度的EPS溶液做SS悬浊液分散剂，并对这些悬浊液进行了微滤试验，以考察其微滤特性。

从图5.80中的结果可以看到，与去离子水悬浊液相同，EfOM悬浊液膜污染程度与悬浊液中SS浓度也基本呈正相关关系。但对于SS相同、分散溶液不同的微滤试验来说，分散溶液为 EfOM 显然造成了更严重的膜污染(图 5.81)。

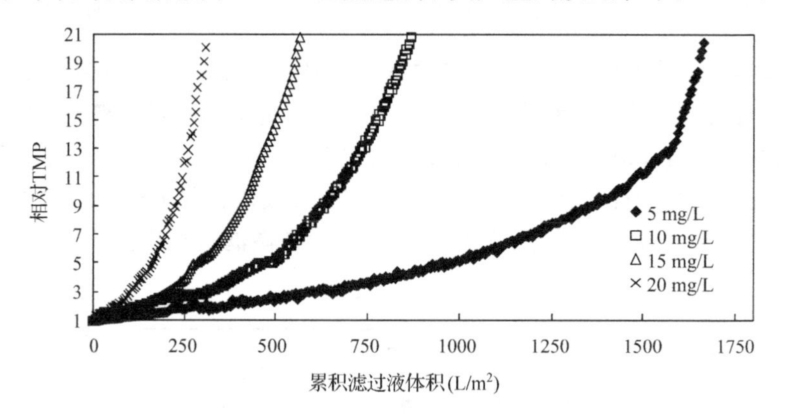

图 5.80 不同 SS 浓度 EfOM 悬浊液膜污染比较

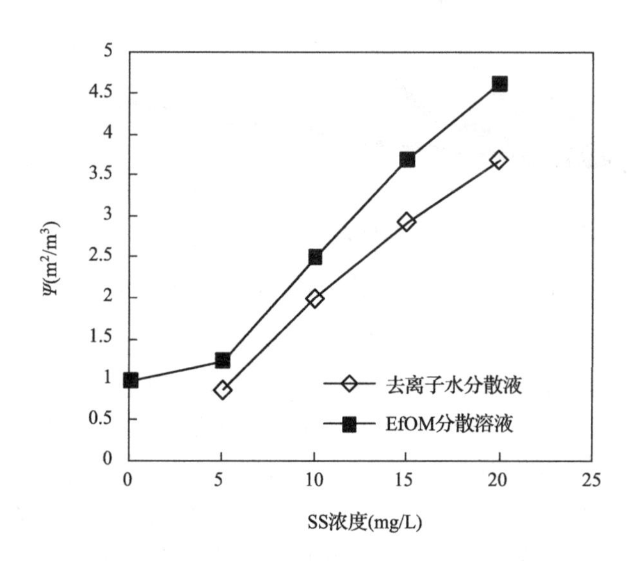

图 5.81 EfOM 溶液对颗粒物污染指数 Ψ 的影响(恒流过滤)

图 5.82 是不同 SS 浓度、不同分散溶液的悬浊液在微滤 TMP＝100 kPa 时的比阻，可见，以 EfOM 做分散溶液时，不同 SS 浓度悬浊液在 TMP＝100 kPa 时比阻差异不大，但比以去离子水做分散溶液的情况要高出很多。悬浮颗粒物和溶解性有机物同时存在的情况下，溶解性有机物可能不仅仅在膜孔内部吸附造成污染，而是也参与了滤饼层的形成，并对滤饼层的性质(阻力和比阻)有着重要影响。

从以不同浓度 EPS 溶液配制的 SS 悬浊液的微滤情况(图 5.83 和图 5.84)看，在 SS 浓度相同时，溶解性有机物(EPS)浓度与悬浊液的膜污染潜能(相对 TMP 增长速度和污染指标 Ψ)成正相关。

关于溶解性有机物在颗粒物污染过程中的作用，Zhang 等(2003)认为，如果有

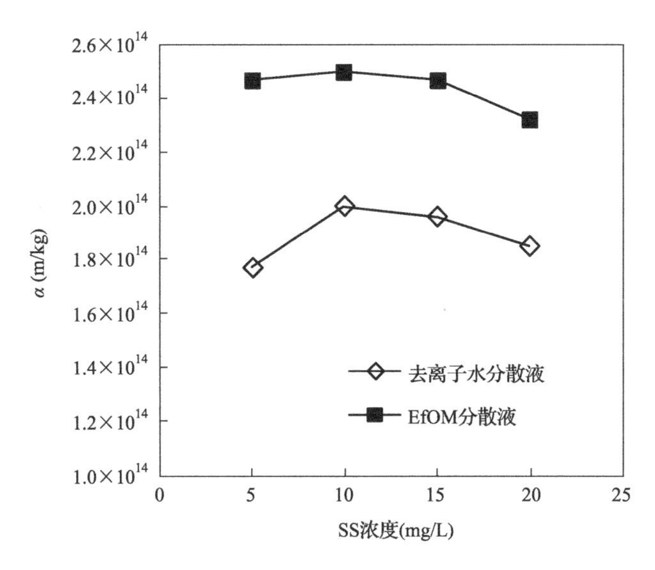

图 5.82　EfOM 对颗粒物污染比阻的影响(TMP=100 kPa 时)

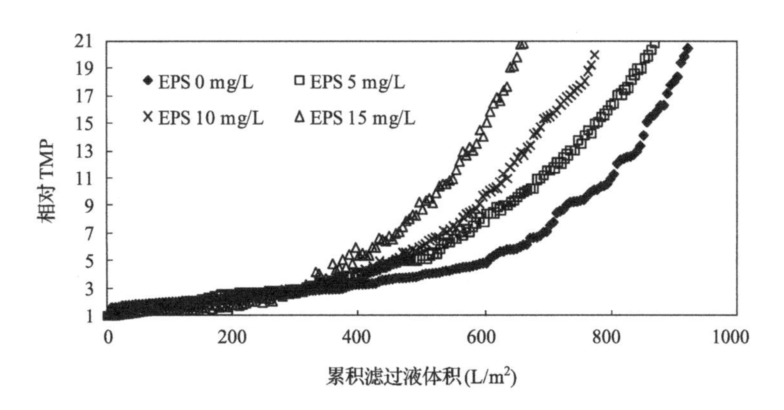

图 5.83　不同 EPS 浓度对 SS 悬浊液膜污染的影响(SS 10 mg/L)

机物将颗粒“黏”到一起，并且“黏”到膜表面，那么膜污染会因此而加重，但如果有机物只将颗粒“黏”到一起，而不将颗粒“黏”到膜表面上去，则不会加重膜污染。从上述试验结果看，EfOM 和 EPS 可能起到了将颗粒“黏”到膜表面的作用。比如有机物先吸附于颗粒物表面，然后通过羧基与钙离子的配位与其他吸附于膜表面的有机物形成连接，从而将颗粒与膜材料更牢固地拉在一起。

5.4.2.3　颗粒粒径对 SS 悬浊液在微滤过程中膜污染的影响

因为颗粒污染主要是形成滤饼层从而造成额外的阻力，因此，除了颗粒浓度外，悬浮颗粒的平均粒径和粒径分布情况也可能通过影响滤饼层构造而影响膜污

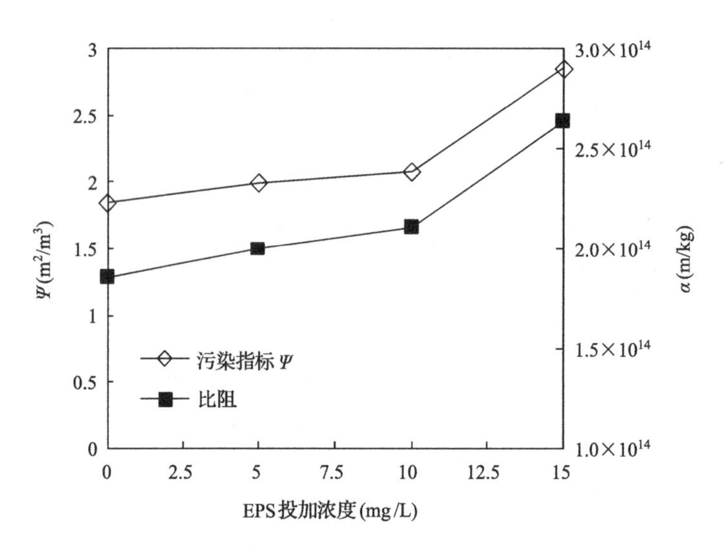

图 5.84　EPS 对去离子水 SS 悬浊液微滤的影响(SS=10 mg/L;TMP=100 kPa 时)

染。Huang H 等(2008)认为颗粒大小是影响膜过滤中颗粒污染的重要性质。另有研究结果发现,在使用 PES 100 kD 超滤膜对二级出水进行微滤的过程中,去除较大颗粒后膜污染反而加重(Kim 和 Dempsey,2008)。这说明小粒径颗粒对滤饼层阻力有重要影响。

为了考察不同颗粒粒径对微滤膜污染的影响,同时又尽量排除颗粒粒径跨度(90%～10%粒径)的影响,通过对回流活性污泥进行不同作用时间、不同功率的超声操作,获得了如表 5.19 所示粒径分布的两种活性污泥,然后分别以去离子水做分散溶液,配制成 SS 浓度均为 10 mg/L 的模拟悬浊液。图 5.85 是两组悬浊液 PSD 的测定结果,可以看出,b 溶液平均粒径约为 a 溶液的 1.6 倍。两种溶液的粒径跨度相差较小。

表 5.19　对比试验 SS 颗粒粒径分布统计信息

试验	平均粒径(μm)	D_{10}(μm)	D_{50}(μm)	D_{90}(μm)
a 溶液	1.44	0.62	0.92	2.40
b 溶液	2.24	0.77	1.37	3.19

图 5.86 是两组悬浊液微滤过程中相对 TMP 随滤过液体积增加的发展变化。由图 5.86 可知,平均粒径更小的 a 溶液在微滤工艺中造成的膜污染相对更加严重。这说明在忽略颗粒粒径跨度带来影响的条件下,颗粒平均粒径越小,其所形成的滤饼层孔隙率越低,滤饼层越致密,从而带来更高的过滤阻力。

综合本节的研究结果,SS 悬浊液所造成的膜污染趋势与 SS 悬浊液的浓度基本呈正线性关系,SS 浓度越大,所造成膜污染越严重。溶解性有机物的存在加重

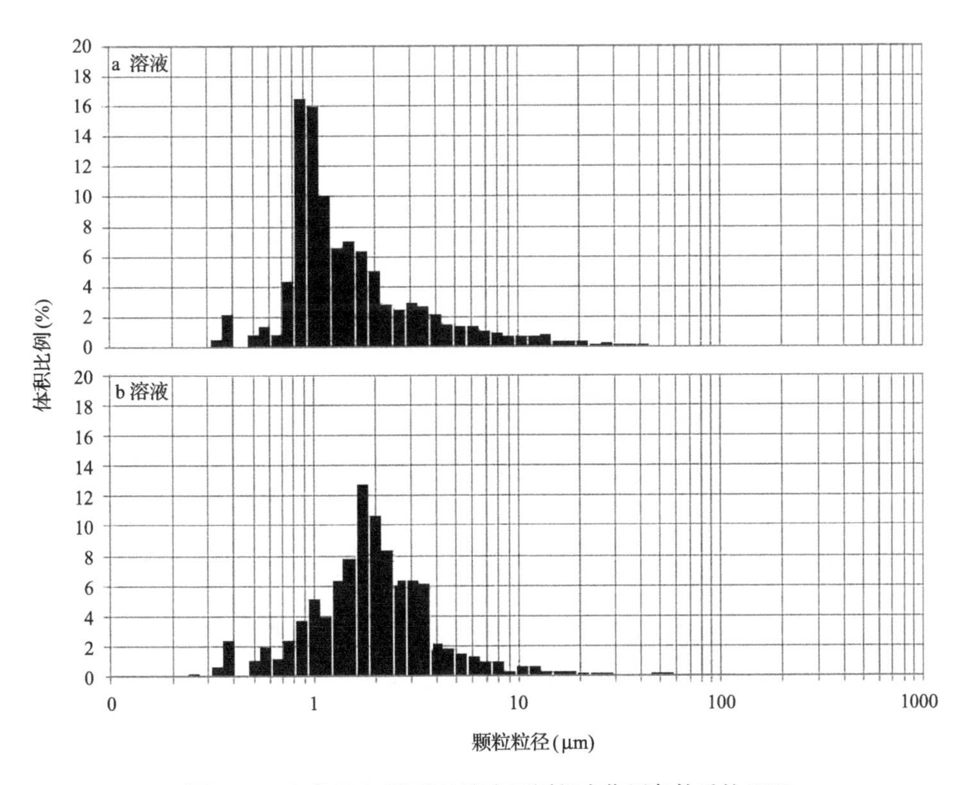

图 5.85　去离子水 SS 悬浊液在不同超声作用条件后的 PSD

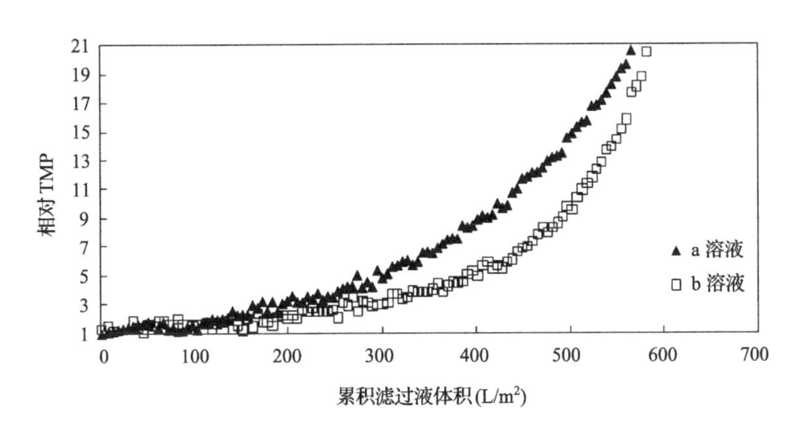

图 5.86　平均颗粒粒径对微滤膜污染的影响

了颗粒悬浊液的膜污染(在相同 SS 浓度下),其原因可能是溶解性有机物将颗粒与膜材料“黏”在一起。在相同 SS 浓度和相似颗粒粒径跨度的条件下,平均颗粒粒径越小,SS 悬浊液造成的膜污染越严重。

5.4.3 臭氧对颗粒物的作用及对其在微滤中形成的污染的影响

5.4.3.1 预臭氧化对恒压过滤中颗粒物污染的影响

图 5.87 是不同臭氧投加量恒压过滤中膜污染阻力的发展变化情况。图 5.88 是各过滤试验所对应的滤饼层比阻力随臭氧投加量的变化情况。由试验结果可

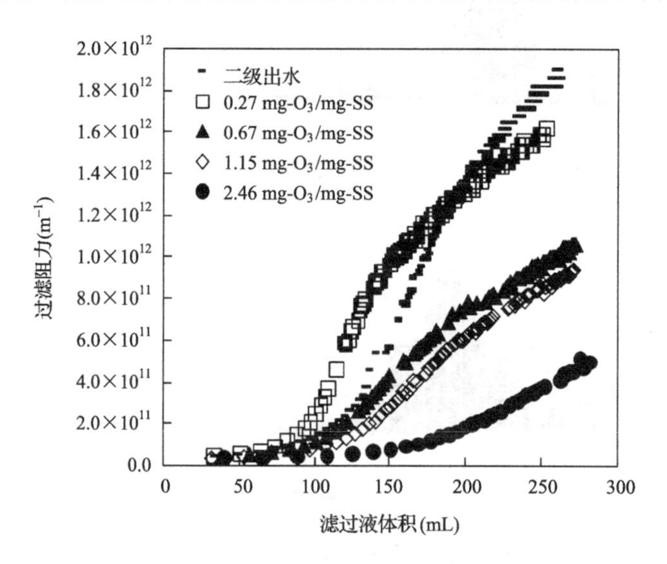

图 5.87 恒压过滤中臭氧投加量对过滤阻力增长的影响(TMP=50 kPa)

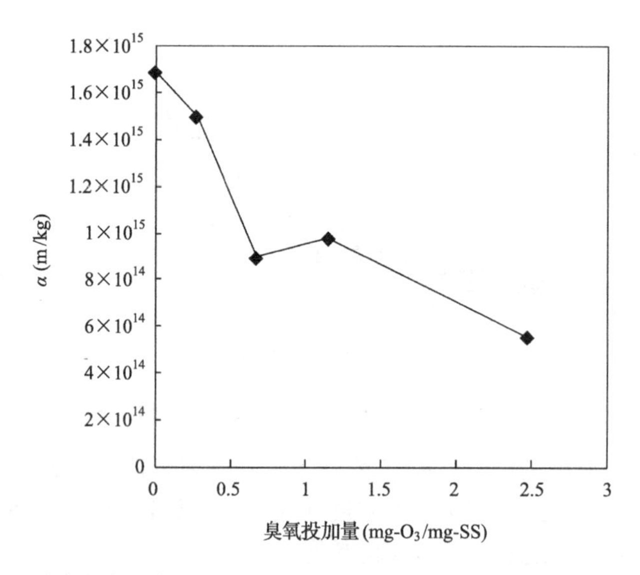

图 5.88 臭氧投加量与二级出水 SS 比阻的关系(恒压过滤,TMP=50 kPa)

知，在恒压过滤过程中，随着臭氧投加量的变化，膜污染呈现先略有加重后逐渐减轻的趋势。图 5.89 是预臭氧前后微滤膜上滤饼层的变化（SEM 照片）。由图 5.89 可知，臭氧化后滤饼层变得更均一。

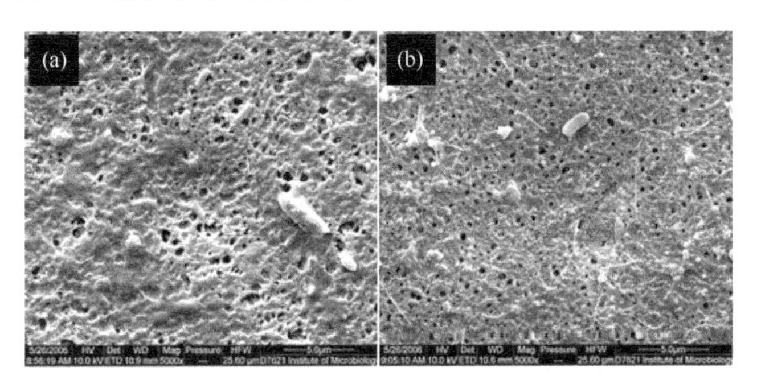

图 5.89　预臭氧化对滤饼层的影响

(a) 无预臭氧化；(b) 2.46 mg-O_3/mg-SS

5.4.3.2　预臭氧化对恒流过滤中颗粒物污染的影响

图 5.90 是恒流过滤操作条件下，预臭氧化对模拟 SS 悬浊液颗粒物污染的影响。图 5.91 给出了原悬浊液、预臭氧化后的悬浊液（臭氧投加量分别为 0.64 和 1.6 mg-O_3/mg-SS）在微滤过程中，相对 TMP 随臭氧投加量的变化情况。由污染指标 Ψ 随臭氧投加量的变化可以看出，在臭氧投加量分别为 0.32 mg-O_3/mg-SS、0.64 mg-O_3/mg-SS、0.96 mg-O_3/mg-SS 和 1.28 mg-O_3/mg-SS 时，与无预臭氧化的原悬浊液相比，污染均有所减轻，其中在 0.64 mg-O_3/mg-SS 时，污染指标 Ψ 相

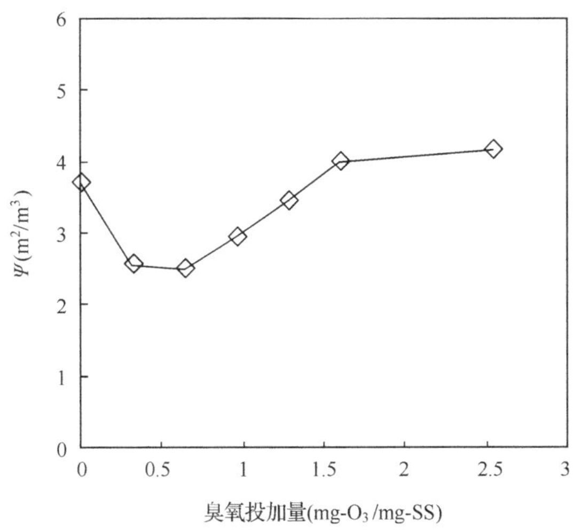

图 5.90　臭氧投加量对污染指标 Ψ 的影响（恒流过滤，TMP＝100 kPa 时）

对最低。当臭氧投加量超过 1.28 mg-O_3/mg-SS 后，污染变得比原悬浊液更加严重。说明以控制恒流过滤颗粒物污染为指标，预臭氧化单元存在最佳臭氧投加量和临界臭氧投加量。在最佳臭氧投加量时，与原悬浊液污染相比，后续微滤中膜污染下降最多；在临界臭氧投加量时，后续微滤膜污染与原悬浊液污染相同。

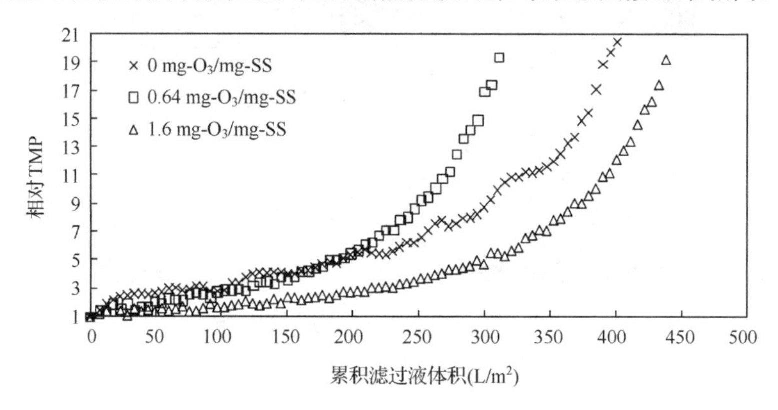

图 5.91　恒压过滤模式下不同臭氧投加量与膜污染的关系

5.4.3.3　臭氧对 SS 总量的去除作用

在预臭氧化单元中，SS 浓度随着臭氧投加量的增加而呈现降低的趋势，而 UV_{254}的值则呈现逐渐升高的趋势(图 5.92)。这与 Hashino 等(2001)针对饮用水开展的研究结果类似，他发现在饮用水处理流程中，预臭氧化后水中 DOC 含量有所升高。

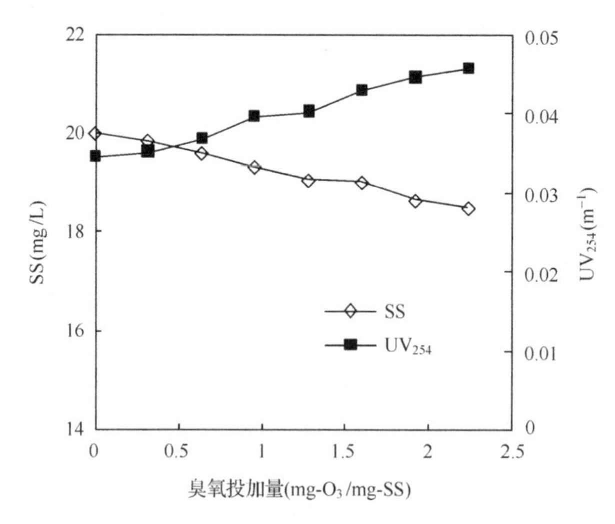

图 5.92　臭氧投加量与模拟悬浊液中 SS 浓度的关系

预臭氧化对SS的去除可能主要依赖其与有机物的作用。有机物是二级出水中颗粒物的主要组成成分之一。这些有机物一部分是微生物新陈代谢所产生的，另一部分则可能是水中借吸附及其他强/弱化学键结合于颗粒物表面的其他来源的有机物。如5.3节所述，臭氧可以与水中的溶解性有机物发生反应，即破坏有机物的不饱和官能团等作用。当臭氧投加入二级出水中时，臭氧除了与溶解性有机物反应外，还会与颗粒物表面的有机物发生反应。在预臭氧化单元中，臭氧降低SS浓度的主要途径可能基于三点原因：①将颗粒表面的有机物无机化；②与构成颗粒的有机物反应后，使其脱离颗粒物变为溶解性有机物；③将大颗粒中起连接作用的有机物降解或者化学键破坏，使得颗粒粒径减小，以至于分解后的部分颗粒不能被SS测量过程中所使用的膜截留。

5.4.3.4 臭氧对SS悬浊液PSD的影响

在5.4.2节中已经阐述了悬浊液的PSD对微滤中的颗粒物污染有重要影响。在本节中，利用不同的粒径分析仪器测定了预臭氧化前后SS悬浊液PSD的变化。

图5.93和图5.94为利用马尔文粒度分析仪(德国，Mastersizer 2000)测定的预臭氧化前后及不同臭氧投加量条件下的PSD。图5.93为原水和预臭氧化中低臭氧投加量时悬浊液(较小臭氧投加量)PSD的对比，图5.94是原水和预臭氧化后期悬浊液(较大臭氧投加量)PSD的对比。可知，在臭氧投加量较少时，大粒径颗粒增加，而小粒径颗粒减少；在继续投加臭氧后，大粒径颗粒逐渐减少，而小粒径颗粒逐渐增多。在臭氧投加量较大时，与原水相比，平均颗粒粒径明显减小。在预

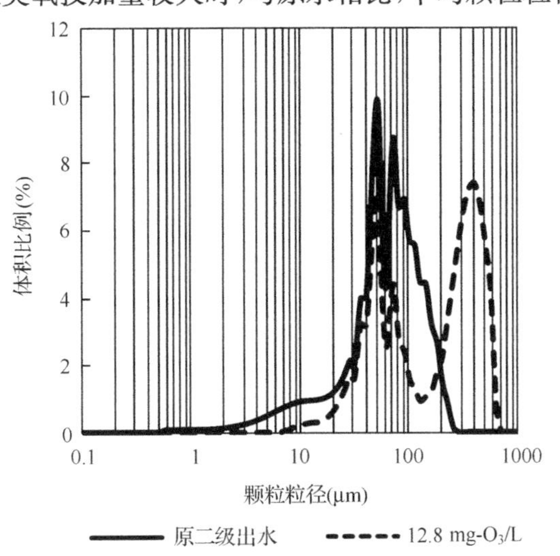

图5.93 臭氧对二级出水PSD的影响

低臭氧投加量(SS 21.0 mg/L)

臭氧化过程中，在平均颗粒粒径减小的同时，颗粒粒径跨度(90%～10%粒径)也相应地减小。

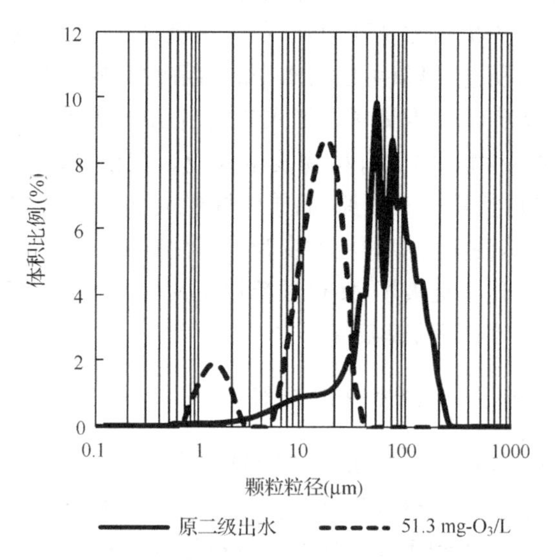

图 5.94　臭氧对二级出水 PSD 的影响

高臭氧投加量(SS 21.0 mg/L)

对以去离子水做分散溶液配制的模拟 SS 溶液，也进行了预臭氧化处理。图 5.95 直观显示了不同臭氧投加量下模拟 SS 悬浊液 PSD 指标的发展变化。由图 5.95 和表 5.20 中的具体数据可见，在低臭氧投加量时，平均颗粒粒径略微增大，而在继续投加臭氧的情况下，平均粒径则逐渐减小，在臭氧投加量较高时甚至低于原始平均粒径的 50%。从表 5.21 还可知，粒径跨度一般与平均颗粒粒径相关。平均颗粒粒径越大，则粒径跨度也越大。

综上所述，在预臭氧化单元中，低臭氧投加量时臭氧存在一定的助凝效果(平均颗粒粒径增大)，随着臭氧投加量的增加，颗粒粒径逐渐减小，粒径跨度也随之缩小。

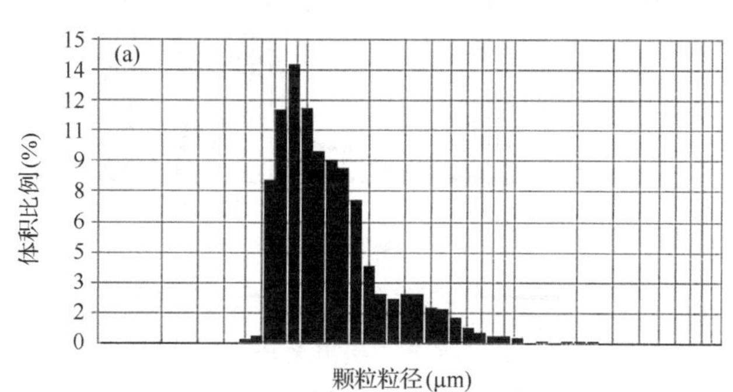

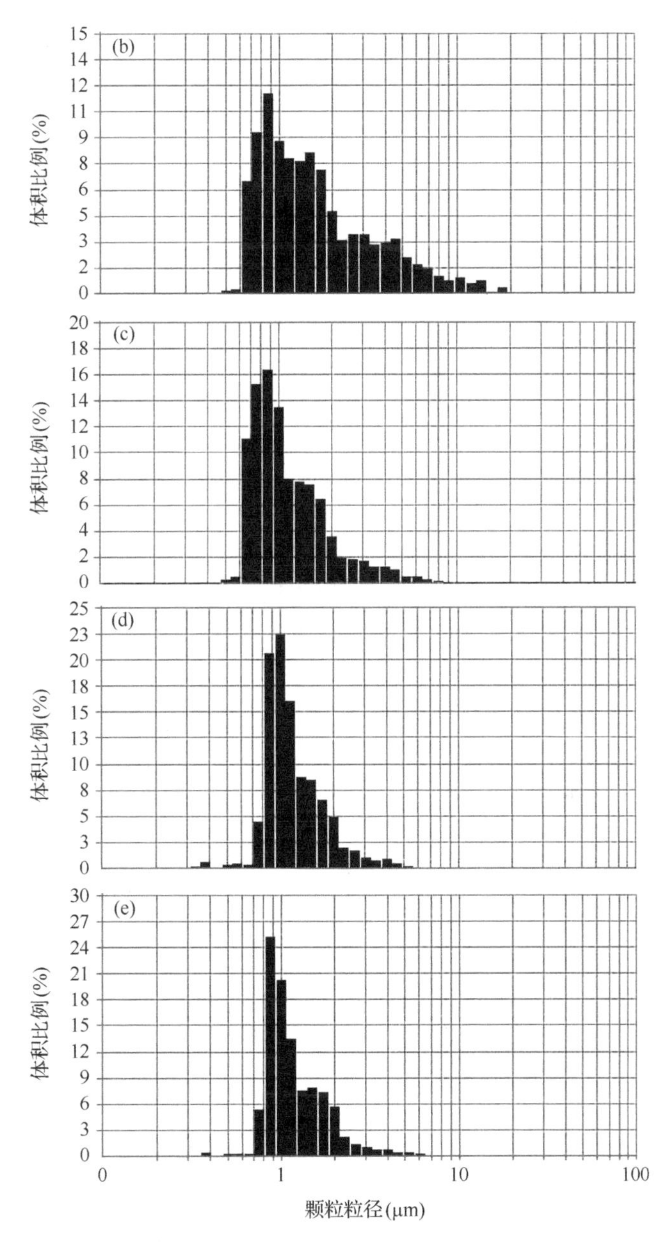

图5.95　臭氧投加量对模拟SS悬浊液PSD的影响(投加速率6.4 mg O_3/min，SS 20.0 mg/L)

(a) 原模拟悬浊液；(b) 臭氧化1 min；(c) 臭氧化2 min；(d) 臭氧化4 min；(e) 臭氧化5 min

表 5.20　预臭氧化中模拟 SS 悬浊液 PSD 指标的变化

臭氧作用时间(min)	平均颗粒粒径(μm)	粒径跨度(90%～10%,μm)
0	2.27	4.82
1	2.53	5.33
2	1.78	3.98
4	1.47	2.86
5	1.04	2.49

注：臭氧投加速率 6.4 mg/min，SS 浓度 20.0 mg/L

关于臭氧的助凝效果，其机理较为复杂，在相关文献中也有不同的结论，综合来看，包括以下几点(Langlais et al.,1991)：

(1) 强化了有机物与金属离子间的联系。

(2) 颗粒表面带负电荷的有机物被去除后，降低了颗粒相互之间的负静电排斥能。

(3) 强化了有机物的相互聚合作用。

(4) 对微生物细胞溶胞后，胞内多聚物流出起到了颗粒间黏合剂的作用。

根据臭氧与有机物的作用特性，推测臭氧化使颗粒物平均粒径减小的原理主要基于以下三点：

(1) 降解了在颗粒中起主要连接作用的有机物，使颗粒发生分解[图 5.96(a)]。

(2) 臭氧化去除了颗粒物表面结合较弱的一部分有机物，使得颗粒物平均颗粒粒径减小[图 5.96(b)]。

(3) 将大颗粒中起连接作用的有机物降解或者化学键破坏，使颗粒粒径减小，以至分解后的部分颗粒不能被 SS 测量过程中所使用的膜截留。

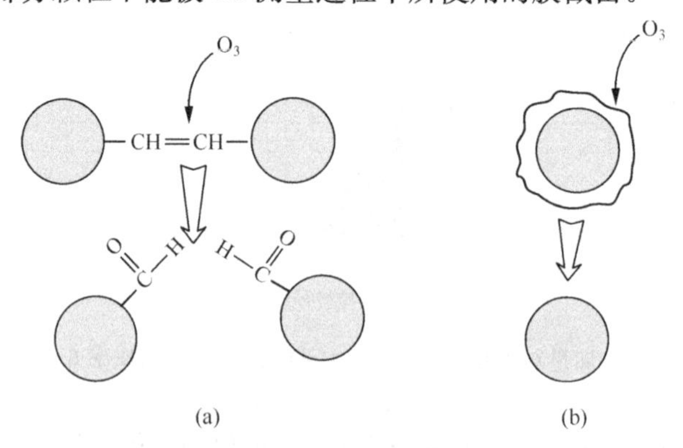

图 5.96　预臭氧化减小颗粒粒径的机理

(a) 氧化起连接作用的有机物；(b) 去除颗粒物表面的有机物

预臭氧化过程中颗粒粒径在低臭氧量时，随着投加量增加略有增加，臭氧投加量继续增加时颗粒粒径又逐渐减小，主要是因为不同反应发生的位置和难易程度不同。首先最容易发生的反应是臭氧(或氢氧自由基)与裸露于颗粒表面的有机物不饱和部位的反应。这种反应往往会导致羧基和酚羟基的增加，所以增加了颗粒与多价金属阳离子配位后形成更大颗粒物的可能。除此之外，臭氧还易于与裸露在颗粒外表面，且与颗粒结合较弱的有机物发生反应，使得这些有机物脱离颗粒。因为水体中有机物大多带有荷负电基团，因此，这步反应后颗粒表面负电荷密度减少，相互之间的静电排斥能减弱，从而通过碰撞增大粒径的概率大大增加。这时如果继续投加臭氧，臭氧则开始与颗粒(新露出)表面上的有机物反应。这部分有机物一般与颗粒结合较为紧密，因此，大多数臭氧化反应的结果是重新增加了有机物的负电荷密度，使得颗粒之间静电排斥能重新增大，颗粒之间稳定性增强。最后，臭氧不断渗透进入颗粒物内部，如果起到关键连接作用的有机物被氧化，则会导致颗粒物的解体[图 5.96(a)]。当然，不断投加臭氧也会导致颗粒物表面的有机物逐层脱落，即使结合紧密的有机物可能也不例外。

综合分析本节的研究，在二级出水微滤过程中，颗粒物污染阻力可占 75%左右。预臭氧化减少了 SS 悬浊液中 SS 的浓度，使溶解性有机物含量略有增加。低臭氧投加量时 SS 的平均颗粒粒径增加，高臭氧投加量时平均颗粒粒径则逐渐变小，且粒径分布范围也逐渐减小。预臭氧化减轻了恒压过滤中 SS 悬浊液所造成的颗粒物污染。主要机理是，预臭氧化使得颗粒粒径分布范围变小，从而使滤饼层的孔隙率增加。对于恒流过滤操作模式，如果以控制颗粒物污染为主要目的，则预臭氧化存在最佳臭氧投加量。在最佳臭氧投加量时，与原悬浊液微滤中产生的膜污染相比，臭氧作用后的悬浊液在后续微滤中产生的膜污染明显减轻。

本研究没有进行连续预臭氧化-微滤试验。有文献报道，如果在预臭氧化后，使得膜组件内保持一定浓度残余臭氧，也能够减轻膜污染，其机理在于臭氧分解了滤饼层中的有机物质，从而造成了污染阻力的下降(Lee et al.,2004)。

5.5　臭氧-微滤工艺处理细菌悬浊液的研究

如前所述，在二级出水悬浮颗粒物中，含有大量细菌。大部分细菌以菌胶团的形式或者通过胞外有机物(如 EPS)与其他物质形成颗粒，而另外一部分可能以单细胞的形式分散于二级出水中。与颗粒物内的细菌相比，以单细胞形式分散的细菌具有以下几个特点：①在微滤过程中，相当于粒径在 0.8～2 μm 之间的小颗粒，因为它们具有比聚集颗粒物更小的粒径，可能造成更为严重的膜污染；②在预臭氧化过程中，由于缺乏胞外有机物的保护，臭氧直接作用于细菌细胞，可能会造成不同于一般 SS 的影响。分析微滤和臭氧-微滤工艺中微生物的特性和臭氧与其反应的机理,可以作为对颗粒性污染研究的补充。

5.5.1 研究方法

5.5.1.1 菌种

采用的微生物分别为大肠杆菌 *E. coli* 1.3373(中国科学院微生物研究所菌种库)与革兰氏阳性对照菌,枯草芽孢杆菌(清华大学国家重点实验室筛选菌种)。

采用平板菌落计数法检测菌种数量。

5.5.1.2 试验设计

试验具体参数见表 5.21。

表 5.21 试验设计与试验参数表

节	菌悬液浓度 (CFU/mL)	分散溶液	O_3 投加量 (mg/L)	过滤参数
5.5.2.1	10^7	去离子水	—	8 $(m^3/m^2)/d$
5.5.2.2	10^3	去离子水	—	8 $(m^3/m^2)/d$
	10^4	去离子水	—	8 $(m^3/m^2)/d$
	10^5	去离子水	—	8 $(m^3/m^2)/d$
	10^6	去离子水	—	8 $(m^3/m^2)/d$
5.5.2.3	10^4	去离子水	—	8 $(m^3/m^2)/d$
	10^4	EfOM 13.42 mg/L	—	8 $(m^3/m^2)/d$
5.5.3	10^5	去离子水	连续投加	8 $(m^3/m^2)/d$
	10^6	去离子水	连续投加	8 $(m^3/m^2)/d$
5.5.4.1	10^5	去离子水	连续投加	—
	10^6	去离子水	连续投加	—
	10^7	去离子水	连续投加	—
5.5.4.2	10^5	EfOM 13.42 mg/L	连续投加	—
		EfOM 13.42 mg/L	连续投加	
		EfOM 13.42 mg/L	连续投加	
		EfOM 13.42 mg/L	连续投加	
		EfOM 13.42 mg/L	连续投加	
5.5.5	10^8	去离子水	连续投加	—
	10^8	去离子水	连续投加	—

5.5.2　大肠杆菌悬浊液的微滤特性

5.5.2.1　微滤污染特征

以浓度为 1×10^7 CFU/mL 的去离子水细菌悬液进行微滤试验，其相对 TMP 随累积滤过液体积的发展变化趋势如图 5.97 所示。

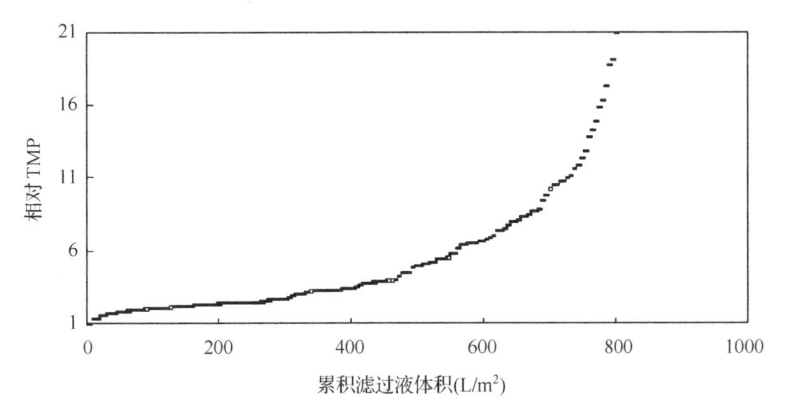

图 5.97　大肠杆菌悬液微滤相对 TMP 随累积滤过液的发展变化

从各类型污染模型的结果看，去离子水大肠杆菌悬液的微滤污染过程更接近于完全堵塞和标准堵塞模型，而非所预期的完全滤饼层过滤特性。出现这种现象的主要原因有以下两点：①大肠杆菌去离子水悬液制备过程中仍然有少量培养基溶液未被彻底分离和清洗，或者在高速离心和菌体浓缩、分散过程中出现了细胞自溶现象，从而使得部分细胞内溶物流出，致使该悬浊液过滤时出现溶解性有机物质和颗粒性物质（大肠杆菌菌体）同时过滤的现象。②在恒流过滤滤饼层的形成过程中，大肠杆菌在不断增长的 TMP 下被压缩变形，从而使得滤饼层比阻在不断增加，表现出不同于理想化滤饼层过滤模型（滤饼层不可压缩）的情况。

5.5.2.2　大肠杆菌悬液浓度对膜污染的影响

图 5.98 是不同浓度菌悬液微滤过程中相对 TMP 随累积滤过液体积增加的变化情况，图 5.99 是根据各组微滤试验数据计算得到的污染指标 Ψ 随大肠杆菌悬液浓度的变化情况。由试验结果可以发现，菌悬液浓度从 10^3 CFU/mL 升高到 10^6 CFU/mL，膜污染缓慢加重，污染指标 Ψ 也在逐渐上升。菌悬液浓度达到 10^7 CFU/mL时，膜污染显著加重。

5.5.2.3　EfOM 对大肠杆菌悬浊液微滤过程中膜污染的影响

在菌悬液浓度均为 10^4 CFU/mL 的情况下，分别对比了分散剂为去离子水和

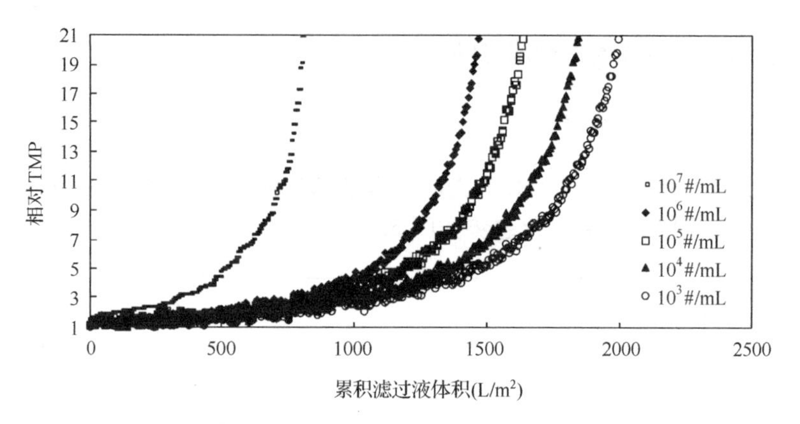

图 5.98 不同浓度大肠杆菌去离子水悬液微滤相对 TMP 的发展变化

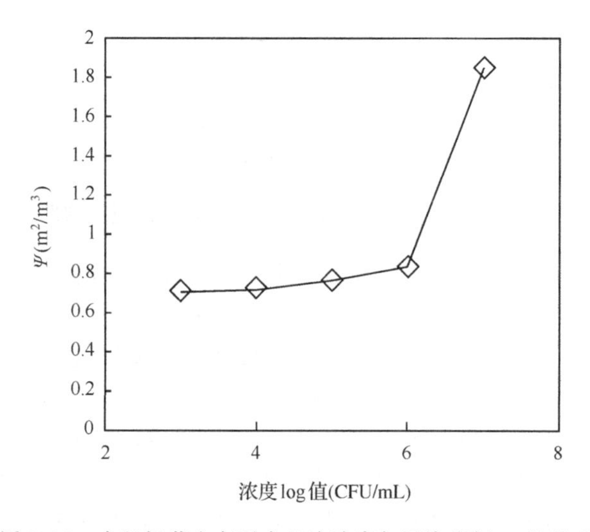

图 5.99 大肠杆菌去离子水悬液浓度与污染指标 Ψ 的关系

EfOM 溶液时微滤试验的特性。图 5.100 是两组微滤试验中相对 TMP 随累积滤过液体积增加的变化，可以看出，EfOM 的存在显著加重了细菌悬液的膜污染。

5.5.3 预臭氧化对大肠杆菌悬浊液微滤过程中膜污染的影响

图 5.101 和图 5.102 分别给出了一定浓度大肠杆菌去离子水悬液(10^5 CFU/mL)预臭氧化后(不同臭氧投加量)，在后续微滤试验中相对 TMP 随累积滤过液体积的发展变化，以及污染指标 Ψ 的变化。可见，在试验的预臭氧投加量范围内，随着预臭氧化单元中臭氧投加量的增加，大肠杆菌去离子水悬液所造成的后续膜污染逐渐变得严重。

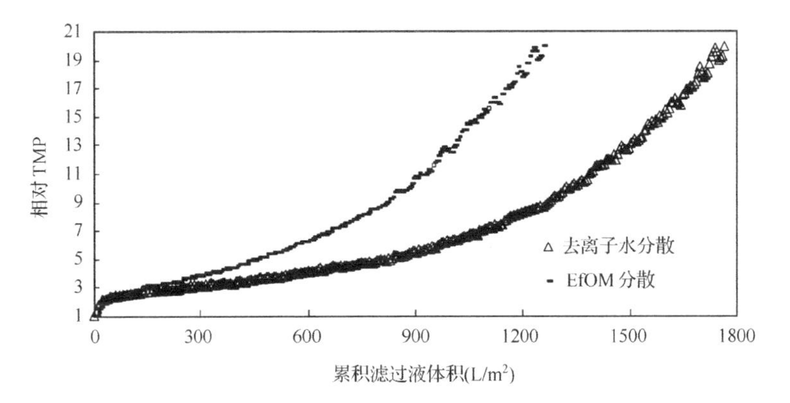

图5.100　EfOM对大肠杆菌悬浊液(10^4 CFU/mL)微滤特性的影响

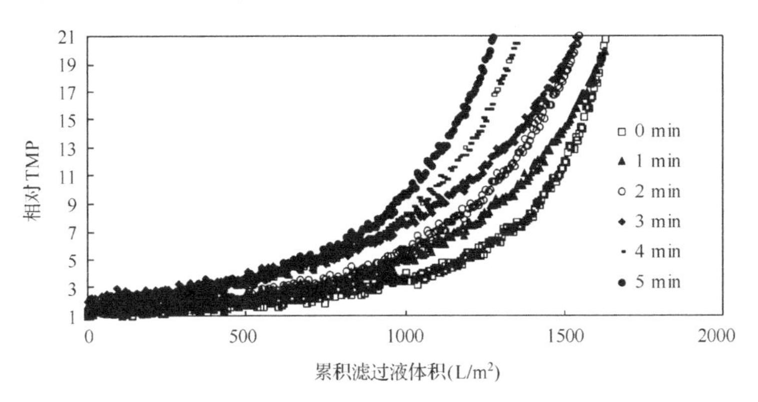

图5.101　不同臭氧投加量对细菌悬液微滤相对TMP发展变化的影响

菌悬液浓度10^5 CFU/mL;投加速率为2.25 mg-O_3/(min · L)

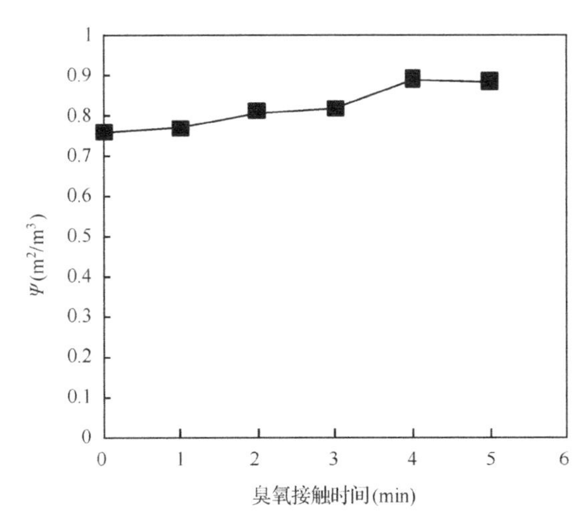

图5.102　预臭氧化对大肠杆菌去离子水悬液微滤膜污染指标Ψ的影响

菌悬液浓度10^5 CFU/mL;投加速率为2.25 mg-O_3/(min · L)

5.5.4 臭氧对大肠杆菌的溶胞作用

臭氧灭活细菌的途径之一是臭氧对细菌细胞的溶胞。细菌细胞溶胞会增加二级出水中溶解性有机物和胶体性有机物的含量，有可能会加剧微滤过程中的膜污染，尤其是不可逆污染。为了考察臭氧对细菌的溶胞作用，本节采用细菌浓度为 10^8 CFU/mL，以去离子水为分散溶液的细菌悬液为试验对象，通过检测其在预臭氧化过程中的 DOC、UV_{254} 和 A_{540} 观察其溶胞情况。A_{540} 指标为在波长 540 nm 处可见光的遮光率，可以用作反映悬液中颗粒密度和大小的指标。

图 5.103 是对革兰氏阳性菌（枯草芽孢杆菌）溶胞试验中 A_{540} 和 UV_{254} 随臭氧投加量增加的变化情况。图 5.104 和图 5.105 分别是对革兰氏阴性菌（大肠杆菌）溶胞试验中 A_{540}、UV_{254}、和 DOC 随臭氧投加量增加的变化情况。

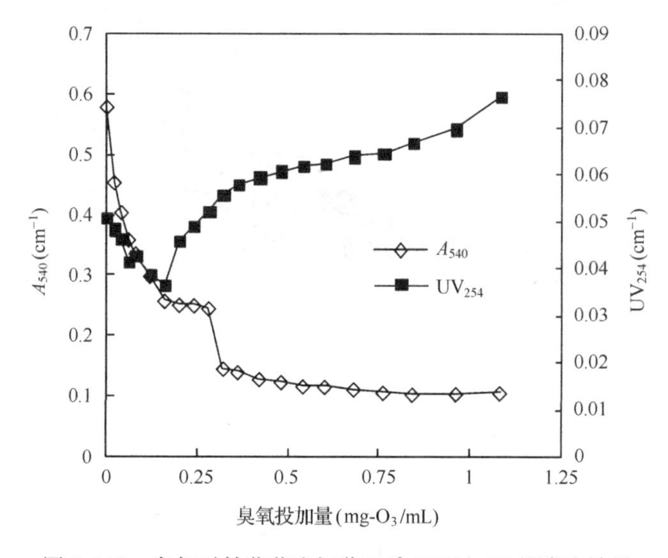

图 5.103 臭氧对枯草芽孢杆菌（10^8 CFU/mL）的溶胞效果

由图可以看出，预臭氧化过程中，随着臭氧投加量的增加，总体而言，两种细菌的 A_{540} 指标均呈持续下降的趋势，而反映溶液中溶解性有机物指标的 UV_{254} 和 DOC 则基本呈现持续上升的趋势。但是两种细菌相互之间在不同指标具体的变化趋势上又有区别。大肠杆菌悬液的 A_{540} 的下降速率较为均匀，且降幅小于枯草芽孢杆菌的降幅，显示臭氧对大肠杆菌的溶胞效果不及对枯草芽孢杆菌。但大肠杆菌溶解性有机物的增加程度显著高于枯草芽孢杆菌，又显示溶胞效果要好于枯草芽孢杆菌。

对于枯草芽孢杆菌来说，在预臭氧化中，A_{540} 较快地降低到一个比较低的值，在这个过程中 UV_{254} 不但没有增加，相反还随着臭氧投加量的增加而减少。再继

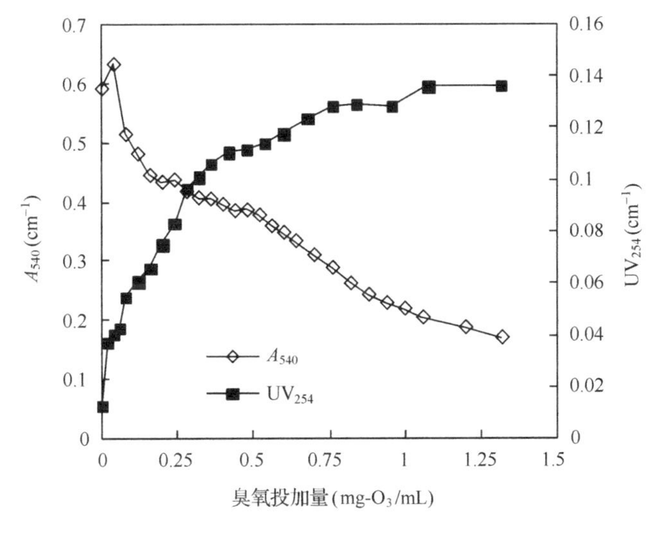

图 5.104　臭氧对大肠杆菌(10^8 CFU/mL)的溶胞效果

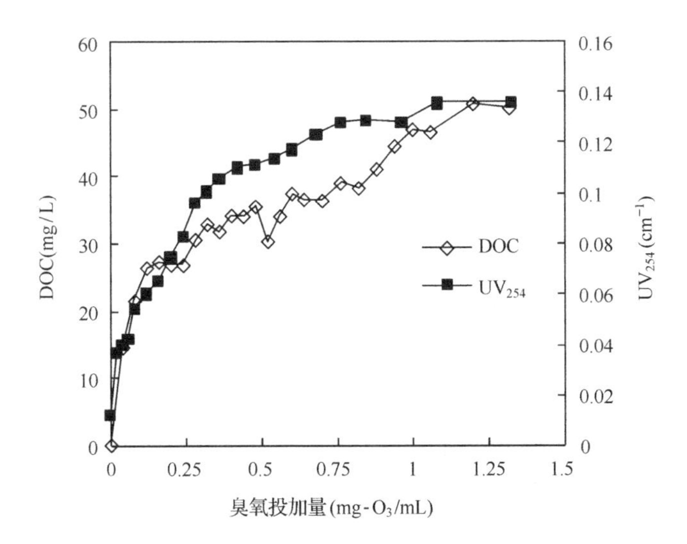

图 5.105　臭氧对大肠杆菌(10^8 CFU/mL)的溶胞效果

续投加臭氧时，A_{540}基本保持不变，而 UV_{254}则有较快的增长。说明，在臭氧作用初期，其对枯草芽孢杆菌的溶胞并没有导致细胞内溶物的流出，UV_{254}的下降是臭氧对悬液中现存溶解性有机物的作用结果。

二者的差异可能与细胞壁结构的差异相关。对于枯草芽孢杆菌，因为其细胞壁主要由厚厚的肽聚糖组成，所以在最初的溶胞过程中，进入溶液的可能是具有较弱紫外吸收强度的肽聚糖。

综上所述，预臭氧化对革兰氏阳性菌和阴性菌均具有溶胞作用，且在低臭氧投加量阶段，各溶胞指标变化最剧烈。

5.5.5　臭氧化对细菌细胞表面特性的影响

在臭氧溶胞最初几分钟内，对大肠杆菌悬液的ζ电位检测结果发现，大肠杆菌悬液的ζ电位在预臭氧化过程中有升高的现象（即负电荷增加，如图5.106），反映臭氧可能与细菌胞壁肽聚糖结构中肽链上亚氨基和自由氨基发生酰化作用。

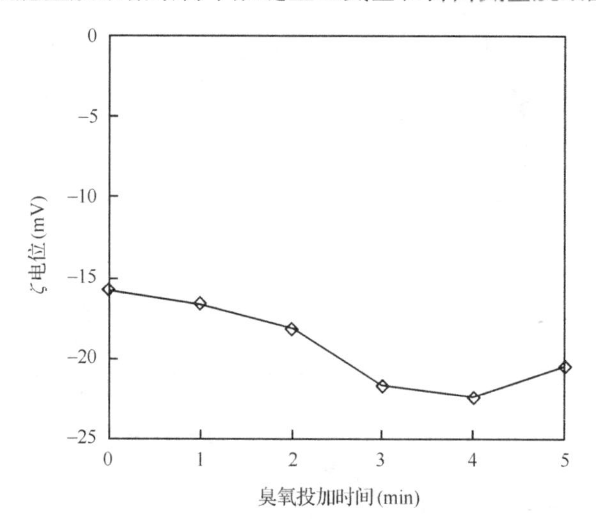

图5.106　臭氧对大肠杆菌去离子水悬液（10^8 CFU/mL）ζ电位的影响
投加速率为2.25 mg-O_3/(min · L)

图5.107是利用SEM对预臭氧化前后的大肠杆菌细胞进行观察的照片。由图可以看出，臭氧作用后细胞变得干瘪，细胞壁边界变得粗糙和模糊。

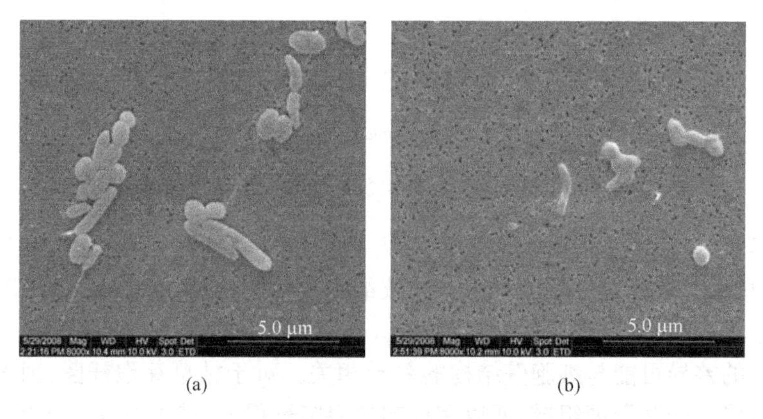

图5.107　预臭氧化过程中大肠杆菌细胞SEM照片
(a) 原始细胞；(b) 大肠杆菌去离子水悬液（10^5 CFU/mL）投加2 mg-O_3/L后

综上所述，预臭氧化加重了细菌悬液的膜污染，其机理主要有两点：①预臭氧化对细菌，不论是革兰氏阳性菌还是革兰氏阴性菌，均具有一定的溶胞作用。在预臭氧化过程中，溶胞效果所造成的胞内聚合物流出，以及经臭氧化作用后脱落的细胞壁等，均增加了溶液中溶解有机物和胶体有机物的含量。②预臭氧化改变了细菌细胞的形态。预臭氧化后细菌细胞变得干瘪，细胞边界变得模糊和粗糙。这些变化可能使细胞失去弹性，在形成滤饼层的过程中形成更加致密的堆积。另外，溶胞和溶壁产生的“胶体颗粒”也可能参加到滤饼层的构造过程中，从而使得滤饼层孔隙率更低，阻力更高。

大肠杆菌悬浊液和二级出水 SS 悬液的预臭氧化对后续微滤膜污染的影响差异较大。预臭氧化加重了细菌悬液的微滤过程中的膜污染，但对于二级出水 SS 悬液，低臭氧投加量时，微滤膜污染情况却得到了控制和减轻。原因在于两者中细菌的存在形态差异较大。在大肠杆菌悬液中，大肠杆菌的存在形态主要是游离细菌的形态，在预臭氧化时，臭氧直接作用于游离细菌。而对于二级出水颗粒物而言，其中游离的和单独的细菌所占比例要少一些，绝大部分细菌被有机物和无机物所包裹，如 EPS 等。这样预臭氧化过程中，臭氧首先与颗粒物外层的有机物反应，而只有投加量较大，当外层物质被去除后，臭氧才开始主要与细菌发生反应。所以，在颗粒物悬浮溶液预臭氧化过程中，颗粒性有机物、无机物性质的变化是决定悬浮颗粒性溶液在后续膜过滤中膜污染特性的主要因素。

5.6　处理二级出水的臭氧-微滤工艺参数预测模型研究

对臭氧-微滤工艺处理二级出水的作用机理进行研究，最根本的目的是指导实际工艺的设计与运行。二级出水的水质错综复杂，各项水质指标与预臭氧化结果、微滤膜污染之间有着错综复杂的关系，它们的含量、性质等因素的变化直接影响预臭氧化和膜污染发生的机理和过程，因此，很难用理想模型进行分析或者表达。本章较系统地分析了二级出水中不同组分的各种性质及其相关指标随臭氧投加量的变化，以及对膜污染的影响，但这些性质和指标在实际工艺运行过程中并不容易测定或者分析。因此，本节在前述研究的基础上，简化参数，建立模型，以指导应用。

本节对试验数据采用多元线性回归等统计方法进行了分析，并结合机理试验的结果，建立了以进水(即二级出水)水质为变量的臭氧-微滤工艺参数预测模型。根据该预测模型，可以根据二级出水水质选择合适的预臭氧化单元最佳臭氧投加量，以及对后续微滤单元中的膜污染进行预测。

通过对微滤工艺进水水质和污染指标 Ψ 进行多元线性回归，可得到以 SS、HIS 和平均颗粒粒径 PS 为主要参数的 Ψ 预测公式。预测公式为 $\Psi=1.515+0.112\ \mathrm{SS}-0.166\ \mathrm{PS}+0.064\ \mathrm{HIS}$，调整后方差为 0.806，满足显著性验证。为了增强预测模型的实用性，将 HIS 替换为 DOC，替换后公式为 $\Psi = 1.515 + 0.112\ \mathrm{SS} - 0.166\ \mathrm{PS} + 0.032\ \mathrm{DOC}$。

在臭氧-微滤组合工艺中，最佳臭氧投加量的预测公式为 $X = \left(\frac{0.36514}{\mathrm{SS_0}} + \frac{0.23044}{\mathrm{DOC_0}}\right) \Big/ 2\left(\frac{0.24084}{\mathrm{SS_0^2}} + \frac{0.16053}{\mathrm{DOC_0^2}}\right)$。污染指标 Ψ 的预测公式为 $\Psi = \left(\frac{0.24084}{\mathrm{SS_0^2}} + \frac{0.16053}{\mathrm{DOC_0^2}}\right) \cdot x^2 - \left(\frac{0.36514}{\mathrm{SS_0}} + \frac{0.23044}{\mathrm{DOC_0}}\right) \cdot x + (1.515 + 0.112 \cdot \mathrm{SS_0} + 0.032 \cdot \mathrm{DOC_0} - 0.166 \cdot \mathrm{PS_0})$。通过两组验证试验发现，最佳臭氧投加量预测值恰好落在实测值的最佳投加量区间内。污染指标 Ψ 的预测值与实测值变化趋势基本一致，模型可用于指导臭氧-微滤组合工艺的参数预测。

第6章 膜法给水处理工艺膜污染特征与清洗

研究表明膜法给水处理工艺在微污染水源水、水源水中致嗅物质等微量污染物去除方面具有独特的优势。本章重点讨论膜法给水处理工艺运行过程中的膜污染特征、清洗方法与效果。

6.1 混凝-微滤组合工艺膜污染特征与清洗

在混凝-微滤(C-MF)组合工艺中，由于混凝预处理改变了原水中的颗粒粒径分布特征，从而会对膜污染造成影响。本节首先考察了混凝-微滤组合工艺中膜过滤性能在连续运行中的变化，并与相同操作条件下微滤膜直接过滤(MF)工艺进行了比较，着重考察了操作参数对混凝-微滤组合工艺中膜过滤性能的影响。并对连续运行后的污染膜组件进行了物理和化学清洗，对化学洗脱液中的有机和无机成分进行了分析。

6.1.1 研究方法

6.1.1.1 反应器系统

混凝-微滤(C-MF)组合工艺试验所采用的试验装置如图6.1所示。

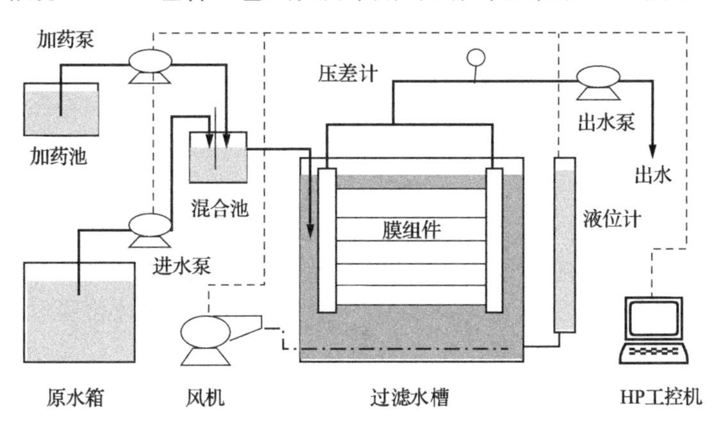

图6.1 混凝-微滤组合工艺流程图

微滤膜采用日本三菱公司生产的聚乙烯中空纤维膜，孔径为0.1 μm，膜丝内径为0.27 mm，外径为0.42 mm，膜面积为1 m^2。系统处理能力约为0.5 m^3/d。

原水由进水泵从原水箱吸入混合池，与来自加药池的混凝剂溶液混合(约1 min)，然后通过溢流进入过滤水槽(微滤膜直接过滤时，进水泵只需将原水打入过滤水槽)，在抽吸泵的抽吸作用下经膜过滤后形成过滤出水。膜组件下设有曝气管。曝气系统在膜抽吸期间不运行，而在膜停抽期间开始启动，以清除抽吸阶段积累在膜表面的沉积物。

试验原水取自清华大学内的河水，采用自来水稀释，使其水质保持在一般微污染原水的范围(高锰酸盐指数 OC 为 3～8 mg/L，浊度在 13 NTU 以下)。

6.1.1.2 膜污染的清洗方法

研究中采用如下清洗方法：

1) 物理清洗

采用清水过滤清洗和曝气清洗两种方法。清水过滤时，以自来水作为反应器进水，抽吸泵维持最大出水量连续运行。

曝气清洗时，停止膜出水，维持曝气强度，连续曝气。由曝气在反应器内产生的水力环流不断地冲刷污染膜表面，使污染膜面最外层附着的部分微生物或大颗粒滤饼层松散或脱落，以减轻后续化学清洗的负荷。

2) 化学清洗

采用次氯酸钠(碱性)和盐酸作为化学清洗剂，其浓度分别采用 2‰和 2%，前者主要用来清洗有机污染物和微生物污染，后者主要用来清洗无机污染物。清洗时将膜组件完全浸没于化学清洗液中。

6.1.1.3 膜污染的清洗效果评价

试验中对每一步物理和化学清洗后的清洗效果进行了评价。首先通过扫描电镜(SEM)观察膜丝表面微观形貌在清洗后的变化，定性地评价各步清洗对膜污染层或膜污染物的清洗效果。然后进行清水通量试验，即测定不同操作压力下的清水膜通量(J)，用标准温度 20 ℃时膜比通量 J_{20}/P 的大小来定量地评价各步清洗后膜过滤性能的恢复。

当污染膜丝进行清水过滤试验时，由于短时间试验不会改变膜污染状况，所以清水试验过程中膜阻力保持不变，因此 $J_{20} \sim P$ 为一直线。该直线斜率 $K=J_{20}/P$，即为膜比通量。该值反比于膜阻力，试验中采用膜比通量来评价膜过滤性能的恢复，该值越大，膜过滤性能越好。

6.1.2 连续运行过程中膜过滤性能的变化

6.1.2.1 MF 工艺中膜过滤性能变化

本试验中膜组件采用间歇运行的方式，即抽吸、停抽曝气循环进行。停抽曝气时间段内，抽吸作用消失，曝气造成的水力冲刷作用将清除抽吸段逐渐积累在膜表面的污染层。停抽曝气时间太短，不足以清除膜污染层；停抽曝气时间太长，系统能耗增加、运行费用增加。为此，试验中选择抽吸段时间为 30 min，分别选择停抽曝气时间为 1 min、3 min 和 5 min，考察了微滤膜过滤阻力在一个抽/停周期内的变化以确定适宜的停抽曝气时间。

试验结果如图 6.2 所示，图中纵坐标为某时刻膜阻力 R 与该抽/停周期初始膜过滤阻力 R_0 的比值。由于在试验过程中，试验数据是以等间隔时间来测定的，因此在抽吸 30 min(即 1800 s)处，没有直接的测定数据。图中抽吸 30 min 处的数据是由抽吸段膜阻力的上升趋势外推得到的。图中曝气时间分别为 1 min、3 min 和 5 min 后的膜阻力为曝气结束重新开始抽吸前 2 min 内的平均值。

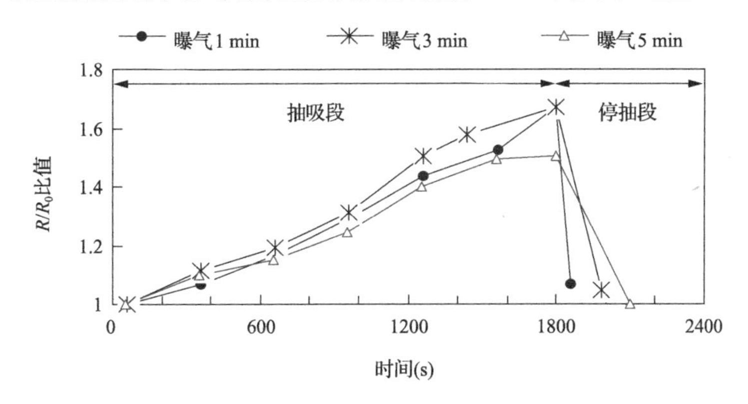

图 6.2　单周期内停抽曝气时间对膜过滤阻力的影响

从图 6.2 可看出，在抽吸时间段，随抽吸时间膜过滤阻力不断增加，抽吸 30 min后，膜过滤阻力增加了约 50%；进入停抽曝气段，曝气 1 min，膜过滤阻力下降明显，约为初始膜过滤阻力的 1.1 倍，膜过滤性能得到很大程度的恢复；延长曝气时间，能使膜过滤性能进一步恢复，当曝气达到 5 min 时，膜过滤阻力已与本周期内初始膜阻力相差很小，可认为抽吸段内积累在膜表面的污染层通过曝气5 min可基本清除，而使膜过滤性能基本恢复。因此微滤膜过滤连续运行中，采用30 min抽吸/5 min 停抽曝气的操作方式，连续运行累计两周以上，考察了膜过滤性能的长期变化，如图 6.3 所示。

从图 6.3 可看到，连续运行过程中膜过滤性能的变化可大致分为两个阶段：前 50 h 内膜过滤性能随时间下降很快，表现为膜通量变化不大，主要是过滤压力不断增加，导致 J_{20}/p 迅速下降；随后膜过滤性能缓慢下降。许多研究结果也证实了膜过滤性能两阶段降低的现象，并认为第一阶段主要是由于膜孔被小分子物质阻塞而导致膜过滤性能随时间快速降低。

另一方面，膜表面污染层的形成会对系统的污染物去除效果产生积极作用，特

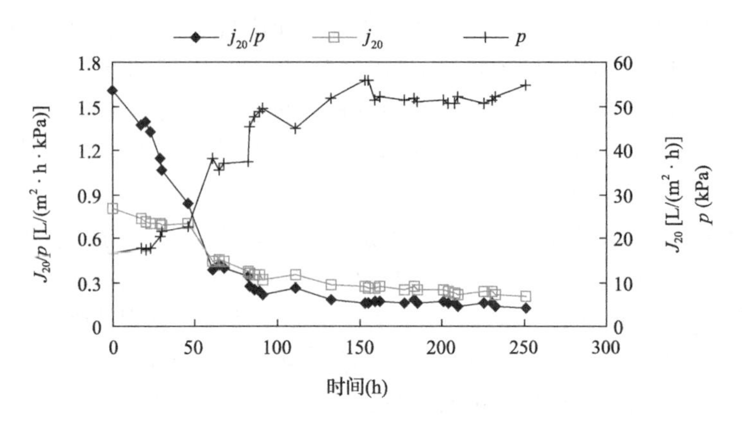

图 6.3　连续运行过程中膜过滤性能的变化

别是对溶解性污染物的去除。这是因为膜对污染物的截留效果由膜材料本身和膜污染层的截留作用共同决定。

6.1.2.2　C-MF 工艺中膜过滤性能变化

采用与微滤膜直接过滤相同的间歇运行操作参数，即抽吸 30 min、停抽曝气 5 min，得到在混凝-微滤膜组合工艺中膜过滤性能随运行时间的变化如图 6.4。可见，混凝-微滤膜组合工艺中膜过滤性能的降低也可按照其降低速率分为两个阶段，即膜过滤性能的快速下降段和缓慢下降段，与膜直接过滤时同。但两种工艺连续运行达到膜过滤性能缓慢降低的第二阶段时，混凝-微滤膜组合工艺中的膜过滤性能较膜直接过滤工艺低，以 J_{20}/p 为指标，前者约为后者的 50%。分析其原因可能是因为混凝-微滤膜组合工艺中，投加的混凝剂改变了原水中污染物的成分和粒径分布，一些无混凝作用时可通过膜孔的小分子物质形成微絮体造成了膜孔堵塞或易吸附于膜表面，从而使膜过滤性能变差；也可能是因为混凝后膜表面的滤饼

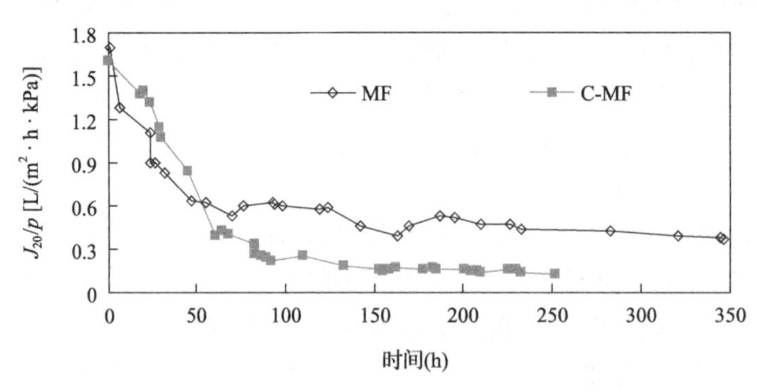

图 6.4　混凝-微滤膜连续运行膜过滤性能的变化

层通透性变差；也有人认为剩余的混凝剂在膜表面会形成较严重的污染，而使膜过滤性能变差(Kunikane et al. ,1998)。

6.1.3　操作条件对 C-MF 工艺膜过滤性能的影响

膜分离工艺中，维持良好的膜过滤性能、减少膜污染是实际应用中需解决的关键问题之一。混凝-膜组合工艺中影响膜过滤性能的主要因素有：原水中的杂质性质、混凝剂投加量和膜分离操作条件。已有研究者研究了混凝预处理对膜过滤性能的影响，结果表明混凝是否改善膜污染决定于混凝条件(Lee et al. , 2000; Peuchot et al. , 1992)。

另一方面，膜过滤操作条件也会影响膜过滤性能。因为滤饼层的密实度、厚度和形态往往是影响膜过滤阻力的重要因素，而这些因素可由膜过滤压力、错流速度、过滤操作模式等来控制 (Crozes et al,1997; Wisniewski and Grasmick,1998)。间歇运行模式下，影响膜过滤性能的操作条件主要有抽吸时间、停抽时间和曝气强度，本节对这些操作条件的影响进行了研究

6.1.3.1　停抽时间对膜过滤性能的影响

通过单周期试验，考察了抽吸时间为 30 min，不同停抽曝气时间对膜阻力恢复的影响，如图 6.5 所示。可见，抽吸 30 min 后，膜阻力较本抽停周期开始时的膜阻力升高了约 50%，但随着停抽曝气时间的增加，膜阻力有不同程度的下降，当曝气时间增加到 14 min 时，膜阻力可恢复到与初始膜阻力相当的水平。与图 6.2 相比，单周期内使膜阻力恢复所需的停抽时间远大于微滤膜直接过滤时的停抽时间，可见混凝-微滤膜组合工艺中，仅延长停抽曝气时间对膜过滤性能的改善效果不显著。因此，有必要综合考虑抽吸时间、停抽时间对膜过滤性能的影响。

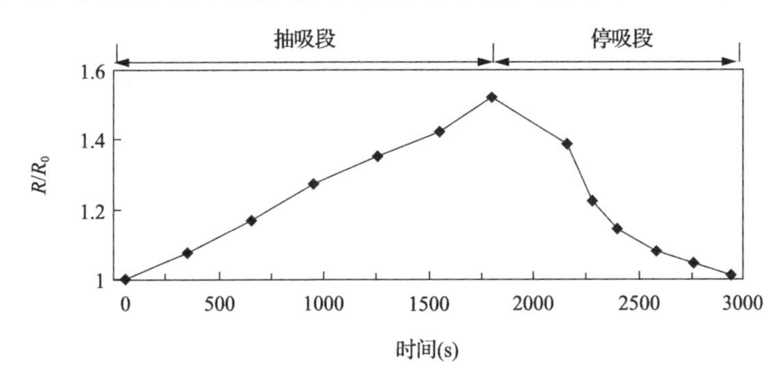

图 6.5　单周期内停抽曝气时间对膜过滤阻力的影响

6.1.3.2 抽吸时间和抽/停时间比对膜过滤性能的影响

连续运行中,采用不同的抽吸时间和停抽曝气时间,考察了膜过滤性能随时间的下降,结果如图 6.6 所示。可见,在混凝-膜组合工艺的任何操作条件下,膜比通量 J_{20}/p 值随时间的变化都可分为两个阶段:第 1 阶段为膜过滤性能快速下降段,即膜污染迅速形成期,大致发生在运行后的 2~3 天内;第 2 阶段为膜过滤性能缓慢变化段,即膜过滤阻力缓慢增长期,在此阶段,膜组件运行相对稳定,可持续 10 天以上。

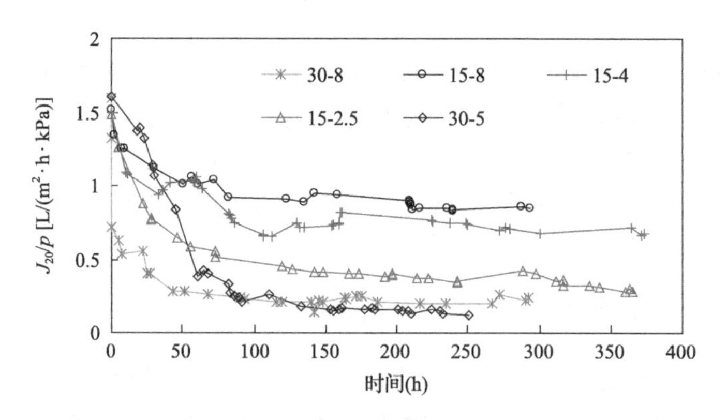

图 6.6 C-MF 工艺中不同抽吸、停抽时间下膜比通量的变化

30-8:30 表示抽吸时间(min),8 表示停抽时间(min)。其他同

J_{20}/p 的初期下降速率及稳定运行期的 J_{20}/p 值均随操作条件不同而异,表明通过调整并优化操作条件可改善膜的过滤性能。由于稳定运行期的膜比通量 J_{20}/p 影响系统的产水量和膜组件清洗周期的长短,因此可取稳定运行期内相同时间段内的平均 $(J_{20}/p)_a$ 值来评价操作条件对膜过滤性能的影响。$(J_{20}/p)_a$ 值代表了系统单位操作压力下的平均膜比通量,为避免抽吸、停抽时间不同对系统产水率的影响,考虑采用以一个抽停周期(=抽吸时间与停抽时间之和)为时间单位,进行产水率的计算。结果表明,当抽吸时间和抽/停时间比分别为 15 min 和 3.8 时,膜比通量较高,系统能获得较大的产水率。

6.1.3.3 曝气量对膜过滤性能的影响

在抽吸和停抽时间分别为 15 min 和 4 min 的条件下,系统连续运行 9 天达相对稳定后,分别取曝气量为 2 m^3/h、4 m^3/h、6 m^3/h,继续进行试验,以考察曝气量对膜过滤性能的影响。膜过滤性能缓慢下降段内平均值 $(J_{20}/p)_a$ 和曝气量之间的关系如图 6.7 所示。可见,曝气量由 2 m^3/h 增加到 4 m^3/h 时,$(J_{20}/p)_a$ 值提高了 15%;但曝气量进一步由 4 m^3/h 增加到 6 m^3/h 时,$(J_{20}/p)_a$ 值并没有进一步提高。

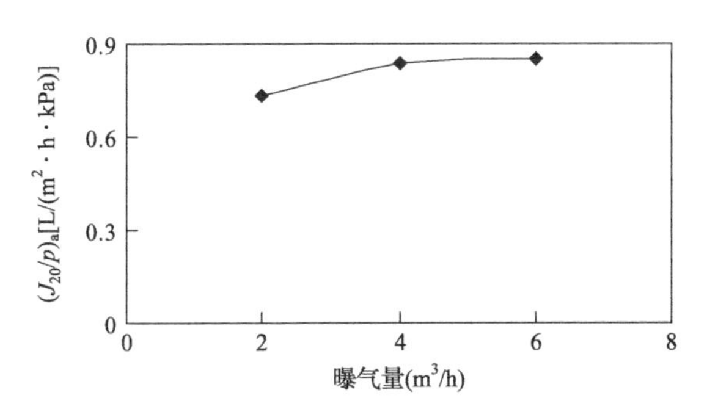

图 6.7　曝气量对膜比通量的影响

综合比较各操作参数对膜过滤性能的影响，可得出：缩短抽吸时间、降低抽/停时间比，较提高曝气量对混凝-微滤膜组合工艺中膜过滤性能的改善更为显著。

6.1.4　膜面污染物形貌分析

连续运行结束后，将膜组件由反应器中取出，肉眼观察其污染后形貌。有无混凝时肉眼观察到的污染膜形貌相差不大，发现膜丝两端处有很多黑色和深褐色的黏稠状污泥，中间污泥较少，推测是由于曝气冲刷对中部膜丝较充分，而对膜丝两端固定连接处冲刷不足造成的。膜丝上布满浅黄色的点，疑为铁或锰所致。

从膜组件上截取一段污染后的膜丝，自然风干后，喷镀金膜，用扫描电镜(SEM)观察污染膜丝的表面。有无混凝时污染膜外、内表面的 SEM 照片分别如图 6.8 和图 6.9 所示。比较两图，可发现 C-MF 工艺与微滤膜直接过滤后的膜污染形态有所不同。

从污染膜丝的外表面来看，后者沉积于膜面的滤饼层较厚、凹凸不平，分布不均匀，有一些污染不严重的地方，可见膜孔；而前者膜丝外表面被一层较厚污染层所覆盖，污染层表面粗糙，膜丝外表面已完全见不到膜孔；两者膜污染层上都嵌入、附着有单个和成群的细菌，以球菌和杆菌居多。

从污染膜丝的内表面来看，两种工艺都以微生物污染为主，包括微生物本身在膜内表面的吸附或沉积，及微生物所释放的有机物质吸附在膜内表面而造成的膜污染。微滤膜直接过滤工艺中污染膜内表面的微生物附着区域周围呈黏性凝胶状。C-MF 工艺中膜内表面污染分布不均，偶见膜孔；以单个或成团的细菌出现为主，大致包括球菌、杆菌，还有真菌(从带有特征花纹的孢子可推断出为真菌)，菌体间连有一些细长丝，推测可能是由细菌分泌物形成的，部分细菌形成了较大的菌胶团，微生物附着区域周围无凝胶类物质。

试验中采用的微滤膜的孔径为 0.1 μm，而细菌的尺寸在 0.5～1 μm 左右。从理论上来讲，由于膜的截留，内表面不会出现细菌。但在试验中膜内表面观察到了微生物污染，推测可能有以下原因：膜过滤组件内部未严格消毒，部分溶解性有机物可穿过膜，在膜丝内侧为微生物的生长提供了养料，使膜丝内表面出现了微生物污染；膜丝由于孔径分布存在一定的不均匀性，会有少数大于膜公称孔径的微孔；存在一些直径比较小的细菌，如有研究报道一种直径为 0.25～0.3 μm、长度为 0.6～1.0 μm 的细菌可通过 0.22 μm 的膜；也有人认为细菌的大小在特定的生长阶段可能较小，或细菌发生了变形，使它通过了小孔径的膜(Madaeni，1999)。在试验中，推测前两种原因是造成膜内表面微生物污染的主要原因。

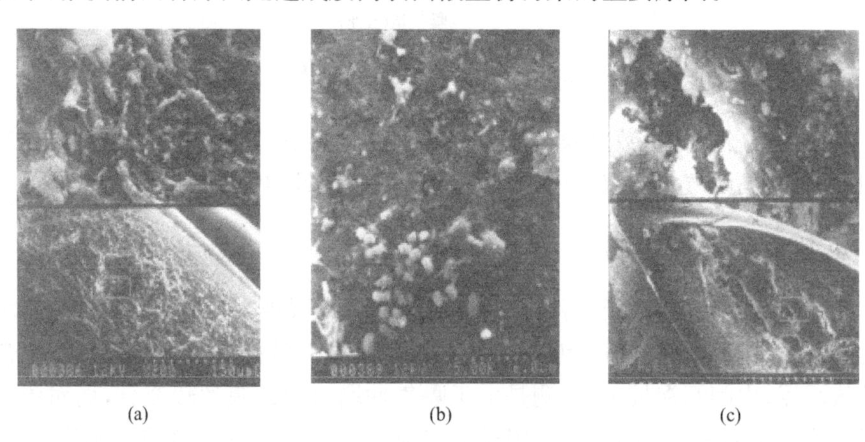

(a)　(b)　(c)

图 6.8　MF 工艺的污染膜丝的 SEM 照片

(a)外表面(200/2000 倍)；(b)外表面放大图(5000 倍)；(c)内表面(200/2000 倍)

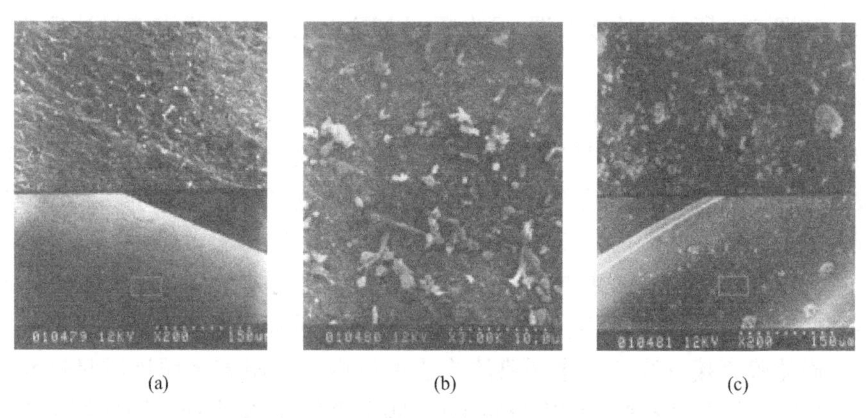

(a)　(b)　(c)

图 6.9　C-MF 工艺的污染膜丝的 SEM 照片

(a)外表面(200/2000 倍)；(b)外表面放大图(3000 倍)；(c)内表面(200/2000 倍)

分析 C-MF 组合工艺中污染膜丝的扫描电镜(SEM)照片，从外表面 3000 倍的 SEM 照片来看，除膜丝最外面散布着未成团的微生物个体，球菌、杆菌、真菌外，还可观察到一些尺寸量级更小的点，推测可能含有无机结垢物质。进一步采用场发射扫描电子显微镜-X射线能谱仪(FESEM-EDS)对膜表面出现的特征垢体物质进行了分析,结果表明2～3 μm的较大物质,较小的呈点状的物质的成分基本相同,推测较大的垢体物质是由较小的垢体物质逐渐长大而成(图6.10和表6.1)。

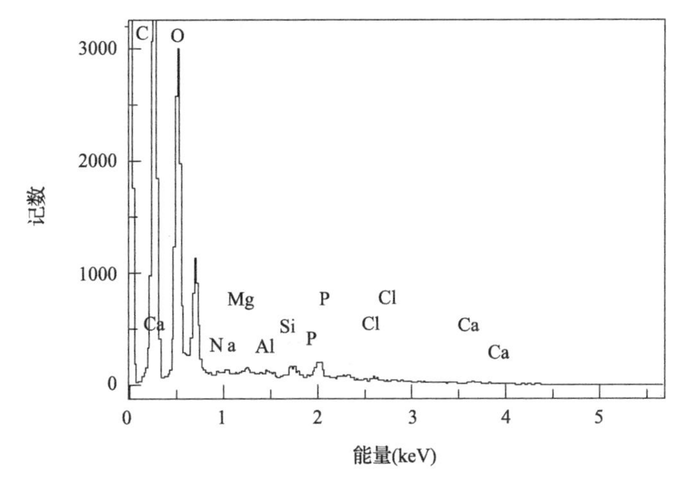

图6.10 污染膜丝表面特征垢体物质能谱图

表6.1 垢体污染物质的无机元素组成

元素	质量分数(%)	原子数分数(%)
Na	12.05	15.75
Mg	6.44	8.07
Al	4.78	5.32
Si	18.73	20.12
P	29.95	29.05
Cl	6.31	5.34
Ca	21.74	16.35
合计	100.00	100.00

注:由于膜丝材料中含有碳元素,该表未计入碳元素的含量

从表6.1中可看出,元素Ca和Si含量较高,说明无机污染物中钙盐、SiO_2和硅酸盐胶体物质较多。有研究者也发现类似的现象,Schäfer等(2000)曾报道元素Ca是形成膜污染的重要无机元素;Khatib等(1997)曾报道SiO_2和硅酸盐胶体物质是造成膜污染的主要无机物质。污染物中含有的Al元素推测主要来自混凝-膜工艺中的Al盐混凝剂。另外还发现污染物中含有较多的元素P,推测可能来自原

水中较难溶的磷酸盐。污染物中还含有一些 Na、Mg、Cl 元素。

6.1.5 膜污染清洗

采用 6.1.1.2 所述方法，对微滤膜直接过滤和混凝-微滤膜组合工艺连续运行结束后的污染膜进行了物理和化学清洗。各步清洗后，通过扫描电镜观察了膜内外表面形貌的改变，考察了膜过滤性能的恢复效果，并对混凝-微滤组合工艺的污染膜的化学洗脱液进行了成分分析。

6.1.5.1 MF 工艺膜污染的清洗

微滤膜直接过滤连续运行两周多后，对污染膜进行了曝气清洗和化学清洗。

从曝气清洗前后膜表面的 SEM 照片来看(图 6.11)，曝气清洗对污染膜外表面有一定的清洗效果，外表面污染层变薄，最外层上附着的微生物大部分已被清除，附着较为松散的污染物可被清除。但曝气清洗对内表面污染层没有效果。另一方面，结合下文(图 6.14)各步清洗后膜过滤性能的恢复来看，曝气清洗后膜过滤性能并没有提高，可认为微生物污染并不是造成膜阻力的主要因素。

采用 2‰次氯酸钠(碱性)和 2%盐酸作为化学清洗剂，由于化学清洗剂具有选择性，因此，选取两根污染膜丝进行了不同顺序的清洗对比试验。一根先酸洗后碱洗，另一根先碱洗后酸洗。从化学清洗方法清洗后膜丝的 SEM 照片(图 6.12 和图 6.13)看，两种清洗顺序都可清除绝大部分的膜外、内表面污染，使膜孔显露出来。但两种清洗顺序对膜外表面清洗的效果略有差别，当酸洗在前碱洗在后时，清洗后的膜外表面留有一些无机结垢污染物。可能是因为酸洗在前时，酸洗对污染层深处或对与有机污染物相互作用紧密的无机污染物的清洗不充分造成的；也可能是碱洗过程中，pH 较高时清洗液中少量无机物质在膜表面结垢所造成的。

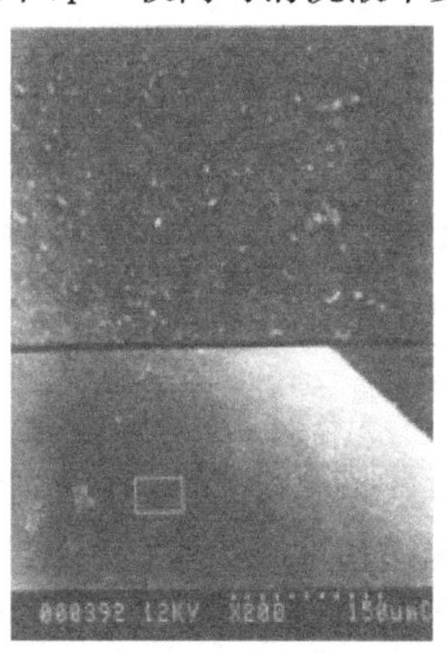

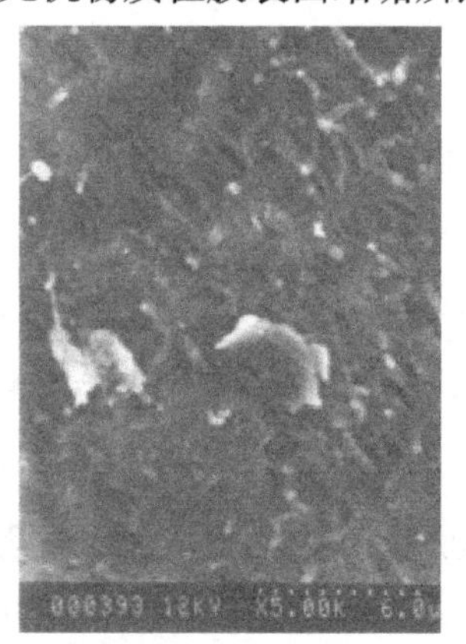

图 6.11　曝气清洗后膜丝外表面的 SEM 照片

左图为 200/2000 倍，右图为 5000 倍

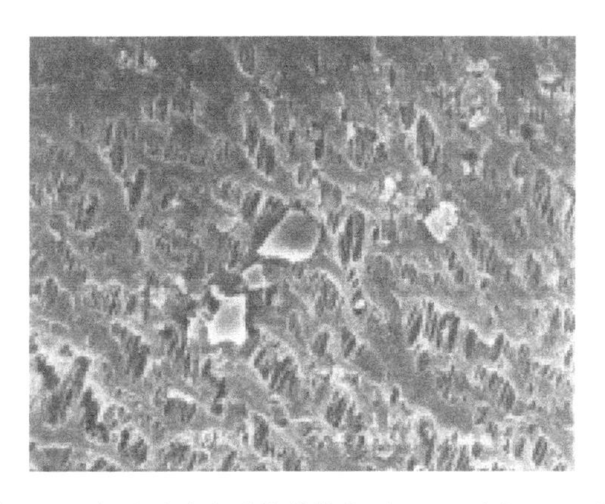

图 6.12　先酸后碱洗后的膜外表面 SEM 照片(2000 倍)

对于膜内表面,先酸洗后碱洗和先碱洗后酸洗最终清洗效果无明显差别(图 6.13)。但从清洗过程中的 SEM 照片对比来看,前一方法中酸洗后内表面污染无明显清除,但后续的碱洗可基本清除内表面污染;而后一方法中只采用碱洗内表面污染即可基本清除,后续的酸洗无进一步的清洗效果,说明碱洗能有效地清除以微生物污染为主的膜内表面污染。

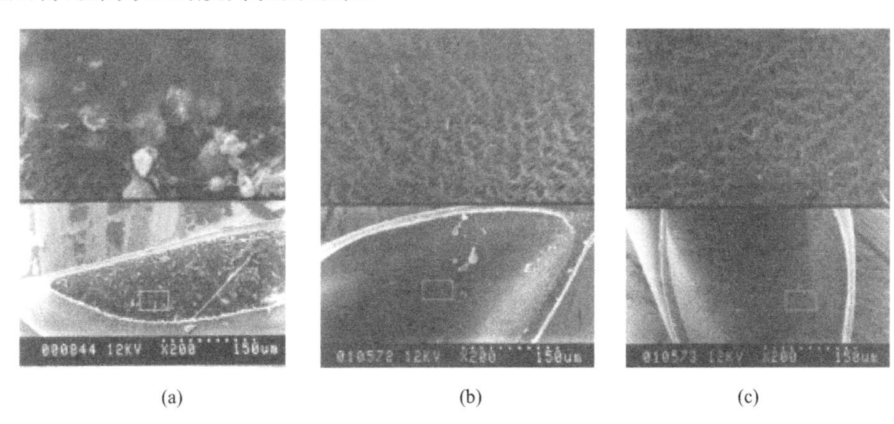

图 6.13　化学清洗后的膜内表面 SEM 照片(200/2000 倍)
(a)酸洗后的膜内表面;(b)先酸洗后碱洗的膜内表面;(c)先碱洗的膜内表面

根据上述结果,对整块污染膜采用先碱洗后酸洗的化学清洗步骤,并通过清水通量试验来评价各步物理清洗、化学清洗后膜过滤性能的恢复。如图 6.14 所示,化学清洗后膜过滤性能恢复约 70%。少部分很难被清除的膜污染可能包括膜孔污染,这部分污染需反复清洗或强清洗剂才能被清除。实际运行中,考虑到膜孔污染是不可避免的,膜过滤性能大部分恢复就可继续运行。多次膜清洗的试验结果表明,膜经 3、4 次清洗后膜过滤性能大致只能恢复到新膜的 70%,若继续进行多次碱、酸的反复化学清洗，膜过滤性能可进一步恢复到新膜的 90%左右。

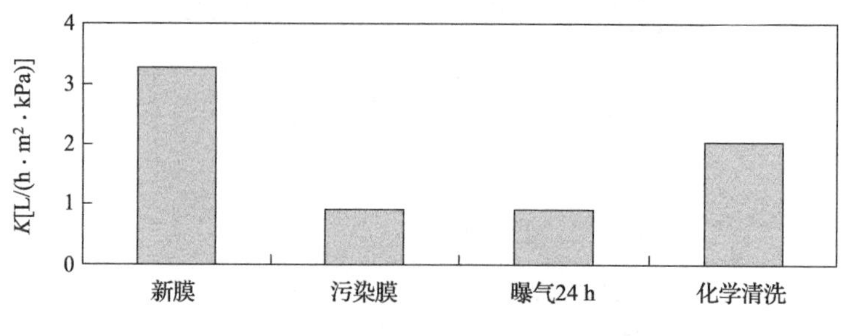

图 6.14　各步清洗后膜过滤性能的恢复

6.1.5.2　C-MF 工艺膜污染的清洗

对 C-MF 组合工艺运行结束后的污染膜进行了如下步骤的清洗：曝气清洗、清水过滤、次氯酸钠碱洗（NaClO-2‰，24 h）以及盐酸清洗（HCl-2%，2 h）。各步清洗后的膜外表面的 SEM 照片如图 6.15。

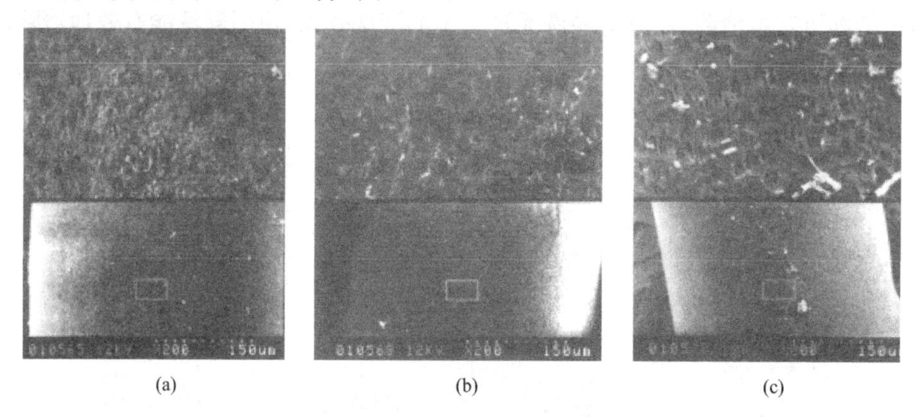

(a)　(b)　(c)

图 6.15　各步清洗后膜外表面的 SEM 照片（200/2000 倍）
(a)清水过滤；(b)次氯酸钠碱洗；(c)盐酸清洗

清洗过程中，发现曝气清洗对污染膜过滤性能的恢复也没有明显效果。

清水过滤后肉眼观察到膜丝上的深色黏泥已被清除，但膜丝两端纤维间仍夹有泥。从 SEM 照片图 6.15(a)来看，凝胶层比清洗前[参见图 3-9(a)]疏松，且变薄了，黏附在外层上的细菌个数减少。与微滤膜直接过滤物理清洗后的膜外表面（参见图 6.11）相比，污染层较疏松、分布规则，推测是因为混凝后污染物质的粒径分布较集中所致。

碱洗后肉眼观察到膜丝清洁许多，膜丝由浅黄变得洁白，膜丝两端已没有泥。其 SEM 照片如图 6.15(b)所示，表面附着的微生物基本上被去除，污染层厚度减小较多,但仍可看到外表面糊有一层黏性物质。

酸洗后膜丝更加洁白,深色小点数目减少,从图 6.15(c)来看,大部分污染物已被清除,膜孔显露出来,仅留有个别附着较牢固的污染物。

清洗过程中,同样发现碱洗后能基本清除膜丝的内表面污染。

6.1.5.3　C-MF 工艺中各步清洗后膜过滤性能的恢复

当混凝-微滤组合工艺在抽吸时间 15 min,停抽时间分别为 4 min 和 2.5 min 时,连续运行了约 15 天后,对污染膜进行了清洗。各步清洗后膜过滤性能的恢复如图 6.16,纵坐标表示清洗后膜比通量 K 与新膜膜比通量 K_0 的比值。可看出,清水过滤清洗可使膜过滤性能恢复到新膜过滤性能的 30%左右;碱洗效果最为显著,可使膜过滤性能在物理清洗后的水平上恢复约 30%以上,酸洗的恢复效果仅有 5%～15%。

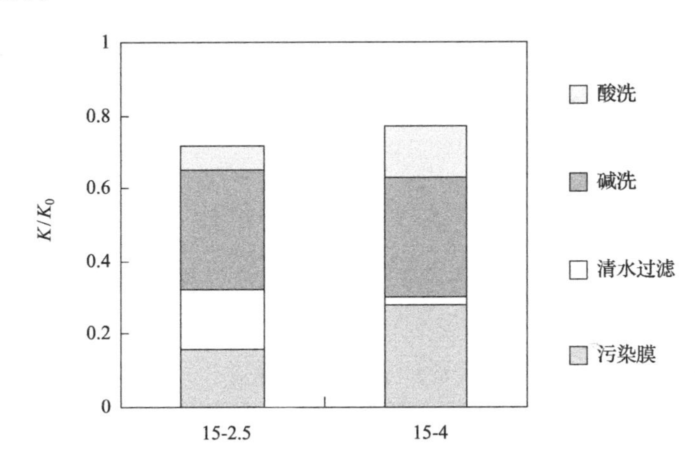

图 6.16　各步清洗后膜过滤性能的恢复

15 为抽吸时间(min);2.5 和 4 为停抽时间(min)

清洗过程中膜过滤性能的恢复与连续运行中膜过滤性能的下降情况(以抽吸 15 min,停抽 2.5 min 为例)的对照如图 6.17。可看出,膜过滤性能缓慢下降段内下降的膜过滤性能大致可通过物理清洗来恢复;而膜过滤性能快速下降段内下降的膜过滤性能主要是通过化学清洗来恢复。

如前所述,C-MF 工艺连续运行中,操作条件对膜过滤性能的影响主要体现在膜过滤性能缓慢下降段内膜过滤性能维持在不同的水平上。因此,混凝-微滤膜组合工艺连续运行中,操作条件只能改善物理清洗可清除的膜污染,这部分污染应以滤饼层污染为主,也有研究者得到类似的结论(Kunikane et al.,1998; Veronique et al.,1990a)。上述结论在污染膜清洗试验中也得到了验证。如图 6.16 所示,当抽吸时间为 15 min,停抽时间分别为 2.5 min 和 4 min 时,虽然连续运行后的污染

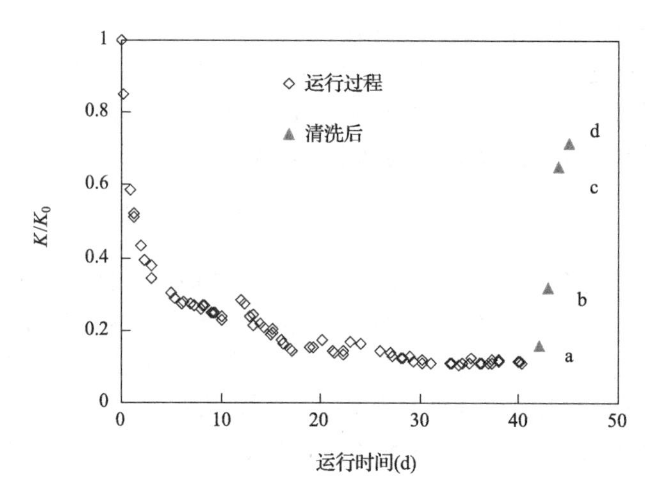

图 6.17　运行中 K/K_0 的下降和清洗过程 K/K_0 的恢复对比

a 表示污染膜清洗前，b,c 和 d 分别表示污染膜物理清洗、碱洗和酸洗后的归一化膜比通量

膜的膜过滤性能前者低于后者，但经过物理清洗后，两者的膜过滤性能可恢复到大致相同的水平。

6.1.5.4　C-MF 工艺污染膜化学洗脱液成分分析

对 C-MF 工艺连续运行后的污染膜碱洗和酸洗洗脱液进行了成分分析，结果如表 6.2 所示。

表 6.2　洗脱液成分组成

组成	碱洗液	酸洗液
TOC(mg/L)	10.18	4.80
UV_{254}	0.141	0.008
Ca(mg/L)	6.29	175.46
Mg(mg/L)	16.45	24.64
Fe(mg/L)	0.40	4.04
Al(mg/L)	0.45	1.51

注：Si 元素受试验条件所限，未测

一般来讲，碱洗可有效地清除微生物和有机污染物，酸洗可清除无机污染物。从表 6.2 中碱洗液和酸洗液的成分分析可得到验证。碱洗液中的 TOC 为 10.18 mg/L，UV_{254} 为 0.141，通过碱洗清除的 TOC 和 UV_{254} 分别占化学可清洗总 TOC 和 UV_{254} 的 68％和 95％，而对主要的无机污染元素 Ca，酸洗清除的占化学可清洗总量的 88％。结合各步清洗后膜过滤性能的恢复(图 6.16)，可知有机污染对膜过滤阻力的贡献较无机污染大。

化学洗脱液的 TOC 总量为 14.98 mg/L。由此计算出膜表面附着的化学可清洗的有机污染物 TOC 含量为 749 mg/m^2。由于在物理清洗过程中，部分有机污染物会被洗脱，因此膜表面实际附着的总有机污染物含量将大于这个值。无机污染元素中 Ca 是最主要的污染元素(未计入 Si 元素)。

将化学洗脱液的 pH 调至 7，进一步用滤膜法测定了洗脱液中溶解性有机污染物的相对分子质量分布(以 TOC 和 UV_{254} 为评价指标)。结果表明(图 6.18)，洗脱液中溶解性有机物相对分子质量在 600 以下的 TOC 约占 60%，UV_{254} 所代表的腐殖类物质分布同 TOC 类似，相对分子质量在 600 以下的占多数。分析可能的原因是：在 C-MF 工艺中，大相对分子质量的有机物因为混凝作用而沉淀或形成矾花沉积在膜表面，而小分子的可溶性有机物成为造成膜面凝胶层污染和膜孔堵塞的主要有机污染物。类同结果在其他研究中也有报道，如 Veronique 等(1990b)在进行混凝-膜组合工艺试验时，也认为 TOC 中高相对分子质量部分能参与混凝，低相对分子质量部分会造成膜的污染。

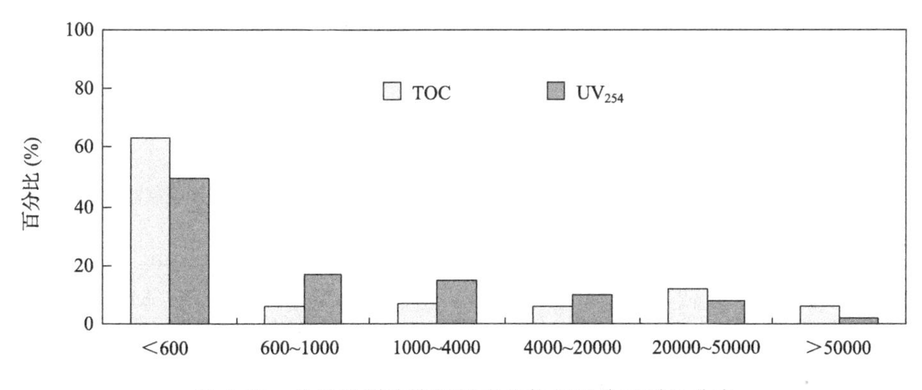

图 6.18　化学洗脱液溶解性有机物相对分子质量分布

6.2　膜生物反应器组合工艺膜污染特征与清洗

与膜直接过滤、混凝-膜组合工艺比较，膜生物反应器内的混合液具有不同的组成成分、浓度和颗粒粒径分布特征等，其污染特征也不同。悬浮生长型 MBR 和附着生长型 MBR 中的微生物分别以悬浮态和附着态为主存在，它们的混合液性质与其膜污染特征也不同。本节着重讨论悬浮生长型 MBR 和两种附着生长型 MBR(粉状活性炭 PAC-MBR 和块状填料-MBR)的膜污染特征及其清洗效果。

6.2.1 研究方法

6.2.1.1 反应器系统

采用的一体式 MBR 如图 6.19 所示。主要由生物反应器和膜组件两部分组成。生物反应器可按悬浮活性污泥法或投加填料的生物膜法运行。

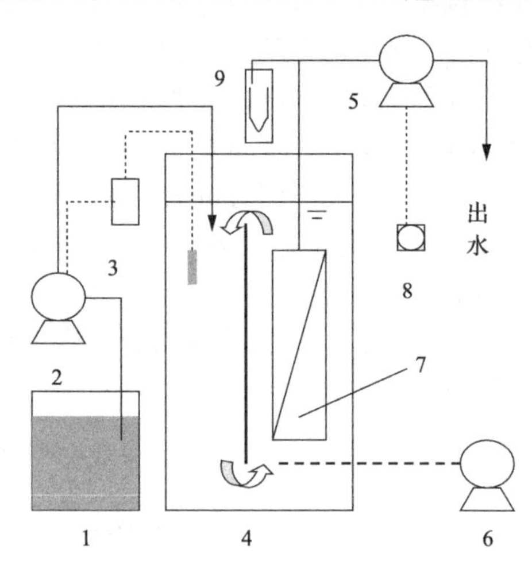

图 6.19　MBR 工艺流程图

1-原水箱；2-进水泵；3-液位控制器；4-MBR；5-出水泵；6-鼓风机；7-膜组件；8-时间控制器；9-压差计

微滤膜采用聚乙烯中空纤维膜(日本三菱公司)，孔径为 0.1 μm，膜丝内径为 0.27 mm，外径为 0.42 mm，膜面积为 0.2 m^2。原水由进水泵打入 MBR 中，经过生物降解，混合液在抽吸泵的抽吸作用下经膜过滤后形成过滤出水。膜组件采用间歇方式运行，由时间控制器控制，抽吸时间为 15 min、停抽时间为 2.5 min。鼓风机通过设置在膜组件底部的穿孔管连续曝气，以提供微生物分解有机物所需的氧气，并同时清除抽吸泵运行时积累在膜表面的部分污染物。采用液位控制器控制进水泵的开停。

分别采用了以下三种填料。沸石粉，除可供微生物附着生长外，还对氨氮有离子交换吸附作用，沸石粉粒度为 100 目(产自浙江缙云县)。有机、空心圆柱形块状填料，直径为 3 mm，长度约 3 mm，如图 4.70 所示，充填密度为 10%。粉末活性炭(PAC)，除作为生物附着的载体外，同时对有机污染物有吸附作用。PAC 粒度为 100 目。

采用人工配水作为试验原水，模拟微污染水源水。配水包括四个主要组分：腐殖质、耗氧有机物、无机黏土成分及无机离子。配水浊度为 1.0～24.6 NTU，OC 1.4～6.2 mg/L，氨氮 0.3～14.5 mg/L。

6.2.1.2　膜污染的物理/化学清洗方法

本节采用的物理、化学清洗与评价方法同 6.1.1.2 节。试验中发现，MBR 中污染膜的滤饼层与微滤膜直接过滤和混凝-微滤膜组合工艺中污染膜的滤饼层相比，黏性较大，可能是因为微生物代谢产物或分泌物的影响，而使物理清洗效果甚微，上述试验现象在附着生长型 MBR 系统中尤为严重。因此尝试了采用超声波对膜进行了清洗。

6.2.1.3　膜污染的超声波清洗方法

采用了超声波探头和超声波清洗槽浸泡两种方法对污染膜进行了清洗。当采用超声波探头时，先将膜组件完全浸没于一盛有清水或清洗液的水槽内，再将超声波探头靠近污染膜的表面停留若干分钟，然后移动超声波探头或膜组件，使超声波充分作用于污染膜的所有表面。当采用超声波清洗槽时，将膜组件完全浸没于盛有清水或清洗液的水槽中，打开超声波开关，即可清洗。

6.2.2　膜污染特征

将三种 MBR，即悬浮生长型 MBR、块状填料-MBR 和 PAC-MBR 连续运行后的污染膜组件取出（悬浮生长型 MBR 连续运行了 4 个多月；块状填料-MBR 和 PAC-MBR 连续运行了 20 多天），截取部分膜丝通过扫描电子显微镜（SEM）对膜丝的外、内表面形貌进行了观察（图 6.20 至图 6.22）。可见，悬浮生长型 MBR 和两种附着生长型-MBR 的膜污染形貌既有相似又有不同。

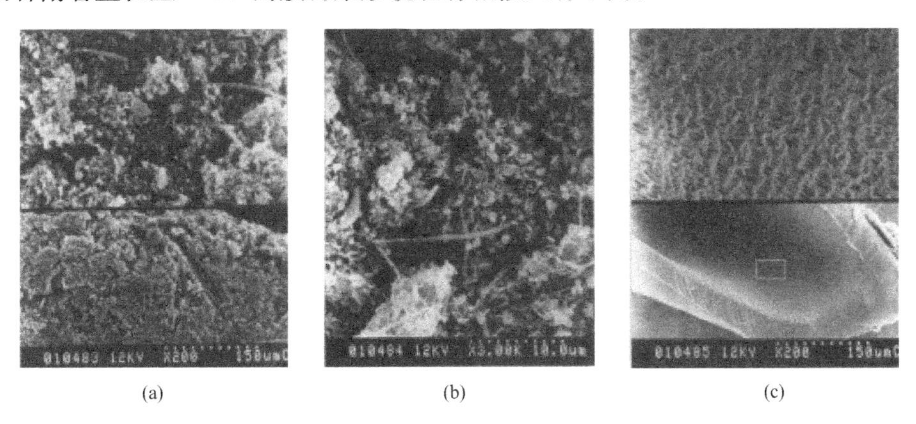

(a)　(b)　(c)

图 6.20　悬浮生长型 MBR 中污染膜丝的 SEM 照片
(a)膜丝外表面(200/2000 倍)；(b)膜丝外表面(3000 倍)；(c)膜丝内表面(200/2000 倍)

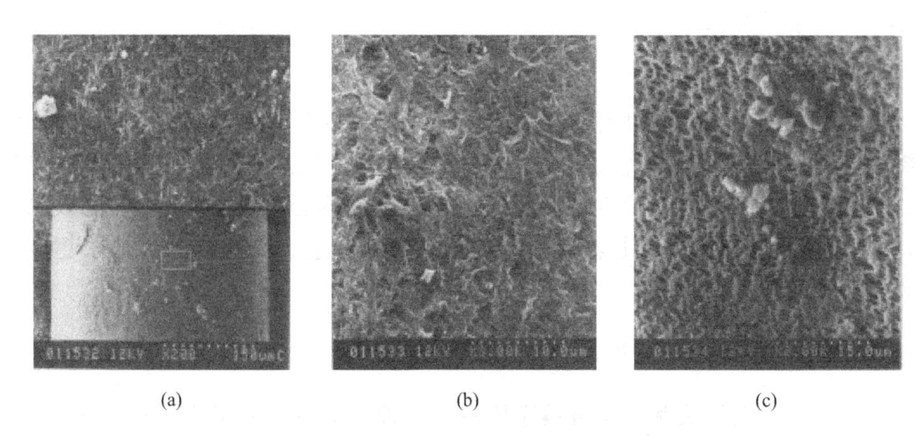

图 6.21　块状填料-MBR 中污染膜丝的 SEM 照片

(a)膜丝外表面(200/2000 倍);(b)膜丝外表面(3000 倍);(c)膜丝内表面(2000 倍)

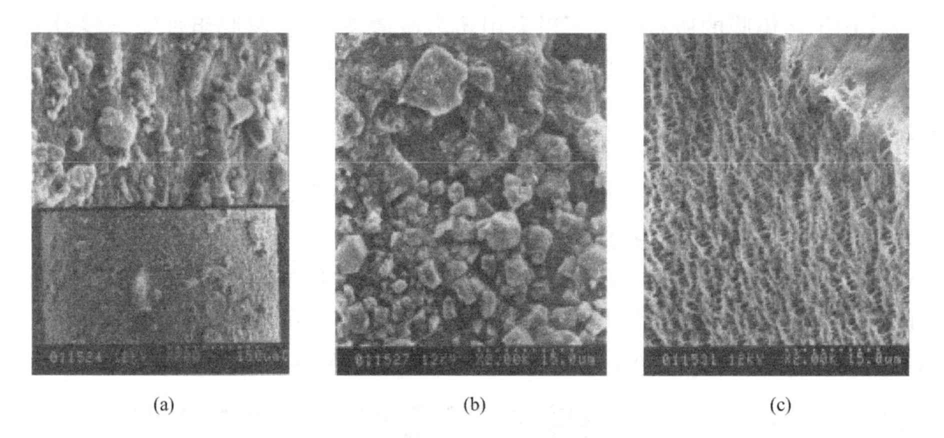

图 6.22　PAC-MBR 中污染膜丝的 SEM 照片

(a)膜丝外表面(200/2000 倍);(b)膜丝外表面(2000 倍);(c)膜丝内表面(2000 倍)

6.2.2.1　膜外表面污染特征

悬浮生长型 MBR 的污染膜外表面完全为一层较厚的滤饼层所覆盖,颗粒物质、悬浮物质、微生物相互粘连。微生物以球菌居多,微生物体之间有较多菌丝和细丝相连。曝气清洗后,会看到这一较厚滤饼层下膜表面还糊有一层黏性凝胶层(6.2.3 节)。

投加块状填料和 PAC 的 MBR 中的污染膜外表面附着微生物较悬浮生长型 MBR 少,这是因为在附着生长型 MBR 内微生物以附着态为主。块状填料-MBR 的膜外表面并没有明显的大颗粒物与微生物相互作用形成的污染层,而是被一层黏性的、较薄的污染层覆盖,颗粒物质较少,推测是由大分子有机物为主的物质在膜表面吸附而形成的凝胶污染层。

PAC-MBR 的膜外表面粗糙，也被一层黏性污染层所覆盖。可见，三种 MBR 污染膜的外表面都具有一层黏性凝胶层污染，这是因为三者处理的原水水质相同，且混合液中都含有微生物的代谢产物，三种 MBR 的凝胶层污染特征相似。

与前两者不同，PAC-MBR 系统的黏性污染层上沉积、附着有许多边缘规则、大小不一的块状污染物，这些污染物与悬浮生长型 MBR 膜外表面沉积的颗粒污染物不同，是一些较大的片状、粒状颗粒，推测可能是 PAC 碎颗粒或无机黏土颗粒。此外还有许多形状较规则、有棱角的污染物，可能是无机结垢物质。利用 FSEM-EDS 对 PAC-MBR 污染膜外表面的上述特征污染物质进行了成分分析，结果如图 6.23，表明这类特征污染物是无机垢体，主要是 Ca，其次是 Mg(以原子数计的成分分析结果表明前者的含量高于后者一个量级以上)，推测形成的方形结垢物质主要以 $CaCO_3$ 为主。

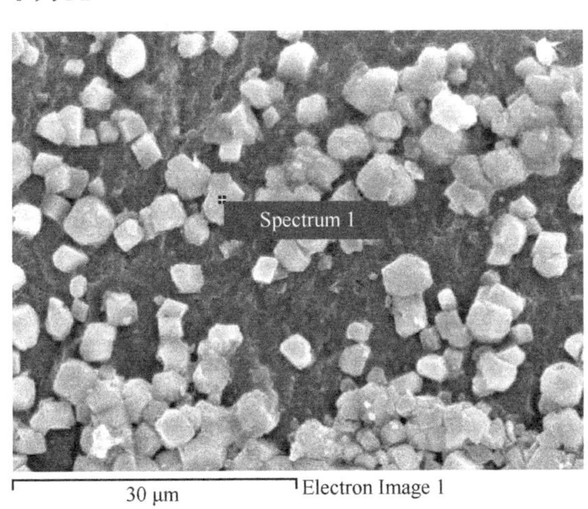

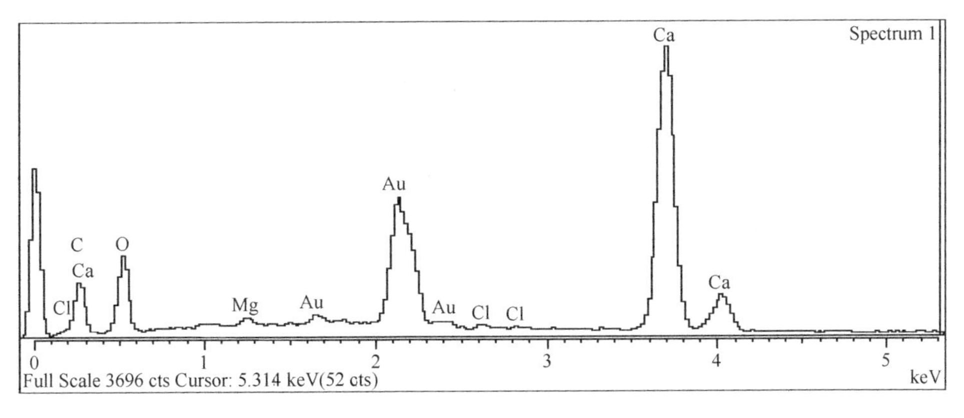

图 6.23　PAC-MBR 中污染膜外表面结垢物质的 FESM-EDS 分析

很多研究表明，在膜过滤过程中 Ca 元素对膜污染起重要作用。一方面 Ca 盐溶解度小，容易在膜表面发生浓差极化而沉淀析出，如 $CaCO_3$、$CaSO_4$；另一方面，Ca 会改变水中许多污染物质的存在形态而影响膜污染，如 Veronique 等(1990a)报道了当水中 Ca^{2+} 浓度较高时，会减少丹宁酸(tannic acid)分子的水力半径而使膜污染加重。Schäfer 等(2000)的研究表明 Ca 能改变有机物、无机悬浮物在水中的聚集状态而影响膜过滤性能。

6.2.2.2　膜内表面污染特征

从膜内表面的 SEM 照片来看，三种型式 MBR 内表面均无明显污染，十分清洁。这一点与膜直接过滤和混凝-膜组合工艺中膜内表面以微生物为主的污染特征显著不同。推测是因为 MBR 对生物可利用的有机物有较高的去除效果；也可能是因为在 MBR 中膜外表面污染凝胶层更为浓厚，增加了对可生物利用有机物的截留作用，而减少了能到达膜组件内部、可供微生物生长的养料，使膜丝内表面出现微生物污染的可能性减少。

6.2.3　膜污染清洗

6.2.3.1　悬浮生长型 MBR 膜污染的清洗

1. 各步清洗后膜表面形貌的变化

悬浮生长型 MBR 连续运行约 4 个月后，取出膜组件，对污染膜进行了如下物理和化学清洗：清水过滤、连续曝气、次氯酸钠碱洗和盐酸清洗。通过 SEM 观察每步清洗后污染膜外表面形貌的改变，如图 6.24。

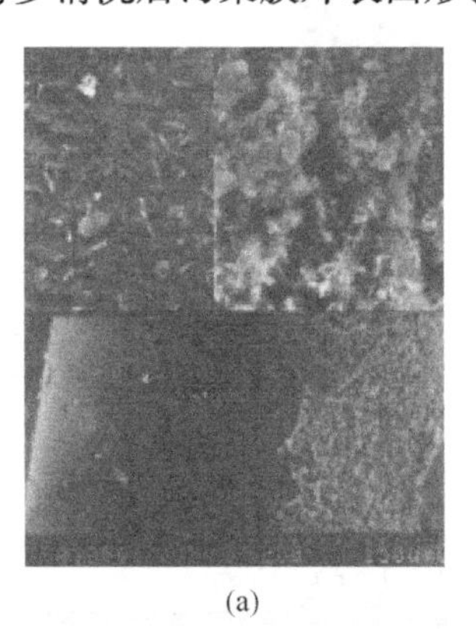

(a)

(b)

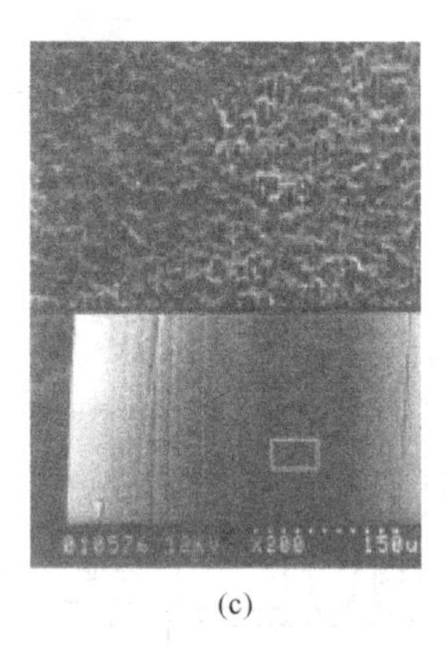

(c)

图 6.24　悬浮生长型 MBR 中污染膜经各步清洗后的外表面 SEM 照片(200/2000 倍)

(a)清水过滤和曝气清洗后；(b)次氯酸钠碱洗后；(c)HCl 酸洗后

肉眼观察清水过滤后污染膜表面无明显变化，而曝气清洗后膜表面污染物有脱落。从两步物理清洗:清水过滤和曝气清洗后的 SEM 照片[图 6.24(a)]来看,物理清洗后膜外表面较厚的污染层大部分脱落,但膜丝外表面沿轴方向两侧的形貌明显不同[图 6.24(a)照片中的上半部分分别对形貌不同的两侧进行了放大]。

次氯酸钠碱洗后,膜丝大部分区域已清洗得非常干净,膜孔清晰可见,清洗效果非常显著[图 6.24(b)]。在膜表面上,仅留有一些非常细小的点状污染物。但膜外表面仍有沿轴不同方向清洗效果不同的现象。盐酸酸洗后,膜丝表面残留的污染物进一步减少[图 6.24(c)]。

2. 各步清洗后膜过滤性能的恢复

对经物理和化学各步清洗后的膜组件,进行清水通量试验,计算出膜比通量,以该值与运行前清洁膜的膜比通量的比值 K/K_0 为评价指标,考察各步清洗后膜过滤性能的恢复情况,结果如图 6.25 所示。可见,悬浮生长型 MBR 连续运行 4 个多月后,膜组件污染已较为严重,膜比通量降到清洁膜的 5%以下。清水过滤和曝气清洗只对污染膜的过滤性能有较低程度的恢复,说明了物理清洗过程中清除的、沉积于膜表面的、由颗粒物质、微生物体和悬浮物所形成的滤饼层污染并不是造成膜阻力的主要因素。碱洗后膜比通量几乎完全恢复,说明有机污染是造成膜污染的主要原因。由于碱洗几乎已使膜过滤性能完全恢复,进一步酸洗后膜过滤性能与洗前相差很小。

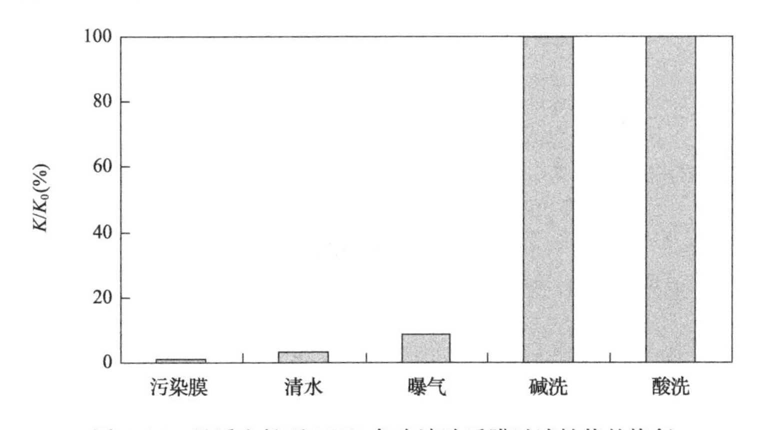

图 6.25　悬浮生长型 MBR 各步清洗后膜过滤性能的恢复

6.2.3.2　块状填料-MBR 膜污染的清洗

在对块状填料-MBR 膜污染的清洗中,发现与悬浮生长型 MBR 的膜污染不同,膜面滤饼层虽较薄,但黏性较大,常规曝气清洗作用更加不明显,因此,还采用了超声波清洗。两组清洗方法的具体步骤如下:

第一组,污染膜连续运行了 20 天左右,清洗过程如下:高压水冲洗 5 min、曝气清洗、次氯酸钠碱洗和盐酸清洗。

第二组,污染膜连续运行了 30 天左右,清洗过程如下:曝气清洗、超声波探头清洗 30 min、次氯酸钠碱洗和盐酸清洗。

两组清洗方法对膜过滤性能的恢复情况如图 6.26 所示。可见,高压水冲洗和曝气清洗均对膜过滤性能的恢复作用较小。而超声波清洗对膜过滤性能的恢复作用较显著,可使其恢复 30%左右。对比两组方法,超声波清洗后碱洗对膜过滤性能的恢复作用减少,因此看来超声波可代替一部分碱洗来清除膜面污染层中难以为常规物理清洗所清除的污染物。应用超声波清洗后,清洗总效果提高了约 10%～15%。

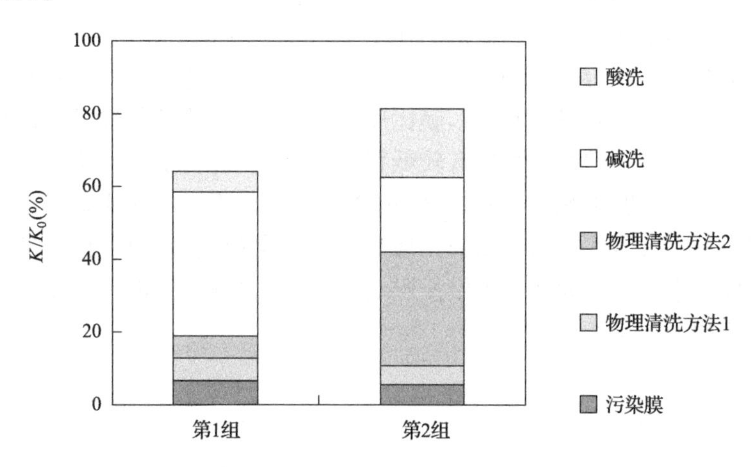

图 6.26　块状填料-MBR 各步清洗后膜过滤性能的恢复

物理清洗方法 1:第 1 组为高压水冲洗,第 2 组为曝气清洗;物理清洗方法 2:第 1 组为曝气清洗,第 2 组为超声波探头清洗

6.2.3.3　PAC-MBR 膜污染的清洗

1. 各步清洗后膜表面形貌的变化

对 PAC-MBR 中的膜污染按如下步骤进行了清洗:曝气清洗、超声波清洗、碱洗、酸洗、超声波碱洗和超声波酸洗,各步清洗后膜外表面的 SEM 照片如图 6.27 所示。可看到曝气清洗对膜表面的清洗效果很小,清洗前后膜表面的形貌变化很小。而超声波清洗后,膜表面块状结垢污染物减少较多,分布稀疏。从碱洗后的照片中,可看到沿膜丝轴膜污染分布不均匀的现象,紧贴膜表面的黏性层变得很薄,多数膜孔可见,但结垢污染物并没有减少。酸洗后膜表面的块状结垢污染物大部分清除,膜孔清晰可见,效果明显,但膜面仍留有一些黏性物质。超声波碱洗和超声波酸洗后,上述黏性物质减少,膜孔更加清晰,较洗前膜面更为清洁。

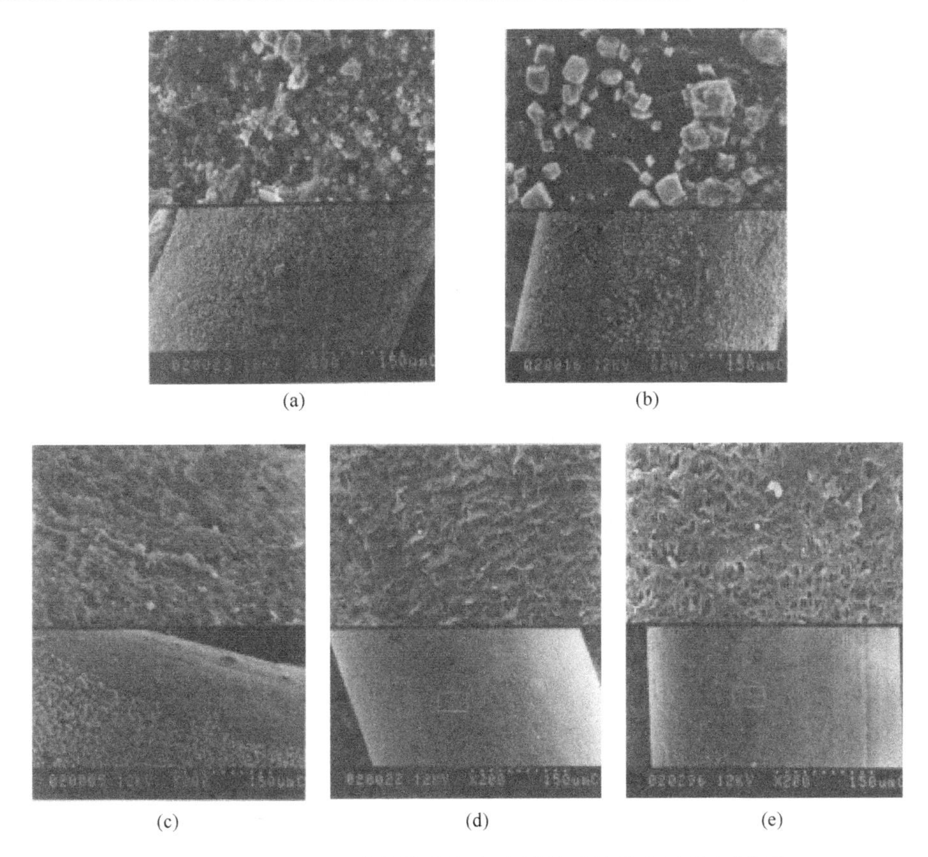

图 6.27　PAC-MBR 中污染膜经各步清洗后的外表面 SEM 照片
(a)曝气清洗后；(b)超声波清洗后；(c)碱洗后；(d)酸洗后；(e)超声波碱洗和酸洗后

2. 各步清洗后膜过滤性能的恢复

鉴于上述超声波清洗的有效性，首先考察了超声波清洗时间对清洗效果的影响，结果如图 6.28 所示。可见，超声波清洗前 75 min，清洗效果随时间基本上呈线性增加，能使膜过滤性能恢复约 30%；清洗时间继续延长时，清洗效果的进一步增加很少。因此后续研究中采用的超声清洗时间为 75 min。

如上所述，当膜面污染层黏度较大时，超声波清洗效果明显优于曝气清洗。从清洗时间上来看，曝气清洗时间一般需要长达 12～24 h 其清洗效果才能充分发挥。与曝气清洗相比，超声波清洗时间缩短很多。

在 6.2.3.2 节中采用超声波探头清洗时间仅为 30 min，结果表明超声波清洗可代替一部分碱洗，超声波清洗 30 min 后的碱洗和酸洗都能使膜过滤性能进一步提高。因此，对 PAC-MBR 中连续运行一段时间后的污染膜组件先采用超声波清洗 145 min 后，继续进行了碱洗(24 h)和酸洗(2 h)，结果表明碱洗和酸洗还有较大作用(图 6.29)。

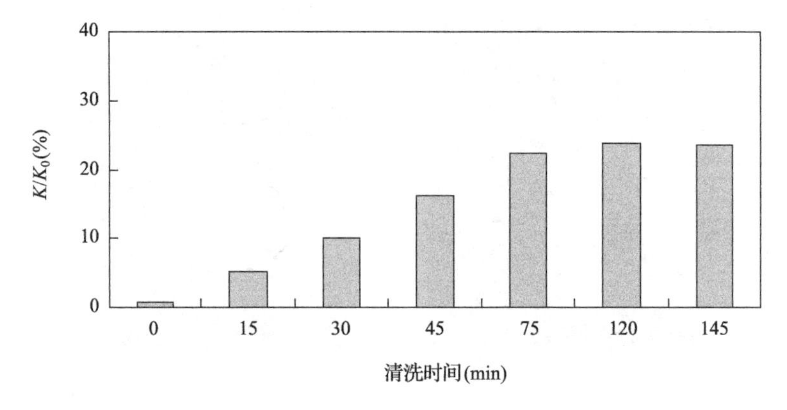

图 6.28　超声波清洗效果随时间的变化

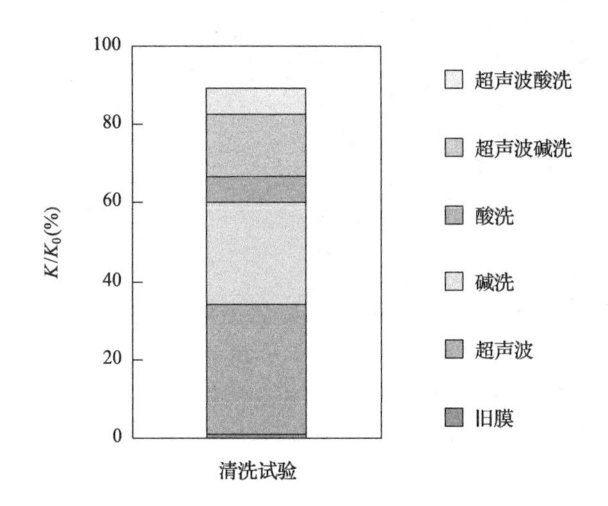

图 6.29　PAC-MBR 各步清洗后膜过滤性能的恢复

3. 化学洗脱液的成分分析

物理清洗将膜表面沉积的由大颗粒、悬浮物、微生物等形成的滤饼层基本清除后，化学清洗的对象主要是紧靠膜表面的凝胶层、吸附层和水垢层。本研究对化学清洗过程中两种化学清洗剂清洗后的洗脱液进行分析，以便了解膜面污染物的特性及不同化学清洗剂的适用范围。

以悬浮生长型 MBR 为例，分析了 MBR 两步化学清洗：NaClO 和 HCl 清洗后洗脱液的有机和无机成分，如表 6.3 所示。可见，碱洗可清除的有机物，以 TOC 和 UV_{254}为指标，分别占化学可清洗总 TOC 和 UV_{254}的 91%和 98%。从无机成分来看，元素 Ca 是主要的无机污染元素，其酸洗清除的量占化学可清洗总量的 98%。结合各步清洗后膜比通量的恢复（如图 6.25），可得出 MBR 工艺中有机污染对膜过滤阻力的贡献较无机污染大。

表 6.3 化学洗脱液的成分组成

组成	碱洗液	酸洗液
TOC (mg/m^2)	1285.9	124.12
UV_{254}($1/m^2$)	17.168	0.348
Ca(mg/m^2)	106.72	7009.3
Mg(mg/m^2)	722.1	1021.96
Fe(mg/m^2)	26.97	160.95
Al(mg/m^2)	30.16	18.56

注：Si 元素受试验条件所限，未测

将 MBR 化学洗脱液的有机和无机成分，与混凝-微滤膜组合工艺的结果相比较，有机物总量以每 100 m^2 的 TOC 表示，腐殖质组分(腐殖质成分/有机物总量)以 UV_{254}/TOC 表示，而无机污染物与有机污染物的相对量以 Ca/TOC 表示，结果如图 6.30 所示。可见，MBR 膜表面的有机污染物含量高于 C-MF 工艺，无机 Ca 元素对膜污染的贡献低于 C-MF 工艺，可能与 MBR 中微生物代谢产物较多有关。从 UV_{254}/TOC 来看，MBR 膜污染中腐殖质组分较 C-MF 略高，这是因为混凝-微滤膜组合工艺中，混凝剂易与腐殖质组分作用形成矾花，使腐殖质组分造成的膜污染减少。

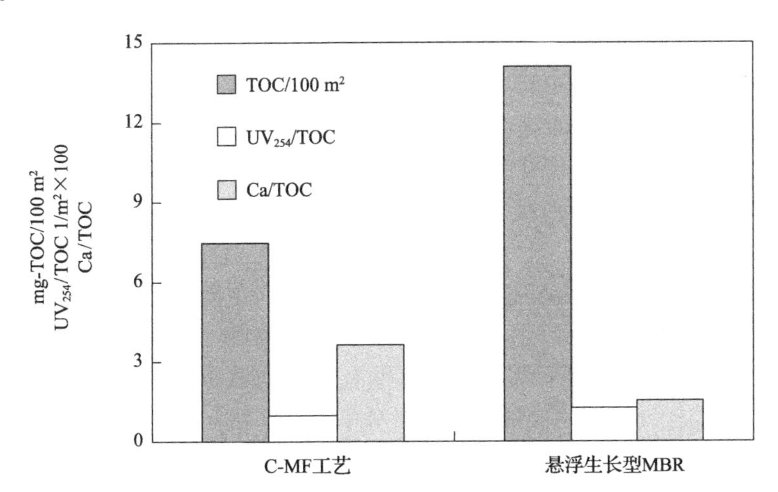

图 6.30 MBR 与 C-MF 工艺污染膜化学洗脱液成分比较

将化学洗脱液的 pH 调至 7，用滤膜过滤法测定化学洗脱液中的溶解性有机污染物的表观相对分子质量分布(以 TOC 为评价指标)，并与 C-MF 工艺的结果相比较，如图 6.31 所示。可看出，两种工艺条件下洗脱液溶解性有机物均以小相对分子质量有机物为主，表观相对分子质量 1000 以下的占多数。与混凝-微滤膜组合工艺洗脱液的表观相对分子质量分布相比，MBR洗脱液中大相对分子质量有机污染物较多，推测与反应器内微生物代谢产物的产生有关。

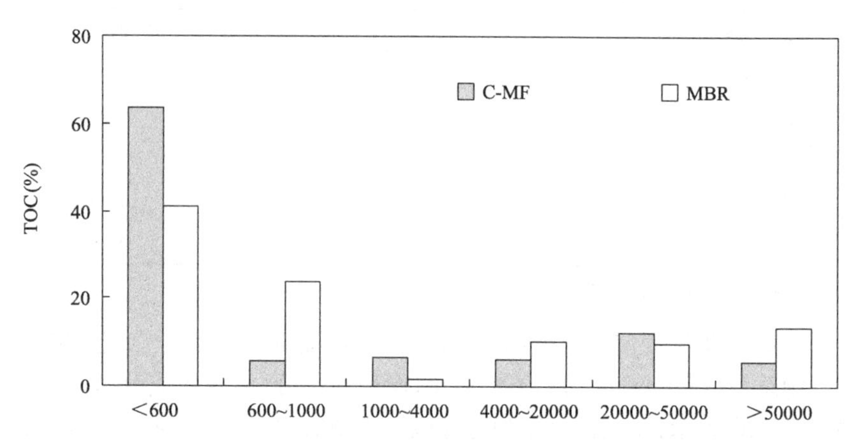

图 6.31　MBR 与 C-MF 工艺污染膜化学洗脱液表观相对分子质量分布的比较

总结上述结果，生物反应器的型式不同，膜外表面表现出的污染特征也有所不同，悬浮生长型MBR膜表面滤饼层较厚，附着微生物较多。而附着生长型MBR膜表面附着的微生物较少。膜-生物反应器的膜内表面基本无污染，与微滤膜直接过滤和混凝-微滤膜组合工艺膜内表面以微生物污染为主的污染特征显著不同。

悬浮生长型MBR曝气清洗后滤饼层大部分脱落，但对膜过滤性能的恢复效果不大。碱洗对膜过滤性能的恢复作用显著，有机污染对膜阻力贡献最大。附着生长型MBR的污染膜表面黏性较大，常规物理清洗效果很小。超声波清洗能使膜通透性恢复30%左右，并可使总清洗效果增加。但仍有必要进行后续碱洗和酸洗。与超声波结合的化学清洗，更能使清洗剂的作用充分发挥，效果优于常规化学清洗方法。

MBR中的污染膜表面较C-MF工艺有机污染物含量高，无机Ca元素较低，可能与MBR中微生物代谢产物较多有关。MBR中的膜污染腐殖质组分较C-MF工艺略高。两种工艺条件下洗脱液溶解性有机物均以小相对分子质量有机物为主，与C-MF相比，MBR洗脱液中大相对分子质量有机污染物增多。

参考文献

曹效鑫. 2004. 投加载体对一体式膜-生物反应器膜污染的影响. 北京:清华大学本科综合训练论文.

曹效鑫，魏春海，黄霞. 2005. 投加粉末活性炭对一体式膜-生物反应器膜污染的影响研究. 环境科学学报，25(11)：1443-1447.

陈福泰. 2005. 膜污染在线控制技术与策略研究. 北京:清华大学博士后出站报告.

崔俊华,王培宁,李凯,等. 2011. 基于在线混凝-超滤组合工艺的微污染地表水处理. 河北工程大学学报(自然科学版)，28(1)：52-56.

丁杭军. 2001. 一体式膜-生物反应器处理医院污水的研究. 北京:清华大学硕士学位论文.

桂萍，莫罹，黄霞. 2004. 一体式膜-生物反应器中膜污染过程的动态分析. 环境污染治理技术与设备，5(2)：22-26.

桂萍. 1999. 一体式膜-生物反应器微生物代谢特性及膜污染研究. 北京:清华大学博士学位论文.

黄霞，文湘华. 2012. 水处理膜生物反应器原理与应用. 北京:科学出版社.

刘锐. 2000. 一体式膜-生物反应器的微生物代谢特性与膜污染控制. 北京:清华大学博士学位论文.

刘昕，陈福泰，黄霞. 2008a. 在线超声对膜-生物反应器活性污泥混合液性质的影响. 环境科学学报，28(3)：440-445.

刘昕，陈福泰，黄霞，等. 2008b. 在线超声对膜生物反应器膜污染的控制. 中国环境科学，28(6)：517-521.

孟耀斌. 2001. 悬浮床光催化氧化-膜分离反应器及工艺特性研究. 北京:清华大学博士学位论文.

莫罹. 2002. 微滤膜组合工艺处理微污染水源水的特性研究. 北京:清华大学博士学位论文.

莫颖慧. 2013. 污水纳滤深度处理的膜污染及其对微量有机物截留的影响. 北京:清华大学博士学位论文.

沈悦啸. 2011. MBR 污水处理工程应用中混合液的理化与生物学特性研究. 北京:清华大学硕士学位论文.

魏春海，黄霞，赵曙光，等. 2004. SMBR 在次临界通量下的运行特性. 中国给水排水，20(11)：11-13.

魏春海. 2006. 一体式膜-生物反应器水动力学与在线清洗的膜污染控制. 北京:清华大学博士学位论文.

吴金玲. 2006. 膜-生物反应器混合液性质及其对膜污染影响和调控研究. 北京:清华大学博士学位论文.

徐井华，李强. 2013. 原子力显微镜的工作原理及其应用. 通化师范学院学报(自然科学)，34：22-24.

许金钩，王尊本. 2006. 荧光分析法. 第 3 版. 北京：科学出版社：156-178.

杨宁宁. 2011. 去除饮用水中致嗅物质的曝气生物滤池-膜组合工艺研究. 北京:清华大学博士学位论文.

俞开昌. 2003. 气水二相微滤膜生物反应器膜污染控制机理研究. 北京:清华大学硕士学位论文.

赵文涛. 2009. 厌氧/缺氧/好氧膜-生物反应器处理焦化废水的研究. 北京:清华大学博士学位论文.

朱洪涛. 2009. 臭氧-微滤工艺处理二级出水过程中的膜污染及控制机理. 北京:清华大学博士学位论文.

朱杰，孙润广. 2005. 原子力显微镜的基本原理及其方法学研究. 生命科学仪器，3：22-26.

Aiken G R, McKnight D M, Thorn K A, et al. 1992. Isolation of hydrophilic organic acids from water using nonionic macroporous resins. Organic Geochemistry, 18(4):567-573.

Barker D J, Stuckey D C. 1999. A review o soluble microbial products (SMP) in wastewater treatment systems. Water Research, 33(14): 3063-3082.

Bouhabila E, Ben Aim R, Buisson H. 2001. Fouling characterisation in membrane bioreactors. Separation and Purification Technology, 22-23(1-3): 123-132.

Chandrakanth M S, Amy G L. 1996. Effects of ozone on the colloidal stability and aggregation of particles coated with natural organic matter. Environmental Science & Technology, 30(2): 431-443.

Chen M-Y, Lee D-J, Yang Z, et al. 2006. Fluorecent staining for study of extracellular polymeric substances in membrane biofouling layers. Environmental Science & Technology, 40(21): 6642-6646.

Chen W, Westerhoff P, Leenheer J, et al. 2003. Fluorescence excitation-emission matrix regional integration to quantify spectra for dissolved organic matter. Environmental Science & Technology, 37(24): 5701-5710.

Chin Y P, Aiken G, Oloughlin E. 1994. Molecular-weight, polydispersity, and spectroscopic properties of aquatic humic substances. Environmental Science & Technology, 28(11):1853-1858.

Cho J. 1998. Natural organic matter (NOM) rejection by, and flux decline of, nanofiltration (NF) and ultrafiltration (UF) membranes [thesis]. Colorado, Boulder: University of Colorado.

Crozes G F, Jacangelo J G, Anselme C, et al. 1997. Impact of ultrafiltration operating conditions on membrane irreersible fouling. Journal of Membrane Science, 24(1): 63-76.

Drews A. 2010. Membrane fouling in membrane bioreactors—Characterisation, contradictions, cause and cures. Journal of Membrane Science, 363(1-2): 1-28.

Dubois M, Gilles K A, Hamilton J K, et al. 1956. Colorimetric method for determination of sugars and related substances. Analytical Chemistry, 28(3): 350-356.

Erbil H Y. 1997. Surface tension of polymers//Birdi K S, eds. Handbook of surface and colloid chemistry. Boca Raton: CRC Press.

Fan L H, Harris J L, Roddick F A, et al. 2001. Influence of the characteristics of natural organic matter on the fouling of microfiltration membranes. Water Research, 35(8): 4455-4463.

Flemming H C, Wingender J. 2001. Relevance of microbial extracellular polymeric substances (EPSs). Water Science and Technology, 43(6): 9-16.

Frolund B, Griebe T, Nielsen P H, et al. 1995. Enzymatic activity in the activated-sludge floc matrix. Applied Microbiology and Biotechnology, 43(4): 755-761.

Gong J, Liu Y, Sun X. 2008. O_3 and UV/O_3 oxidation of organic constituents of biotreated municipal wastewater. Water Research, 42:1238-1244.

Gui P, Huang X, Chen Y, et al. 2003. Effect of operational parameters on sludge accumulation on membrane surfaces in a submerged membrane bioreactor. Desalination, 151(2): 185-194

Hashino M, Mori Y, Fujii Y, et al. 2001. Advanced water treatment system using ozone and ozone resistant microfiltration module. Water Science and Technology: Water Supply, 1(5/6): 169-175.

Hermia J. 1982. Constant pressure blocking filtration laws-application to power-law non-Newtonian fluids. Transactions of the Institution of Chemical Engineers, 60: 183-187.

Her N, Amy G, Foss D, et al. 2002. An enhanced method for detecting and characterizing NOM by HPLC-size exclusion chromatography (SEC) with UV and on-line DOC detection. Environmental Science & Technology, 36: 1069-1076.

Huang H. 2006. Microfiltration membrane fouling in water treatment: Impact of chemical attachements [thesis]. Baltimore, Maryland: Johns Hopkins University.

Huang H, Spinette R, O'Melia C R. 2008. Direct-flow microfiltration of aquasols I. Impacts of particle stabilities and size. Journal of Membrane Science, 314:90-100.

Huang X, Wei C-H, Yu K-C. 2008. Mechanism of membrane fouling control by suspended carriers in a submerged membrane bioreactor. Journal of Membrane Science, 309(1-2): 7-16.

Huang X, Wu J. 2008. Improvement of membrane filterability of the mixed liquor in a membrane bioreactor by ozonation. Journal of Membrane Science, 318(1-2): 210-216.

Huang X, Xiao K, Shen Y X. 2010. Recent advances in membrane bioreactor technology for wastewater treatment in China. Frontiers of Environmental Science & Engineering in China, 4(3): 245-270.

Jansen R H S, Zwijnenburg A, van der Meer W G J, et al. 2006. Outside-in trimming of humic substances during ozonation in a membrane contactor. Environmental Science and Technology, 40: 6460-6465.

Jenkins D. 1992. Towards a comprehensive model of activated sludge bulding and foaming. Water Science and Technology, 25(6): 215-230.

Jiang T, Kennedy M D, Guinzbourg B F, et al. 2005. Optimising the operation of a MBR pilot plant by quantitative analysis of the membrane fouling mechanism. Water Science and Technology, 51(6-7): 19-25.

Jin Y-L, Lee W-N, Lee C-H, et al. 2006. Effect of DO concentration on biofilm structure and membrane filterability in submerged membrane bioreactor. Water Research, 40(15): 2829-2836.

Jorand F, Boue-Bigne, Block J C. 1998. Hydrophobic/Hydrophilic properties of activated sludge exopolymeric substances. Water Science and Technology, 37(4): 307-315.

Khatib K, Rose J, Stone W, et al. 1997. Physico-chemical study of fouling mechanisms of ultrafiltration membrane on Biwa lake. Journal of Membrane Science, 130: 53-62.

Kim H C, Dempsey B A. 2008. Effects of wastewater effluent organic materials on fouling in ultrafiltration. Water Research, 42:3379-3384.

Kim J O, Lee C-H, Chang I-S. 2001. Effect of pump shear on the performance of a crossflow membrane bioreactor. Water Research, 35(9): 2137-2144.

Kimura K, Yamato N, Yamamura H, et al. 2005. Membrane fouling in pilot-scale membrane bioreactors (MBRs) treating municipal wastewater. Environmental Science & Technology, 39(16): 6293-6299.

Kunikane S, Itoh M, Magara Y, et al. 1998. Advanced membrane technology for application to water treatment. Water Supply, 16(1/2): 313-318.

Langlais B, Reckhow D A, Brink D R. 1991. Ozone in water treatment: Application and engineering. Chelsea, Michigan:Lewis Publishers.

Lawrence J R, Swerhone G D W, Leppard G G, et al. 2003. Scanning transmission X-ray, laser scanning, and transmission electron microscopy mapping of the exopolymeric matrix of microbial biofilms. Applied and Environmental Microbiology, 69(9): 5543-5554.

Lee J-D, Lee S H, Jo M-H, et al. 2000. Effect of Coagulation conditions on membrane filtration characteristics in coagulation-microfiltration process for water treatment. Environmental Science & Technology, 34: 3780-3788.

Leenheer J A. 1981. Comprehensive approach to preparative isolation and fractionation of dissolved organic carbon from natural waters and wastewaters. Environmental Science & Technology, 15(5): 578-587.

Lee S, Elimelech M. 2006. Relating organic fouling of reverse osmosis membranes to intermolecular adhesion forces. Environmental Science & Technology, 40: 980-987.

Lee S, Jang N, Watanabe Y. 2004. Effect of residual ozone on membrane fouling reduction in ozone resisting microfiltration (MF) membrane system. Water Science and Technology, 50(12): 287-292.

Li Q, Elimelech M. 2004. Organic fouling and chemical cleaning of nanofiltration membranes: Measurements and mechanisms. Environmental Science & Technology, 38: 4683-4693.

Li Q, Xu Z, Pinnau I. 2007. Fouling of reverse osmosis membranes by biopolymers in wastewater secondary effluent: Role of membrane surface properties and initial permeate flux. Journal of Membrane Science,

290：173-181.

Liu H, Fang H H P. 2002. Extraction of extracellular polymeric substances (EPS) of sludges. Journal of Biotechnology, 95(3): 249-256.

Liu R, Huang X, Sun Y F, et al. 2003. Hydrodynamic effect on sludge accumulation over membrane surfaces in a submerged membrane bioreactor. Process Biochemistry, 39(2): 157-163.

Liu R, Huang X, Wang C, et al. 2000. Study on hydraulic characteristics in a submerged membrane bioreactor. Process Biochemistry, 36 (3): 249-254.

Li X, Y, Yang S F. 2007. Influence of loosely bound extracellular polymeric substances (EPS) on the flocculation, sedimentation and dewaterability of activated sludge. Water Research, 41 (5): 1022-1030.

Madaeni S S. 1999. Review paper: The application of membrane technology for water isinfection. Water Research, 33(2): 301-308.

Meng F, Drews A, Mehrez R, et al. 2009. Occurrence, source, and fate of dissolved organic matter (DOM) in a pilot-scale membrane bioreactor. Environmental Science & Technology, 43 (23): 8821-8826.

Mo Y, Chen J, Xue W, Huang X. 2010. Chemical cleaning of nanofiltration membrane filtrating the effluent from a membrane bioreactor. Separation and Purification Technology, 75: 407-414.

Nagaoka H, Ueda S, Miya A. 1996. Influence of bacterial extracellular polymers on the membrane separation activated sludge process. Water Science and Technology, 34(9): 165-172.

Nakamura K, Matsumoto K. 2006. Properties of protein adsorption onto pore surface during microfiltration: Effects of solution environment and membrane hydrophobicity. Journal of Membrane Science, 280: 363-374.

Neyens E, Baeyens J, Dewil R. 2004. Advanced sludge treatment affects extracellular polymeric substances to improve activated sludge dewatering. Journal of Hazardous Materials, 106B: 83-92.

Nguyen T H, Chen K L. 2007. Role of divalent cations in plasmid DNA adsorption to natural organic matter-coated silica surface. Environmental Science & Technology, 41:5370-5375.

Nosonovsky M. 2007. On the range of applicability of the Wenzel and Cassie equations. Langmuir, 23(19): 9919-9920.

Peuchot M, Mietton R, BenAim R. 1992. Improvement of crossflow microfiltration performances with flocculation. Journal of Membrane Science, 68: 241-248.

Rosenberger S, Kraume M. 2003. Filterability of activated sludge in membrane bioreactors. Desalination, 151(2): 195-200.

Schäfer A I, Mauch R, Waite T D, Fane A G. 2002. Charge effects in the fractionation of natural organics using ultrafiltration. Environmental Science & Technology, 36:2572-2580.

Schäfer A I, Schwicker U, Fischer M M, et al. 2000. Microfiltration of colloids and natural organic matter. Journal of Membrane Science, 171: 151-172.

Schlichter B, Mavrov V, Chmiel H. 2003. Study of a hybrid process combining ozonation and membrane filtration—Filtration of model solutions. Desalination, 156: 257-265.

Shen Y X, Xiao K, Liang P, et al. 2013. Improvement on modified lowry methods against interference by divalent cations for soluble protein quantitation in wastewater systems. Applied Microbiology and Biotechnology, 97(9):4167-4178

Shen Y, Zhao W, Xiao K, et al. 2010. A systematic insight into fouling propensity of soluble microbial products in membrane bioreactors based on hydrophobic interaction and size exclusion. Journal of Membrane

Science, 346(1): 187-193.

Shimizu Y, Uryu K, Okuno Y I, et al. 1997. Effect of particle size distributions of activated sludges on cross-flow microfiltration flux for submerged membranes. Journal of Fermentation and Bioengineering, 83(6): 583-589.

Shon H K, Vigneswaran S, Snyder S A. 2006. Effluent organic matter (EfOM) in wastewater: Constituents, effects, and treatment. Critical Reviews in Environmental Science and Technology, 36:327-374.

Skoog D A, Holler F J, Nieman T A. 1998. Principles of Instrumental Analysis. 5th edition. USA, PA: Harcourt Brace College Publishers.

Sun X, Kanani D M, Ghosh R. 2008. Characterization and theoretical analysis of protein fouling of cellulose acetate membrane during constant flux dead-end microfiltration. Journal of Membrane Science, 320: 372-380.

Veronique L-T, Wiesner M, Bottero J. 1990a. Fouling in tangential-flow ultrafiltration: The effect of colloid size and coagulation. Journal of Membrane Science, 52: 173-190.

Veronique L-T, Wiesner M, Bottero J, et al. 1990b. Coagulation pretreatment for ultrafiltration of a surface water. Journal AWWA, 82(12): 78-81.

Vigneswaran S, Kwon D Y, Ngo H H, et al. 2000. Improvement of microfiltration performance in water treatment: Is critical flux a viable solution? Water Science and Technology, 41: 309-315.

Wang S, Ma J, Liu B, et al. 2008. Degradation characteristics of secondary effluent of domestic wastewater by combined process of ozonation and biofiltration. Journal of Hazardous Material, 150(1): 109-114.

Wei C H, Huang X, Ben Aim R, et al. 2011. Membrane fouling control by chemical cleaning-in-place in a pilot-scale submerged membrane bioreactor for municipal wastewater treatment. Water Research, 45: 863-871.

Wei C H, Huang X, Wang C W, et al. 2006. Effect of a suspended carrier on membrane fouling in a submerged membrane bioreactor. Water Science and Technology, 53(6): 211-220.

Weishaar J L, Aiken G R, Bergamaschi B A, et al. 2003. Evaluation of specific ultraviolet absorbance as an indicator of the chemical composition and reactivity of dissolved organic carbon. Environmental Science & Technology, 37(20):4702-4708.

Wenzel R N. 1936. Resistance of solid surfaces to wetting by water. Industrial & Engineering Chemistry, 28(8): 988-994.

Wilen B M, Jin B, Lant P. 2003. The influence of key chemical constituents in activated sludge on surface and flocculating properties. Water Research, 37:2127-2139.

Wingender J, New T R, Flemming H C. 1999. Microbial extracellular plymeric substances: Characterization, structure and function. Berlin: Springer.

Wisniewski C, Grasmick A. 1998. Floc size distribution in a membrane bioreactor and consequences for membrane fouling. Colloids and Surface, 138: 403-411.

Wu J, Chen F, Huang X, et al. 2006. Using inorganic coagulants to control membrane fouling in a submerged membrane bioreactor. Desalination, 197: 124-136.

Wu J, Huang X. 2008. Effect of dosing polymeric ferric sulfate on fouling characteristics, mixed liquor properties and performance in a long-term running membrane bioreactor. Separation and Purification Technology, 63: 45-54.

Wu J, Huang X. 2009. Effect of mixed liquor properties on fouling propensity in membrane bioreactors.

Journal of Membrane Science，342：88-95.

Wu J，Huang X. 2010. Use of ozonation to mitigate fouling in a long-term membrane bioreactor. Bioresource Technology，101：6019-6027.

Wu J，Zhuang Y，Li H，et al. 2010. pH adjusting to reduce fouling propensity of activated sludge mixed liquor in membrane bioreactors. Separation Science and Technology，45(7)：890-895.

Xiao K，Shen Y-X，Liang S，et al. 2014a. A systematic analysis of fouling evolution and irreversibility behaviors of MBR supernatant hydrophilic/hydrophobic fractions during microfiltration. Journal of Membrane Science，467：206-216.

Xiao K，Wang X，Huang X，et al. 2011. Combined effect of membrane and foulant hydrophobicity and surface charge on adsorptive fouling during microfiltration. Journal of Membrane Science，373(1-2)：140-151.

Xiao K，Xu Y，Liang S，et al. 2014b. Engineering application of membrane bioreactor for wastewater treatment in China：Current state and future prospect. Frontiers of Environmental Science & Engineering，8(6):805-819.

Yoon S H，Kim H S，Lee S. 2004. Incorporation of ultrasonic cell disintegration into a membrane bioreactor for zero sludge production. Process Biochemistry，39(12)：1923-1929.

Yu K C，Wen X H，Bu Q J，et al. 2003. Critical flux enhancements with air sparging in axial hollow fibers cross-flow microfiltration of biologically treated wastewater. Journal of Membrane Science，224(1-2)：69-79.

Yusuf C，Murray M-Y. 1993. Improve the performance of airlift reactors. Chemical Engineering Progress，June，38-45.

Zator M，Ferrando M，Lopez F，et al. 2007. Membrane fouling characterization by confocal microscopy during filtration of BSA/dextran mixtures. Journal of Membrane Science，301:57-66.

Zhang M，Li C，Benjamin M M，et al. 2003. Fouling and natural organic matter removal in adsorbent/membrane systems for drinking water treatment. Environmental Science & Technology，37:1663-1669.

Zhang Y，Bu D，Liu C G，et al. 2004. Study on retarding membrane fouling by ferric salts dosing in membrane bioreactors. Water Environment-Membrane Technology [WEMT2004]. IWA Specialty Conference. Seoul，Korea：June 7-10.

Zhao W T，Shen Y X，Xiao K，et al. 2010. Fouling characteristics in a membrane bioreactor coupled with anaerobic-anoxic-oxic process for coke wastewater treatment. Bioresource Technology，101(11)：3876-3883.

彩　　图

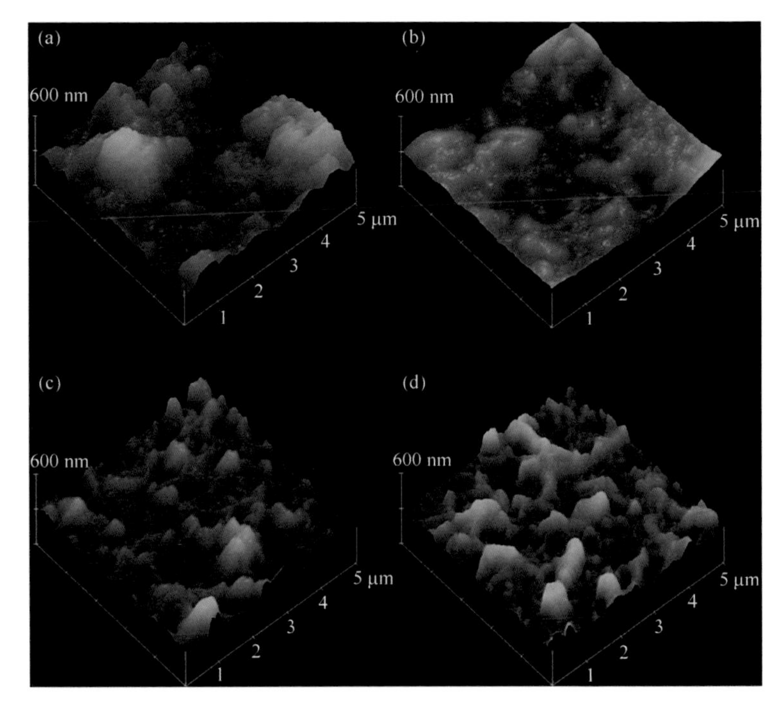

图 1.15　由原子力显微镜得到的膜表面污染物三维形貌(Mo et al.,2010)

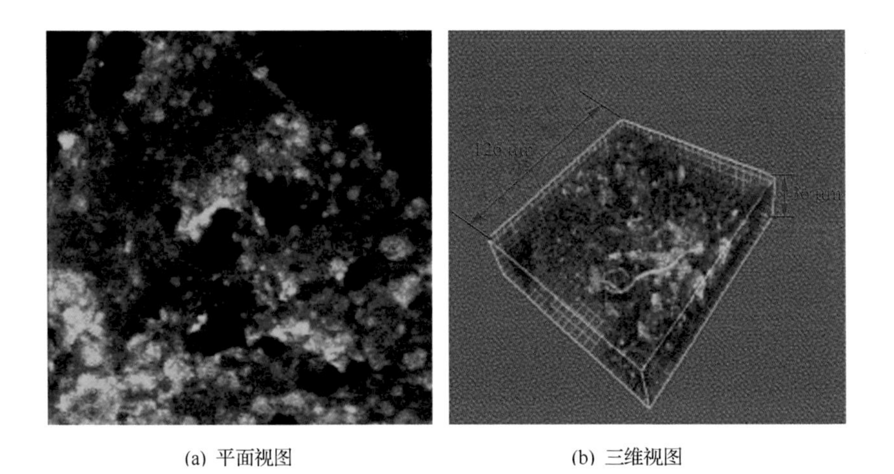

(a) 平面视图　　(b) 三维视图

图 1.19　膜污染层的 CLSM 照片示例(Jin et al.,2006)

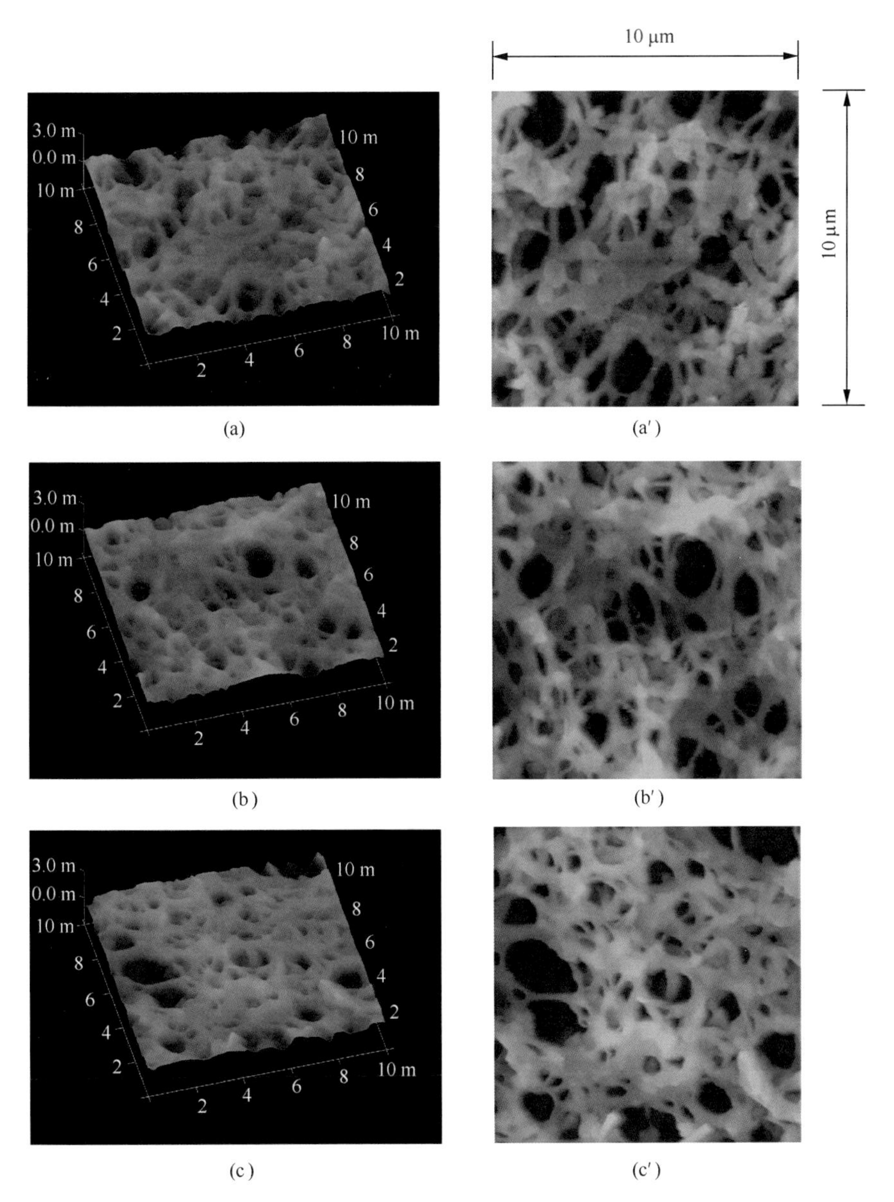

图 3.47　新膜和污染膜的 AFM 照片（表面面积 10 μm×10 μm）

(a)和(a′)新膜；(b)和(b′)被 HIS<100 kDa 污染后的膜；(c)和(c′)：被 HIS>100 kDa 污染后的膜

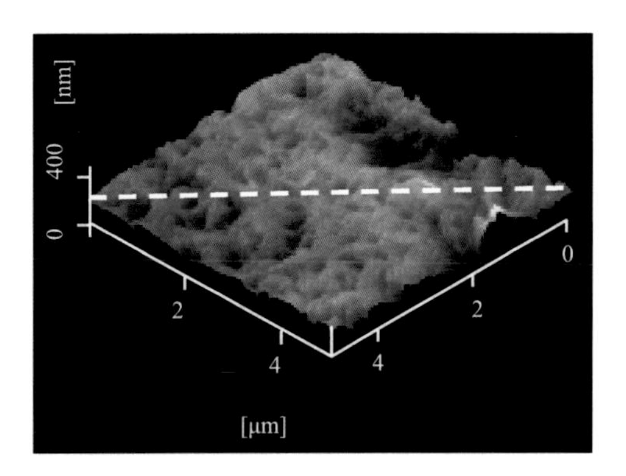

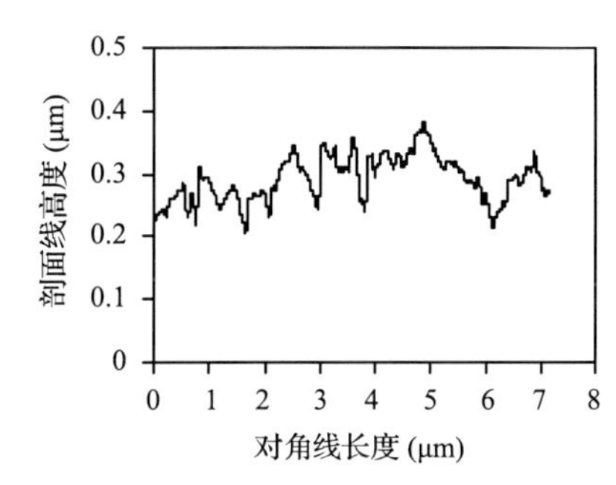

(a) 新膜膜丝

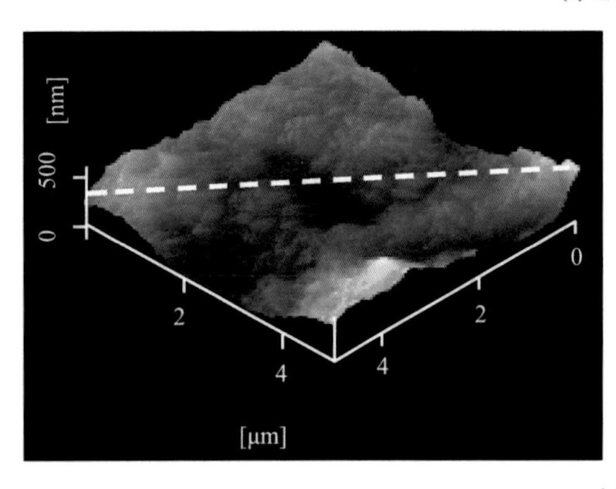

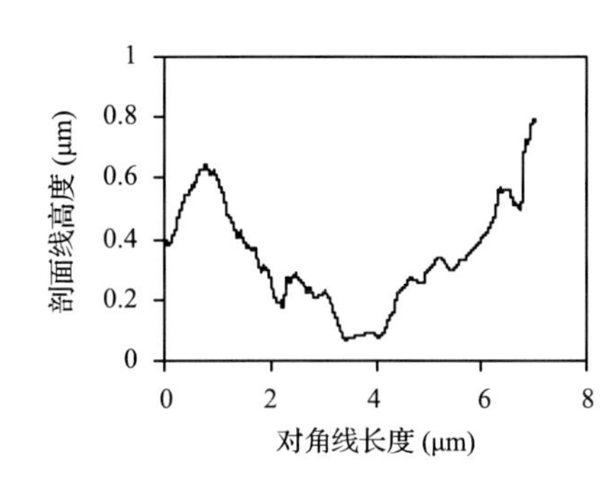

(b) 污染膜丝

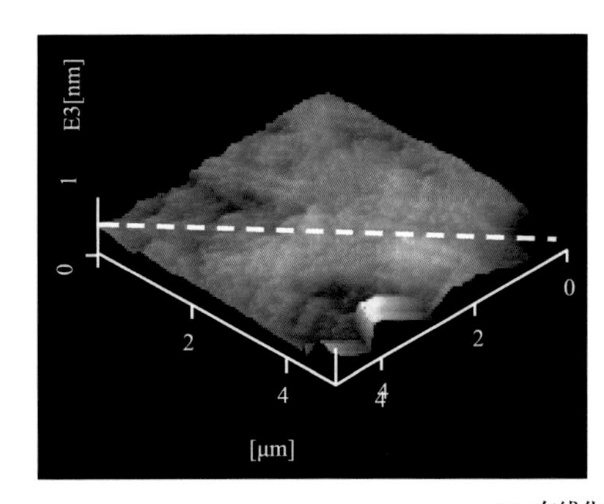

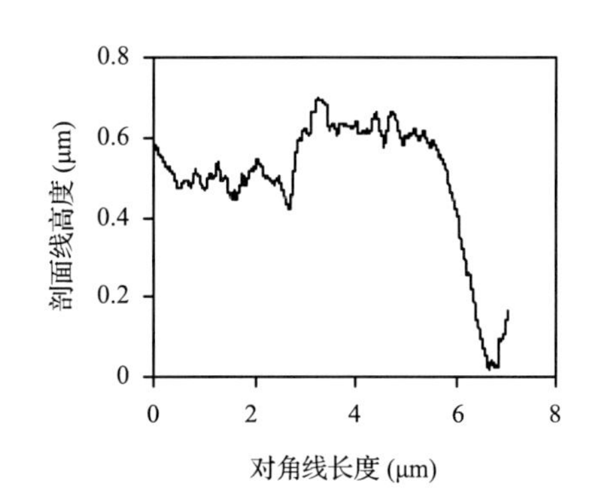

(c) 在线化学清洗后膜丝

图 4.84 膜丝样品的原子力显微镜扫描图像及相应的对角剖线图